空域滤波技术

韩　东　杨美娇　徐　池　著

科 学 出 版 社
北　京

内 容 简 介

空域滤波技术是在阵列数据处理领域涌现的新技术之一，可用于目标定向和定位前的阵列数据预处理，提高目标定向和定位的准确度。也可用于数字滤波，尤其适用于短数据处理。本书全面梳理了近年来该技术的发展情况，并扩充了该技术的最新研究成果。内容主要包括目标接收数据基本模型、目标定向定位技术、离散型空域滤波器设计方法、加权离散型空域滤波器设计方法、连续型空域滤波器设计方法、自适应空域滤波器设计方法、宽带型空域滤波器设计方法、空域滤波器在水声信号处理中的应用，以及滤波器在数字滤波中的应用。

本书可为雷达、声呐、通信等涉及阵列信号处理相关领域的科研工作者提供参考。

图书在版编目（CIP）数据

空域滤波技术 / 韩东，杨美娇，徐池著. — 北京：科学出版社，2023.8

ISBN 978-7-03-075981-8

Ⅰ. ①空… Ⅱ. ①韩… ②杨… ③徐… Ⅲ. ①空间滤波 Ⅳ. ①TN713

中国国家版本馆 CIP 数据核字(2023)第 125147 号

责任编辑：王 哲 / 责任校对：刘 芳

责任印制：吴兆东 / 封面设计：迷底书装

科学出版社 出版

北京东黄城根北街 16 号

邮政编码：100717

http://www.sciencep.com

北京科印技术咨询服务有限公司数码印刷分部印刷

科学出版社发行 各地新华书店经销

*

2023 年 8 月第 一 版 开本：720×1 000 1/16

2024 年 8 月第二次印刷 印张：14 插页：1

字数：280 000

定价：119.00 元

（如有印装质量问题，我社负责调换）

前　言

近年来，水下信息通信和目标探测识别等问题越来越受到各国的重视，基于传感器阵列的数据处理技术，是提高处理增益、改善通信和探测效果的必然途径。阵列数据处理领域涌现出一系列新技术，空域滤波是其中之一。该技术设计滤波矩阵与接收的阵列数据相乘，通过滤波器对阵列流形的作用，实现保留通带目标信号、抑制阻带干扰的目的。处理后的数据依旧呈现原始阵列数据的特点，因此可以采用原有声呐信号处理技术实现目标方位估计或匹配场定位等应用。

本书从理论和应用两个角度，将该技术进行系统梳理，以期为阵列数据处理领域相关的科研工作者提供参考。本书是在2016年科学出版社出版的《空域矩阵滤波及其应用》基础上，将空域滤波技术进一步完善和拓展。内容主要包括目标接收数据基本模型、目标定向定位技术、离散型空域滤波器设计方法、加权离散型空域滤波器设计方法、连续型空域滤波器设计方法、自适应空域滤波器设计方法、宽带型空域滤波器设计方法、空域滤波器在水声信号处理及数字滤波中的应用。

(1) 将空域矩阵滤波器对通带离散向量的响应误差以及对阻带离散向量的响应用于滤波器设计。梳理了阻带恒定响应约束通带总体响应误差最小化、阻带恒定响应约束通带响应误差极大值最小化、最小二乘、阻带总体响应约束通带总体响应误差最小化、通带总体响应误差约束阻带总体响应最小化、双边阻带总体响应约束通带总体响应误差最小化、通带总体响应误差约束左右阻带总体响应加权和最小化、阻带零点约束、通带零响应误差约束等滤波器设计方法。通过广义奇异值分解分析方法，分析了滤波器的性能。

(2) 将空域矩阵滤波器对通带离散向量的响应误差和对阻带离散向量的响应加权用于滤波器设计。梳理了加权最小二乘、阻带响应加权通带总体响应误差约束、通带响应误差加权阻带总体响应约束、通带响应误差加权阻带零点约束滤波器设计方法，推导出滤波器的最优解。利用响应加权方法，获得通带响应误差或阻带响应近似为恒定常数值的滤波器效果。

(3) 梳理了连续型空域矩阵滤波器设计方案，针对阻带向量响应约束滤波器，给出了八种滤波器设计方法。对于阻带总体响应约束通带总体响应误差最小化的滤波器设计方法，利用积分展开和第一类贝塞尔函数理论，推导得出滤波器向量化的最优解。

(4) 基于接收阵列数据的协方差函数，梳理了自适应空域矩阵滤波器设计方法，并推导出了滤波器的数值解。

(5) 梳理了宽带空域矩阵滤波器设计方法。针对等间隔线列阵，分析基于半波长频率设计的滤波器对全频带阵列流形的响应，获得滤波器对不同频率方向向量响应之间的关联，从理论上解释了不能通过单一空域矩阵滤波器解决宽带阵列数据空域处理的问题。给出了宽带阵列数据的空域矩阵滤波处理流程，并利用不同频点响应偏移效应得出每个子带的滤波器最佳设计频率。

(6) 将空域矩阵滤波技术用于水声信号处理，以解决强干扰抑制问题。分析了空域矩阵滤波处理前后，目标方位估计和匹配场定位的性能。将波束形成技术和匹配场处理技术结合，实现拖船辐射噪声抑制空域矩阵滤波器设计，建立四种滤波器设计最优化问题，推导得出滤波器最优解。

(7) 建立数学模型估计平台转向过程中的阵元位置，并计算阵列的实际阵列流形。通过构建空域滤波器，实现从实际阵列流形到理想阵列流形的转换，从而解决目标方位估计中的阵列数据阵形校准问题。

(8) 针对矩阵滤波技术，利用滤波器对傅里叶展开向量在连续区间上的积分，提出了左右阻带总体响应约束通带总体响应误差最小化的滤波器设计方法，推导得出滤波器的最优解，并给出通阻带区间对称的低通型矩阵滤波器的最优解，并利用矩阵分解理论，获得最优 Lagrange 乘子的简化求解方程。在短数据滤波中与传统 FIR (Finite Impulse Response) 滤波器对比，验证了矩阵滤波技术的有效性。

本书得到国家自然科学基金“空域矩阵滤波技术及其在水声信号处理中的应用研究”(No.11374001)、博士后基金“基于空域矩阵滤波的水平阵水下目标深度估计技术研究”(No.2015M581182)、“军委科技委基础加强技术领域基金”(No. 2019-JCJQ-JJ-036) 等项目资助。由于作者水平有限，书中难免存在疏漏之处，敬请专家和读者批评指正。

作　者

2023 年 5 月

公式符号缩写

j	单位虚数
π	圆周率
$\boldsymbol{0}_{m\times n}$	m 行 n 列的 0 矩阵
$\boldsymbol{I}_{m\times m}$	m 行 m 列的单位矩阵
$(\cdot)^{\mathrm{H}}$	矩阵或向量的共轭转置
$(\cdot)^{\mathrm{T}}$	矩阵或向量的转置
$(\cdot)^{*}$	矩阵或向量的共轭
$(\cdot)^{-1}$	非奇异矩阵的逆
$\mathrm{tr}(\cdot)$	求方阵的迹
$\mathrm{diag}(\cdot)$	向量对角化为矩阵
$\mathrm{rank}(\cdot)$	矩阵的秩
$\lvert\cdot\rvert$	绝对值
$\lVert\cdot\rVert_{\mathrm{F}}$	矩阵或向量的 Frobenius 范数
$\otimes$	矩阵 Kronecker 积
$\mathrm{vec}(\cdot)$	将矩阵各列依次排列组合构成长列向量
$\mathrm{conj}(\cdot)$	对向量各元素求共轭
$\mathbb{C}$	复数域空间
$\mathbb{R}$	实数域空间
$10\lg(\cdot)$	$10\log_{10}(\cdot)$
$\sin(\cdot)$	正弦
$\cos(\cdot)$	余弦
$\arcsin(\cdot)$	反正弦
$\mathrm{sinc}(\cdot)$	Sa 函数
$\mathrm{Re}(\cdot)$	向量的实部构成的向量
$\mathrm{Im}(\cdot)$	向量的虚部构成的向量

目　　录

第1章 绪 论

1.1 空域矩阵滤波技术研究背景

空域矩阵滤波是一种新兴的阵列信号处理技术，通过一个滤波矩阵与接收的阵列数据相乘，即可实现保留通带区域的目标信号，同时抑制阻带区域的强干扰。空域矩阵滤波是阵元域数据处理，其优点在于滤波后能够得到突出了空域通带信息的时域阵列数据，从而增强通带目标探测性能，处理后的数据用于目标方位估计及匹配场定位等阵列信号处理技术，可以获得更高的探测能力和方位辨识精度。同时，由于处理后仅保留了通带的信号，基于新的阵列协方差矩阵和目标方位估计理论，则可获得超出阵元数的定向或定位能力。虽然空域矩阵滤波技术已在水声信号处理中获得了成功应用，但还存在大量问题需要进一步深入研究。

首先，现有的空域矩阵滤波技术还未形成完整的理论体系。现有的文献中，仅对空域矩阵滤波技术，以及用于数据滤波的矩阵滤波技术在某些方面进行了研究和探讨，滤波器的设计方法有限、用途单一、理论研究不深入、实用性不强，且大多没有给出滤波器的闭式最优解。

(1) 现有的空域矩阵滤波技术，是针对目标方位估计和匹配场定位单独设计获得，并未建立统一的数学模型和滤波器设计模型。而两种应用中的滤波器设计原理是相同的，可以统一。同时，对于不同类型的阵列，包括线形阵、圆形阵、圆柱阵、球形阵、共形阵和分布式阵列等，其设计理论也应有机地统一。

(2) 基于空间离散化的方向向量或拷贝向量，所对应的空域矩阵滤波器设计技术不够全面，且现有设计方法大多没有给出滤波器的闭式最优解，滤波器需要借助比较复杂的最优化求解软件才能获得，这给滤波器的实际应用带来了困扰，同时也不利于从理论上分析滤波器的性能。

(3) 常规波束形成加权后，可以获得旁瓣级恒定的波束响应，与波束形成理论相对应，空域矩阵滤波技术的设计方法也包含恒定阻带响应型滤波器，而现有的设计技术需要通过将所设计的凸规划问题变形为二阶锥规划问题，并通过一些最优化求解软件获得滤波器的最优解。由于在变为二阶锥规划过程中，最优化问题的计算复杂度呈几何级增长，计算效率极低。构建新的设计方法，获得恒定阻带响应型滤波器需要得到进一步研究。

(4) 对于理论体系的完善而言，离散型空域矩阵滤波器设计仅能够获得近似最优解，基于连续空间的方向向量或拷贝向量响应设计的空域矩阵滤波器才能获得完美的滤波器设计理论。连续型空域矩阵滤波器如何设计，是否能够获得最优解？这一问题需要解决。

(5) 滤波器通带响应误差和阻带响应成反比，而滤波器对阻带干扰的抑制效果由阻带响应值决定，若能根据干扰的干噪比自适应调节滤波器通阻带响应，则可有效增强通带信号检测能力，因此自适应空域矩阵滤波技术也应作为一个方向研究。

(6) 宽带阵列信号处理是提高阵列探测性能的常用方式，而现有空域矩阵滤波技术大多为针对单频点的理论，与宽带数据相应的宽带空域矩阵滤波技术是其用于实际阵列信号处理必须解决的问题，能否使用基于某频点设计的单个滤波器用于全频带阵列信号处理，必须从理论上进行论证。

其次，急需利用空域矩阵滤波技术解决水声信号处理中的一些重要问题。拖曳线列阵声呐平台噪声抵消、强干扰下弱目标检测、水面水下目标分辨对水下目标探测具有重要的军事意义。

(1) 拖曳线列阵声呐是探测低频安静型潜艇最有效的工具，然而，构成近程强干扰的平台辐射噪声对声呐性能影响十分严重，导致声呐在阵列端首方向附近形成大范围的探测盲区，而以往基于平面波处理的干扰抵消技术并不能从根本上解决平台自噪声抑制问题，空域矩阵滤波是解决该问题的最可行途径。

(2) 当水下弱目标位于水面强目标正下方或附近区域时，基于常规定向或定位算法仅能识别出水面目标，而高分辨匹配场算法虽然可以在环境精确匹配时辨识出水下弱目标，却存在易失配、稳定性差等问题，给敌方潜艇、无人自潜器、蛙人等凭借水面舰船掩护突袭我方港口、基地等创造了机会，空域矩阵滤波是解决该问题的可行方案。

(3) 水面水下目标分辨影响到目标威胁判定以及应对措施。矢量水听器虽可通过声压振速相关大致估计目标深度，但受制造工艺、目标信噪比和目标数目限制等因素制约，实用性有待加强。声压水听器阵列能够通过匹配场处理探测目标深度，但易受环境失配影响。采用稳健的波束形成技术，利用传统的声压水听器实现水面水下目标分辨是水声信号处理的重点研究内容，空域矩阵滤波技术为更好地解决该问题提供了可行思路。

1.2 空域矩阵滤波技术研究现状

Vaccaro 于 1996 年提出矩阵滤波概念[1]，利用矩阵滤波器代替传统的 FIR 数字滤波器，实现数字滤波。通过构造与数据等长度的方阵，利用傅里叶展开理论，将傅里叶展开向量离散性的划分为通带向量、阻带向量和过渡带向量，使用极小极大化准则或最小均方准则，设计最优化问题获得矩阵滤波器。矩阵滤波器不需要一定阶数的训练序列，因此更适合于短数据滤波，能够获得更好的信号时域和频谱抽取。Vaccaro 等相继提出了用于匹配场定位的空域矩阵滤波器设计方法，并在抑制了水面干扰的情况下，成功探测到水下目标的运动轨迹[2,3]。

Zhu 等通过半无限最优化问题设计矩阵滤波器[4,5]。在其最优化问题中，滤波器对通带向量的总体响应误差最小，滤波器对阻带向量在连续的阻带区间上都小于设定的约束值。并将矩阵滤波器直接用于等间隔线列阵的目标方位估计，虽然矩阵滤波器设计中的傅里叶展开向量与空域矩阵滤波器设计中的方向向量有本质不同，但在采用矩阵滤波器做空域滤波后，MUSIC 算法依旧实现了更高的目标定位精度。

MacInnes 设计了最小二乘型空域矩阵滤波器[6,7]，即伪逆法的空域矩阵滤波器设计，首次提出基于空域矩阵滤波技术和常规波束形成理论，可以获得高于阵元数的目标探测能力。

鄢社锋等将空域矩阵滤波技术用于目标方位估计，以及匹配场定位。其主要贡献在于设计了两种类型的空域矩阵滤波器[8-11]，并将所对应的滤波器设计最优化问题转化为二阶锥规划问题，即将以矩阵为未知参数的最优化问题转为以向量为参数的最优化问题，并采用了 SeDuMi 软件求解所得到的二阶锥规划问题[12,13]。其所提出的第一种滤波器设计方法是将滤波器的通带总体响应误差最小作为目标函数，第二种滤波器设计方法是将通带响应误差的极大值最小作为目标函数，两种设计方法均将滤波器对所有阻带离散点的响应小于某特定值作为约束条件。同时，在最优化问题中，还约束了滤波器的范数，其目的是通过该约束使滤波输出的噪声得到某种程度抑制，但如何具体选取滤波器范数约束值是不好解决的问题。由于滤波器对噪声的输出总是有一定的抑制作用，其抑制能力与阻带响应约束的值有关，所以与其对滤波器范数约束，不如考虑对阻带响应的约束值调节来实现滤波器对噪声输出的控制。

Hassanien[14]和冯杰[15,16]等提出了自适应空域矩阵滤波器设计方法，将空域矩阵滤波器对阻带响应小于阻带约束值，同时滤波器对通带响应误差小于通带误差约束值作为约束条件，将滤波器的输出数据能量值最小化作为目标函数的方式设计，并采用降维的方式简化滤波器设计的运算量。与鄢社锋的方法类似，也是将滤波器设计问题转化为二阶锥规划问题，进而利用 SeDuMi 软件求滤波器的最优解。

韩东等在空域矩阵滤波器设计方面做了大量的研究工作，致力于获得简洁高效的滤波器设计方法，并获得滤波器的闭式解，从数学上对空域矩阵滤波技术的性能做理论分析；规范了最小二乘空域矩阵滤波器设计方法[17-20]，并利用广义奇异值分解，获得了滤波器的简化表示形式，同时给出滤波器的通带总体响应误差和阻带总体响应；提出了零点约束空域矩阵滤波器设计方法[21-23]，用于存在强干扰情况下的数据处理；提出了通带零响应误差空域矩阵滤波器设计方法[24]，保证了通带信号的无失真通过；提出了通带总体响应误差或阻带总体响应约束空域矩阵滤波器设计方法。以上所提出的设计方法，均给出了滤波器的闭式最优解，并从数学的角度分析了滤波器性能。对宽带空域矩阵滤波器的设计方案做了初步分析[25]，解决了是否可以使用单个滤波器用于全频带阵列数据处理的问题。在矩阵滤波器设计和应用中，提出了阻带总体响应约束的滤波器设计方法，并给出了滤波器的最优解，分析了滤波器的响应误差。并对恒定阻带抑制空域矩阵滤波器设计及其性能做了探讨[26]。

韩东等设计了通带总体响应误差和阻带总体响应抑制的连续型矩阵滤波器[27,28]，推导了矩阵滤波器的最优解，并利用矩阵分解，分析了滤波器的性能，通过与传统FIR 滤波器的对比，检验了矩阵滤波器在短数据滤波中的性能。

1.3 本书内容概述

本书全面归纳和总结了空域矩阵滤波技术的设计方法，并将该技术用于目标方位估计和匹配场定位，分析了该技术的发展方向和应用拓展。

第 1 章是绪论，对空域矩阵滤波技术的研究背景和意义进行了简要概括，并对该技术的国内外研究现状进行了归纳总结。

第 2 章讨论了常用的被动目标探测的远场平面波模型、近场球面波模型和基于波动方程的复杂声场模型。着重介绍了各模型相应的目标定向、定位方法，包括常规波束形成、自适应波束形成、子空间方法、合成孔径技术、聚焦波束形成、匹配场处理、匹配模处理等。

第 3 章是空域矩阵滤波器设计，将目标方位估计技术和匹配场定位技术的阵列接收数据以统一的数学模型表示，分解了空域矩阵滤波技术的设计原理，全面归纳了空域矩阵技术的设计方法。从离散型、加权离散型、连续型三个方面，研究了滤波器的设计方法。离散型空域矩阵滤波器设计有恒定阻带响应约束、最小二乘、阻带总体响应或通带总体响应误差约束、双边阻带总体响应约束、阻带零点约束、通带零响应误差约束等。加权离散型空域矩阵滤波器设计有加权最小二乘、阻带响应加权通带总体响应误差约束、通带响应误差加权阻带总体响应约束、通带响应加权阻带零点约束等。对连续型空域矩阵滤波器设计和求解方法进行了探讨，并应用第一类贝塞尔函数理论获得滤波器向量化后的最优解。

第 4 章是自适应空域矩阵滤波器设计，给出了通带响应误差约束型、阻带约束型和通阻带约束型共计三类自适应空域矩阵滤波器的设计方法，并计算得到相应最优解的表达式。

第 5 章是宽带空域矩阵滤波及阵列数据处理，分析了基于某一频点设计的空域矩阵滤波器对全频带阵列流形的响应，以此为依据，找出了等间隔线列阵的宽带空域矩阵滤波器设计方法，并分析了一般阵列的宽带空域矩阵滤波器设计问题。给出了宽带阵列数据的空域矩阵滤波处理流程，并对每个子带的最佳频率选择依据进行了理论分析。

第6章是空域矩阵滤波技术在水声信号处理中的应用，从目标方位估计、匹配场定位和二者结合的三方面，将空域矩阵滤波技术用于强干扰抑制，提高目标定向和定位的性能。其中，针对拖曳线列阵的拖船辐射噪声抑制问题做了深入研究，提出了四种空域矩阵滤波器设计方法；分析了拖曳线列阵转向情况下如何进行阵形校准，设计了相应滤波器，并讨论了滤波器的性能。

第7章是矩阵滤波技术及其在数字滤波中的应用，研究了矩阵滤波技术的滤波原理，并给出基于通带总体响应误差或阻带总体响应约束型滤波器的设计方法，推导得出滤波器的最优解，并在短数据滤波中与传统FIR滤波器对比，进行了仿真分析。

第8章是空域矩阵滤波技术总结和发展方向，总结了现有的空域矩阵滤波技术，并对该技术的可能应用方向和研究方向做了简要概述。

第 2 章　目标被动探测模型及定向定位技术

2.1　目标定向模型和技术

2.1.1　目标信号入射模型

假设基阵阵元数为 N，水听器阵元指向性为各向同性，阵列接收远场平面波信号[29-33]。假设第 m 阵元的位置向量为

$$\boldsymbol{v}_m=(v_{xm},v_{ym},v_{zm})=(v_m\sin\varphi_m\cos\vartheta_m,v_m\sin\varphi_m\sin\vartheta_m,v_m\cos\varphi_m),\quad 1\leqslant m\leqslant N \tag{2-1}$$

其中，$v_m=\sqrt{v_{xm}^2+v_{ym}^2+v_{zm}^2}$ 为第 m 阵元距坐标原点的距离。

假设共有 D 个远场平面波信号入射到基阵，三维入射方位角为 $(\phi_i,\theta_i),1\leqslant i\leqslant D$，入射信号所对应的方向向量为

$$\boldsymbol{u}_i=(\sin\phi_i\cos\theta_i,\sin\phi_i\sin\theta_i,\cos\phi_i),\quad 1\leqslant i\leqslant D \tag{2-2}$$

空间任意阵元向量 $\boldsymbol{p}_m$ 和远场平面波入射到基阵方向向量 $\boldsymbol{u}_i$ 的示意图如图 2-1 所示。

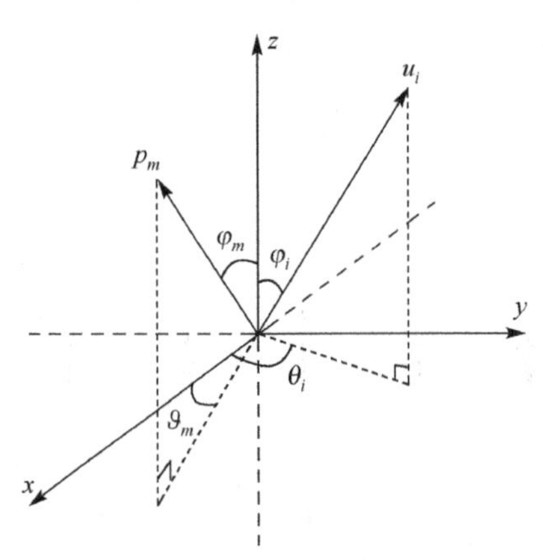

图 2-1　基阵阵元向量及远场平面波入射示意图

假定以坐标原点为参考点，若原点接收到的信号 s_i 为 $s_i(t)$，则第 m 阵元所接收的信号 s_i 为 $s_i(t-\tau_{i,m})$。其中，$\tau_{i,m}$ 为相对时延，由下式给出

$$\begin{aligned}\tau_{i,m} &= \boldsymbol{u}\cdot\boldsymbol{v}_m/c = (v_{xm}\sin\phi_i\cos\theta_i + v_{ym}\sin\phi_i\sin\theta_i + v_{zm}\cos\phi_i)/c \\ &= v_m[\sin\varphi_m\sin\phi_i\cos(\vartheta_m-\theta_i)+\cos\varphi_m\cos\phi_i]/c\end{aligned} \tag{2-3}$$

其中，c 是信号在海水中的声速，由于声速与温度、盐度和深度有关，所以声波传播过程中声速 c 会随传播路径发生变化，对于简化的声波传播模型，可假定 c 为与距离和时间无关的常数。对于每个阵元 $m, 1\leqslant m\leqslant N$，输出信号为远场平面波信号 s_i 的线性组合，第 m 阵元的输出为

$$x_m(t)=\sum_{i=1}^{D}s_i(t-\tau_{i,m})+n_m(t) \tag{2-4}$$

其中，$n_m(t)$ 为噪声，可假设服从高斯分布。

若远场平面波为窄带信号 $s_i(t,\omega)$，且接收端经带通滤波后 $n_m(t)$ 的输出为 $n_m(t,\omega)$，这里 ω 为窄带的中心角频率，$\omega=2\pi f$，f 为频率，则第 m 阵元的输出可表示为

$$x_m(t,\omega)=\sum_{i=1}^{D}s_i(t-\tau_{i,m},\omega)+n_m(t,\omega) \tag{2-5}$$

以解析信号形式所表示的输出为

$$\tilde{x}_m(t,\omega)=\sum_{i=1}^{D}\tilde{s}_i(t,\omega)\mathrm{e}^{-\mathrm{j}\omega\tau_{i,m}}+\tilde{n}_m(t,\omega) \tag{2-6}$$

其中，$\tilde{x}_m$、$\tilde{s}_i$ 和 $\tilde{n}_m$ 分别为 x_m、s_i 和 n_m 的解析信号。以矩阵形式表示基阵的输出如下

$$\boldsymbol{x}(t,\omega)=\boldsymbol{A}(\tau,\omega)\boldsymbol{s}(t,\omega)+\boldsymbol{n}(t,\omega) \tag{2-7}$$

其中

$$\boldsymbol{x}(\tau,\omega)=[\tilde{x}_1(t,\omega),\tilde{x}_2(t,\omega),\cdots,\tilde{x}_N(t,\omega)]^{\mathrm{T}}$$

$$\boldsymbol{s}(\tau,\omega)=[\tilde{s}_1(t,\omega),\tilde{s}_2(t,\omega),\cdots,\tilde{s}_D(t,\omega)]^{\mathrm{T}}$$

$$\boldsymbol{n}(\tau,\omega)=[\tilde{n}_1(t,\omega),\tilde{n}_2(t,\omega),\cdots,\tilde{n}_N(t,\omega)]^{\mathrm{T}}$$

$$\boldsymbol{A}(\tau,\omega)=[\boldsymbol{a}_1(\tau_1,\omega),\boldsymbol{a}_2(\tau_2,\omega),\cdots,\boldsymbol{a}_D(\tau_D,\omega)]$$

其中

$$\begin{aligned}\boldsymbol{a}_i(\tau_i,\omega) &= [\mathrm{e}^{-\mathrm{j}\omega\tau_{i,1}},\mathrm{e}^{-\mathrm{j}\omega\tau_{i,2}},\cdots,\mathrm{e}^{-\mathrm{j}\omega\tau_{i,N}}]^{\mathrm{T}} \\ &= [\mathrm{e}^{-\mathrm{j}\omega p_1[\sin\varphi_1\sin\phi_i\cos(\vartheta_1-\theta_i)+\cos\varphi_1\cos\phi_i]/c},\cdots,\mathrm{e}^{-\mathrm{j}\omega p_N[\sin\varphi_N\sin\phi_i\cos(\vartheta_N-\theta_i)+\cos\varphi_N\cos\phi_i]/c}]^{\mathrm{T}}\end{aligned}$$

其中，$\boldsymbol{a}_i(\tau_i,\omega)=\boldsymbol{a}_i(\phi_i,\theta_i,\omega)$ 为从方向 (ϕ_i,θ_i) 入射的窄带信号 $s_i(t,\omega)$ 所对应的方向向量。以上为远场平面波信号源数目为 D 的基阵输出数列，考虑到远处任意方位都有可能存在目标，$\boldsymbol{a}(\phi,\theta,\omega)$ 为对应于 (ϕ,θ) 的方向向量，并假设 $\boldsymbol{\varPhi}$ 和 $\boldsymbol{\varTheta}$ 为所有空间入

射方向 ϕ 和 θ 的集合，由 $\boldsymbol{a}(\phi,\theta,\omega)$ 所组成的集合 $\boldsymbol{A}(\omega)$ 为阵列流形矩阵 (Array Manifold)，即

$$\boldsymbol{A}(\omega)=\{\boldsymbol{a}(\phi,\theta,\omega)\,|\,\phi\in\Phi,\theta\in\Theta\} \tag{2-8}$$

对于连续的探测空间，阵列流形 $\boldsymbol{A}(\omega)$ 是由无数方向向量组成。在实际处理时，通常将探测区域离散化，用有限维数的矩阵 $\boldsymbol{A}(\omega)$ 表示阵列流形。

2.1.2　典型阵列的远场平面波方向向量和阵列流形

在声呐中，等间隔线列阵、均匀分布圆阵和平面阵列是最常用的阵形[34,35]。由于其方向向量的特殊性，易于对目标实施波束形成算法，而其他的基阵阵形可看成空间任意阵形处理。远场平面波入射到这样的阵列时，可以通过信号入射到各阵元的时延差，获得方向向量和阵列流形，其形式较为简洁。

2.1.2.1　等间隔线列阵

假设以第一个阵元为坐标原点，阵列布放于 y 轴正半轴，等间隔线列阵示意图如图 2-2 所示。

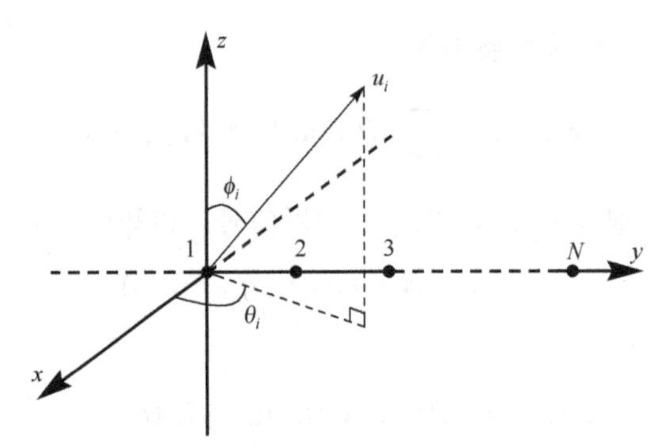

图 2-2　等间隔线列阵示意图

对于第 m 阵元，$v_m=(m-1)d$，$\varphi_m=\pi/2$，$\vartheta_m=\pi/2$，这里 d 为阵元间距。第 m 阵元的位置向量为

$$\boldsymbol{v}_m=[0,(m-1)d,0],\quad 1\leqslant m\leqslant N \tag{2-9}$$

入射角为 (ϕ,θ) 的信号入射到阵列的方向向量为

$$\boldsymbol{a}(\phi,\theta,\omega)=[1,\mathrm{e}^{-\mathrm{j}\omega d\sin\phi\sin\theta/c},\cdots,\mathrm{e}^{-\mathrm{j}\omega(N-1)d\sin\phi\sin\theta/c}]^{\mathrm{T}} \tag{2-10}$$

若入射信号位于 xy 平面，$\phi=\pi/2$，则方向向量简化为

$$\boldsymbol{a}(\theta,\omega)=[1,\mathrm{e}^{-\mathrm{j}\omega d\sin\theta/c},\cdots,\mathrm{e}^{-\mathrm{j}\omega(N-1)d\sin\theta/c}]^{\mathrm{T}} \tag{2-11}$$

此时，阵列流形为

$$\boldsymbol{A}(\omega)=\{\boldsymbol{a}(\theta,\omega)\,|\,\theta\in\Theta\}$$

2.1.2.2　均匀分布圆阵

假设以圆阵的圆心为坐标原点，圆阵阵元分布于 xy 平面，示意图如图 2-3 所示。

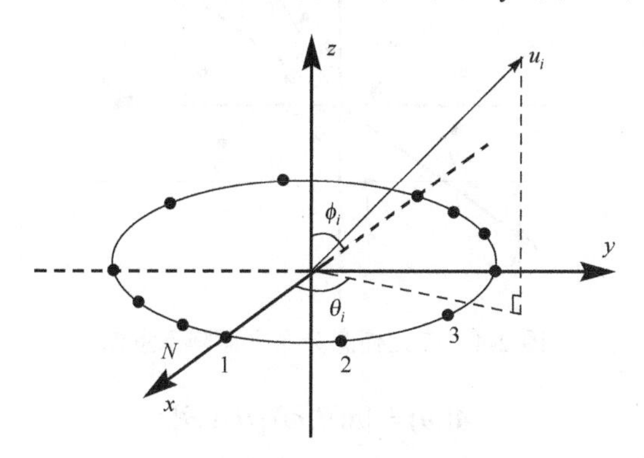

图 2-3　均匀分布圆阵示意图

假设圆阵的半径为 r，第一个阵元位于 x 轴正半轴上。对于第 m 阵元，$v_m = r$，$\varphi_m = \pi/2$，$\vartheta_m = 2\pi(m-1)/N$。第 m 阵元的位置向量为

$$\boldsymbol{v}_m = (r\cos\vartheta_m, r\sin\vartheta_m, 0),\quad 1 \leqslant m \leqslant N \tag{2-12}$$

当信号从 (ϕ,θ) 方向入射时，均匀圆阵的方向向量为

$$\boldsymbol{a}(\phi,\theta,\omega) = [\mathrm{e}^{-\mathrm{j}\omega r\sin\phi\cos(\vartheta_1-\theta)/c}, \mathrm{e}^{-\mathrm{j}\omega r\sin\phi\cos(\vartheta_2-\theta)/c}, \cdots, \mathrm{e}^{-\mathrm{j}\omega r\sin\phi\cos(\vartheta_N-\theta)/c}]^{\mathrm{T}} \tag{2-13}$$

若入射信号位于 xy 平面，$\phi = \pi/2$，则方向向量简化为

$$\boldsymbol{a}(\theta,\omega) = [\mathrm{e}^{-\mathrm{j}\omega r\cos(\vartheta_1-\theta)/c}, \mathrm{e}^{-\mathrm{j}\omega r\cos(\vartheta_2-\theta)/c}, \cdots, \mathrm{e}^{-\mathrm{j}\omega r\cos(\vartheta_N-\theta)/c}]^{\mathrm{T}} \tag{2-14}$$

此时，阵列流形为

$$\boldsymbol{A}(\omega) = \{\boldsymbol{a}(\theta,\omega) \mid \theta \in \Theta\} \tag{2-15}$$

2.1.2.3　平面阵列

假设平面阵各阵元皆位于 xy 平面，对于第 m 阵元，$v_m = r_m \in \mathbb{R}^+$，$\varphi_m = \pi/2$，$\vartheta_m \in [0, 2\pi]$。阵元任意分布的平面阵示意图如图 2-4 所示。第 m 阵元的位置向量为

$$\boldsymbol{v}_m = (r_m\cos\vartheta_m, r_m\sin\vartheta_m, 0),\quad 1 \leqslant m \leqslant N \tag{2-16}$$

当信号从 (ϕ,θ) 方向入射时，阵元任意分布的平面阵的方向向量为

$$\boldsymbol{a}(\phi,\theta,\omega) = [\mathrm{e}^{-\mathrm{j}\omega r_1\sin\phi\cos(\vartheta_1-\theta)/c}, \mathrm{e}^{-\mathrm{j}\omega r_2\sin\phi\cos(\vartheta_2-\theta)/c}, \cdots, \mathrm{e}^{-\mathrm{j}\omega r_N\sin\phi\cos(\vartheta_N-\theta)/c}]^{\mathrm{T}} \tag{2-17}$$

若入射信号位于 xy 平面，$\phi = \pi/2$，则方向向量为

$$\boldsymbol{a}(\theta,\omega) = [\mathrm{e}^{-\mathrm{j}\omega r_1\cos(\vartheta_1-\theta)/c}, \mathrm{e}^{-\mathrm{j}\omega r_2\cos(\vartheta_2-\theta)/c}, \cdots, \mathrm{e}^{-\mathrm{j}\omega r_N\cos(\vartheta_N-\theta)/c}]^{\mathrm{T}} \tag{2-18}$$

此时，阵列流形为

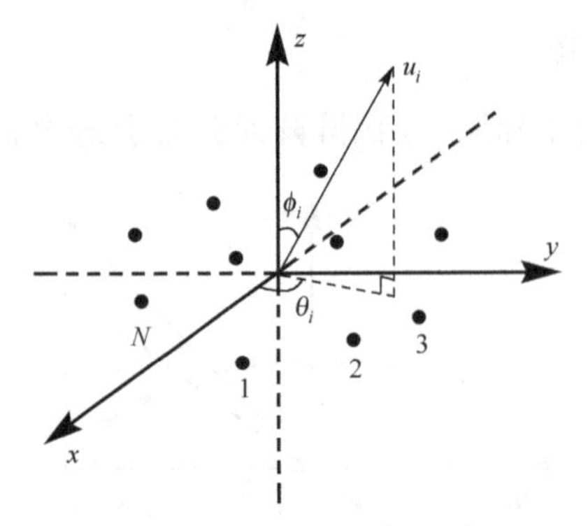

图 2-4 阵元任意分布平面阵示意图

$$A(\omega) = \{a(\theta,\omega) \mid \theta \in \Theta\} \tag{2-19}$$

2.1.3 基于远场平面波的探测技术

由式(2-7)阵列接收中心频率为 ω 的信号的复包络可表示为

$$x(t) = \sum_{i=1}^{D} a_i(\tau_i,\omega)s_i(t,\omega) + n(t) = A(\tau,\omega)s(t,\omega) + n(t,\omega) \tag{2-20}$$

其中，$s_i(t,\omega)$ 表示第 i 个入射源信号，$i=1,2,\cdots,D$，D 为入射源个数，$n(t,\omega)$ 为阵列接收噪声，为便于处理，可认为噪声为零均值、空间不相关的高斯白噪声，$a_i(\tau_i,\omega)$ 为阵列对 $(\phi_i,\theta_i),1\leqslant i\leqslant D$ 方向入射信号形成的方向向量(也称为方向矢量或导引矢量)，$A(\tau,\omega)$ 为由 D 个方向向量所构成的方向向量矩阵，即阵列流形矩阵。方向向量包含了各阵元接收信号与参考阵元的相位差信息，所以常规波束形成利用方向向量作为加权矢量。

此处的阵列入射模型中，仅考虑了 D 个方向的入射信号，实际处理中，并不知道具体哪个方位会存在信号，所以，通常的做法是，将要探测的空间划分成多个方向或方位，所有方向或方位的数目为 D，即假设所有方向或方位都可能存在信号，从而对全空间实现探测。

由式(2-20)，可得阵列信号的协方差矩阵为

$$R = A(\tau,\omega)R_s A^{\mathrm{H}}(\tau,\omega) + \sigma^2 I \tag{2-21}$$

其中，$R_s = E[s(t,\omega)s^{\mathrm{H}}(t,\omega)]$ 为入射信号的协方差矩阵，R 为接收阵的协方差矩阵，包含入射信号分量和噪声分量，此处假设噪声与入射信号不相关，且入射信号的数学期望为零，接收数据的数学期望也为零。$\sigma^2 I = E[n(t,\omega)n^{\mathrm{H}}(t,\omega)]$ 为接收阵的输入噪声相关函数，$\sigma_n^2 = [\sigma_1^2,\sigma_2^2,\cdots,\sigma_N^2]$，$\sigma_m^2, m=1,2,\cdots,N$ 对应于第 m 阵元的接收噪声功率。此处也假设各阵元之间的噪声是不相关的，即有 $E[n_i(t,\omega)n_j^{\mathrm{H}}(t,\omega)]=0, i\neq j$。

在实际阵列数据处理中，利用接收数据的有限次快拍获得阵列信号协方差矩阵 $\boldsymbol{R}$ 的估计，对于快拍数为 L 的情况，可采用式(2-22)获得式(2-21)的估计。

$$\hat{\boldsymbol{R}}=\frac{1}{L}\sum_{l=1}^{L}\boldsymbol{x}(t)\boldsymbol{x}^{\mathrm{H}}(t) \tag{2-22}$$

如果入射信号只有一个，即 $D=1$，则式(2-21)可写为如下形式

$$\boldsymbol{R}=\sigma_s^2\boldsymbol{a}\boldsymbol{a}^{\mathrm{H}}+\boldsymbol{\sigma}^2\boldsymbol{I} \tag{2-23}$$

其中，$\boldsymbol{a}=\boldsymbol{a}(\phi_i,\theta_i)$，$\sigma_s^2$ 为远场平面波的入射信号功率。

2.1.3.1　常规波束形成

常规波束形成(Conventional Beamforming, CBF)的时域实现也称延时-相加波束形成。现基于式(2-8)的信号入射一般模型，给出常规波束形成的表达式。复数域处理的 CBF 算法中延时表现为相移，相应的波束形成输出信号和输出功率谱为

$$\boldsymbol{y}(t,\phi,\theta)=\boldsymbol{w}^{\mathrm{H}}(\phi,\theta)\boldsymbol{x}(t)=\boldsymbol{a}^{\mathrm{H}}(\phi,\theta,\omega)\boldsymbol{x}(t) \tag{2-24}$$

其中，由于 $\boldsymbol{a}(\phi,\theta,\omega)$ 包含了频率 ω 信息，所以式(2-24)实际上仅获得了某单频 ω 的输出结果。

此时的常规波束形成输入功率谱为

$$P_{\mathrm{CBF}}(\phi,\theta,\omega)=\boldsymbol{a}^{\mathrm{H}}(\phi,\theta,\omega)\hat{\boldsymbol{R}}\boldsymbol{a}(\phi,\theta,\omega) \tag{2-25}$$

式(2-25)即为对接收信号向量 $\boldsymbol{x}(t)$ 做类似于离散傅里叶变换的操作，阵元数较大时，可以用快速傅里叶变换提高运算效率。对于平面波入射情况，CBF 算法分辨的瑞利(Raleigh)限为

$$\Delta\theta=\arcsin\left(\frac{c}{Nfd}\right) \tag{2-26}$$

其中，$f=\omega/2\pi$，上式是在 $\phi=\pi/2$ 时的结果。

从式(2-26)可知，CBF 算法的分辨率与基阵孔径和探测频率有密切的关系。由反正弦函数的性质可知，可通过增大探测频率，以及增加阵元数和阵元间距的方式改善分辨率。

2.1.3.2　自适应波束形成

自适应波束形成(Adaptive Beamforming, ABF)能够根据得到的阵列数据做自适应调整，在确保有用信号无失真的同时能有效抑制干扰。Capon 提出的最小方差无畸变响应波束形成(Minimum Variance Distortionless Response, MVDR)是自适应波束形成方法的典型代表。它使来自非期望波达方向的任何干扰所贡献的功率最小，但又能保持“在观测方向上的信号功率”不变，以提高阵列输出的信号与干扰噪声比。

MVDR 可表示为一个约束优化问题，即

$$\min \boldsymbol{w}^{\mathrm{H}}\boldsymbol{R}\boldsymbol{w} \quad \text{s.t.} \quad \boldsymbol{w}\boldsymbol{a}(\phi,\theta,\omega)=1 \tag{2-27}$$

上式可用 Lagrange 乘子法求解，可得到最优权向量和输出功率为

$$\boldsymbol{w}_{\mathrm{MVDR}}(\phi,\theta,\omega)=\frac{\boldsymbol{R}^{-1}\boldsymbol{a}(\phi,\theta,\omega)}{\boldsymbol{a}^{\mathrm{H}}(\phi,\theta,\omega)\boldsymbol{R}^{-1}\boldsymbol{a}(\phi,\theta,\omega)} \tag{2-28}$$

$$P_{\mathrm{MVDR}}(\phi,\theta,\omega)=\frac{1}{\boldsymbol{a}^{\mathrm{H}}(\phi,\theta,\omega)\boldsymbol{R}^{-1}\boldsymbol{a}(\phi,\theta,\omega)} \tag{2-29}$$

MVDR 空间谱(阵列输出功率关于波达方向的函数)在信号到达方向有尖锐的峰值，减小了相近信号谱的泄漏，分辨率高于 CBF。但在协方差函数矩阵 $\boldsymbol{R}$ 接近奇异时，算法失效。在实际应用中，需要对波束形成器施加附加的约束条件，防止或减小信号形成零点的问题，一般考虑对角加载技术。

$$\boldsymbol{w}_{\text{DL-MVDR}}(\varphi)=\frac{(\boldsymbol{R}+\delta_d^2\boldsymbol{I})^{-1}\boldsymbol{a}(\phi,\theta,\omega)}{\boldsymbol{a}^{\mathrm{H}}(\phi,\theta,\omega)(\boldsymbol{R}+\delta_d^2\boldsymbol{I})^{-1}\boldsymbol{a}(\phi,\theta,\omega)} \tag{2-30}$$

其中，$\boldsymbol{I}$ 为单位矩阵，δ_d 为采样协方差矩阵 $\boldsymbol{R}$ 的对角加载因子，δ_d 趋于无穷大和无穷小时，DL-MVDR 权向量分别对应 CBF 算法和 MVDR 算法的权向量，因此，可通过调节对角加载因子来获得稳健性和分辨率的折中。

2.1.3.3 子空间 DOA 估计算法

Capon 的 MVDR 算法比 CBF 的分辨率高，但也有本质上的局限性。后来不少学者在改进阵列 DOA(Direction of Arrival)估计的分辨率方面做了大量努力，并利用阵列信号模型的结构，以子空间构造为着眼点，提出多种超分辨 DOA 估计算法。Schmidt 提出的 MUSIC(Multiple Signal Classification)技术即为典型代表，他基于信号空间特征结构导出了不考虑噪声情况下 DOA 估计问题的完全几何解，并推广得到含噪声时的合理近似解。以 MUSIC 子空间算法为基础，典型的还有特征向量法(Eigen-vector)、Roy 等提出的 ESPRIT(Estimating Signal Parameter Variational Invariance Techniques)算法、最小范数(Min-norm)算法等。

对式(2-21)中的 $N\times N$ 维阵列协方差矩阵进行特征值分解，可得

$$\boldsymbol{R}=\boldsymbol{U}\boldsymbol{\Lambda}\boldsymbol{U}^{\mathrm{H}}=[\boldsymbol{U}_s,\boldsymbol{U}_n]\boldsymbol{\Lambda}[\boldsymbol{U}_s,\boldsymbol{U}_n]^{\mathrm{H}} \tag{2-31}$$

其中，$\boldsymbol{\Lambda}=\mathrm{diag}\{\boldsymbol{\Lambda}_s,\boldsymbol{\Lambda}_n\}$ 为特征值矩阵，且 $\boldsymbol{\Lambda}=\mathrm{diag}\{\lambda_1,\lambda_2,\cdots,\lambda_N\}$，$\lambda_1\sim\lambda_N$ 按从大到小排列，$\boldsymbol{U}_s$ 是由 $\boldsymbol{R}$ 的 D (入射源的个数)个大的特征值所对应的特征向量构成的子空间，称为信号子空间，$\boldsymbol{U}_n$ 是由 $\boldsymbol{R}$ 的 $N-D$ 个小的特征值所对应的特征向量构成的子空间，称为噪声子空间。$\boldsymbol{U}_s$ 的列向量和阵列信号方向矢量 $\boldsymbol{a}(\phi,\theta,\omega)$ 张成相同的子空间，而 $\boldsymbol{U}_s$ 与 $\boldsymbol{U}_n$ 正交，所以方向矢量 $\boldsymbol{a}(\phi,\theta,\omega)$ 和噪声子空间 $\boldsymbol{U}_n$ 正交。由此可以定

义一种类似于功率谱的函数，即 MUSIC 空间谱，为

$$\begin{aligned} P_{\text{MUSIC}}(\phi,\theta,\omega) &= \frac{1}{\boldsymbol{a}^{\text{H}}(\phi,\theta,\omega)\boldsymbol{U}_n\boldsymbol{U}_n^{\text{H}}\boldsymbol{a}(\phi,\theta,\omega)} \\ &= \frac{1}{\boldsymbol{a}^{\text{H}}(\phi,\theta,\omega)(\boldsymbol{I}-\boldsymbol{U}_s\boldsymbol{U}_s^{\text{H}})\boldsymbol{a}(\phi,\theta,\omega)} \end{aligned} \tag{2-32}$$

MUSIC 空间谱中，D 个最大峰值对应的位置即为 D 个入射信号的 DOA。该算法的关键是确定信号源的数量，即信号子空间的维度。实际应用中，式(2-31)中的 $\boldsymbol{R}$ 需要用式(2-22)中的阵列有限样本协方差矩阵 $\hat{\boldsymbol{R}}$ 来代替，这样噪声特征值不一定相等，不过可以通过检查噪声特征值的相近程度来对信号源的数量进行估计。理论上，只要阵列协方差矩阵的偏差足够小，MUSIC 方法可以分辨在方位上无限接近的多个目标，虽然 MUSIC 方法不能分辨高度相关信号源，但可以采用子阵空间平滑或前后向平均解信号相关。

Eigen-vector 算法是在 MUSIC 考虑了实际噪声特征值不相等，用噪声空间的逆矩阵代替无信号入射时噪声协方差阵的逆矩阵，并用特征向量矩阵的估计 $\hat{\boldsymbol{U}}_n$ 代替 $\boldsymbol{U}_n$，即

$$P_{\text{EV}}(\phi,\theta,\omega) = \frac{1}{\boldsymbol{a}^{\text{H}}(\phi,\theta,\omega)\hat{\boldsymbol{U}}_n\boldsymbol{\Lambda}_n^{-1}\hat{\boldsymbol{U}}_n^{\text{H}}\boldsymbol{a}(\phi,\theta,\omega)} \tag{2-33}$$

最小范数(Min-norm)算法利用噪声空间特征向量的一个线性组合与信号空间正交的性质，即通过引入一个加权矩阵，来获得较低的估计偏差和较高的分辨率，如下

$$P_{\text{MN}}(\phi,\theta,\omega) = \frac{1}{\boldsymbol{a}^{\text{H}}(\phi,\theta,\omega)\hat{\boldsymbol{U}}_n\hat{\boldsymbol{U}}_n^{\text{H}}\boldsymbol{W}^{\text{H}}\hat{\boldsymbol{U}}_n\hat{\boldsymbol{U}}_n^{\text{H}}\boldsymbol{a}(\phi,\theta,\omega)} \tag{2-34}$$

其中，$\boldsymbol{W} = e_1 e_1^{\text{H}}$，$e_1 = [1,0,\cdots,0]^{\text{T}}$。其他基于 MUSIC 的算法还有 Root-MUSIC 等。

ESPRIT 技术经过多年发展，已经成为现代信号处理中的一种主要方法，并得到了广泛应用。对于阵列信号处理，ESPRIT 通常将 N 元线列阵分成 $1\sim N-1$ 和 $2\sim N$ 两个相互重叠的 $N-1$ 元子阵，两个子阵的输出相差一个包含入射信号方位的相移矩阵，由此可确定各入射信号的波达方向。具体做法是对两个子阵的协方差矩阵做特征分解，得到其信号子空间的特征向量矩阵，利用 LS 或 TLS 算法可得相移矩阵的特征值，通过该特征值求信号波达方向。ESPRIT 算法针对两个相互重叠的子阵进行处理，所以受阵形畸变的影响不大，且计算量较小。其他类似的还有酉变换 ESPRIT(Unitary-ESPRIT)算法等。

2.1.4　近场球面波模型

对于长度为 L 的线阵来说，如果目标距离 r 满足式(2-35)，则可认为目标位于近场范围。

$$r \leqslant L^2 / \lambda \tag{2-35}$$

可以看出，近场范围与阵列孔径L的平方成正比，而与入射信号波长λ成反比。

考虑N元声压传感器组成的平面离散阵列，其被动定位示意图如图 2-5 所示。

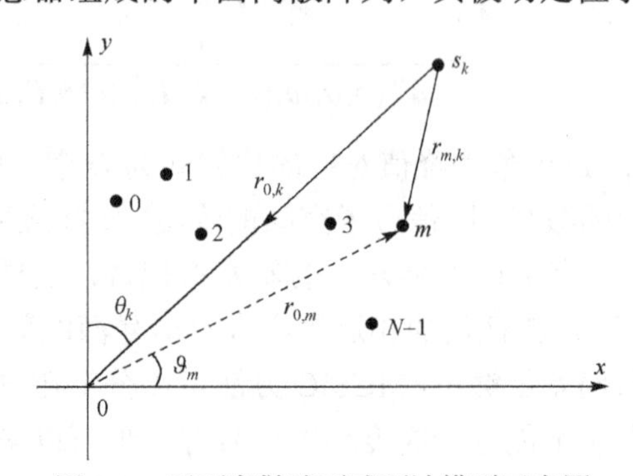

图 2-5　平面离散阵列球面波模型示意图

各阵元的位置矢量在极坐标下可表示为$\boldsymbol{v}_m=[r_m\cos\vartheta_m, r_m\sin\vartheta_m], 1\leqslant m\leqslant N$，其中，$\vartheta_m$和$r_m$分别为第$m$个阵元极角和到参考点(坐标原点)的距离，$R_k$为第$k$个信号源$s_k$到参考点的距离。近场球面波与远场平面波模型具有相同之处，其目标入射模型也可利用式(2-4)或式(2-7)表示。区别在于源信号入射到基阵的时延差与基于远场平面波的模型不同。球面波模型下第k个信号源s_k到第m个阵元与到参考点的延时差$\tau_{m,k}=d_{m,k}/c=(r_{m,k}-r_{0,k})/c$，其中，$d_{m,k}$表示第$k$个信号源$s_k$到第$m$个阵元与到参考点的距离差。

根据余弦定理，第k个信号源s_k到第m个阵元的距离为

$$r_{m,k}=\sqrt{r_{0,k}^2+r_i^2-2r_{0,k}r_m\sin(\theta_k+\vartheta_m)} \tag{2-36}$$

那么

$$\tau_{m,k}=d_{m,k}/c=(\sqrt{r_{0,k}^2+r_m^2-2r_{0,k}r_m\sin(\theta_k+\vartheta_m)}-r_{0,k})/c \tag{2-37}$$

如果是等间隔均匀线阵，则其被动定位示意图如图 2-6 所示。

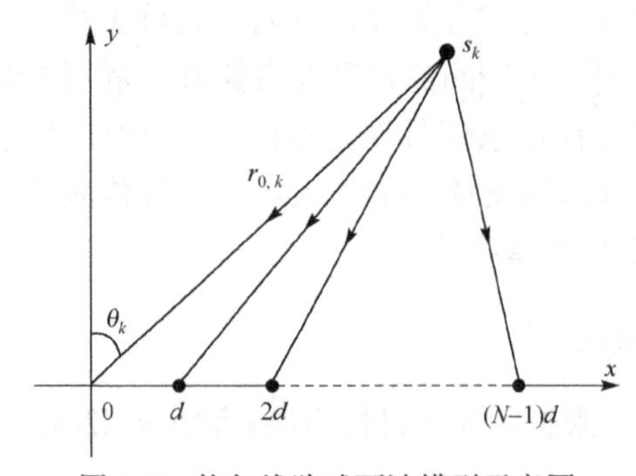

图 2-6　均匀线阵球面波模型示意图

此时，第 k 个信号源 s_k 到第 m 个阵元的距离为

$$r_{m,k}=\sqrt{r_{0,k}^2+m^2d^2-2r_{0,k}md\sin\theta_k} \tag{2-38}$$

因此

$$\tau_{m,k}=d_{m,k}/c=(\sqrt{r_{0,k}^2+m^2d^2-2r_{0,k}md\sin\theta_k}-r_{0,k})/c \tag{2-39}$$

2.1.5　基于近场球面波的目标定位技术

2.1.5.1　三点测距

理论上，只要有三个点接收到声信号，就可以推算出发射源的位置。考虑三点测距的最简单模型，如图 2-7 所示。这里将中间阵元作为基准阵元，三个水听器 A_1、A_0 和 A_2 均位于 x 轴上，考虑特殊情况，即阵元间距为 d 的模型。信号源 s_k 到 A_1、A_2 的距离分别为 $r_{1,k}$、$r_{2,k}$，s_k 到阵元 A_0 的距离为 $r_{0,k}$，$r_{0,k}$ 为所求参数。

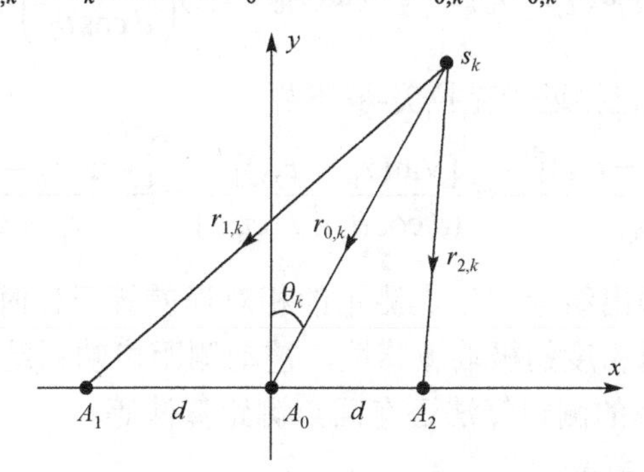

图 2-7　三点测距原理图

对于远场平面波情况，$r_k \gg d$，$r_{1,k}$、$r_{2,k}$ 与 $r_{0,k}$ 之间的距离差值都等于 $d\sin\phi_k$，而近场球面波模型是利用距离差的不同判断目标位置。很显然，对于等间隔三元阵而言，也存在左右舷模糊的问题，这个问题在直线阵中都存在。假设已经测量出信号源 s_k 到达 A_1 和 A_0 的时延差 τ_{10}，以及到达 A_2 和 A_0 的时延差 τ_{20}，且 d 已知，则可以通过几何模型求解出 $r_{0,k}$ 和 θ_k。

图 2-7 中，A_0 位于原点，则

$$\begin{cases}[(r_{0,k}\sin\theta_k+d)^2+(r_{0,k}\cos\theta_k)^2]^{1/2}-r_{0,k}=c\tau_{10}\\ [(r_{0,k}\sin\theta_k-d)^2+(r_{0,k}\cos\theta_k)^2]^{1/2}-r_{0,k}=c\tau_{20}\end{cases} \tag{2-40}$$

解式(2-40)，可得

$$r_{0,k}=\frac{2d^2-c^2(\tau_{10}+\tau_{20})^2}{2c(\tau_{10}+\tau_{20})} \tag{2-41}$$

利用式(2-41)，可获得到信号源 s_k 的距离入射角 θ_k 估计表达式，如下

$$\begin{cases} \theta_k = \arcsin\left[\dfrac{c(\tau_{10}+\tau_{20})}{2d}\right] \\ r_{0,k} = \dfrac{d^2\cos\theta_k}{c(\tau_{10}+\tau_{20})} \end{cases} \tag{2-42}$$

由图 2-7 中模型可以看出，目标距离越远，τ_{10} 和 τ_{20} 的值就越小，而且目标越靠近 A_0 、A_1 和 A_2 所构成阵列的正横方向，τ_{10} 和 τ_{20} 的值也越小，两种情况都会造成测距误差变大。且实际情况比上述理论分析要复杂得多，主要是测距所需的延时估计精度是微秒量级的，而水声信道的传播起伏有可能在同一量级甚至更大，所以进行被动测距时还需要精确分析系统误差，配合一系列信号处理技术和实时修正技术。

根据式(2-42)可以得到估计量的方差为

$$\mathrm{Var}(\hat{r}_{0,k} - r_{0,k}) = c^2\mathrm{Var}(\tau_{10}+\tau_{20})\left(\frac{r_{0,k}}{d\cos\theta_k}\right)^4 \tag{2-43}$$

Carter 曾证明上式已接近于克拉美-罗下界

$$\frac{[\mathrm{Var}(\hat{r}_{0,k}-r_{0,k})]^{1/2}}{r_{0,k}} = \frac{[\mathrm{Var}(\tau_{10}+\tau_{20})]^{1/2}}{(d\cos\theta_k)^2/(cr_{0,k})} = \frac{[\mathrm{Var}(\tau_{10}+\tau_{20})]^{1/2}}{\tau_{10}+\tau_{20}} \tag{2-44}$$

由式(2-44)可以得出结论，三点测距的相对误差等于延时测量的相对误差。由于测距精度对延时测量精度的极端敏感性，被动测距声呐系统对湿端的基阵安装往往有特殊的要求。类似的测距算法还有四点测距算法等。

2.1.5.2 聚焦波束形成

常规波束形成技术是基于远场平面波假设的，相当于一个针对方位角的空间滤波器。而对于近场目标来说，需要对不同方向和距离上的延时进行球面波形式的补偿，再进行累加操作，以在实际目标位置上形成“聚焦”点，最后是从形成的二维功率谱中得到目标的方位和距离信息，这就是聚焦波束形成的基本原理。基于平面波模型的波束形成是针对目标方位角的一维扫描过程，而基于球面波模型的聚焦波束形成则是针对目标距离和方位角的二维扫描过程。

针对近场目标的聚焦 CBF 和 MVDR 的实现形式如下

$$P_{\mathrm{CBF}}(r,\theta,\omega) = \boldsymbol{a}^{\mathrm{H}}(r,\theta,\omega)\hat{\boldsymbol{R}}\boldsymbol{a}(r,\theta,\omega) \tag{2-45}$$

$$P_{\mathrm{MVDR}}(r,\theta,\omega) = \frac{1}{\boldsymbol{a}^{\mathrm{H}}(r,\theta,\omega)\hat{\boldsymbol{R}}^{-1}\boldsymbol{a}(r,\theta,\omega)} \tag{2-46}$$

其中，$\hat{\boldsymbol{R}}$ 为阵列接收信号的样本协方差矩阵估计，近场球面波的方向向量 $\boldsymbol{a}(r,\theta,\omega)$ 与

远场平面波模型的方向向量不同，具体如下所示

$$\boldsymbol{a}(r,\theta,\omega)=[1,\mathrm{e}^{\mathrm{j}\omega\tau_{1,k}},\cdots,\mathrm{e}^{\mathrm{j}\omega\tau_{N-1,k}}] \tag{2-47}$$

其中，$\tau_{m,k},m=1,2,\cdots,N$ 表示第 k 个目标 $x_k(t)$ 到达各阵元的时延差。

对于平面离散阵列

$$\tau_{m,k}=d_{m,k}/c=(\sqrt{r_{0,k}^2+r_m^2-2r_{0,k}r_m\sin(\theta_k+\vartheta_m)}-r_{0,k})/c \tag{2-48}$$

对于均匀直线阵列

$$\tau_{m,k}=d_{m,k}/c=(\sqrt{r_{0,k}^2+m^2d^2-2r_{0,k}md\sin\theta_k}-r_{0,k})/c \tag{2-49}$$

通常，可将阵列所在近场离散化，并对离散化的点进行入射信号功率谱估计。为了提高目标搜索效率，可以先对目标进行粗略的方位估计，然后对目标所在的粗略方位进行精细扫描，以获得目标角度和距离的精确信息。

2.2 复杂声场模型及目标定位技术

2.2.1 波动方程及简正波解

声传播数学模型的理论基础是波动方程[36-42]，海洋声场所满足的空间三维波动方程可表示为[43-46]

$$\nabla^2\Psi(\boldsymbol{r},t)-\frac{1}{c^2(\boldsymbol{r})}\frac{\partial^2\Psi(\boldsymbol{r},t)}{\partial t^2}+\Omega(\rho)\Psi(\boldsymbol{r},t)=\frac{F(\boldsymbol{r},t)}{\sqrt{\rho(\boldsymbol{r})}} \tag{2-50}$$

$$\Omega(\rho)=\frac{\nabla^2\rho(\boldsymbol{r})}{2\rho(\boldsymbol{r})}-\frac{3(\nabla\rho(\boldsymbol{r}))^2}{4\rho^2(\boldsymbol{r})} \tag{2-51}$$

其中，$\Psi(\boldsymbol{r},t)$ 是声场的声势，$F(\boldsymbol{r},t)$ 是声源函数，$\boldsymbol{r}$ 表示三维空间矢量，$c(\boldsymbol{r})$ 和 $\rho(\boldsymbol{r})$ 分别表示空间声速和密度分布。

对于简谐声源情况，有

$$\begin{cases}F(\boldsymbol{r},t)=f(\boldsymbol{r})\mathrm{e}^{\mathrm{j}\omega t}\\ \Psi(\boldsymbol{r},t)=\phi(\boldsymbol{r})\mathrm{e}^{\mathrm{j}\omega t}\end{cases} \tag{2-52}$$

其中，$\phi(\boldsymbol{r})$ 和 $f(\boldsymbol{r})$ 分别表示与时间无关的(或频域)声势和声源函数。将上式代入波动方程可得势函数波动方程简化式如下

$$\nabla^2\phi(\boldsymbol{r})+K^2(\boldsymbol{r})\phi(\boldsymbol{r})=\frac{f(\boldsymbol{r})}{\sqrt{\rho(\boldsymbol{r})}} \tag{2-53}$$

其中，$K^2(\boldsymbol{r})=\dfrac{\omega^2}{c^2(\boldsymbol{r})}+\Omega(\rho)$。

上式被称为与时间无关的(或频域)波动方程即亥姆霍兹波动方程。按照相应的边界条件以及所使用的数学方法，可通过射线理论、简正波理论、多路径展开、快速声场和抛物方程等方法求解亥姆霍兹方程。在上述方法中，简正波理论能够精确、细致地描述声场，特别是能够很好地解决声影区、会聚区和焦散区等声学特殊区域问题，在浅海、低频、远场问题中得到了较多的应用。

在声速 $c(\boldsymbol{r})$ 仅与深度 z 有关，密度 $\rho(\boldsymbol{r})$ 不随空间变化假设条件下，浅海声场声压简正波表达式为

$$p(r,z,z_s)=\frac{\mathrm{j}}{\sqrt{8\pi r}}\mathrm{e}^{\mathrm{j}\frac{\pi}{4}}\sum_{l}\psi_l(z_s)\psi_l(z)\frac{1}{\sqrt{v_l}}\mathrm{e}^{-\mathrm{j}\mu_l r}\mathrm{e}^{\delta_l r} \tag{2-54}$$

其中，r 表示接收点到声源的距离，z 与 z_s 分别表示接收点与声源的深度，$v_l=\mu_l+\mathrm{j}\delta_l$ 表示简正波的复本征值，μ_l 表示水平波数，$\delta_l<0$ 表示简正波的衰减系数，$\psi_l(z)$ 表示简正波的本征函数，满足二阶常微分方程及相应的边界条件。

2.2.2 匹配场拷贝向量及信号接收模型

匹配场处理的原理是利用海洋环境参数，通过计算所得的接收阵列在某探测位置的声压与阵列实际接收声压做相关匹配。将所探测区域划分网格，对每个网格点计算相应的匹配值，相关匹配值体现了网格点处的能量，并以此能量值用于水下目标检测。

假定用于匹配场定位的阵列其阵元数为 N，第 n 号阵元的坐标为 $n(x_n,y_n,z_n)$，声源 s 处的坐标为 $s(x_s,y_s,z_s)$，阵元 n 与声源 s 在 xy 平面上投影点的相对距离为 r_n，声源与阵元的相对位置示意图如图 2-8 所示。

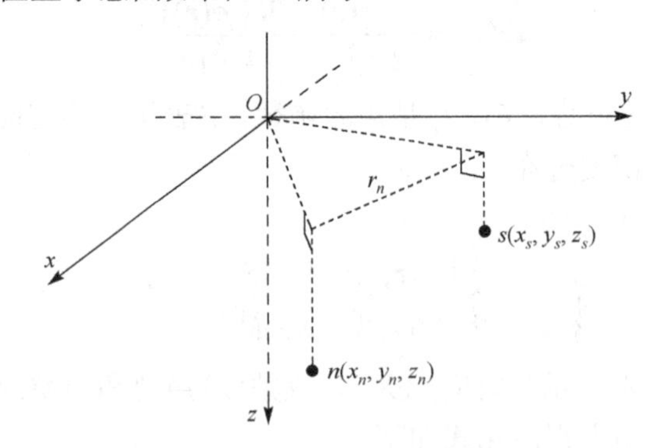

图 2-8　声源与接收阵阵元相对位置

依据简正波理论，可以计算出声源到达接收阵第 n 阵元的声压，记为 $p_n(r_n(x_n,y_n,x_s,y_s),z_n,z_s)$。在给定接收阵的位置信息，即 (x_n,y_n,z_n) 已知时，$p_n(r_n(x_n,y_n,x_s,y_s),z_n,z_s)=p_n(r_n,z_s)$，基阵接收声压向量为

$$\boldsymbol{p}(\boldsymbol{r}_s, z_s) = [p_1(r_1, z_s), p_2(r_2, z_s), \cdots, p_N(r_N, z_s)]^{\mathrm{T}} \tag{2-55}$$

其中，$\boldsymbol{r}_s = [r_1(x_1, y_1, x_s, y_s), r_2(x_2, y_2, x_s, y_s), \cdots, r_N(x_N, y_N, x_s, y_s)]$。

声压 $\boldsymbol{p}(\boldsymbol{r}_s, z_s)$ 即为匹配场处理的拷贝向量。对搜索区域设置相应的网格，针对网格点计算该点到接收阵列的拷贝向量，并以此作为搜索向量，与阵列接收数据做相关，通过相关能量检测实现目标定位。

上述通过简正波理论所得的接收阵声压向量建立在源信号声压为单位声压的基础上，由于信号源的声强随时间变化，可假设 $\boldsymbol{p}(\boldsymbol{r}_s, z_s)$ 与 $\chi_s(t)$ 的乘积为信源到达接收阵的实际声压，其中 $\chi_s(t)$ 与信号源声强值有关。

假设基阵共接收 D 个水下目标信号，阵列输出为这 D 个信号声压 $\boldsymbol{p}(\boldsymbol{r}_{si}, z_{si})\chi_{si}(t), 1 \leqslant i \leqslant D$ 的线性组合，假设水听器接收端的噪声为 $n_i(t), 1 \leqslant i \leqslant D$，考虑到 $\boldsymbol{p}(\boldsymbol{r}_{si}, z_{si})\chi_{si}(t)$ 都与频率 ω 有关，则阵列输出可用方程表示如下

$$\boldsymbol{x}(t, \omega) = [\boldsymbol{p}(\boldsymbol{r}_{s1}, z_{s1}), \boldsymbol{p}(\boldsymbol{r}_{s2}, z_{s2}), \cdots, \boldsymbol{p}(\boldsymbol{r}_{sD}, z_{sD})]\chi(t) + N(t, \omega) \tag{2-56}$$

其中，$\boldsymbol{\chi}(t) = [\chi_{s1}(t), \chi_{s2}(t), \cdots, \chi_{sN}(t)]^{\mathrm{T}}$，$N(t, \omega) = [n_1(t, \omega), n_2(t, \omega), \cdots, n_N(t, \omega)]^{\mathrm{T}}$ 为噪声。

定义 $\boldsymbol{P} = \{\boldsymbol{p}(\boldsymbol{r}_s, z_s) \mid \boldsymbol{r}_s \in \Upsilon, z_s \in \boldsymbol{Z}\}$ 为拷贝向量集，其中 Υ 和 $\boldsymbol{Z}$ 分别为 $\boldsymbol{r}_s$ 和 z_s 的可能取值集合。

2.2.3　常用的目标定位技术

2.2.3.1　匹配场处理技术

在实际海洋环境中，声源参数、水声信道和接收阵数据三者构成完整的因果关系。接收阵数据可以通过人为操作来获取，而只要知道声源参数和水声信道中的一项，就可以根据接收阵的实际测量声场与接收阵处的理论预测声场的匹配性来对另一项进行参数估计，这就是广义上的匹配场处理。其研究内容包括声源远程被动定位和海洋环境参数反演两个方面。

一般情况下，匹配场处理单指声源远程被动定位这一个方面，即它是把常规低维平面波波束形成器推广到三维的一种处理方法，由 Bucker 和 Hinich 引入，Fizell 和 Baggeroer 等又做了进一步讨论。匹配场波束形成器是将在基阵处测得的声场与建模后对所有声源位置预计的拷贝场进行匹配的处理器，过程示意图如图 2-9 所示。

图 2-9 中传播模型的建立方法有多种选择，这里选用上节的简正波模型，并利用波动方程得到的数值解来构成预计拷贝场 $\boldsymbol{p}(\boldsymbol{r}_s, z_s)$。$\boldsymbol{p}(\boldsymbol{r}_s, z_s)$ 就代表了在相应海洋环境下假定声源在距离为 $\boldsymbol{r}_s$，且深度为 z_s 时，各阵元处的拷贝场构成的向量。以此生成搜索向量 $\boldsymbol{w}(\boldsymbol{r}, z)$，与阵列接收数据做相关处理，通过相关能量检测实现目标定位。空间任意点处到达基阵的拷贝向量可根据水声环境参数信息以及基阵的几何形状获得，匹配后的能量输出称为模糊度表面，定义为

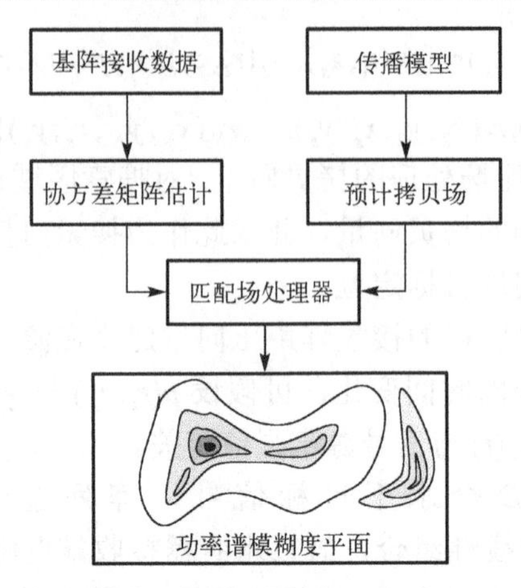

图 2-9　匹配场处理过程示意图

$$P(\boldsymbol{r},z)=\boldsymbol{w}^{\mathrm{H}}(\boldsymbol{r},z)\hat{\boldsymbol{R}}\boldsymbol{w}(\boldsymbol{r},z) \tag{2-57}$$

式(2-57)中，根据搜索向量 $\boldsymbol{w}(\boldsymbol{r},z)$ 是否依赖于测量场数据可以分为线性匹配场处理器和自适应匹配场处理器。

式(2-58)是线性处理器，也称为 Bartlett 处理器或常规匹配场处理器(Conventional Matched Field Processing，CMFP)，与基于平面波模型的 CBF 方法对应。该波束形成器的输出 $P_{\mathrm{Bartlett}}(\boldsymbol{r}_s,z_s)$ 即构成功率谱模糊度平面，并在目标真实位置处出现峰值。因为采用的是线性处理方法，所以 $P_{\mathrm{Bartlett}}(\boldsymbol{r}_s,z_s)$ 含有模糊峰，与基于平面波模型的常规波束形成器的旁瓣类似。但是，线性匹配场处理器对环境参数失配、阵形畸变、空间稀疏采样具有较好的宽容性。

式(2-59)是将基于平面波模型的 MVDR 方法扩展到匹配场处理技术所得的结果，称为最小方差(Minimum Variance, MV)波束形成器，也称最大似然(Maximum Likelihood, ML)估计器或自适应匹配场处理器(Adaptive Matched Field Processing, AMFP)。

自适应匹配场处理器旁瓣较低，但对环境参数比较敏感，为了提高稳健性，常采用对角加载的最小方差无畸变响应匹配场处理器(Diagonal Loading Minimum Variance，DLMV)，由式(2-60)给出。

$$\boldsymbol{w}_{\mathrm{CMFP}}(\boldsymbol{r},z)=\frac{\boldsymbol{p}(\boldsymbol{r},z)}{\boldsymbol{p}^{\mathrm{H}}(\boldsymbol{r},z)\hat{\boldsymbol{R}}\boldsymbol{p}(\boldsymbol{r},z)} \tag{2-58}$$

$$\boldsymbol{w}_{\mathrm{MV}}(\boldsymbol{r},z)=\frac{\hat{\boldsymbol{R}}^{-1}\boldsymbol{p}(\boldsymbol{r},z)}{\boldsymbol{p}^{\mathrm{H}}(\boldsymbol{r},z)\hat{\boldsymbol{R}}^{-1}\boldsymbol{p}(\boldsymbol{r},z)} \tag{2-59}$$

$$\boldsymbol{w}_{\mathrm{DLMV}}(\boldsymbol{r},z)=\frac{(\boldsymbol{R}+\delta_d^2\boldsymbol{I})^{-1}\boldsymbol{p}(\boldsymbol{r},z)}{\boldsymbol{p}^{\mathrm{H}}(\boldsymbol{r},z)(\boldsymbol{R}+\delta_d^2\boldsymbol{I})^{-1}\boldsymbol{p}(\boldsymbol{r},z)} \tag{2-60}$$

其中，$\boldsymbol{I}$ 为单位矩阵，δ_d 为协方差矩阵的对角加载因子，δ_d 趋于无穷大时，DLMV 搜索向量变为 CMFP 算法搜索向量。

CMFP 处理器性能稳健，但旁瓣较高，当存在强干扰时，强干扰的旁瓣会淹没弱目标的主瓣，从而不能实现弱目标的定位。DLMV 处理器有较高的定位分辨率，但对环境参数失配敏感，相对于 CMFP 处理器而言，可以在一定程度上实现强干扰抑制，但在强干扰与弱目标的干信比较大时，也不能有效定位弱目标。本书作者提出了强干扰抑制最小方差无畸变响应处理器，是在已知强干扰的情况下，针对强干扰实现定点消除，同时保持对搜索位置的响应无失真。其基本原理是设计最优搜索向量，使其对搜索位置的响应为 1，同时对强干扰目标方位的响应为 0，即满足

$$\boldsymbol{w}^{\mathrm{H}}(\boldsymbol{r},z)\boldsymbol{p}(\boldsymbol{r},z)=1\,,\quad \boldsymbol{w}^{\mathrm{H}}(\boldsymbol{r},z)\boldsymbol{n}(\boldsymbol{r}_0,z_0)=0 \tag{2-61}$$

其中，$\boldsymbol{p}(\boldsymbol{r},z)$ 为搜索位置的拷贝向量，$\boldsymbol{n}(\boldsymbol{r}_0,z_0)$ 为强干扰位置的拷贝向量，该向量可以通过 CMFP、MV 或 DLMV 处理所得的模糊面获得。在式(2-61)的条件下求处理器对模糊度函数 P 的最小均方解，即可获得强干扰抑制的最小方差无畸变响应匹配场处理器 $\boldsymbol{w}(\boldsymbol{r},z)$。所对应的最优化问题如下

$$\begin{gathered}\min_{\boldsymbol{w}(\boldsymbol{r},z)} P(\boldsymbol{r},z)=\min[\boldsymbol{w}^{\mathrm{H}}(\boldsymbol{r},z)\hat{\boldsymbol{R}}\boldsymbol{w}(\boldsymbol{r},z)]\\ \text{s.t.}\ \begin{cases}\boldsymbol{w}^{\mathrm{H}}(\boldsymbol{r},z)\boldsymbol{p}(\boldsymbol{r},z)=1\\ \boldsymbol{w}^{\mathrm{H}}(\boldsymbol{r},z)\boldsymbol{n}(\boldsymbol{r}_0,z_0)=0\end{cases}\end{gathered} \tag{2-62}$$

为便于表述及求解，将 $\boldsymbol{w}(\boldsymbol{r},z)$、$\boldsymbol{p}(\boldsymbol{r},z)$ 和 $\boldsymbol{n}(\boldsymbol{r}_0,z_0)$ 分别简记为 $\boldsymbol{w}$、$\boldsymbol{p}$ 和 $\boldsymbol{n}$。针对式(2-62)，构造 Lagrange 函数如下

$$L(\boldsymbol{w},\lambda_1,\lambda_2)=\boldsymbol{w}^{\mathrm{H}}\hat{\boldsymbol{R}}\boldsymbol{w}-\lambda_1(\boldsymbol{w}^{\mathrm{H}}\boldsymbol{p}-1)-\lambda_2\boldsymbol{w}^{\mathrm{H}}\boldsymbol{n} \tag{2-63}$$

其中，λ_1 和 λ_2 是 Lagrange 乘子。对式(2-63)求关于 $(\boldsymbol{w}^*,\lambda_1,\lambda_2)$ 的偏导数

$$\begin{cases}\dfrac{\partial L(\boldsymbol{w},\lambda_1,\lambda_2)}{\partial \boldsymbol{w}^*}=\hat{\boldsymbol{R}}\boldsymbol{w}-\lambda_1\boldsymbol{p}-\lambda_2\boldsymbol{n}\\ \dfrac{\partial L(\boldsymbol{w},\lambda_1,\lambda_2)}{\partial \lambda_1}=\boldsymbol{w}^{\mathrm{H}}\boldsymbol{p}-1\\ \dfrac{\partial L(\boldsymbol{w},\lambda_1,\lambda_2)}{\partial \lambda_2}=\boldsymbol{w}^{\mathrm{H}}\boldsymbol{n}\end{cases} \tag{2-64}$$

式(2-64)的平衡点 $(\bar{\boldsymbol{w}},\bar{\lambda}_1,\bar{\lambda}_2)$ 应满足条件：$\partial L(\boldsymbol{w},\lambda_1,\lambda_2)/\partial \boldsymbol{w}^*=0$，$\partial L(\boldsymbol{w},\lambda_1,\lambda_2)/\partial\lambda_1=0$，$\partial L(\boldsymbol{w},\lambda_1,\lambda_2)/\partial\lambda_2=0$，即

$$\begin{cases}\hat{\boldsymbol{R}}\bar{\boldsymbol{w}}-\bar{\lambda}_1\boldsymbol{p}-\bar{\lambda}_2\boldsymbol{n}=\boldsymbol{0}\\ \bar{\boldsymbol{w}}^{\mathrm{H}}\boldsymbol{p}-1=0\\ \bar{\boldsymbol{w}}^{\mathrm{H}}\boldsymbol{n}=0\end{cases} \tag{2-65}$$

由式(2-65)可知

$$\bar{\boldsymbol{w}}=\bar{\lambda}_1\hat{\boldsymbol{R}}^{-1}\boldsymbol{p}+\bar{\lambda}_2\hat{\boldsymbol{R}}^{-1}\boldsymbol{n} \tag{2-66}$$

将式(2-66)代入式(2-65)可得

$$\begin{cases}\bar{\lambda}_1\boldsymbol{p}^{\mathrm{H}}\hat{\boldsymbol{R}}^{-\mathrm{H}}\boldsymbol{p}+\bar{\lambda}_2\boldsymbol{n}^{\mathrm{H}}\hat{\boldsymbol{R}}^{-\mathrm{H}}\boldsymbol{p}=1\\ \bar{\lambda}_1\boldsymbol{p}^{\mathrm{H}}\hat{\boldsymbol{R}}^{-\mathrm{H}}\boldsymbol{n}+\bar{\lambda}_2\boldsymbol{n}^{\mathrm{H}}\hat{\boldsymbol{R}}^{-\mathrm{H}}\boldsymbol{n}=0\end{cases} \tag{2-67}$$

由式(2-67)可得

$$\begin{cases}\bar{\lambda}_1=\dfrac{-\boldsymbol{p}^{\mathrm{H}}\hat{\boldsymbol{R}}^{-\mathrm{H}}\boldsymbol{n}}{(\boldsymbol{p}^{\mathrm{H}}\hat{\boldsymbol{R}}^{-\mathrm{H}}\boldsymbol{p})(\boldsymbol{n}^{\mathrm{H}}\hat{\boldsymbol{R}}^{-\mathrm{H}}\boldsymbol{n})-(\boldsymbol{n}^{\mathrm{H}}\hat{\boldsymbol{R}}^{-\mathrm{H}}\boldsymbol{p})(\boldsymbol{p}^{\mathrm{H}}\hat{\boldsymbol{R}}^{-\mathrm{H}}\boldsymbol{n})}\\ \bar{\lambda}_2=\dfrac{\boldsymbol{n}^{\mathrm{H}}\hat{\boldsymbol{R}}^{-\mathrm{H}}\boldsymbol{n}}{(\boldsymbol{p}^{\mathrm{H}}\hat{\boldsymbol{R}}^{-\mathrm{H}}\boldsymbol{p})(\boldsymbol{n}^{\mathrm{H}}\boldsymbol{R}^{-\mathrm{H}}\boldsymbol{n})-(\boldsymbol{n}^{\mathrm{H}}\hat{\boldsymbol{R}}^{-\mathrm{H}}\boldsymbol{p})(\boldsymbol{p}^{\mathrm{H}}\hat{\boldsymbol{R}}^{-\mathrm{H}}\boldsymbol{n})}\end{cases} \tag{2-68}$$

将式(2-68)代入式(2-66)则可获得最优搜索向量

$$\bar{\boldsymbol{w}}=\frac{(\boldsymbol{n}^{\mathrm{H}}\hat{\boldsymbol{R}}^{-\mathrm{H}}\boldsymbol{n})\hat{\boldsymbol{R}}^{-1}\boldsymbol{p}-(\boldsymbol{p}^{\mathrm{H}}\hat{\boldsymbol{R}}^{-\mathrm{H}}\boldsymbol{n})\hat{\boldsymbol{R}}^{-1}\boldsymbol{n}}{(\boldsymbol{p}^{\mathrm{H}}\hat{\boldsymbol{R}}^{-\mathrm{H}}\boldsymbol{p})(\boldsymbol{n}^{\mathrm{H}}\hat{\boldsymbol{R}}^{-\mathrm{H}}\boldsymbol{n})-(\boldsymbol{n}^{\mathrm{H}}\hat{\boldsymbol{R}}^{-\mathrm{H}}\boldsymbol{p})(\boldsymbol{p}^{\mathrm{H}}\hat{\boldsymbol{R}}^{-\mathrm{H}}\boldsymbol{n})} \tag{2-69}$$

由于协方差矩阵 $\hat{\boldsymbol{R}}$ 是 Hermition 矩阵，故 $\hat{\boldsymbol{R}}=\hat{\boldsymbol{R}}^{\mathrm{H}}$， $\hat{\boldsymbol{R}}^{-\mathrm{H}}=\hat{\boldsymbol{R}}^{-1}$ 。所以最优搜索向量也等于

$$\bar{\boldsymbol{w}}=\frac{(\boldsymbol{n}^{\mathrm{H}}\hat{\boldsymbol{R}}^{-1}\boldsymbol{n})\hat{\boldsymbol{R}}^{-1}\boldsymbol{p}-(\boldsymbol{p}^{\mathrm{H}}\hat{\boldsymbol{R}}^{-1}\boldsymbol{n})\hat{\boldsymbol{R}}^{-1}\boldsymbol{n}}{(\boldsymbol{p}^{\mathrm{H}}\hat{\boldsymbol{R}}^{-1}\boldsymbol{p})(\boldsymbol{n}^{\mathrm{H}}\hat{\boldsymbol{R}}^{-1}\boldsymbol{n})-(\boldsymbol{n}^{\mathrm{H}}\hat{\boldsymbol{R}}^{-1}\boldsymbol{p})(\boldsymbol{p}^{\mathrm{H}}\hat{\boldsymbol{R}}^{-1}\boldsymbol{n})} \tag{2-70}$$

由 $\bar{\boldsymbol{w}}$ 确定的最优搜索向量所构成的匹配处理器，即为强干扰抑制最小方差无畸变响应匹配场处理器。它对拷贝向量 $\boldsymbol{p}$ 所对应的搜索方位，响应无畸变，同时对拷贝向量 $\boldsymbol{n}$ 所对应的强干扰方位，响应为零。

2.2.3.2　匹配模处理技术

匹配模处理技术将模态滤波技术与匹配场处理技术相结合，是一种工作在模态域的匹配处理方式。尚尔昌提出，对于绝热简正波声场，距离信息只包含在信号相位中，而深度信息只包含在本征函数中，可以通过对基阵接收数据进行处理，分离出模态幅度和相位，进而在模态域估计声源的深度和距离信息。

简正波理论认为，空间中某点的声场是由各阶简正波模态叠加而成的，点声源激发出的简正波模态组成和声源所在深度有关，浅处声源易于激发高阶模态，对低阶模态激励效果差，而深处声源则易于激发低阶模态，对高阶模态激励效果差。根据这种特性，可以滤除部分模态，以实现水面水下目标的分辨。

匹配场处理属于阵元域数据处理，处理方法是将阵元上接收的测量声场数据和拷贝场数据进行匹配，寻找真实声源位置。而匹配模处理则工作在模态域，对阵列

接收数据进行模态滤波，得到模态幅度，将其和使用声场模型计算出的模态幅度进行匹配，在真实的声源距离、深度上输出最大值。

模态滤波处理技术是基于简正波模型提出的，简正波理论认为在水平均匀的分层介质海洋环境中，单频点声源激发的声场是由各阶简正波模态叠加而成的，可以表示为

$$\begin{aligned} p(r,z,\omega) &= \frac{1}{\rho(z_s)}\sqrt{2\pi}\sum_{n=1}^{M}\frac{1}{\sqrt{\xi_n r}}\psi(\xi_n,z_s)\psi(\xi_n,z)\mathrm{e}^{\mathrm{j}\xi_n r-\delta_n r+\mathrm{j}\pi/4} \\ &= \sum_{n=1}^{M}A_n(r,z_s)\psi_n(z_n) \end{aligned} \tag{2-71}$$

其中

$$A_n(r,z_s) = c_n(r)\psi_n(z_s) \tag{2-72}$$

$$c_n(r) = \sqrt{2\pi}\frac{1}{\sqrt{\xi_n r}}\mathrm{e}^{\mathrm{j}\xi_n r-\delta_n r+\mathrm{j}\pi/4} \tag{2-73}$$

角频率 $\omega = 2\pi f$ ，z 为接收深度，z_s 是声源深度，从海面垂直向下为正方向；r 是水平距离；ξ_n、$\psi(\xi_n,z)$ 和 δ_n 分别是简正波本征值、本征函数和衰减系数，满足微分方程

$$\frac{\mathrm{d}^2}{\mathrm{d}z^2}\psi(\xi,z)+[\omega^2/c^2(z)-\xi^2]\psi(\xi,z)=0 \tag{2-74}$$

以及相应的介质内部分层界面连续条件、海面和海底边界条件。定义

$$\boldsymbol{T}_M = (\boldsymbol{F}_M^{\mathrm{H}}\cdot\boldsymbol{F}_M)^{-1}\cdot\boldsymbol{F}_M^{\mathrm{H}} \tag{2-75}$$

为将所接收的阵元域数据 $\boldsymbol{x}$ 转换到模态域 $\boldsymbol{x}_M$ 的变换，其中 $\boldsymbol{F}_M = [f_n(r,z_i)]$ 为由 $f_n(r,z_i)$ 组成的 $N\times M$ 矩阵。$z_i(i=1,2,\cdots)$ 对应于 N 个接收深度

$$f_n(r,z_i) = \psi_n(z_i)\cdot\frac{\mathrm{e}^{\mathrm{j}\xi_n r}}{\sqrt{\xi_n r}} \tag{2-76}$$

则模态域的基阵加权向量与接收数据协方差矩阵可表示为

$$\tilde{\boldsymbol{w}}_{\mathrm{MMP}} = \boldsymbol{T}_M^{\mathrm{H}}\cdot\boldsymbol{w} \tag{2-77}$$

$$\tilde{\boldsymbol{R}}_{\mathrm{MMP}} = \boldsymbol{T}_M\cdot\boldsymbol{R}\cdot\boldsymbol{T}_M^{\mathrm{H}} \tag{2-78}$$

由此可获得匹配模处理的模糊面输出为

$$\tilde{\boldsymbol{P}}_{\mathrm{MMP}} = \tilde{\boldsymbol{w}}_{\mathrm{MMP}}^{\mathrm{H}}\cdot\tilde{\boldsymbol{R}}_{\mathrm{MMP}}\cdot\tilde{\boldsymbol{w}}_{\mathrm{MMP}} \tag{2-79}$$

匹配模处理也被称为模波束形成。在实际应用当中，要求基阵阵元数 N 大于有主要贡献的波导简正波最高阶数 M ，假定精确模型下，基阵垂直孔径满足海深采样

时，可以证明使用全部 M 阶模态的匹配模处理和匹配场处理方法等效。

匹配模方法在处理之前可以对数据进行滤波，以去除可能会使定位性能变差的模态，如建模失配导致与实际相差甚远的模态或各种噪声占主导的模态等。它对模态误差的宽容程度可能会比匹配场方法要好，尤其是噪声和干扰源通常严重影响着有别于待定位声源最易激发模态的一组模态，通过预先滤除这些可能严重影响定位效果的模态，匹配模的性能会得到改善，如前面所说的对水面水下目标的分辨。

不过匹配模方法要求阵元个数不小于被激发出的有效模态个数，而且其很大程度上依赖于由阵元域变换到模态域的计算精度，特别是当离散采样场的垂直基阵孔径有限时。如果假定模型是精确的，可以证明匹配模处理和匹配场处理方法是等效的。

2.3 本 章 小 结

本章给出了阵列信号处理中，被动目标探测的远场平面波模型、近场球面波模型和基于波动方程的复杂声场模型，着重介绍了目标定向和定位中常用的技术，包括常规波束形成、自适应波束形成、子空间方法、合成孔径技术、聚焦波束形成、匹配场处理、匹配模处理等。空域矩阵滤波技术是在阵列数据用于这些技术之前的数据预处理。下一章将针对三种类型的空域矩阵滤波器设计技术进行详细的讨论。

第 3 章　空域矩阵滤波器设计

空域矩阵滤波技术用于阵列信号处理，实现目标方位估计或匹配场处理前的数据预处理，在预处理阶段保留或抑制空域某方位或某区域的干扰和信号。在空域矩阵滤波技术用于阵列信号处理之前，需要针对探索区域进行划分，将所探测区域分为通带、阻带和过渡带。经空域矩阵滤波后，期望对通带区域的信号保持无失真，同时期望对阻带区域的信号获得零输出或低于某特定值的输出。可不考虑滤波器对过渡带的响应效果，或者将过渡带响应纳入通带或阻带中。

针对不同的基阵阵形，对于目标方位估计和匹配场定位，可利用信号传递信道获得目标信号入射到基阵的方向向量和拷贝向量，并通过对探测空域的通带、阻带和过渡带的划分，以及一定的最优化设计准则，将滤波器对通带、阻带和过渡带的方向向量或拷贝向量的响应和响应误差作为目标函数和约束条件，建立最优化问题，最优化问题的最优解即为所求的空域矩阵滤波器。

3.1　离散型空域矩阵滤波器

空域矩阵滤波器在阵列数据用于目标方位估计或匹配场定位之前做阵元域数据处理。设针对频率 ω 设计的空域矩阵滤波器为 $\boldsymbol{H}(\omega)$，利用目标方位估计和匹配场定位信源入射到阵列的数学模型，做数据滤波处理。本节以目标方位估计前的远场平面波模型阐述空域矩阵滤波设计技术，对于匹配场处理的滤波器设计方法，设计思路相同。

阵列接收远场平面波，接收阵列数据为方向向量与信源乘积，并叠加加性环境噪声。空域矩阵滤波后的输出 $\boldsymbol{y}(t,\omega)$ 为

$$\boldsymbol{y}(t,\omega)=\boldsymbol{H}(\omega)\boldsymbol{x}(t,\omega)=\boldsymbol{H}(\omega)\boldsymbol{A}(\tau,\omega)\boldsymbol{s}(t,\omega)+\boldsymbol{H}(\omega)\boldsymbol{n}(t,\omega) \tag{3-1}$$

已知阵列流形矩阵为 $\boldsymbol{A}(\omega)=\{\boldsymbol{a}(\phi,\theta,\omega)\mid\phi\in\varPhi,\theta\in\varTheta\}$，空域矩阵滤波器对平面波信号产生增强或抑制的效果是通过对方向向量的作用实现的，当 $\|\boldsymbol{H}(\omega)\boldsymbol{a}(\phi_i,\theta_i,\omega)\|_{\mathrm{F}}^2$ 接近于 0 时，说明滤波器对 (ϕ_i,θ_i) 方向频率为 ω 的平面波信号有较强的抑制作用。反之，当 $\|\boldsymbol{H}(\omega)\boldsymbol{a}(\phi_i,\theta_i,\omega)-\boldsymbol{a}(\phi_i,\theta_i,\omega)\|_{\mathrm{F}}^2$ 等于 0 时，说明滤波器对 (ϕ_i,θ_i) 方向频率为 ω 的平面波信号滤波后无失真。空域矩阵滤波器通过设计对不同方向 (ϕ_i,θ_i) 的响应值，实现对 (ϕ_i,θ_i) 方向数据的无失真响应或抑制。

同理，对于匹配场定位，滤波器是通过对通带或阻带拷贝向量响应不同，实现

对水下某方位信号的抑制或无失真通过。滤波器的输入为

$$
\begin{aligned}
\boldsymbol{y}(t,\omega) &= \boldsymbol{H}(\omega)\boldsymbol{x}(t,\omega) \\
&= \boldsymbol{H}(\omega)[\boldsymbol{p}(\boldsymbol{r}_{s1},z_{s1}),\boldsymbol{p}(\boldsymbol{r}_{s2},z_{s2}),\cdots,\boldsymbol{p}(\boldsymbol{r}_{sD},z_{sD})]\chi(t)+\boldsymbol{H}(\omega)N(t,\omega)
\end{aligned}
\tag{3-2}
$$

对于等间隔线列阵、均匀圆阵和平面阵列入射信号位于 xy 平面上的情况，方向向量 $\boldsymbol{a}(\phi,\theta,\omega)$ 简化为 $\boldsymbol{a}(\theta,\omega)$，本章将针对 $\boldsymbol{a}(\theta,\omega)$ 设计滤波器，并将其简记为 $\boldsymbol{a}(\theta)$，滤波器 $\boldsymbol{H}(\omega)$ 简记为 $\boldsymbol{H}$。将探测区间离散化，选取离散化后的声源位置所对应的方向向量或拷贝向量，用以设计滤波器，对应于离散型空域矩阵滤波器设计。若针对连续探测区间的方向向量或拷贝向量响应设计滤波器，则属于连续型空域矩阵滤波器设计。

3.1.1 恒定阻带响应约束空域矩阵滤波器

假设通带和阻带方向向量构成的阵列流形矩阵分别为 $\boldsymbol{V}_P\in\mathbb{C}^{N\times P}$ 和 $\boldsymbol{V}_S\in\mathbb{C}^{N\times S}$，$\varTheta_P$ 和 $\varTheta_S$ 分别表示方向向量所在的通带区间和阻带区间。

$$
\boldsymbol{V}_P=[\boldsymbol{a}(\theta_1),\cdots,\boldsymbol{a}(\theta_p),\cdots,\boldsymbol{a}(\theta_P)],\quad 1\leqslant p\leqslant P,\quad \theta_p\in\varTheta_P \tag{3-3}
$$

$$
\boldsymbol{V}_S=[\boldsymbol{a}(\theta_1),\cdots,\boldsymbol{a}(\theta_s),\cdots,\boldsymbol{a}(\theta_S)],\quad 1\leqslant s\leqslant S,\quad \theta_s\in\varTheta_S \tag{3-4}
$$

其中，$\boldsymbol{a}(\theta_p)$ 和 $\boldsymbol{a}(\theta_s)$ 分别是通带及阻带离散化后的第 p 和第 s 个方向向量，P 和 S 分别对应于通带和阻带区间离散化方向向量数目。

假设设计空域矩阵滤波器 $\boldsymbol{H}\in\mathbb{C}^{N\times N}$ 对接收阵列数据进行阵元域滤波，则滤波器对通阻带方向向量的响应分别为

$$
\left\|\boldsymbol{H}\boldsymbol{a}(\theta_p)-\boldsymbol{a}(\theta_p)\right\|_{\mathrm{F}}^2,\quad 1\leqslant p\leqslant P,\quad \theta_p\in\varTheta_P \tag{3-5}
$$

$$
\left\|\boldsymbol{H}\boldsymbol{a}(\theta_s)\right\|_{\mathrm{F}}^2,\quad 1\leqslant s\leqslant S,\quad \theta_s\in\varTheta_S \tag{3-6}
$$

理想的空域矩阵滤波器，应满足如下条件

$$
\left\|\boldsymbol{H}\boldsymbol{a}(\theta_p)-\boldsymbol{a}(\theta_p)\right\|_{\mathrm{F}}^2=\boldsymbol{a}(\theta_p),\quad 1\leqslant p\leqslant P,\quad \theta_p\in\varTheta_P \tag{3-7}
$$

$$
\left\|\boldsymbol{H}\boldsymbol{a}(\theta_s)\right\|_{\mathrm{F}}^2=0,\quad 1\leqslant s\leqslant S,\quad \theta_s\in\varTheta_S \tag{3-8}
$$

对于式(3-7)和式(3-8)所构成的方程组，当方程数目大于矩阵维数 N 时，上式无解。很显然，空域矩阵滤波器需要对全空间进行精细采样，才能获得平滑的空域响应，因此，通阻带采样点数应满足 $P\gg N$，$S\gg N$。

本小节将给出两种具有恒定阻带响应约束的矩阵滤波器设计方案，针对所设计的最优化问题，通过矩阵的向量化，将原最优化问题转化为二阶锥规划问题，以便于使用二阶锥规划问题的软件求解。

3.1.1.1　阻带响应约束通带最小均方误差空域矩阵滤波器

该矩阵滤波器是在阻带响应约束的情况下，求通带总体响应误差最小[8,47]。

最优化问题 1

$$
\begin{aligned}
&\min_{\boldsymbol{H}} \sum_{p=1}^{P} \left\| \boldsymbol{H}\boldsymbol{a}(\theta_p) - \boldsymbol{a}(\theta_p) \right\|_{\mathrm{F}}^2, \quad \theta_p \in \Theta_P \\
&\text{s.t.} \ \left\| \boldsymbol{H}\boldsymbol{a}\left(\theta_s\right) \right\|_{\mathrm{F}}^2 \leqslant \varepsilon_s, \quad s = 1,2,\cdots,S, \quad \theta_s \in \Theta_S
\end{aligned} \tag{3-9}
$$

其中，ε_s 是滤波器对阻带的响应抑制数值。可以选择 $\varepsilon_s = \varepsilon > 0, s = 1,2,\cdots,S$ 以获得恒定的阻带响应约束。

令 $\boldsymbol{g} = \mathrm{conj}[\mathrm{vec}(\boldsymbol{G})]$，利用向量 $\boldsymbol{g}$，空域矩阵滤波器的阻带响应为

$$
\left\| \boldsymbol{H}\boldsymbol{a}(\theta_s) \right\|_{\mathrm{F}}^2 = \left\| [\boldsymbol{I}_{N\times N} \otimes \boldsymbol{a}^{\mathrm{T}}(\theta_s)]\boldsymbol{g} \right\|_{\mathrm{F}}^2 \tag{3-10}
$$

空域矩阵滤波器的通带总体响应误差为

$$
\begin{aligned}
\sum_{p=1}^{P} \left\| \boldsymbol{H}\boldsymbol{a}(\theta_p) - \boldsymbol{a}(\theta_p) \right\|_{\mathrm{F}}^2 &= \sum_{p=1}^{P} \left\| [\boldsymbol{I}_{N\times N} \otimes \boldsymbol{a}^{\mathrm{T}}(\theta_p)]\boldsymbol{g} - \boldsymbol{a}(\theta_p) \right\|_{\mathrm{F}}^2 \\
&= \left\| [\boldsymbol{I}_{N\times N} \otimes \boldsymbol{V}_P^{\mathrm{T}}]\boldsymbol{g} - \mathrm{vec}(\boldsymbol{V}_P^{\mathrm{T}}) \right\|_{\mathrm{F}}^2
\end{aligned} \tag{3-11}
$$

通过式(3-10)和式(3-11)，可以将式(3-9)所对应的原最优化问题 1，转化为二阶锥规划问题[48-50]。

最优化问题 2

$$
\begin{aligned}
&\min_{\boldsymbol{g}} \left\| [\boldsymbol{I}_{N\times N} \otimes \boldsymbol{V}_P^{\mathrm{T}}]\boldsymbol{g} - \mathrm{vec}(\boldsymbol{V}_P^{\mathrm{T}}) \right\|_{\mathrm{F}}^2 \\
&\text{s.t.} \ \left\| [\boldsymbol{I}_{N\times N} \otimes \boldsymbol{a}^{\mathrm{T}}(\theta_s)]\boldsymbol{g} \right\|_{\mathrm{F}}^2 \leqslant \varepsilon_s, \quad s = 1,2,\cdots,S, \quad \theta_s \in \Theta_S
\end{aligned} \tag{3-12}
$$

使用最优化问题的求解软件，可以获得最优化问题 2 的最优解 $\hat{\boldsymbol{g}}$，对 $N^2 \times 1$ 维向量 $\hat{\boldsymbol{g}}$ 重排成 $N \times N$ 维矩阵即可获得满足最优化问题 1 的空域矩阵滤波器，记为 $\hat{\boldsymbol{H}}$。

3.1.1.2　阻带响应约束通带响应误差极大值最小化空域矩阵滤波器

该空域矩阵滤波器是在阻带响应约束的条件下，获得最小的通带响应误差极大值[9]，所对应的最优化问题如下。

最优化问题 1

$$
\begin{aligned}
&\min_{\boldsymbol{H}} \max_{\theta_p \in \Theta_P} \left\| \boldsymbol{H}\boldsymbol{a}(\theta_p) - \boldsymbol{a}(\theta_p) \right\|_{\mathrm{F}}^2, \quad p = 1,2,\cdots,P \\
&\text{s.t.} \ \left\| \boldsymbol{H}\boldsymbol{a}(\theta_s) \right\|_{\mathrm{F}}^2 \leqslant \varepsilon_s, \quad s = 1,2,\cdots,S, \quad \theta_s \in \Theta_S
\end{aligned} \tag{3-13}
$$

其中，ε_s 是滤波器对阻带的响应抑制数值。同理，可以选择 $\varepsilon_s = \varepsilon > 0, s = 1,2,\cdots,S$，

以获得恒定的阻带响应约束。在某些文献中，为了主动约束滤波器的输出噪声，将滤波器的范数$\|\boldsymbol{H}\|_{\mathrm{F}}^{2}$加入约束条件中，使$\|\boldsymbol{H}\|_{\mathrm{F}}^{2} \leqslant \delta$。实际上，这种约束不是必需的，这主要是由于在空域矩阵滤波器的设计过程中，就已经抑制了阻带方向的入射信号幅度，并使通带的响应接近于方向向量或拷贝向量的范数，也即单位值 1。所以，$\|\boldsymbol{H}\|_{\mathrm{F}}^{2}$必然是有限的。

最优化问题 1 与如下的最优化问题 2 等价。

最优化问题 2

$$
\begin{gathered}
\min_{\boldsymbol{H}} \delta \\
\text{s.t.} \begin{cases} \left\|\boldsymbol{H}\boldsymbol{a}(\theta_p) - \boldsymbol{a}(\theta_p)\right\|_{\mathrm{F}}^{2} \leqslant \xi, & p = 1,2,\cdots,P, \quad \theta_p \in \Theta_P \\ \left\|\boldsymbol{H}\boldsymbol{a}(\theta_s)\right\|_{\mathrm{F}}^{2} \leqslant \varepsilon_s, & s = 1,2,\cdots,S, \quad \theta_s \in \Theta_S \end{cases}
\end{gathered} \tag{3-14}
$$

其中，ξ为通带响应误差的约束值，在最优化问题 2 中，利用ξ值，约束通带响应误差在所有通带方向向量的响应，并在最优化问题的目标函数中，求该数值的最小值，即可获得极小化的通带响应误差的极大值。

假设$\boldsymbol{H}^{\mathrm{T}} = [\boldsymbol{h}_1, \boldsymbol{h}_2, \cdots, \boldsymbol{h}_N]$，其中$\boldsymbol{h}_i, i = 1,\cdots,N$为空域矩阵滤波器的行向量。利用$\boldsymbol{h}_i, i = 1,\cdots,N$构造列向量

$$
\boldsymbol{h} = [\boldsymbol{h}_1^{\mathrm{T}}, \boldsymbol{h}_2^{\mathrm{T}}, \cdots, \boldsymbol{h}_N^{\mathrm{T}}]^{\mathrm{T}} \tag{3-15}
$$

定义$\boldsymbol{y} = [\xi, \boldsymbol{h}^{\mathrm{T}}]^{\mathrm{T}}$，$b = [1, \boldsymbol{0}_{1\times N^2}]^{\mathrm{T}}$，则最优化问题 2 与下面的最优化问题 3 等价。

最优化问题 3

$$
\begin{gathered}
\min_{\boldsymbol{y}} \boldsymbol{b}\boldsymbol{y}^{\mathrm{T}} \\
\text{s.t.} \begin{cases} \left\| \begin{bmatrix} 0 & \boldsymbol{a}(\theta_p)^{\mathrm{T}} & \boldsymbol{0}_{1\times N} & \cdots & \boldsymbol{0}_{1\times N} \\ 0 & \boldsymbol{0}_{1\times N} & \boldsymbol{a}(\theta_p)^{\mathrm{T}} & \cdots & \boldsymbol{0}_{1\times N} \\ \vdots & \vdots & \vdots & \ddots & \vdots \\ 0 & \boldsymbol{0}_{1\times N} & \boldsymbol{0}_{1\times N} & \cdots & \boldsymbol{a}(\theta_p)^{\mathrm{T}} \end{bmatrix} \boldsymbol{y} - \boldsymbol{a}(\theta_p) \right\|_{\mathrm{F}}^{2} \leqslant [1, \boldsymbol{0}_{1\times N^2}]\boldsymbol{y}, \quad p = 1,2,\cdots, \quad P, \ \theta_p \in \Theta_P \\ \left\| \begin{bmatrix} 0 & \boldsymbol{a}(\theta_s)^{\mathrm{T}} & \boldsymbol{0}_{1\times N} & \cdots & \boldsymbol{0}_{1\times N} \\ 0 & \boldsymbol{0}_{1\times N} & \boldsymbol{a}(\theta_s)^{\mathrm{T}} & \cdots & \boldsymbol{0}_{1\times N} \\ \vdots & \vdots & \vdots & \ddots & \vdots \\ 0 & \boldsymbol{0}_{1\times N} & \boldsymbol{0}_{1\times N} & \cdots & \boldsymbol{a}(\theta_s)^{\mathrm{T}} \end{bmatrix} \boldsymbol{y} \right\|_{\mathrm{F}}^{2} \leqslant \varepsilon_s, \quad s = 1,2,\cdots,S, \quad \theta_s \in \Theta_S \end{cases}
\end{gathered} \tag{3-16}
$$

最优化问题 3 对应于二阶锥规划，可以使用二阶锥规划软件求解相应的最优解。在获得了最优解$\hat{\boldsymbol{y}}$之后，去除$\hat{\boldsymbol{y}}$中的第 1 个元素，并重排剩余N^2个元素，即可获得空域滤波矩阵$\hat{\boldsymbol{H}}$。

3.1.1.3　恒定阻带响应空域矩阵滤波器仿真

设置通带为$[-15°,15°]$，阻带为$[-90°,-20°)\cup(20°,90°]$，滤波器离散化采样间隔为$1°$，阵元数为$N=20$。利用 3.1.1.1 节和 3.1.1.2 节的方法设计滤波器矩阵$\boldsymbol{H}$，并通过滤波器空域响应$10\lg(\|\boldsymbol{Ha}(\theta)\|_{\mathrm{F}}^{2}/N)$和滤波器响应误差$10\lg(\|\boldsymbol{Ha}(\theta)-\boldsymbol{a}(\theta)\|_{\mathrm{F}}^{2}/N)$辨识空域矩阵滤波器性能。

图 3-1 和图 3-2 分别给出了 3.1.1.1 节和 3.1.1.2 节设计的两种空域矩阵滤波器的

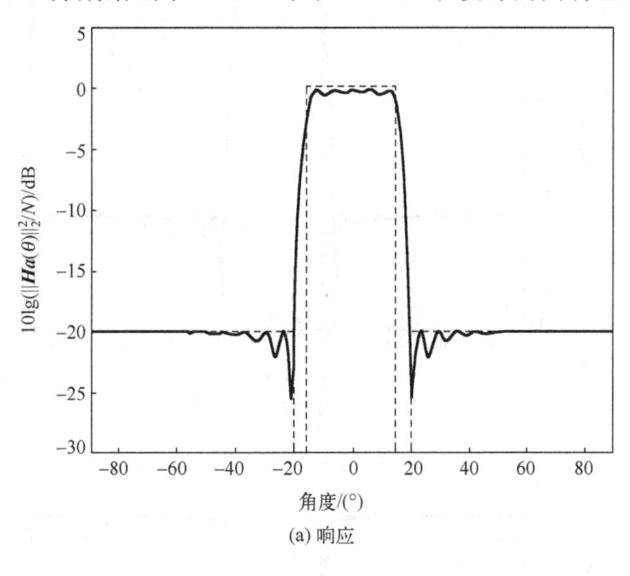

(a) 响应

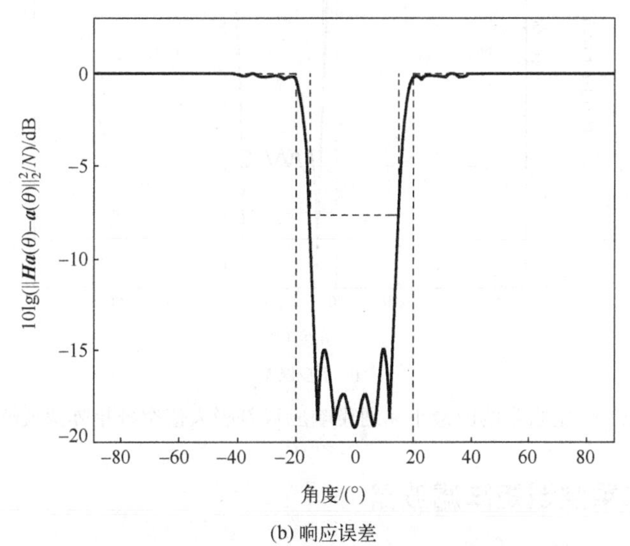

(b) 响应误差

图 3-1　恒定阻带响应通带最小均方误差空域矩阵滤波器性能

性能。两种空域矩阵滤波器都获得了阻带的恒定响应效果，其中图 3-1 的通带总体响应误差最小，而图 3-2 获得了最小化通带响应误差极大值的效果。对比可知，一方面，图 3-2 所给出的通带响应误差极大值要小于图 3-1 中的结果。另一方面，很显然，图 3-1 具有更低的通带总体响应误差。

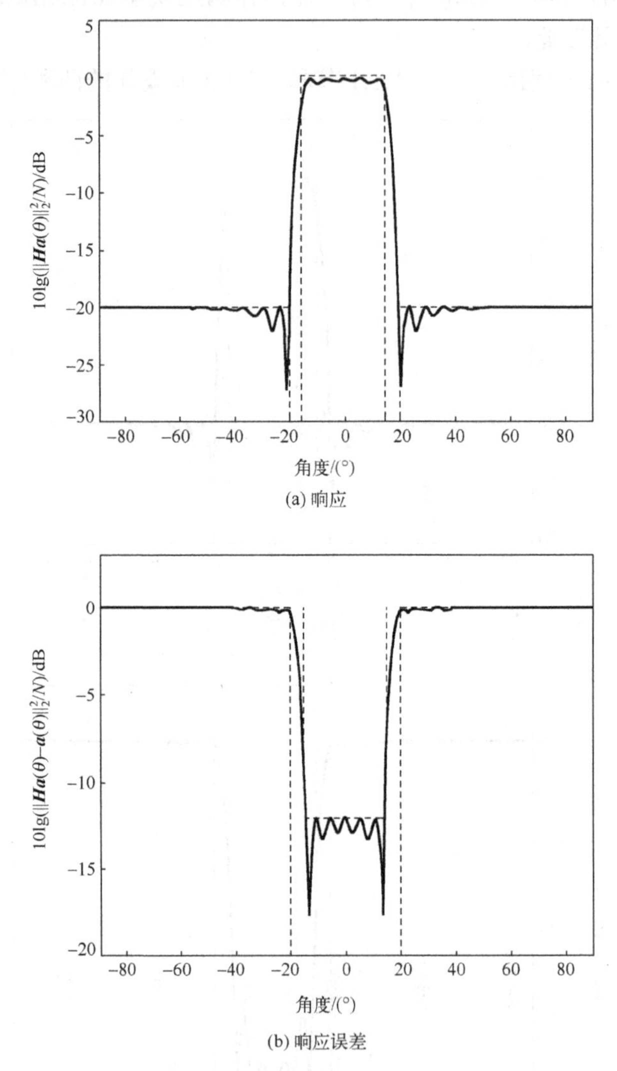

图 3-2　恒定阻带响应最小化通带响应误差极大值空域矩阵滤波器性能

3.1.2　最小二乘空域矩阵滤波器

假设通带和阻带方向向量构成的阵列流形矩阵分别为 $\boldsymbol{V}_P \in \mathbb{C}^{N\times P}$ 和 $\boldsymbol{V}_S \in \mathbb{C}^{N\times S}$，且左右阻带方向向量构成的左右阻带阵列流形分别为 $\boldsymbol{V}_{S_1} \in \mathbb{C}^{N\times S_1}$ 和 $\boldsymbol{V}_{S_2} \in \mathbb{C}^{N\times S_2}$。

$\boldsymbol{V}_S=[\boldsymbol{V}_{S_1},\boldsymbol{V}_{S_2}]$，$S=S_1+S_2$，$S_1$ 和 S_2 分别为左右阻带空域离散化后对应的方向向量数目。

设计矩阵滤波器 $\boldsymbol{H}\in\mathbb{C}^{N\times N}$ 对接收阵列数据进行阵元域滤波，滤波输出为

$$\boldsymbol{y}(t)=\boldsymbol{H}\boldsymbol{A}(\boldsymbol{\theta})\boldsymbol{s}(t)+\boldsymbol{H}\boldsymbol{n}(t) \tag{3-17}$$

为使该矩阵滤波器保留通带的信号，滤除阻带的噪声，则理想的矩阵滤波器应该满足

$$\boldsymbol{H}\boldsymbol{a}(\theta)=\begin{cases}\boldsymbol{a}(\theta), & \theta\in\Theta_P\\ \boldsymbol{0}_{N\times 1}, & \theta\in\Theta_S\end{cases} \tag{3-18}$$

其中，Θ_P、Θ_S 分别表示通带和阻带入射方位角集合。

假设对全空间的波达方向进行细分，细分点数为 M，期望得到的幅度限制系数为 $k(\theta_j),1\leqslant j\leqslant M,\theta_j\in\Theta$，$\Theta$ 为全空间入射方位角集合，则可通过对方向向量 $\boldsymbol{a}(\theta_j),1\leqslant j\leqslant M$ 经滤波器作用后期望获得的幅度限制系数。

$$\boldsymbol{H}\boldsymbol{a}(\theta_j)=k(\theta_j)\boldsymbol{a}(\theta_j),\quad 1\leqslant j\leqslant M$$

定义由全空间方向向量构成的阵列流形为 $\boldsymbol{X}=[\boldsymbol{a}(\theta_1),\cdots,\boldsymbol{a}(\theta_M)]\in\mathbb{C}^{N\times M}$，阵列流形期望响应矩阵为 $\boldsymbol{Y}=[k(\theta_1)\boldsymbol{a}(\theta_1),\cdots,k(\theta_M)\boldsymbol{a}(\theta_M)]\in\mathbb{C}^{N\times M}$。所以，空域预滤波矩阵的设计问题就是求矩阵 $\boldsymbol{H}$，使 $\boldsymbol{H}\boldsymbol{X}=\boldsymbol{Y}$。为此，可通过建立如下的最优化问题设计滤波器。

最优化问题 1

$$\min_{\boldsymbol{H}} J(\boldsymbol{H})=\left\|\boldsymbol{H}\boldsymbol{X}-\boldsymbol{Y}\right\|_{\mathrm{F}}^2 \tag{3-19}$$

3.1.2.1　矩阵向量化求解方法

在 3.1.2.1 节中，将采用将滤波器矩阵向量化的方式，推导给出最优空域矩阵滤波器的最优解。

假设滤波器矩阵为

$$\boldsymbol{H}=\begin{bmatrix} h_{11} & \cdots & h_{1N}\\ \vdots & & \vdots\\ h_{N1} & \cdots & h_{NN}\end{bmatrix}=\begin{bmatrix}\boldsymbol{h}_1\\ \vdots\\ \boldsymbol{h}_k\\ \vdots\\ \boldsymbol{h}_N\end{bmatrix}_{N\times N}$$

其中，$\boldsymbol{h}_k=[h_{k1},h_{k2},\cdots,h_{kN}],1\leqslant k\leqslant N$ 是对应矩阵 $\boldsymbol{H}$ 的第 k 个行向量。令 $\boldsymbol{y}=[\boldsymbol{h}_1,\boldsymbol{h}_2,\cdots,\boldsymbol{h}_N]^{\mathrm{T}}\in\mathbb{C}^{N^2\times 1}$，通过求解向量 $\boldsymbol{y}$ 就可以重构出滤波器矩阵 $\boldsymbol{H}$。

方向向量 $\boldsymbol{a}(\theta_j)$ 经滤波器作用后，输出响应 $\boldsymbol{H}\boldsymbol{a}(\theta_j)=k(\theta_j)\boldsymbol{a}(\theta_j),1\leqslant j\leqslant M$ 可转化

为如下的线性方程组

$$\begin{bmatrix} \boldsymbol{a}^{\mathrm{T}}(\theta_j) & \boldsymbol{0}_{1\times N} & \cdots & \boldsymbol{0}_{1\times N} \\ \boldsymbol{0}_{1\times N} & \boldsymbol{a}^{\mathrm{T}}(\theta_j) & \cdots & \boldsymbol{0}_{1\times N} \\ \vdots & \vdots & & \vdots \\ \boldsymbol{0}_{1\times N} & \boldsymbol{0}_{1\times N} & \cdots & \boldsymbol{a}^{\mathrm{T}}(\theta_j) \end{bmatrix} \boldsymbol{y} = [\boldsymbol{I}_{N\times N} \otimes \boldsymbol{a}^{\mathrm{T}}(\theta_j)]y = k(\theta_j)\boldsymbol{a}(\theta_j) \tag{3-20}$$

定义$\boldsymbol{V}(\theta_j) = [\boldsymbol{I}_{N\times N} \otimes \boldsymbol{a}^{\mathrm{T}}(\theta_j)] \in \mathbb{C}^{N\times N^2}$，利用上式构造

$$\boldsymbol{V} = [\boldsymbol{V}^{\mathrm{T}}(\theta_1), \cdots, \boldsymbol{V}^{\mathrm{T}}(\theta_M)]^{\mathrm{T}} \in \mathbb{C}^{MN\times N^2}$$

$$\boldsymbol{b} = [k(\theta_1)\boldsymbol{a}^{\mathrm{T}}(\theta_1), \cdots, k(\theta_M)\boldsymbol{a}^{\mathrm{T}}(\theta_M)]^{\mathrm{T}} \in \mathbb{C}^{MN}$$

利用所得的$\boldsymbol{V}$和$\boldsymbol{b}$，期望的滤波结果为$\boldsymbol{HX} = \boldsymbol{Y}$，可以转化为如下线性方程组

$$\boldsymbol{Vy} = \boldsymbol{b} \tag{3-21}$$

该线性方程组的线性方程数目为MN，未知数个数为N^2，该线性方程组的解$\boldsymbol{y}$由方程组系数矩阵$\boldsymbol{V}$的秩决定，当$\mathrm{rank}(\boldsymbol{V}) = N^2$，且线性方程组行数目$MN$大于未知数个数$N^2$时，该方程组存在最小二乘解。

重排矩阵的各行不改变矩阵的秩，由此可得矩阵$\boldsymbol{V}$的秩为

$$\begin{aligned} \mathrm{rank}(\boldsymbol{V}) &= \mathrm{rank}\left(\begin{bmatrix} \boldsymbol{I}_{N\times N} \otimes \boldsymbol{a}^{\mathrm{T}}(\theta_1) \\ \boldsymbol{I}_{N\times N} \otimes \boldsymbol{a}^{\mathrm{T}}(\theta_2) \\ \vdots \\ \boldsymbol{I}_{N\times N} \otimes \boldsymbol{a}^{\mathrm{T}}(\theta_M) \end{bmatrix} \right) \\ &= \mathrm{rank}([\boldsymbol{I}_{N\times N} \otimes \boldsymbol{X}^{\mathrm{T}}]) \\ &= \mathrm{rank}(\boldsymbol{I}_{N\times N}) \times \mathrm{rank}(\boldsymbol{X}^{\mathrm{T}}) \\ &= N \times \mathrm{rank}(\boldsymbol{X}^{\mathrm{T}}) \end{aligned} \tag{3-22}$$

其中

$$\begin{aligned} \boldsymbol{X}^{\mathrm{T}} &= [\boldsymbol{a}(\theta_1), \cdots, \boldsymbol{a}(\theta_M)]^{\mathrm{T}} \\ &= \begin{bmatrix} 1 & \mathrm{e}^{-\mathrm{j}\omega_0 \Delta \sin\theta_1 / c} & \cdots & \mathrm{e}^{-\mathrm{j}\omega_0 (N-1)\Delta \sin\theta_1 / c} \\ 1 & \mathrm{e}^{-\mathrm{j}\omega_0 \Delta \sin\theta_2 / c} & \cdots & \mathrm{e}^{-\mathrm{j}\omega_0 (N-1)\Delta \sin\theta_2 / c} \\ \vdots & \vdots & & \vdots \\ 1 & \mathrm{e}^{-\mathrm{j}\omega_0 \Delta \sin\theta_M / c} & \cdots & \mathrm{e}^{-\mathrm{j}\omega_0 (N-1)\Delta \sin\theta_M / c} \end{bmatrix} \end{aligned} \tag{3-23}$$

此矩阵为 Vandermonde 矩阵，当$M > N$时，该矩阵列满秩，反之则行满秩，即

$$\mathrm{rank}(\boldsymbol{V}) = N \times \mathrm{rank}(\boldsymbol{X}^{\mathrm{T}}) = N \times \min(M, N)$$

通常，对接收阵列数据进行空域预滤波处理，由于通带、过渡带、阻带的离散

化向量数目总和远大于接收阵阵元数目，即 $M \gg N$，故 $\mathrm{rank}(\boldsymbol{X}^{\mathrm{T}}) = \mathrm{rank}(\boldsymbol{X}) = N$，矩阵 $\boldsymbol{V}$ 是列满秩的，线性方程组 $\boldsymbol{V}\boldsymbol{y} = \boldsymbol{b}$ 超定，可求出使该方程组总体误差最小的解。

定义误差范数平方为 $J(\boldsymbol{y}) = \|\boldsymbol{V}\boldsymbol{y} - \boldsymbol{b}\|_{\mathrm{F}}^2$。

通过对最优化问题 1 的目标函数的变形，原最优化问题 1 可以变为如下形式。

最优化问题 2

$$\min_{\boldsymbol{y}} J(\boldsymbol{y}) = \|\boldsymbol{V}\boldsymbol{y} - \boldsymbol{b}\|_{\mathrm{F}}^2 \tag{3-24}$$

对新的最优化问题求解并重排向量 $\boldsymbol{y}$，就可以获得原最优化问题的最优解。它的平衡点满足

$$\nabla_{\boldsymbol{y}^*} J(\boldsymbol{y}) = \boldsymbol{V}^{\mathrm{H}}\boldsymbol{V}\hat{\boldsymbol{y}} - \boldsymbol{V}^{\mathrm{H}}\boldsymbol{b} = \boldsymbol{0} \tag{3-25}$$

由于 $\boldsymbol{V}^{\mathrm{H}}\boldsymbol{V}$ 非奇异($\boldsymbol{V}$ 列满秩，$\boldsymbol{V}^{\mathrm{H}}$ 行满秩，$\boldsymbol{V}^{\mathrm{H}}\boldsymbol{V}$ 是方阵且满秩)，故平衡点为

$$\hat{\boldsymbol{y}} = (\boldsymbol{V}^{\mathrm{H}}\boldsymbol{V})^{-1}\boldsymbol{V}^{\mathrm{H}}\boldsymbol{b} \tag{3-26}$$

其中，$(\boldsymbol{V}^{\mathrm{H}}\boldsymbol{V})^{-1}\boldsymbol{V}^{\mathrm{H}}$ 是 $\boldsymbol{V}$ 的左伪逆矩阵[51]，利用求得的 $\hat{\boldsymbol{y}}$ 就可以重构出滤波器矩阵 $\hat{\boldsymbol{H}}$。

$$\begin{aligned}(\boldsymbol{V}^{\mathrm{H}}\boldsymbol{V})^{-1} &= \left(\begin{bmatrix} \boldsymbol{I}_{N\times N} \otimes \boldsymbol{a}^{\mathrm{T}}(\theta_1) \\ \boldsymbol{I}_{N\times N} \otimes \boldsymbol{a}^{\mathrm{T}}(\theta_2) \\ \vdots \\ \boldsymbol{I}_{N\times N} \otimes \boldsymbol{a}^{\mathrm{T}}(\theta_M) \end{bmatrix}^{\mathrm{H}} \begin{bmatrix} \boldsymbol{I}_{N\times N} \otimes \boldsymbol{a}^{\mathrm{T}}(\theta_1) \\ \boldsymbol{I}_{N\times N} \otimes \boldsymbol{a}^{\mathrm{T}}(\theta_2) \\ \vdots \\ \boldsymbol{I}_{N\times N} \otimes \boldsymbol{a}^{\mathrm{T}}(\theta_M) \end{bmatrix}\right)^{-1} \\ &= [\boldsymbol{I}_{N\times N} \otimes (\boldsymbol{X}^*\boldsymbol{X}^{\mathrm{T}})]^{-1} \\ &= [\boldsymbol{I}_{N\times N} \otimes (\boldsymbol{X}^*\boldsymbol{X}^{\mathrm{T}})^{-1}]\end{aligned} \tag{3-27}$$

$$\boldsymbol{V}^{\mathrm{H}}\boldsymbol{b} = [\boldsymbol{B}_1{}^{\mathrm{T}}, \boldsymbol{B}_2{}^{\mathrm{T}}, \cdots, \boldsymbol{B}_N{}^{\mathrm{T}}]^{\mathrm{T}} \tag{3-28}$$

其中，$\boldsymbol{B}_i \in \mathbb{C}^N, 1 \leqslant i \leqslant N$，且

$$\boldsymbol{B}_i = \begin{bmatrix} \sum\limits_m k(\theta_m)\, \mathrm{e}^{-\mathrm{j}\omega_0(i-1)\Delta\sin\theta_m/c} \\ \sum\limits_m k(\theta_m) \cdot \mathrm{e}^{\mathrm{j}\omega_0\Delta\sin\theta_m/c}\mathrm{e}^{-\mathrm{j}\omega_0(i-1)\Delta\sin\theta_m/c} \\ \vdots \\ \sum\limits_m k(\theta_m) \cdot \mathrm{e}^{\mathrm{j}\omega_0(N-1)\Delta\sin\theta_m/c}\mathrm{e}^{-\mathrm{j}\omega_0(i-1)\Delta\sin\theta_m/c} \end{bmatrix}$$

利用上式构造矩阵 $\boldsymbol{W} = [\boldsymbol{B}_1, \boldsymbol{B}_2, \cdots, \boldsymbol{B}_N] \in \mathbb{C}^{N\times N}$。矩阵 $\boldsymbol{W}$ 与矩阵 $\boldsymbol{X}$、$\boldsymbol{Y}$ 的关系为

$$\boldsymbol{W} = \boldsymbol{X}^*\boldsymbol{Y}^{\mathrm{T}} \tag{3-29}$$

其中，$(\cdot)^*$ 表示矩阵共轭。有

$$\begin{aligned}\hat{\boldsymbol{y}} &= (\boldsymbol{V}^{\mathrm{H}}\boldsymbol{V})^{-1}\boldsymbol{V}^{H}\boldsymbol{b} \\ &= [\boldsymbol{I}_{N\times N} \otimes (\boldsymbol{X}^{*}\boldsymbol{X}^{\mathrm{T}})^{-1}][\boldsymbol{B}_1^{\mathrm{T}},\boldsymbol{B}_2^{\mathrm{T}},\cdots,\boldsymbol{B}_N^{\mathrm{T}}]^{\mathrm{T}} \\ &= \begin{bmatrix} (\boldsymbol{X}^{*}\boldsymbol{X}^{\mathrm{T}})^{-1}\boldsymbol{B}_1 \\ \vdots \\ (\boldsymbol{X}^{*}\boldsymbol{X}^{\mathrm{T}})^{-1}\boldsymbol{B}_N \end{bmatrix}\end{aligned} \tag{3-30}$$

重排向量 $\hat{\boldsymbol{y}}$，可得

$$[\boldsymbol{h}_1^{\mathrm{T}},\boldsymbol{h}_2^{\mathrm{T}},\cdots,\boldsymbol{h}_N^{\mathrm{T}}] = (\boldsymbol{X}^{*}\boldsymbol{X}^{\mathrm{T}})^{-1}\left[\boldsymbol{B}_1,\boldsymbol{B}_2,\cdots,\boldsymbol{B}_N\right] = (\boldsymbol{X}^{*}\boldsymbol{X}^{\mathrm{T}})^{-1}\boldsymbol{X}^{*}\boldsymbol{Y}^{\mathrm{T}} \tag{3-31}$$

即

$$\hat{\boldsymbol{H}}^{\mathrm{T}} = (\boldsymbol{X}^{*}\boldsymbol{X}^{\mathrm{T}})^{-1}\boldsymbol{X}^{*}\boldsymbol{Y}^{\mathrm{T}} \tag{3-32}$$

对两边同时取转置，可得

$$\hat{\boldsymbol{H}} = \boldsymbol{Y}\boldsymbol{X}^{\mathrm{H}}(\boldsymbol{X}\boldsymbol{X}^{\mathrm{H}})^{-1} \tag{3-33}$$

即滤波器矩阵 $\hat{\boldsymbol{H}}$ 等于阵列流形期望响应 $\boldsymbol{Y}$ 与原阵列流形 $\boldsymbol{X}$ 的右伪逆 $\boldsymbol{X}^{\mathrm{H}}(\boldsymbol{X}\boldsymbol{X}^{\mathrm{H}})^{-1}$ 的乘积。可以通过设置空域矩阵滤波器对方向向量期望响应系数 $k(\theta_j),1 \leqslant j \leqslant M$ 的调节，获得不同的滤波器。

3.1.2.2 目标函数求偏导求解方法

在 3.1.2.2 节中，采用对最优化问题 1 的目标函数求偏导数的方法，给出空域矩阵滤波器的最优解。由凸规划理论可知[51]，原最优化问题对应于二阶凸规划问题，其最优化问题的解是全局最优解，可以通过对目标函数求一阶导数，通过一阶导数的零点值获得最优化问题的全局最优解。在 3.1.2.1 节中，最优化问题 1 没有约束项，因此所对应最优化问题 1，其 Lagrange 方程为 $L(\boldsymbol{H}) = \|\boldsymbol{H}\boldsymbol{X} - \boldsymbol{Y}\|_{\mathrm{F}}^2$，将方程式展开，可得

$$\begin{aligned}L(\boldsymbol{H}) &= \|\boldsymbol{H}\boldsymbol{X} - \boldsymbol{Y}\|_{\mathrm{F}}^2 \\ &= \mathrm{tr}[(\boldsymbol{H}\boldsymbol{X} - \boldsymbol{Y})(\boldsymbol{H}\boldsymbol{X} - \boldsymbol{Y})^{\mathrm{H}}] \\ &= \mathrm{tr}(\boldsymbol{H}\boldsymbol{X}\boldsymbol{X}^{\mathrm{H}}\boldsymbol{H}^{\mathrm{H}} - \boldsymbol{H}\boldsymbol{X}\boldsymbol{Y}^{\mathrm{H}} - \boldsymbol{Y}\boldsymbol{X}^{\mathrm{H}}\boldsymbol{H}^{\mathrm{H}} + \boldsymbol{Y}\boldsymbol{Y}^{\mathrm{H}})\end{aligned} \tag{3-34}$$

求 Lagrange 方程的一阶导数，最优空域矩阵滤波器 $\hat{\boldsymbol{H}}$ 应满足如下等式

$$\frac{\partial L(\boldsymbol{H})}{\partial \boldsymbol{H}^{*}} = \hat{\boldsymbol{H}}\boldsymbol{X}\boldsymbol{X}^{\mathrm{H}} - \boldsymbol{Y}\boldsymbol{X}^{\mathrm{H}} = \boldsymbol{0} \tag{3-35}$$

可得

$$\hat{\boldsymbol{H}} = \boldsymbol{Y}\boldsymbol{X}^{\mathrm{H}}(\boldsymbol{X}\boldsymbol{X}^{\mathrm{H}})^{-1} \tag{3-36}$$

其结果与 3.1.2.1 节结果相同。从两种求解方法可知，最小二乘空域矩阵滤波器的形式为阵列流形与阵列流形期望响应矩阵乘积形式。

3.1.2.3　简化的最优空域矩阵滤波器及误差分析

在滤波器设计过程中，通常仅需考虑滤波器对通带和阻带的响应效果，过渡带的响应可以纳入通带或阻带中一并考虑，或者不予关注。对于由(3-18)所给出的理想空域矩阵滤波器，$k(\theta)$ 应满足

$$k(\theta)=\begin{cases}1, & \theta\in\Theta_P \\ 0, & \theta\in\Theta_S\end{cases} \tag{3-37}$$

分析单通带滤波器设计问题(单阻带型空域矩阵滤波器，或复杂的通阻带位置的空域矩阵滤波器，仅需设置相应的正交矩阵实现通阻带合并)，假设此时全空间阵列流形为 $\boldsymbol{X}=[\boldsymbol{V}_{S_1},\boldsymbol{V}_P,\boldsymbol{V}_{S_2}]$，阵列流形期望响应为 $\boldsymbol{Y}=[\boldsymbol{0}_{N\times S_1},\boldsymbol{V}_P,\boldsymbol{0}_{N\times S_2}]$，$S_1$、$S_2$ 和 P 分别对应于左阻带扇面、右阻带扇面和通带扇面的离散化采样点数目，$M=S_1+S_2+P$ 是全空间离散化采样点数目，$S=S_1+S_2$ 对应于阻带扇面离散化采样点数目。构造正交矩阵 $\boldsymbol{K}_T$（$\boldsymbol{K}_T\boldsymbol{K}_T^{\mathrm{T}}=\boldsymbol{I}_M$）如下

$$\boldsymbol{K}_T=\begin{bmatrix}\boldsymbol{0}_{S_1\times P} & \boldsymbol{I}_{S_1} & \boldsymbol{0}_{S_1\times S_2} \\ \boldsymbol{I}_P & \boldsymbol{0}_{P\times S_1} & \boldsymbol{0}_{P\times S_2} \\ \boldsymbol{0}_{S_2\times P} & \boldsymbol{0}_{S_2\times S_1} & \boldsymbol{I}_{S_2}\end{bmatrix}\in\mathbb{R}^{M\times M}$$

将正交矩阵用于滤波器最优解，可知

$$\begin{aligned}\hat{\boldsymbol{H}}&=\boldsymbol{Y}\boldsymbol{X}^{\mathrm{H}}(\boldsymbol{X}\boldsymbol{X}^{\mathrm{H}})^{-1}\\&=\boldsymbol{Y}\boldsymbol{K}_T\boldsymbol{K}_T^{\mathrm{T}}\boldsymbol{X}^{\mathrm{H}}(\boldsymbol{X}\boldsymbol{K}_{\mathrm{T}}\boldsymbol{K}_{\mathrm{T}}^{\mathrm{T}}\boldsymbol{X}^{\mathrm{H}})^{-1}\\&=[\boldsymbol{V}_P,\boldsymbol{0}_{N\times S}]\begin{bmatrix}\boldsymbol{V}_P^{\mathrm{H}}\\\boldsymbol{V}_S^{\mathrm{H}}\end{bmatrix}\left([\boldsymbol{V}_P,\boldsymbol{V}_S]\begin{bmatrix}\boldsymbol{V}_P^{\mathrm{H}}\\\boldsymbol{V}_S^{\mathrm{H}}\end{bmatrix}\right)^{-1}\\&=\boldsymbol{V}_P\boldsymbol{V}_P^{\mathrm{H}}(\boldsymbol{V}_P\boldsymbol{V}_P^{\mathrm{H}}+\boldsymbol{V}_S\boldsymbol{V}_S^{\mathrm{H}})^{-1}\end{aligned} \tag{3-38}$$

由前述分析已知 $\boldsymbol{X}$ 是 Vandermonde 矩阵[52-55]，$\mathrm{rank}(\boldsymbol{X})=N$，同理 $\boldsymbol{V}_P$ 和 $\boldsymbol{V}_S$ 也是 Vandermonde 矩阵，由于设计滤波器时所采用的通带和阻带离散化采样点数目皆大于阵元数目，故 $\mathrm{rank}(\boldsymbol{V}_P)=\mathrm{rank}(\boldsymbol{V}_S)=N$。由广义奇异值分解定理可知[56,57]，存在酉矩阵 $\boldsymbol{U}_P\in\mathbb{C}^{P\times P}$ 和 $\boldsymbol{U}_S\in\mathbb{C}^{S\times S}$ 以及非奇异矩阵 $\boldsymbol{Q}_X\in\mathbb{C}^{N\times N}$，使得

$$\boldsymbol{U}_P\boldsymbol{V}_P^{\mathrm{H}}\boldsymbol{Q}_X=\begin{bmatrix}\boldsymbol{\Sigma}_P\\\boldsymbol{0}_{(P-N)\times N}\end{bmatrix},\quad \boldsymbol{\Sigma}_P=\mathrm{diag}(\alpha_1,\cdots,\alpha_N) \tag{3-39}$$

$$\boldsymbol{U}_S\boldsymbol{V}_S^{\mathrm{H}}\boldsymbol{Q}_X=\begin{bmatrix}\boldsymbol{\Sigma}_S\\\boldsymbol{0}_{(S-N)\times N}\end{bmatrix},\quad \boldsymbol{\Sigma}_S=\mathrm{diag}(\beta_1,\cdots,\beta_N) \tag{3-40}$$

其中，$\alpha_i^2+\beta_i^2=1, i=1,2,\cdots,N$。

由式(3-39)和式(3-40)可得

$$\boldsymbol{V}_P=\boldsymbol{Q}_X^{-\mathrm{H}}[\boldsymbol{\Sigma}_P,\boldsymbol{0}_{N\times(P-N)}]\boldsymbol{U}_P \tag{3-41}$$

$$\boldsymbol{V}_S=\boldsymbol{Q}_X^{-\mathrm{H}}[\boldsymbol{\Sigma}_S,\boldsymbol{0}_{N\times(S-N)}]\boldsymbol{U}_S \tag{3-42}$$

将式(3-41)和式(3-42)代入式(3-38)可得

$$\begin{aligned}\hat{\boldsymbol{H}}&=\boldsymbol{V}_P\boldsymbol{V}_P^{\mathrm{H}}(\boldsymbol{V}_P\boldsymbol{V}_P^{\mathrm{H}}+\boldsymbol{V}_S\boldsymbol{V}_S^{\mathrm{H}})^{-1}\\&=\boldsymbol{Q}_X^{-\mathrm{H}}\boldsymbol{\Sigma}_P{}^2\boldsymbol{Q}_X^{-1}(\boldsymbol{Q}_X^{-\mathrm{H}}(\boldsymbol{\Sigma}_P{}^2+\boldsymbol{\Sigma}_S{}^2)\boldsymbol{Q}_X^{-1})^{-1}\\&=\boldsymbol{Q}_X^{-\mathrm{H}}\boldsymbol{\Sigma}_P{}^2\boldsymbol{Q}_X^{-1}(\boldsymbol{Q}_X^{-\mathrm{H}}\boldsymbol{Q}_X^{-1})^{-1}\\&=\boldsymbol{Q}_X^{-\mathrm{H}}\boldsymbol{\Sigma}_P{}^2\boldsymbol{Q}_X^{\mathrm{H}}\end{aligned} \tag{3-43}$$

总体误差平方为

$$\begin{aligned}\left\|\hat{\boldsymbol{H}}\boldsymbol{X}-\boldsymbol{Y}\right\|_{\mathrm{F}}^2&=\left\|\hat{\boldsymbol{H}}\boldsymbol{X}\boldsymbol{K}_{\mathrm{T}}-\boldsymbol{Y}\boldsymbol{K}_{\mathrm{T}}\right\|_{\mathrm{F}}^2\\&=\left\|\hat{\boldsymbol{H}}\boldsymbol{V}_P-\boldsymbol{V}_P\right\|_{\mathrm{F}}^2+\left\|\hat{\boldsymbol{H}}\boldsymbol{V}_S\right\|_{\mathrm{F}}^2\\&=\left\|\boldsymbol{Q}_X^{-\mathrm{H}}[(\boldsymbol{\Sigma}_P^2-\boldsymbol{I}_P)\boldsymbol{\Sigma}_P,\boldsymbol{0}_{N\times(P-N)}]\right\|_{\mathrm{F}}^2+\left\|\boldsymbol{Q}_X^{-\mathrm{H}}[\boldsymbol{\Sigma}_P^2\boldsymbol{\Sigma}_S,\boldsymbol{0}_{N\times(S-N)}]\right\|_{\mathrm{F}}^2\\&=\left\|\boldsymbol{Q}_X^{-\mathrm{H}}\boldsymbol{\Sigma}_S^2\boldsymbol{\Sigma}_P\right\|_{\mathrm{F}}^2+\left\|\boldsymbol{Q}_X^{-\mathrm{H}}\boldsymbol{\Sigma}_P^2\boldsymbol{\Sigma}_S\right\|_{\mathrm{F}}^2\end{aligned} \tag{3-44}$$

注意到上式中$\left\|\hat{\boldsymbol{H}}\boldsymbol{V}_P-\boldsymbol{V}_P\right\|_{\mathrm{F}}^2$及$\left\|\hat{\boldsymbol{H}}\boldsymbol{V}_S\right\|_{\mathrm{F}}^2$分别对应于通带响应误差和阻带响应，因此

$$\left\|\hat{\boldsymbol{H}}\boldsymbol{V}_P-\boldsymbol{V}_P\right\|_{\mathrm{F}}^2=\left\|\boldsymbol{Q}_X^{-\mathrm{H}}\boldsymbol{\Sigma}_S^2\boldsymbol{\Sigma}_P\right\|_{\mathrm{F}}^2 \tag{3-45}$$

$$\left\|\hat{\boldsymbol{H}}\boldsymbol{V}_S\right\|_{\mathrm{F}}^2=\left\|\boldsymbol{Q}_X^{-\mathrm{H}}\boldsymbol{\Sigma}_P^2\boldsymbol{\Sigma}_S\right\|_{\mathrm{F}}^2 \tag{3-46}$$

以上分析了单通带空域预滤波矩阵的设计方法及误差值，若滤波器设计中不考虑过渡带，则通过构造不同的正交矩阵$\boldsymbol{K}_T$，滤波器的解都可由式(3-38)或式(3-43)给出。

设置通带为$[-10°,10°]$，阻带为$[-90°,-20°)\cup(20°,90°]$，滤波器离散化采样间隔为0.1°。在不同的阵元数情况下，图3-3(a)给出了最小二乘空域矩阵滤波器的响应，图3-3(b)给出了响应误差。从图中可见，随着阵元数的增加，阻带响应降低，通带响应误差降低，说明阵元数增加可改善空域滤波矩阵的响应效果。

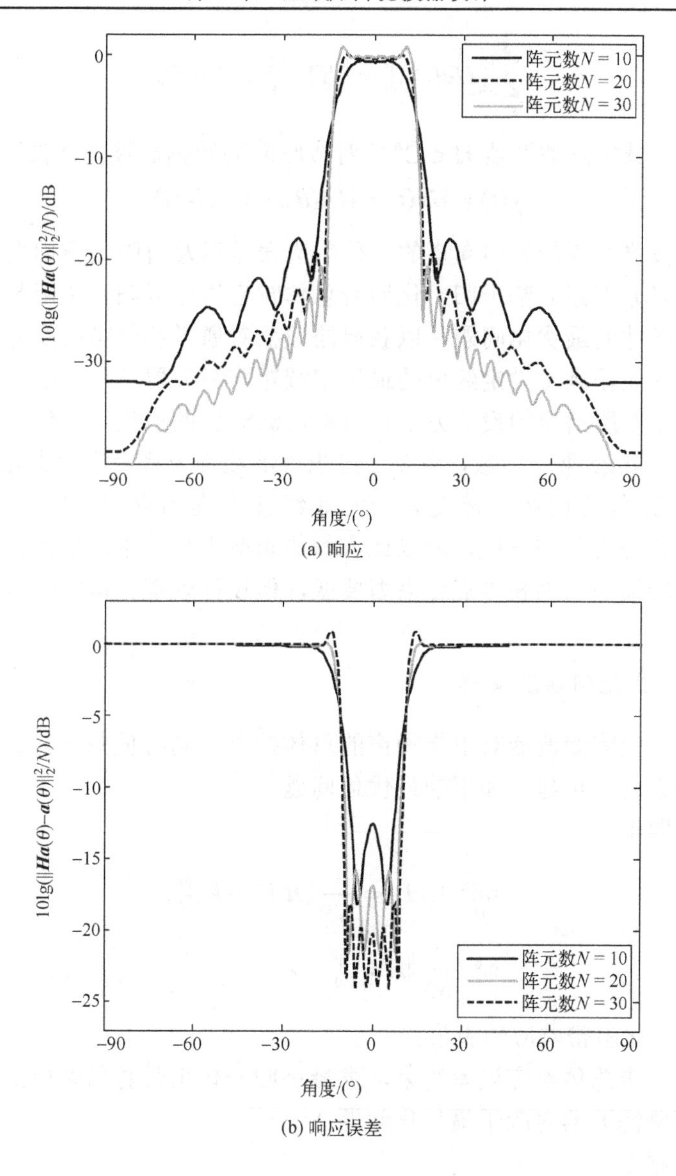

图 3-3　最小二乘空域矩阵滤波器效果

3.1.3　阻带总体响应或通带总体响应误差约束空域矩阵滤波器

空域矩阵滤波器对通带的总体响应误差以及对阻带的总体响应，可以通过下式获得

$$\sum_{p=1}^{P}\left\|\boldsymbol{Ha}(\theta_p)-\boldsymbol{a}(\theta_p)\right\|_{\mathrm{F}}^2=\left\|\boldsymbol{HV}_P-\boldsymbol{V}_P\right\|_{\mathrm{F}}^2,\quad \theta_p\in\Theta_P \tag{3-47}$$

$$\sum_{s=1}^{S}\left\|\boldsymbol{H}\boldsymbol{a}(\theta_s)\right\|_{\mathrm{F}}^{2}=\left\|\boldsymbol{H}\boldsymbol{V}_S\right\|_{\mathrm{F}}^{2},\quad \theta_s\in\Theta_S \tag{3-48}$$

假设使用空域矩阵滤波器 $\boldsymbol{H}\in\mathbb{C}^{N\times N}$ 对接收阵列数据滤波，滤波输出为

$$\boldsymbol{y}(t)=\boldsymbol{H}\boldsymbol{x}(t)=\boldsymbol{H}\boldsymbol{A}(\boldsymbol{\theta})\boldsymbol{s}(t)+\boldsymbol{H}\boldsymbol{n}(t) \tag{3-49}$$

为获得滤波器对通带方向向量的总体响应误差以及对阻带方向向量的总体响应整体约束，可以分别建立基于归一化通带总体响应误差或归一化阻带总体响应为目标函数或约束条件的最优化问题，以获得滤波器对通带和阻带所有方向向量的平均响应或平均响应误差满足设定约束的最优空域矩阵滤波器。与最小二乘空域矩阵滤波器类似，本小节所给出的设计方法可以给出滤波器的最优解，但是在最优解中包含一个未知 Lagrange 乘子参数，需要通过求解非线性方程获得该参数。因此，该类型空域矩阵滤波器的设计，转变为一元非线性方程的求解问题，由于所对应的 Lagrange 乘子方程为单调方程，所以此方程的求解十分简单。虽然该类型矩阵滤波器的设计效率较最小二乘和零点约束型要低，但设计效率较恒定阻带抑制的设计效率要高得多。

3.1.3.1　最优化问题及求解

为实现空域矩阵滤波器对阻带噪声的总体抑制，同时使归一化通带总体响应误差处于某范围之内，可建立如下的最优化问题。

最优化问题 1

$$\begin{aligned}&\min_{\boldsymbol{H}_1} J(\boldsymbol{H}_1)=\frac{1}{NP}\left\|\boldsymbol{H}_1\boldsymbol{V}_P-\boldsymbol{V}_P\right\|_{\mathrm{F}}^{2}\\&\text{s.t.}\ \frac{1}{NS}\left\|\boldsymbol{H}_1\boldsymbol{V}_S\right\|_{\mathrm{F}}^{2}\leqslant\varepsilon\end{aligned} \tag{3-50}$$

其中，ε 是归一化阻带响应约束值。

对归一化通带总体响应误差约束，求最小归一化阻带总体响应的空域矩阵滤波器。该空域矩阵滤波器对应于最优化问题 2。

最优化问题 2

$$\begin{aligned}&\min_{\boldsymbol{H}_2} J(\boldsymbol{H}_2)=\frac{1}{NS}\left\|\boldsymbol{H}_2\boldsymbol{V}_S\right\|_{\mathrm{F}}^{2}\\&\text{s.t.}\ \frac{1}{NP}\left\|\boldsymbol{H}_2\boldsymbol{V}_P-\boldsymbol{V}_P\right\|_{\mathrm{F}}^{2}\leqslant\xi\end{aligned} \tag{3-51}$$

其中，ξ 是归一化通带响应误差约束值。

通过构造 Lagrange 函数的方法求解最优化问题 1。最优化问题 1 所对应的 Lagrange 函数为

$$L(\boldsymbol{H}_1;\lambda)=\frac{1}{NP}\|\boldsymbol{H}_1\boldsymbol{V}_P-\boldsymbol{V}_P\|_{\mathrm{F}}^2+\lambda\left(\frac{1}{NS}\|\boldsymbol{H}_1\boldsymbol{V}_S\|_{\mathrm{F}}^2-\varepsilon\right) \tag{3-52}$$

其中，$\lambda>0$是 Lagrange 乘子。由于目标函数和约束条件都是严格凸函数，故对任意λ，最优解可由下式给出

$$\hat{\boldsymbol{H}}_1=\boldsymbol{C}_P(\boldsymbol{C}_P+\lambda\boldsymbol{C}_S)^{-1} \tag{3-53}$$

其中，$\boldsymbol{C}_P=\dfrac{\boldsymbol{V}_P\boldsymbol{V}_P^{\mathrm{H}}}{NP}$，$\boldsymbol{C}_S=\dfrac{\boldsymbol{V}_S\boldsymbol{V}_S^{\mathrm{H}}}{NS}$。

可得二重方程

$$\phi(\lambda)\overset{\text{def}}{=}\min L(\boldsymbol{H}_1;\lambda)=-\mathrm{tr}[\boldsymbol{C}_P(\boldsymbol{C}_P+\lambda\boldsymbol{C}_S)^{-1}\boldsymbol{C}_P]+\mathrm{tr}(\boldsymbol{C}_P)-\lambda\varepsilon$$

由二阶方程理论可知，最优 Lagrange 乘子$\hat{\lambda}=\underset{\lambda>0}{\arg\max}\,\phi(\lambda)$。确定 Lagrange 乘子$\hat{\lambda}$的方程为

$$\mathrm{tr}[\boldsymbol{C}_P(\boldsymbol{C}_P+\hat{\lambda}\boldsymbol{C}_S)^{-1}\boldsymbol{C}_S(\boldsymbol{C}_P+\hat{\lambda}\boldsymbol{C}_S)^{-1}\boldsymbol{C}_P]=\varepsilon \tag{3-54}$$

可知，当$\varepsilon\to 0$时，$\hat{\lambda}\to\infty$，这表明要使空域滤波器的阻带响应趋于 0，可通过增大 Lagrange 乘子的方式实现。而随着 Lagrange 乘子增大，阻带响应的权值增加，通带响应误差权值相应减少，反之亦然。故低的阻带响应是以高的通带响应误差为代价。

同理，对于最优化问题 2，最优解$\hat{\boldsymbol{H}}_2$及确定最优 Lagrange 乘子$\hat{\lambda}'$的方程如下

$$\hat{\boldsymbol{H}}_2=\hat{\lambda}'\boldsymbol{C}_P(\hat{\lambda}'\boldsymbol{C}_P+\boldsymbol{C}_S)^{-1} \tag{3-55}$$

$$\mathrm{tr}[\hat{\lambda}'\boldsymbol{C}_P(\hat{\lambda}'\boldsymbol{C}_P+\boldsymbol{C}_S)^{-1}\boldsymbol{C}_S(\hat{\lambda}'\boldsymbol{C}_P+\boldsymbol{C}_S)^{-1}\boldsymbol{C}_P+\hat{\lambda}'\boldsymbol{C}_P(\hat{\lambda}'\boldsymbol{C}_P+\boldsymbol{C}_S)^{-1}\boldsymbol{C}_P]=1-\xi \tag{3-56}$$

由以上论述可知，对于通阻带响应含有限制条件的最优空域矩阵滤波器设计问题，转化为确定相应的最优 Lagrange 乘子问题。

3.1.3.2　最优空域矩阵滤波器及 Lagrange 乘子方程化简

空域滤波器的设计效率主要受求解相应的 Lagrange 乘子方程效率制约。在利用迭代搜索算法求最优 Lagrange 乘子过程中，每步迭代必须要求解 Hermition 矩阵$(\boldsymbol{C}_P+\hat{\lambda}\boldsymbol{C}_S)$或$(\hat{\lambda}'\boldsymbol{C}_P+\boldsymbol{C}_S)$的逆，计算量较大。下面利用广义奇异值分解简化求解 Lagrange 乘子方程，同时简化三个最优解的表达式。

由于$\boldsymbol{V}_P$和$\boldsymbol{V}_S$也是 Vandermonde 矩阵，为使离散化采样后的归一化通阻带响应误差接近于真实的归一化通阻带响应误差(为连续通带及阻带区间上的各方位响应误差积分与区间宽度的比值)，则离散化采样点间隔必须趋于零，即通阻带采样点数目都应趋于无穷，$P\gg N,S\gg N$，此即表明$\boldsymbol{V}_P$和$\boldsymbol{V}_S$皆行满秩。由广义奇异值分解定理可知，存在酉矩阵$\boldsymbol{U}_P\in\mathbb{C}^{P\times P}$和$\boldsymbol{U}_S\in\mathbb{C}^{S\times S}$以及非奇异矩阵$\boldsymbol{Q}_X\in\mathbb{C}^{N\times N}$，使得

$$\boldsymbol{U}_P\boldsymbol{V}_P^{\mathrm{H}}\boldsymbol{Q}_X=\begin{bmatrix}\boldsymbol{\Sigma}_P\\ \boldsymbol{0}_{(P-N)\times N}\end{bmatrix},\quad \boldsymbol{\Sigma}_P=\mathrm{diag}(\alpha_1,\cdots,\alpha_N) \tag{3-57}$$

$$\boldsymbol{U}_S\boldsymbol{V}_S^{\mathrm{H}}\boldsymbol{Q}_X=\begin{bmatrix}\boldsymbol{\Sigma}_S\\ \boldsymbol{0}_{(S-N)\times N}\end{bmatrix},\quad \boldsymbol{\Sigma}_S=\mathrm{diag}(\beta_1,\cdots,\beta_N) \tag{3-58}$$

其中，$\alpha_n^2+\beta_n^2=1,n=1,2,\cdots,N$ 。

由上面两式可知

$$\begin{cases}\boldsymbol{V}_P=\boldsymbol{Q}_X^{-\mathrm{H}}[\boldsymbol{\Sigma}_P,\boldsymbol{0}_{N\times(P-N)}]\boldsymbol{U}_P\\ \boldsymbol{V}_S=\boldsymbol{Q}_X^{-\mathrm{H}}[\boldsymbol{\Sigma}_S,\boldsymbol{0}_{N\times(S-N)}]\boldsymbol{U}_S\end{cases} \tag{3-59}$$

将上式代入到求解 Lagrange 乘子的方程及滤波器最优解中，最优化问题 1 的最优解 $\hat{\boldsymbol{H}}_1$ 及确定最优 Lagrange 乘子 $\hat{\lambda}$ 的方程为

$$\hat{\boldsymbol{H}}_1=\boldsymbol{Q}_X^{-\mathrm{H}}\frac{\boldsymbol{\Sigma}_P^2}{NP}\left(\frac{\boldsymbol{\Sigma}_P^2}{NP}+\hat{\lambda}\frac{\boldsymbol{\Sigma}_S^2}{NS}\right)^{-1}\boldsymbol{Q}_X^{\mathrm{H}} \tag{3-60}$$

$$\mathrm{tr}\left[\boldsymbol{Q}_X^{-\mathrm{H}}\frac{\boldsymbol{\Sigma}_P^4\boldsymbol{\Sigma}_S^2}{(NP)^2NS}\left(\frac{\boldsymbol{\Sigma}_P^2}{NP}+\hat{\lambda}\frac{\boldsymbol{\Sigma}_S^2}{NS}\right)^{-2}\boldsymbol{Q}_X^{-1}\right]=\varepsilon \tag{3-61}$$

由于利用迭代搜索算法确定最优 Lagrange 乘子 $\hat{\lambda}$ 过程中，仅需求解对角矩阵的逆，虽然需要经过一次广义奇异值分解，但在迭代搜索过程中，仅需利用首次广义奇异值分解的结果，则后续过程仅涉及计算矩阵乘积的迹，将显著提高迭代搜索算法的效率。

同理，对于最优化问题 2，最优解 $\hat{\boldsymbol{H}}_2$ 及确定最优 Lagrange 乘子 $\hat{\lambda}'$ 的方程为

$$\hat{\boldsymbol{H}}_2=\hat{\lambda}'\boldsymbol{Q}_X^{-\mathrm{H}}\frac{\boldsymbol{\Sigma}_P^2}{NP}\left(\hat{\lambda}'\frac{\boldsymbol{\Sigma}_P^2}{NP}+\frac{\boldsymbol{\Sigma}_S^2}{NS}\right)^{-1}\boldsymbol{Q}_X^{\mathrm{H}} \tag{3-62}$$

$$\begin{aligned}&\mathrm{tr}\left[\hat{\lambda}'\boldsymbol{Q}_X^{-\mathrm{H}}\frac{\boldsymbol{\Sigma}_P^4\boldsymbol{\Sigma}_S^2}{(NP)^2NS}\left(\hat{\lambda}'\frac{\boldsymbol{\Sigma}_P^2}{NP}+\frac{\boldsymbol{\Sigma}_S^2}{NS}\right)^{-2}\boldsymbol{Q}_X^{-1}\right]\\&+\mathrm{tr}\left[\hat{\lambda}'\boldsymbol{Q}_X^{-\mathrm{H}}\frac{\boldsymbol{\Sigma}_P^4}{(NP)^2}\left(\hat{\lambda}'\frac{\boldsymbol{\Sigma}_P^2}{NP}+\frac{\boldsymbol{\Sigma}_S^2}{NS}\right)^{-1}\boldsymbol{Q}_X^{-1}\right]=1-\xi\end{aligned} \tag{3-63}$$

3.1.3.3 空域矩阵滤波器性能分析

考虑一个由阵元数 $N=20$ 的水听器均匀线列阵，阵元间隔 0.5m，声速为 1500m/s。设计通带为 $[-45°,-15°]$，阻带为 $[-90°,-50°)\cup(-10°,90°]$，通阻带离散化

采样间隔都为 0.5°。利用本书中所提出的方法设计空域矩阵滤波器，设计所用的频率为阵列半波长频率 $f_0 = 1500\text{Hz}$，这里 $\omega_0 = 2\pi f_0$。

图 3-4 给出了最优 Lagrange 乘子 $\hat{\lambda}$ 和 $\hat{\lambda}'$ 与 ε 和 ξ 的函数关系曲线，可以看出，随着 Lagrange 乘子值的增加，通带响应误差或阻带响应约束都随之减小，也即呈单调下降函数关系，对于给定的 ε 和 ξ，可以很容易利用非线性方程求解理论和算法获得相应的 Lagrange 乘子 $\hat{\lambda}$ 和 $\hat{\lambda}'$。

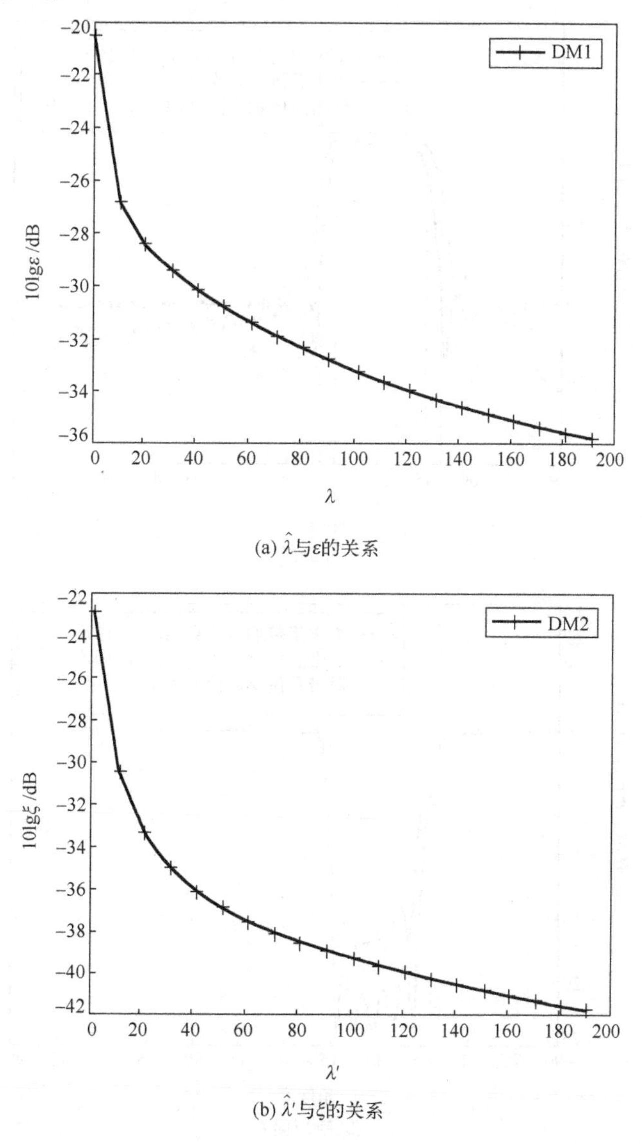

(a) $\hat{\lambda}$与ε的关系

(b) $\hat{\lambda}'$与ξ的关系

图 3-4　最优 Lagrange 乘子 $\hat{\lambda}$ 和 $\hat{\lambda}'$ 与 ε 和 ξ 的单调函数关系

图 3-5 给出了阻带响应总体约束、通带响应误差总体约束和恒定阻带响应约束的空域矩阵滤波器设计效果。其中，阻带总体响应约束滤波器与恒定阻带响应约束滤波器具有相同的阻带响应约束值，通带总体响应误差约束滤波器的通带响应误差与恒定阻带响应约束滤波器的通带响应误差相同。可以看出，阻带总体响应约束滤波器较恒定阻带响应约束滤波器具有更小的通带响应误差，同时，通带总体响应误差约束滤波器较恒定阻带响应约束滤波器具有更小的阻带响应。

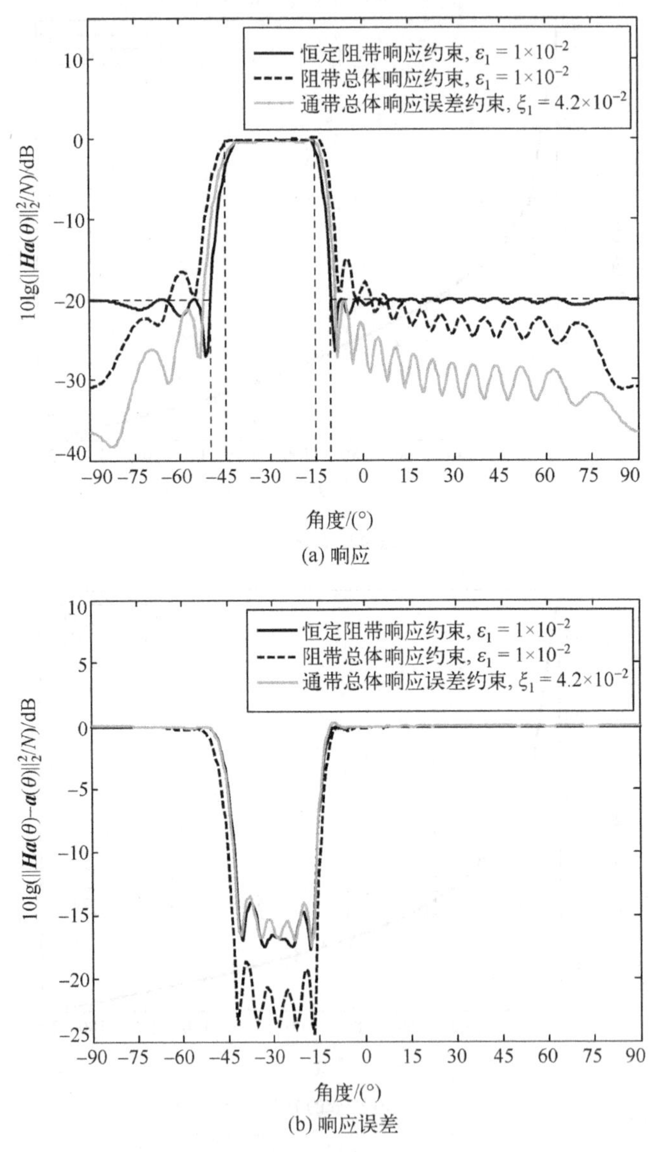

(a) 响应

(b) 响应误差

图 3-5　阻带总体响应约束和恒定阻带响应约束空域矩阵滤波器

3.1.4　双边阻带总体响应约束空域矩阵滤波器

3.1.3 节给出了阻带总体响应和通带总体响应误差满足一定约束条件的空域矩阵滤波器设计方法，本节对 3.1.3 节设计方法展开，设计具有左右阻带总体响应分别满足不同约束值的空域矩阵滤波器。

3.1.4.1　最优空域矩阵滤波器设计

假设通带和左右阻带方向向量构成的阵列流形分别为 $\boldsymbol{V}_P \in \mathbb{C}^{N\times P}$、$\boldsymbol{V}_{S_1} \in \mathbb{C}^{N\times S_1}$ 和 $\boldsymbol{V}_{S_2} \in \mathbb{C}^{N\times S_2}$，且

$$\boldsymbol{V}_P = [\boldsymbol{a}(\theta_1),\cdots,\boldsymbol{a}(\theta_p),\cdots,\boldsymbol{a}(\theta_P)],\quad 1\leqslant p\leqslant P,\quad \theta_p\in\Theta_P$$
$$\boldsymbol{V}_{S_1} = [\boldsymbol{a}(\theta_1),\cdots,\boldsymbol{a}(\theta_{s_1}),\cdots,\boldsymbol{a}(\theta_{S_1})],\quad 1\leqslant s_1\leqslant S_1,\quad \theta_{s_1}\in\Theta_{S_1}$$
$$\boldsymbol{V}_{S_2} = [\boldsymbol{a}(\theta_1),\cdots,\boldsymbol{a}(\theta_{s_2}),\cdots,\boldsymbol{a}(\theta_{S_2})],\quad 1\leqslant s_2\leqslant S_2,\quad \theta_{s_2}\in\Theta_{S_2}$$

其中，$\boldsymbol{a}(\theta_p)$、$\boldsymbol{a}(\theta_{s_1})$ 和 $\boldsymbol{a}(\theta_{s_2})$ 分别是通带及阻带离散化后的第 p、第 s_1 和第 s_2 个方向向量，P、S_1 和 S_2 分别为相应的离散化方向向量数目，Θ_P、Θ_{S_1} 和 Θ_{S_2} 分别为通带、左阻带和右阻带空间入射方位角集合。

设计空域矩阵滤波器 $\boldsymbol{H}$ 对接收阵列数据滤波，输出为

$$\boldsymbol{y}(t,\omega_0) = \boldsymbol{H}\boldsymbol{x}(t,\omega_0) = \boldsymbol{H}\boldsymbol{A}(\boldsymbol{\theta},\omega_0)\boldsymbol{s}(t,\omega_0) + \boldsymbol{H}\boldsymbol{n}(t,\omega_0) \tag{3-64}$$

经矩阵滤波器 $\boldsymbol{H}$ 预滤波后，归一化通带整体响应误差和归一化左右阻带整体响应分别为 $\dfrac{1}{NP}\|\boldsymbol{H}\boldsymbol{V}_P-\boldsymbol{V}_P\|_{\mathrm{F}}^2$、$\dfrac{1}{NS_1}\|\boldsymbol{H}\boldsymbol{V}_{S_1}\|_{\mathrm{F}}^2$ 和 $\dfrac{1}{NS_2}\|\boldsymbol{H}\boldsymbol{V}_{S_2}\|_{\mathrm{F}}^2$。为实现左右阻带的不同整体响应约束，有两种最优空域矩阵滤波器设计方案。

最优化问题 1

$$\begin{aligned}&\min_{\boldsymbol{H}_1} J(\boldsymbol{H}_1) = \frac{1}{NP}\|\boldsymbol{H}_1\boldsymbol{V}_P-\boldsymbol{V}_P\|_{\mathrm{F}}^2\\ &\text{s.t.}\begin{cases}\dfrac{1}{NS_1}\|\boldsymbol{H}_1\boldsymbol{V}_{S_1}\|_{\mathrm{F}}^2\leqslant\varepsilon_1\\ \dfrac{1}{NS_2}\|\boldsymbol{H}_1\boldsymbol{V}_{S_2}\|_{\mathrm{F}}^2\leqslant\varepsilon_2\end{cases}\end{aligned} \tag{3-65}$$

其中，ε_1 和 ε_2 分别为左右阻带的归一化响应约束值。最优化问题 1 是在归一化左右阻带整体响应分别为 ε_1 和 ε_2 的约束下，求归一化通带总体响应误差最小。

最优化问题 2

$$\begin{aligned}&\min_{\boldsymbol{H}_2} J(\boldsymbol{H}_2) = \frac{1}{NS_1}\|\boldsymbol{H}_2\boldsymbol{V}_{S_1}\|_{\mathrm{F}}^2+\gamma\frac{1}{NS_2}\|\boldsymbol{H}_2\boldsymbol{V}_{S_2}\|_{\mathrm{F}}^2\\ &\text{s.t.}\ \frac{1}{NP}\|\boldsymbol{H}_2\boldsymbol{V}_P-\boldsymbol{V}_P\|_{\mathrm{F}}^2\leqslant\xi\end{aligned} \tag{3-66}$$

其中，ξ 是归一化通带响应误差约束值，γ 为滤波器对右阻带响应的加权系数。最优化问题 2 是在归一化通带整体响应误差为 ξ 的约束下，求归一化左右阻带整体响应误差加权和最小。

3.1.4.2 最优空域矩阵滤波器求解

利用 Lagrange 乘子理论求解所设计的最优化问题。对于最优化问题 1，构建 Lagrange 方程 $L(\boldsymbol{H}_1;\lambda_1,\lambda_2)$

$$L(\boldsymbol{H}_1;\lambda_1,\lambda_2)=\frac{1}{NP}\left\|\boldsymbol{H}_1\boldsymbol{V}_P-\boldsymbol{V}_P\right\|_{\mathrm{F}}^2+\lambda_1\left(\frac{1}{NS_1}\left\|\boldsymbol{H}_1\boldsymbol{V}_{S_1}\right\|_{\mathrm{F}}^2-\varepsilon_1\right)+\lambda_2\left(\frac{1}{NS_2}\left\|\boldsymbol{H}_1\boldsymbol{V}_{S_2}\right\|_{\mathrm{F}}^2-\varepsilon_2\right) \tag{3-67}$$

对 $L(\boldsymbol{H}_1;\lambda_1,\lambda_2)$ 求关于 $(\boldsymbol{H}_1^*;\lambda_1,\lambda_2)$ 的偏导数，可得

$$\frac{\partial L(\boldsymbol{H}_1;\lambda_1,\lambda_2)}{\partial \boldsymbol{H}_1^*}=\boldsymbol{H}_1\boldsymbol{C}_P-\boldsymbol{C}_P+\lambda_1\boldsymbol{H}_1\boldsymbol{C}_{S_1}+\lambda_2\boldsymbol{H}_1\boldsymbol{C}_{S_2} \tag{3-68}$$

$$\frac{\partial L(\boldsymbol{H}_1;\lambda_1,\lambda_2)}{\partial \lambda_1}=\mathrm{tr}(\boldsymbol{H}_1\boldsymbol{C}_{S_1}\boldsymbol{H}_1^{\mathrm{H}})-\varepsilon_1 \tag{3-69}$$

$$\frac{\partial L(\boldsymbol{H}_1;\lambda_1,\lambda_2)}{\partial \lambda_2}=\mathrm{tr}(\boldsymbol{H}_1\boldsymbol{C}_{S_2}\boldsymbol{H}_1^{\mathrm{H}})-\varepsilon_2 \tag{3-70}$$

这里为了简化表达式，令 $\boldsymbol{C}_P=\frac{1}{NP}\boldsymbol{V}_P\boldsymbol{V}_P^{\mathrm{H}}$，$\boldsymbol{C}_{S_1}=\frac{1}{NS_1}\boldsymbol{V}_{S_1}\boldsymbol{V}_{S_1}^{\mathrm{H}}$，$\boldsymbol{C}_{S2}=\frac{1}{NS_2}\boldsymbol{V}_{S_2}\boldsymbol{V}_{S_2}^{\mathrm{H}}$。最优解 $\hat{\boldsymbol{H}}_1$ 和最优 Lagrange 乘子 $\hat{\lambda}_1$、$\hat{\lambda}_2$ 应满足下面的等式

$$\hat{\boldsymbol{H}}_1\boldsymbol{C}_P-\boldsymbol{C}_P+\hat{\lambda}_1\hat{\boldsymbol{H}}_1\boldsymbol{C}_{S_1}+\hat{\lambda}_2\hat{\boldsymbol{H}}_1\boldsymbol{C}_{S_2}=\boldsymbol{0} \tag{3-71}$$

$$\mathrm{tr}(\hat{\boldsymbol{H}}_1\boldsymbol{C}_{S_1}\hat{\boldsymbol{H}}_1^{\mathrm{H}})-\varepsilon_1=0 \tag{3-72}$$

$$\mathrm{tr}(\hat{\boldsymbol{H}}_1\boldsymbol{C}_{S_2}\hat{\boldsymbol{H}}_1^{\mathrm{H}})-\varepsilon_2=0 \tag{3-73}$$

由式(3-71)～式(3-73)可得最优化问题 1 的最优解 $\hat{\boldsymbol{H}}_1$，以及确定最优 Lagrange 乘子 $\hat{\lambda}_1$、$\hat{\lambda}_2$ 的方程

$$\hat{\boldsymbol{H}}_1=\boldsymbol{C}_P(\boldsymbol{C}_P+\hat{\lambda}_1\boldsymbol{C}_{S_1}+\hat{\lambda}_2\boldsymbol{C}_{S_2})^{-1} \tag{3-74}$$

$$\mathrm{tr}[\boldsymbol{C}_P(\boldsymbol{C}_P+\hat{\lambda}_1\boldsymbol{C}_{S_1}+\hat{\lambda}_2\boldsymbol{C}_{S_2})^{-1}\boldsymbol{C}_{S_1}(\boldsymbol{C}_P+\hat{\lambda}_1\boldsymbol{C}_{S_1}+\hat{\lambda}_2\boldsymbol{C}_{S_2})^{-1}\boldsymbol{C}_P]=\varepsilon_1 \tag{3-75}$$

$$\mathrm{tr}[\boldsymbol{C}_P(\boldsymbol{C}_P+\hat{\lambda}_1\boldsymbol{C}_{S_1}+\hat{\lambda}_2\boldsymbol{C}_{S_2})^{-1}\boldsymbol{C}_{S_2}(\boldsymbol{C}_P+\hat{\lambda}_1\boldsymbol{C}_{S_1}+\hat{\lambda}_2\boldsymbol{C}_{S_2})^{-1}\boldsymbol{C}_P]=\varepsilon_2 \tag{3-76}$$

同理，构造最优化问题 2 的 Lagrange 方程 $L(\boldsymbol{H}_2;\mu)$

$$L(\boldsymbol{H}_2;\mu)=\frac{1}{NS_1}\left\|\boldsymbol{H}_2\boldsymbol{V}_{S_1}\right\|_{\mathrm{F}}^2+\gamma\frac{1}{NS_2}\left\|\boldsymbol{H}_2\boldsymbol{V}_{S_2}\right\|_{\mathrm{F}}^2+\mu\left(\frac{1}{NP}\left\|\boldsymbol{H}_2\boldsymbol{V}_P-\boldsymbol{V}_P\right\|_{\mathrm{F}}^2-\xi\right) \tag{3-77}$$

对 $L(\boldsymbol{H}_2;\mu)$ 求关于 $\boldsymbol{H}_2^*$ 和 μ 的偏导数

$$\frac{\partial L(\boldsymbol{H}_2;\mu)}{\partial \boldsymbol{H}_2^*} = \boldsymbol{H}_2\boldsymbol{C}_{S_1} + \gamma \boldsymbol{H}_2\boldsymbol{C}_{S_2} + \mu(\boldsymbol{H}_2\boldsymbol{C}_P - \boldsymbol{C}_P) \tag{3-78}$$

$$\frac{\partial L(\boldsymbol{H}_2;\mu)}{\partial \mu} = \mathrm{tr}(\boldsymbol{H}_2\boldsymbol{C}_P\boldsymbol{H}_2^{\mathrm{H}} - \boldsymbol{C}_P\boldsymbol{H}_2^{\mathrm{H}} - \boldsymbol{H}_2\boldsymbol{C}_P + \boldsymbol{C}_P) - \xi \tag{3-79}$$

最优解 $\hat{\boldsymbol{H}}_2$ 和最优 Lagrange 乘子 $\hat{\mu}$ 应满足下面的等式

$$\hat{\boldsymbol{H}}_2\boldsymbol{C}_{S_1} + \gamma \hat{\boldsymbol{H}}_2\boldsymbol{C}_{S_2} + \hat{\mu}(\hat{\boldsymbol{H}}_2\boldsymbol{C}_P - \boldsymbol{C}_P) = \boldsymbol{0} \tag{3-80}$$

$$\mathrm{tr}(\hat{\boldsymbol{H}}_2\boldsymbol{C}_P\hat{\boldsymbol{H}}_2^{\mathrm{H}} - \boldsymbol{C}_P\hat{\boldsymbol{H}}_2^{\mathrm{H}} - \hat{\boldsymbol{H}}_2\boldsymbol{C}_P + \boldsymbol{C}_P) - \xi = 0 \tag{3-81}$$

由(3-80)可得最优解 $\hat{\boldsymbol{H}}_2$ 的表达式

$$\hat{\boldsymbol{H}}_2 = \hat{\mu}\boldsymbol{C}_P(\hat{\mu}\boldsymbol{C}_P + \boldsymbol{C}_{S_1} + \gamma\boldsymbol{C}_{S_2})^{-1} \tag{3-82}$$

将式(3-82)代入式(3-81)可得确定最优 Lagrange 乘子 $\hat{\mu}$ 的方程

$$\begin{aligned}&\mathrm{tr}[\hat{\mu}\boldsymbol{C}_P(\hat{\mu}\boldsymbol{C}_P + \boldsymbol{C}_{S_1} + \gamma\boldsymbol{C}_{S_2})^{-1}\boldsymbol{C}_P(\hat{\mu}\boldsymbol{C}_P + \boldsymbol{C}_{S_1} + \gamma\boldsymbol{C}_{S_2})^{-1}\hat{\mu}\boldsymbol{C}_P] \\ &= 2\mathrm{tr}[\hat{\mu}\boldsymbol{C}_P(\hat{\mu}\boldsymbol{C}_P + \boldsymbol{C}_{S_1} + \gamma\boldsymbol{C}_{S_2})^{-1}\boldsymbol{C}_P] - \mathrm{tr}(\boldsymbol{C}_P) + \xi\end{aligned} \tag{3-83}$$

从式(3-74)和式(3-82)的最优解形式可以看出，最优解可以直接由通阻带方向向量所构成的矩阵运算给出。设计最优空域矩阵滤波器问题，由确定 N^2 个未知的矩阵元素，转化为确定 1 或 2 个未知参数，对应于 1 元或 2 元一次非线性方程，因此设计效率有质的提升，该滤波器设计方法适用于多阵元情况。

从最优化问题 1 和最优化问题 2 的最优解形式可以看出，当 $\hat{\lambda}_1 = 1/\hat{\mu}$ 且 $\hat{\lambda}_2 = \gamma/\hat{\mu}$ 时，两个最优化问题的最优解相同。利用这个性质就可以在选择恰当的参数情况下，利用最优化问题 2(最优化问题 1)的约束条件确定最优化问题 1(最优化问题 2)的最优函数值。当 $\hat{\mu} = 1/\hat{\lambda}_1$，且 $\gamma = \hat{\lambda}_2/\hat{\lambda}_1$ 时，由方程式(3-83)可知

$$\begin{aligned}&\mathrm{tr}\left[\frac{1}{\hat{\lambda}_1}\boldsymbol{C}_P\left(\frac{1}{\hat{\lambda}_1}\boldsymbol{C}_P + \boldsymbol{C}_{S_1} + \frac{\hat{\lambda}_2}{\hat{\lambda}_1}\boldsymbol{C}_{S_2}\right)^{-1}\boldsymbol{C}_P\left(\frac{1}{\hat{\lambda}_1}\boldsymbol{C}_P + \boldsymbol{C}_{S_1} + \frac{\hat{\lambda}_2}{\hat{\lambda}_1}\boldsymbol{C}_{S_2}\right)^{-1}\frac{1}{\hat{\lambda}_1}\boldsymbol{C}_P\right] \\ &= 2\mathrm{tr}\left[\frac{1}{\hat{\lambda}_1}\boldsymbol{C}_P\left(\frac{1}{\hat{\lambda}_1}\boldsymbol{C}_P + \boldsymbol{C}_{S_1} + \frac{\hat{\lambda}_2}{\hat{\lambda}_1}\boldsymbol{C}_{S_2}\right)^{-1}\boldsymbol{C}_P\right] - \mathrm{tr}(\boldsymbol{C}_P) + \xi\end{aligned} \tag{3-84}$$

即

$$\begin{aligned}&\mathrm{tr}[\boldsymbol{C}_P(\boldsymbol{C}_P + \hat{\lambda}_1\boldsymbol{C}_{S_1} + \hat{\lambda}_2\boldsymbol{C}_{S_2})^{-1}\boldsymbol{C}_P(\boldsymbol{C}_P + \hat{\lambda}_1\boldsymbol{C}_{S_1} + \hat{\lambda}_2\boldsymbol{C}_{S_2})^{-1}\boldsymbol{C}_P] \\ &= 2\mathrm{tr}[\boldsymbol{C}_P(\boldsymbol{C}_P + \hat{\lambda}_1\boldsymbol{C}_{S_1} + \hat{\lambda}_2\boldsymbol{C}_{S_2})^{-1}\boldsymbol{C}_P] - \mathrm{tr}(\boldsymbol{C}_P) + \xi\end{aligned} \tag{3-85}$$

而此时，由式(3-75)和式(3-76)可知

$$\mathrm{tr}[\boldsymbol{C}_P(\boldsymbol{C}_P+\hat{\lambda}_1\boldsymbol{C}_{S_1}+\hat{\lambda}_2\boldsymbol{C}_{S_2})^{-1}\hat{\lambda}_1\boldsymbol{C}_{S_1}(\boldsymbol{C}_P+\hat{\lambda}_1\boldsymbol{C}_{S_1}+\hat{\lambda}_2\boldsymbol{C}_{S_2})^{-1}\boldsymbol{C}_P]=\hat{\lambda}_1\varepsilon_1 \tag{3-86}$$

$$\mathrm{tr}[\boldsymbol{C}_P(\boldsymbol{C}_P+\hat{\lambda}_1\boldsymbol{C}_{S_1}+\hat{\lambda}_2\boldsymbol{C}_{S_2})^{-1}\hat{\lambda}_2\boldsymbol{C}_{S_2}(\boldsymbol{C}_P+\hat{\lambda}_1\boldsymbol{C}_{S_1}+\hat{\lambda}_2\boldsymbol{C}_{S_2})^{-1}\boldsymbol{C}_P]=\hat{\lambda}_2\varepsilon_2 \tag{3-87}$$

将式(3-85)～式(3-87)相加可得最优化问题 1 的最优函数值

$$\min_{\boldsymbol{H}_1} J(\boldsymbol{H}_1)=\mathrm{tr}(\boldsymbol{C}_P)-\mathrm{tr}[\boldsymbol{C}_P(\boldsymbol{C}_P+\hat{\lambda}_1\boldsymbol{C}_{S_1}+\hat{\lambda}_2\boldsymbol{C}_{S_2})^{-1}\boldsymbol{C}_P]-\hat{\lambda}_1\varepsilon_1-\hat{\lambda}_2\varepsilon_2 \tag{3-88}$$

同理，可得最优化问题 2 的最优函数值为

$$\min_{\boldsymbol{H}_2} J(\boldsymbol{H}_2)=\hat{\mu}\mathrm{tr}(\boldsymbol{C}_P)-\hat{\mu}\xi-\mathrm{tr}[\hat{\mu}\boldsymbol{C}_P(\hat{\mu}\boldsymbol{C}_P+\boldsymbol{C}_{S_1}+\gamma\boldsymbol{C}_{S_2})^{-1}\hat{\mu}\boldsymbol{C}_P] \tag{3-89}$$

从上述推导可知，只要最优化问题 1 和最优化问题 2 在设计过程中，通带响应误差约束或左右阻带的整体响应约束数值确定，则最优化问题的最优解及最优值即可由上述公式给出。

3.1.4.3　双边阻带总体响应滤波器效果仿真

考虑由无指向性传感器所构成的等间隔均匀线列阵，阵元数为 $N=64$，阵元间隔 0.5m，声速为 1500m/s，阵列所对应的半波长频率为1500Hz。设计通带为$[-40°,-20°]$，阻带为$[-90°,-42°)\cup(-18°,90°]$，通阻带离散化采样间隔都为$0.1°$。利用最优化问题 1 设计空域矩阵滤波器。图 3-6 给出了双边阻带总体响应约束矩阵滤波器的归一化响应$10\lg(\|\boldsymbol{Ha}(\theta,\omega_0)\|_{\mathrm{F}}^2/N),\theta\in[-90°,90°]$和归一化响应误差$10\lg(\|\boldsymbol{Ha}(\theta,\omega_0)-\boldsymbol{a}(\theta,\omega_0)\|_{\mathrm{F}}^2/N),\ \theta\in[-90°,90°]$。

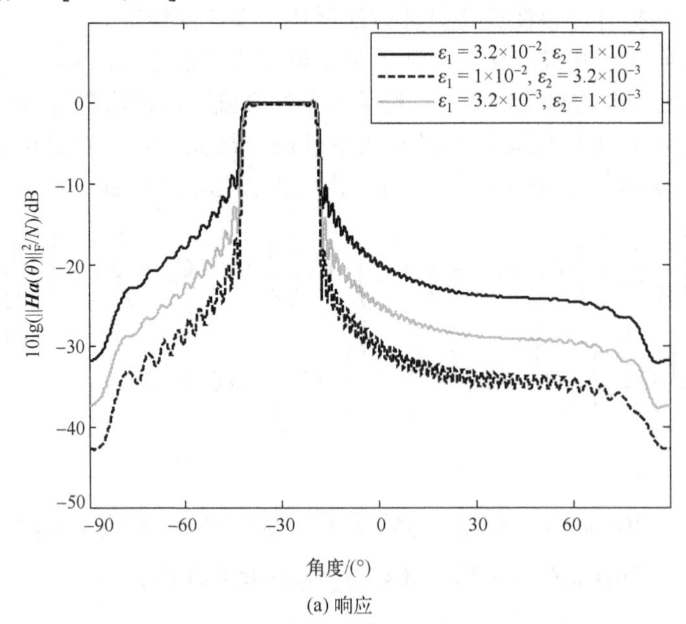

(a) 响应

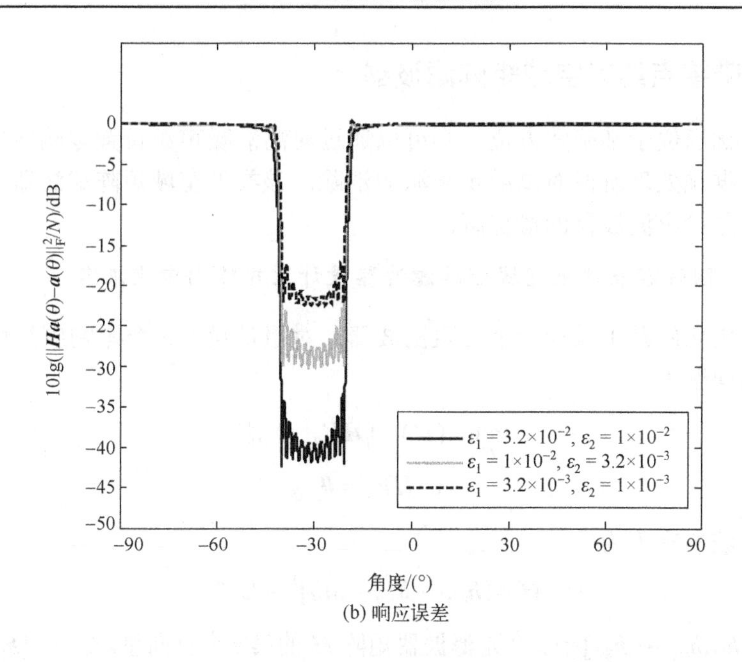

(b) 响应误差

图 3-6　基于最优化问题 1 设计的空域矩阵滤波器输出响应及响应误差

最优化问题2的最优解由式(3-82)给出，在固定左右阻带整体响应误差比例 γ 的情况下，不同的最优 Lagrange 乘子 μ 对应于不同的通带整体响应误差 ξ，由式(3-83)给出了它们之间的非线性函数关系。由式(3-83)可知，当 μ 增大时，ξ 随之减小。图 3-7 给出了最优 Lagrange 乘子 μ 与通带响应误差 ξ 的函数关系曲线。

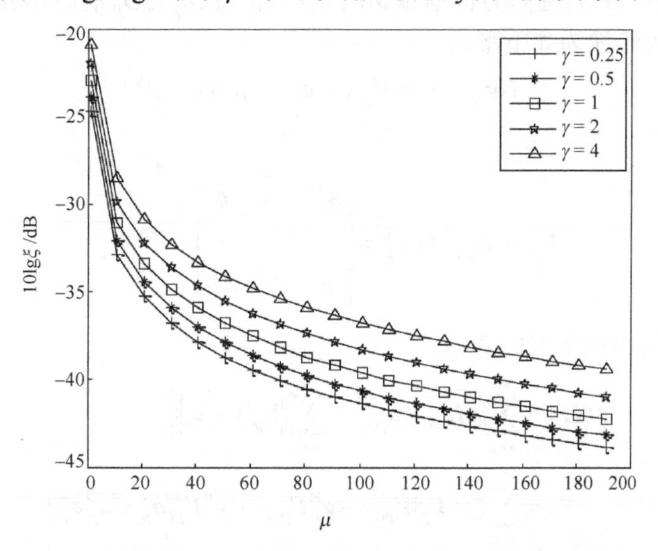

图 3-7　最优 Lagrange 乘子 μ 与通带响应误差 ξ 关系曲线

3.1.5 阻带零点约束空域矩阵滤波器

若强干扰源位于某确知方位，则可以通过对离散噪声源设置零响应约束，以实现在阵列数据预处理阶段对离散噪声源的消除。该类型空域矩阵滤波器可以直接由阵列方向向量给出滤波器的最优解。

3.1.5.1 阻带零点约束空域矩阵滤波器设计及矩阵向量化求解

通过最优化问题 1 设计一个带阻滤波器，对阻带设置 S 个零响应约束。

最优化问题 1

$$\min_{\boldsymbol{H}} J(\boldsymbol{H}) = \left\|\boldsymbol{H}\boldsymbol{V}_P - \boldsymbol{V}_P\right\|_{\mathrm{F}}^2 \\ \text{s.t. } \boldsymbol{H}\boldsymbol{V}_S = \boldsymbol{0}_{N\times S} \tag{3-90}$$

假设滤波器矩阵为

$$\boldsymbol{H} = [\boldsymbol{h}_1^{\mathrm{T}},\cdots,\boldsymbol{h}_k^{\mathrm{T}},\cdots,\boldsymbol{h}_N^{\mathrm{T}}]^{\mathrm{T}} \in \mathbb{C}^{N\times N} \tag{3-91}$$

其中，$\boldsymbol{h}_k = [h_{k1},h_{k2},\cdots,h_{kN}] \in \mathbb{C}^{1\times N}$ 是滤波器矩阵 $\boldsymbol{H}$ 的第 k 个行向量。令 $\boldsymbol{y} = [\boldsymbol{h}_1,\boldsymbol{h}_2,\cdots,\boldsymbol{h}_N]^{\mathrm{T}} \in \mathbb{C}^{N^2\times 1}$。

目标函数可以表示为

$$J(\boldsymbol{H}) = \left\|\boldsymbol{H}\boldsymbol{V}_P - \boldsymbol{V}_P\right\|_{\mathrm{F}}^2 = \sum_{p=1}^{P}\left\|\boldsymbol{H}\boldsymbol{a}_p - \boldsymbol{a}_p\right\|_{\mathrm{F}}^2 \tag{3-92}$$

其中，$\boldsymbol{a}_p, p=1,\cdots,P$ 是通带方向向量 $\boldsymbol{a}(\theta_p), p=1,\cdots,P,\theta_p \in \varTheta_P$ 的简化表示。

$\boldsymbol{H}\boldsymbol{a}_p - \boldsymbol{a}_p$ 可转换为如下形式

$$\boldsymbol{H}\boldsymbol{a}_p - \boldsymbol{a}_p = \boldsymbol{V}_{pi}\boldsymbol{y} - \boldsymbol{a}_p, \quad p=1,\cdots,P \tag{3-93}$$

其中

$$\boldsymbol{V}_{pi} = \boldsymbol{I}_{N\times N} \otimes \boldsymbol{a}_p^{\mathrm{T}} = \begin{bmatrix} \boldsymbol{a}_p^{\mathrm{T}} & \cdots & \boldsymbol{0} \\ \vdots & & \vdots \\ \boldsymbol{0} & \cdots & \boldsymbol{a}_p^{\mathrm{T}} \end{bmatrix} \in \mathbb{C}^{N\times N^2}$$

目标函数可用如下方式表示

$$\begin{aligned} J(\boldsymbol{H}) &= \sum_{p=1}^{P}\left\|\boldsymbol{H}\boldsymbol{a}_p - \boldsymbol{a}_p\right\|_{\mathrm{F}}^2 = \sum_{i=1}^{P}\left\|\boldsymbol{V}_{pi}\boldsymbol{y} - \boldsymbol{a}_i\right\|_{\mathrm{F}}^2 \\ &= \sum_{p=1}^{P}(\boldsymbol{y}^{\mathrm{H}}\boldsymbol{V}_{pi}^{\mathrm{H}}\boldsymbol{V}_{pi}\boldsymbol{y} - \boldsymbol{a}_p^{\mathrm{H}}\boldsymbol{V}_{pi}\boldsymbol{y} - \boldsymbol{y}^{\mathrm{H}}\boldsymbol{V}_{pi}^{\mathrm{H}}\boldsymbol{a}_p + \boldsymbol{a}_p^{\mathrm{H}}\boldsymbol{a}_p) \\ &= \boldsymbol{y}^{\mathrm{H}}(\boldsymbol{I}_{N\times N} \otimes \boldsymbol{V}_P^{*}\boldsymbol{V}_P^{\mathrm{T}})\boldsymbol{y} - \overline{\boldsymbol{v}}_p^{\mathrm{H}}\boldsymbol{y} - \boldsymbol{y}^{\mathrm{H}}\overline{\boldsymbol{v}}_p + \left\|\boldsymbol{V}_P\right\|_{\mathrm{F}}^2 \end{aligned} \tag{3-94}$$

其中，$\overline{\boldsymbol{v}}_p \in \mathbb{C}^{N^2\times 1}$，且

$$\overline{\boldsymbol{v}}_p = \left[\sum_{p=1}^{P} a_{1p}a_{1p}^*, \sum_{p=1}^{P} a_{1p}a_{2p}^*, \cdots, \sum_{p=1}^{P} a_{1p}a_{Np}^*, \cdots, \sum_{p=1}^{P} a_{Np}a_{1p}^*, \sum_{p=1}^{P} a_{Np}a_{2p}^*, \cdots, \sum_{p=1}^{P} a_{Np}a_{Np}^*\right]^{\mathrm{T}} \tag{3-95}$$

其中，$a_{jp}, j=1,2,\cdots,N, p=1,2,\cdots,P$ 代表通带阵列流形中的第 j 行第 p 列的元素。

约束条件 $\boldsymbol{H}\boldsymbol{V}_S = \boldsymbol{0}_{N\times S}$ 可以表示为

$$\begin{cases} \mathrm{Re}(\boldsymbol{H}\boldsymbol{a}_s) = \boldsymbol{0}_{N\times 1}, & 1\leqslant s\leqslant S \\ \mathrm{Im}(\boldsymbol{H}\boldsymbol{a}_s) = \boldsymbol{0}_{N\times 1}, & 1\leqslant s\leqslant S \end{cases} \tag{3-96}$$

其中，$\boldsymbol{a}_s, 1\leqslant s\leqslant S$ 是阻带方向向量 $\boldsymbol{a}(\theta_s), 1\leqslant s\leqslant S$，$\theta_s \in \Theta_S$ 的简化表示。

在式(3-96)中 $\boldsymbol{H}\boldsymbol{a}_j$ 等价于

$$\boldsymbol{H}\boldsymbol{a}_s = \boldsymbol{V}_{sj}\boldsymbol{y}, \quad 1\leqslant s\leqslant S \tag{3-97}$$

其中

$$\boldsymbol{V}_{sj} = \boldsymbol{I}_{N\times N} \otimes \boldsymbol{a}_s^{\mathrm{T}} = \begin{bmatrix} \boldsymbol{a}_s^{\mathrm{T}} & \cdots & \boldsymbol{0} \\ \vdots & & \vdots \\ \boldsymbol{0} & \cdots & \boldsymbol{a}_s^{\mathrm{T}} \end{bmatrix} \in \mathbb{C}^{N\times N^2}$$

利用式(3-97)，约束条件 $\boldsymbol{H}\boldsymbol{V}_S = \boldsymbol{0}_{N\times S}$ 可转化为

$$\begin{cases} \mathrm{Re}(\boldsymbol{U}\boldsymbol{y}) = \dfrac{1}{2}(\boldsymbol{U}\boldsymbol{y} + \boldsymbol{U}^*\boldsymbol{y}^*) = \boldsymbol{0}_{NS\times 1} \\ \mathrm{Im}(\boldsymbol{U}\boldsymbol{y}) = \dfrac{1}{2\mathrm{j}}(\boldsymbol{U}\boldsymbol{y} - \boldsymbol{U}^*\boldsymbol{y}^*) = \boldsymbol{0}_{NS\times 1} \end{cases} \tag{3-98}$$

其中，$\boldsymbol{U} = [\boldsymbol{V}_{s1}^{\mathrm{T}}, \boldsymbol{V}_{s2}^{\mathrm{T}}, \cdots, \boldsymbol{V}_{sS}^{\mathrm{T}}]^{\mathrm{T}} \in \mathbb{C}^{NS\times N^2}$。

通过对目标函数和约束条件的变形，最优化问题1与最优化问题2等价，空域预滤波设计转化为求解线性约束二阶最优化问题，利用最优解 $\boldsymbol{y}$ 可重构出滤波矩阵 $\boldsymbol{H}$。

最优化问题2

$$\begin{aligned} &\min_{\boldsymbol{y}} J(\boldsymbol{y}) = \boldsymbol{y}^{\mathrm{H}}(\boldsymbol{I}_{N\times N} \otimes \boldsymbol{V}_P^*\boldsymbol{V}_P^{\mathrm{T}})\boldsymbol{y} - \overline{\boldsymbol{v}}_p^{\mathrm{H}}\boldsymbol{y} - \boldsymbol{y}^{\mathrm{H}}\overline{\boldsymbol{v}}_p + \|\boldsymbol{V}_P\|_{\mathrm{F}}^2 \\ &\quad \mathrm{s.t.} \begin{cases} \dfrac{1}{2}(\boldsymbol{U}\boldsymbol{y} + \boldsymbol{U}^*\boldsymbol{y}^*) = \boldsymbol{0}_{NS\times 1} \\ \dfrac{1}{2\mathrm{j}}(\boldsymbol{U}\boldsymbol{y} - \boldsymbol{U}^*\boldsymbol{y}^*) = \boldsymbol{0}_{NS\times 1} \end{cases} \end{aligned} \tag{3-99}$$

构造 Lagrange 函数

$$\begin{aligned} L(\boldsymbol{y},\boldsymbol{\lambda},\boldsymbol{\delta}) = &\boldsymbol{y}^{\mathrm{H}}(\boldsymbol{I}_{N\times N} \otimes \boldsymbol{V}_P^*\boldsymbol{V}_P^{\mathrm{T}})\boldsymbol{y} - \overline{\boldsymbol{v}}_p^{\mathrm{H}}\boldsymbol{y} - \boldsymbol{y}^{\mathrm{H}}\overline{\boldsymbol{v}}_p + \|\boldsymbol{V}_P\|_{\mathrm{F}}^2 \\ &+ \frac{\boldsymbol{\lambda}^{\mathrm{T}}}{2}(\boldsymbol{U}\boldsymbol{y} + \boldsymbol{U}^*\boldsymbol{y}^*) + \frac{\boldsymbol{\delta}^{\mathrm{T}}}{2\sqrt{-1}}(\boldsymbol{U}\boldsymbol{y} - \boldsymbol{U}^*\boldsymbol{y}^*) \end{aligned} \tag{3-100}$$

其中，$\lambda,\delta\in\mathbb{C}^{NS\times1}$。对 $L(y,\lambda,\delta)$ 求关于 (y^*,λ,δ) 的偏导数并令其为 $\boldsymbol{0}$ 向量，即可得到平稳点 $(\hat{y},\hat{\lambda},\hat{\delta})$。

$$\frac{\partial L(y,\lambda,\delta)}{\partial y^*}=(I_{N\times N}\otimes V_P^*V_P^{\mathrm{T}})y-\overline{v}_p+U^{\mathrm{H}}\gamma=\boldsymbol{0}_{N^2\times1} \tag{3-101}$$

$$\frac{\partial L(y,\lambda,\delta)}{\partial\lambda}=\mathrm{Re}(Uy)=\frac{1}{2}(Uy+U^*y^*)=\boldsymbol{0}_{NS\times1} \tag{3-102}$$

$$\frac{\partial L(y,\lambda,\delta)}{\partial\delta}=\mathrm{Im}(Uy)=\frac{1}{2\mathrm{j}}(Uy-U^*y^*)=\boldsymbol{0}_{NS\times1} \tag{3-103}$$

其中，$\gamma=\left(\frac{\lambda}{2}-\frac{\delta}{2\mathrm{j}}\right)\in\mathbb{C}^{NS\times1}$，由式(3-102)和式(3-103)可得

$$Uy=\boldsymbol{0}_{NS\times1} \tag{3-104}$$

利用式(3-101)和式(3-104)，可解出

$$\hat{\gamma}=[U(I_{N\times N}\otimes V_P^*V_P^{\mathrm{T}})^{-1}U^{\mathrm{H}}]^{-1}U(I_{N\times N}\otimes V_P^*V_P^{\mathrm{T}})^{-1}\overline{v}_p \tag{3-105}$$

$$\hat{y}=(I_{N\times N}\otimes V_P^*V_P^{\mathrm{T}})^{-1}\{\overline{v}_p-U^{\mathrm{H}}[U(I_{N\times N}\otimes V_P^*V_P^{\mathrm{T}})^{-1}U^{\mathrm{H}}]^{-1}U(I_{N\times N}\otimes V_P^*V_P^{\mathrm{T}})^{-1}\overline{v}_p\} \tag{3-106}$$

式(3-106)即为线性约束二阶最优化问题的最优解。$\hat{y}$ 是由滤波矩阵行向量所构成的长向量，可重构得出滤波矩阵。

构造正交矩阵 $K=[k_{mn}]\in\mathbb{R}^{NS\times NS}(KK^{\mathrm{T}}=I_{NS\times NS})$ 实现 U 的行变换，其中 $k_{mn}=[\rho_{ij}]\in\mathbb{R}^{S\times S}$，$m,n=1,2,\cdots,N$，$\rho_{ij}=\begin{cases}1, & i=n,j=m\\ 0, & \text{其他}\end{cases}$。

由正交变换可知

$$U=K(I_{N\times N}\otimes V_S^{\mathrm{T}}) \tag{3-107}$$

利用式(3-107)可得

$$\begin{aligned}&U^{\mathrm{H}}[U(I_{N\times N}\otimes V_P^*V_P^{\mathrm{T}})^{-1}U^{\mathrm{H}}]^{-1}U\\&=(I_{N\times N}\otimes V_S^*)K^{\mathrm{T}}[K(I_{N\times N}\otimes V_S^{\mathrm{T}})(I_{N\times N}\otimes V_P^*V_P^{\mathrm{T}})^{-1}(I_{N\times N}\otimes V_S^*)K^{\mathrm{T}}]^{-1}K(I_{N\times N}\otimes V_S^{\mathrm{T}})\\&=I_{N\times N}\otimes V_S^*[V_S^{\mathrm{T}}(V_P^*V_P^{\mathrm{T}})^{-1}V_S^*]^{-1}V_S^{\mathrm{T}}\end{aligned} \tag{3-108}$$

将式(3-108)代入式(3-106)可得

$$\begin{aligned}\hat{y}&=(I_{N\times N}\otimes V_P^*V_P^{\mathrm{T}})^{-1}\{\overline{v}_p-(I_{N\times N}\otimes V_S^*[V_S^{\mathrm{T}}(V_P^*V_P^{\mathrm{T}})^{-1}V_S^*]^{-1}V_S^{\mathrm{T}})(I_{N\times N}\otimes V_P^*V_P^{\mathrm{T}})^{-1}\overline{v}_p\}\\&=[I_{N\times N}\otimes(V_P^*V_P^{\mathrm{T}})^{-1}]\{I_{NS\times NS}-[I_{N\times N}\otimes V_S^*[V_S^{\mathrm{T}}(V_P^*V_P^{\mathrm{T}})^{-1}V_S^*]^{-1}V_S^{\mathrm{T}}(V_P^*V_P^{\mathrm{T}})^{-1}]\}\overline{v}_p\\&=[I_{N\times N}\otimes\{(V_P^*V_P^{\mathrm{T}})^{-1}-(V_P^*V_P^{\mathrm{T}})^{-1}V_S^*[V_S^{\mathrm{T}}(V_P^*V_P^{\mathrm{T}})^{-1}V_S^*]^{-1}V_S^{\mathrm{T}}(V_P^*V_P^{\mathrm{T}})^{-1}\}]\overline{v}_p\end{aligned} \tag{3-109}$$

由于 $\hat{\boldsymbol{y}}$ 是由滤波矩阵各个行向量转置构成，故滤波矩阵第 k 个行向量的转置为

$$\begin{aligned}\boldsymbol{h}_k^{\mathrm{T}} &= \{(\boldsymbol{V}_P^*\boldsymbol{V}_P^{\mathrm{T}})^{-1} - (\boldsymbol{V}_P^*\boldsymbol{V}_P^{\mathrm{T}})^{-1}\boldsymbol{V}_S^*[\boldsymbol{V}_S^{\mathrm{T}}(\boldsymbol{V}_P^*\boldsymbol{V}_P^{\mathrm{T}})^{-1}\boldsymbol{V}_S^*]^{-1}\boldsymbol{V}_S^{\mathrm{T}}(\boldsymbol{V}_P^*\boldsymbol{V}_P^{\mathrm{T}})^{-1}\} \\ &\cdot\left[\sum_{p=1}^{P} v_{kp}v_{1p}^*, \sum_{p=1}^{P} v_{kp}v_{2p}^*, \cdots, \sum_{p=1}^{P} v_{kp}v_{Np}^*\right]^{\mathrm{T}}\end{aligned} \tag{3-110}$$

利用式(3-110)，重排矩阵的行向量 $\boldsymbol{h}_k, k=1,2,\cdots,N$，即可得出零点约束滤波矩阵 $\hat{\boldsymbol{H}}$

$$\begin{aligned}\hat{\boldsymbol{H}} &= [\{(\boldsymbol{V}_P^*\boldsymbol{V}_P^{\mathrm{T}})^{-1} - (\boldsymbol{V}_P^*\boldsymbol{V}_P^{\mathrm{T}})^{-1}\boldsymbol{V}_S^*[\boldsymbol{V}_S^{\mathrm{T}}(\boldsymbol{V}_P^*\boldsymbol{V}_P^{\mathrm{T}})^{-1}\boldsymbol{V}_S^*]^{-1}\boldsymbol{V}_S^{\mathrm{T}}(\boldsymbol{V}_P^*\boldsymbol{V}_P^{\mathrm{T}})^{-1}\}\boldsymbol{V}_P^*\boldsymbol{V}_P^{\mathrm{T}}]^{\mathrm{T}} \\ &= \{\boldsymbol{I}_{N\times N} - (\boldsymbol{V}_P^*\boldsymbol{V}_P^{\mathrm{T}})^{-1}\boldsymbol{V}_S^*[\boldsymbol{V}_S^{\mathrm{T}}(\boldsymbol{V}_P^*\boldsymbol{V}_P^{\mathrm{T}})^{-1}\boldsymbol{V}_S^*]^{-1}\boldsymbol{V}_S^{\mathrm{T}}\}^{\mathrm{T}} \\ &= \boldsymbol{I}_{N\times N} - \boldsymbol{V}_S[\boldsymbol{V}_S^{\mathrm{H}}(\boldsymbol{V}_P\boldsymbol{V}_P^{\mathrm{H}})^{-1}\boldsymbol{V}_S]^{-1}\boldsymbol{V}_S^{\mathrm{H}}(\boldsymbol{V}_P\boldsymbol{V}_P^{\mathrm{H}})^{-1}\end{aligned} \tag{3-111}$$

式(3-111)即为所求的预滤波矩阵。

3.1.5.2　Lagrange 函数求偏导求解方法

本节通过构建 Lagrange 函数，并通过对相应矩阵和 Lagrange 乘子求偏导的方式，获得最优空域矩阵滤波器的解。在 3.1.5.1 节中，最优化问题 1 与下面的最优化问题 3 等价。

最优化问题 3

$$\begin{aligned}&\min J(\boldsymbol{H}) = \|\boldsymbol{H}\boldsymbol{V}_P - \boldsymbol{V}_P\|_{\mathrm{F}}^2 \\ &\text{s.t.} \begin{cases}\mathrm{Re}(\boldsymbol{H}\boldsymbol{a}_s) = \boldsymbol{0}, & 1 \leqslant s \leqslant S \\ \mathrm{Im}(\boldsymbol{H}\boldsymbol{a}_s) = \boldsymbol{0}, & 1 \leqslant s \leqslant S\end{cases}\end{aligned} \tag{3-112}$$

构造实 Lagrange 函数如下

$$\begin{aligned}&L(\boldsymbol{H}, \boldsymbol{\lambda}_1, \cdots, \boldsymbol{\lambda}_S, \boldsymbol{\delta}_1, \cdots, \boldsymbol{\delta}_S) \\ &= \|\boldsymbol{H}\boldsymbol{V}_p - \boldsymbol{V}_p\|_{\mathrm{F}}^2 - [\boldsymbol{\lambda}_1^{\mathrm{T}}\mathrm{Re}(\boldsymbol{H}\boldsymbol{a}_1) + \cdots + \boldsymbol{\lambda}_S^{\mathrm{T}}\mathrm{Re}(\boldsymbol{H}\boldsymbol{a}_S)] \\ &\quad - [\boldsymbol{\delta}_1^{\mathrm{T}}\mathrm{Im}(\boldsymbol{H}\boldsymbol{a}_1) + \cdots + \boldsymbol{\delta}_S^{\mathrm{T}}\mathrm{Im}(\boldsymbol{H}\boldsymbol{a}_S)] \\ &= \mathrm{tr}(\boldsymbol{H}\boldsymbol{V}_P\boldsymbol{V}_P^{\mathrm{H}}\boldsymbol{H}^{\mathrm{H}}) - \mathrm{tr}(\boldsymbol{H}\boldsymbol{V}_P\boldsymbol{V}_P^{\mathrm{H}}) - \mathrm{tr}(\boldsymbol{V}_P\boldsymbol{V}_P^{\mathrm{H}}\boldsymbol{H}^{\mathrm{H}}) + \mathrm{tr}(\boldsymbol{V}_P\boldsymbol{V}_P^{\mathrm{H}}) \\ &\quad - \sum_{s=1}^{S}\left(\frac{\boldsymbol{\lambda}_s^{\mathrm{T}}}{2} + \frac{\boldsymbol{\delta}_s^{\mathrm{T}}}{2\mathrm{j}}\right)\boldsymbol{H}\boldsymbol{a}_s - \sum_{s=1}^{S}\left(\frac{\boldsymbol{\lambda}_s^{\mathrm{T}}}{2} - \frac{\boldsymbol{\delta}_s^{\mathrm{T}}}{2\mathrm{j}}\right)\boldsymbol{H}^*\boldsymbol{a}_s^*\end{aligned} \tag{3-113}$$

对 $L(\boldsymbol{H}, \boldsymbol{\lambda}_1, \cdots, \boldsymbol{\lambda}_S, \boldsymbol{\delta}_1, \cdots, \boldsymbol{\delta}_S)$ 分别求关于 $(\boldsymbol{H}, \boldsymbol{\lambda}_1, \cdots, \boldsymbol{\lambda}_S, \boldsymbol{\delta}_1, \cdots, \boldsymbol{\delta}_S)$ 的偏导数

$$\frac{\partial L(\boldsymbol{H}, \boldsymbol{\lambda}_1, \cdots, \boldsymbol{\lambda}_S, \boldsymbol{\delta}_1, \cdots, \boldsymbol{\delta}_S)}{\partial \boldsymbol{H}} = \boldsymbol{H}^*\boldsymbol{V}_P^*\boldsymbol{V}_P^{\mathrm{T}} - \boldsymbol{V}_P^*\boldsymbol{V}_P^{\mathrm{T}} - \boldsymbol{\gamma}\boldsymbol{V}_S^{\mathrm{T}} \tag{3-114}$$

$$\frac{\partial L(\boldsymbol{H}, \boldsymbol{\lambda}_1, \cdots, \boldsymbol{\lambda}_S, \boldsymbol{\delta}_1, \cdots, \boldsymbol{\delta}_S)}{\partial \boldsymbol{\lambda}_s} = \mathrm{Re}(\boldsymbol{H}\boldsymbol{a}_s), \quad 1 \leqslant s \leqslant S \tag{3-115}$$

$$\frac{\partial L(\boldsymbol{H}, \boldsymbol{\lambda}_1, \cdots, \boldsymbol{\lambda}_S, \boldsymbol{\delta}_1, \cdots, \boldsymbol{\delta}_S)}{\partial \boldsymbol{\delta}_s} = \mathrm{Im}(\boldsymbol{H}\boldsymbol{a}_s), \quad 1 \leqslant s \leqslant S \tag{3-116}$$

其中，$\boldsymbol{\gamma}=\dfrac{\boldsymbol{\lambda}}{2}+\dfrac{\boldsymbol{\delta}}{2\mathrm{j}},\boldsymbol{\lambda}=[\boldsymbol{\lambda}_1,\cdots,\boldsymbol{\lambda}_S],\boldsymbol{\delta}=[\boldsymbol{\delta}_1,\cdots,\boldsymbol{\delta}_S]$。

假设$L(\boldsymbol{H},\boldsymbol{\lambda}_1,\cdots,\boldsymbol{\lambda}_S,\boldsymbol{\delta}_1,\cdots,\boldsymbol{\delta}_S)$的稳定点为$(\hat{\boldsymbol{H}},\hat{\boldsymbol{\lambda}},\hat{\boldsymbol{\delta}})$，则下式成立

$$\begin{cases}\hat{\boldsymbol{H}}^*\boldsymbol{V}_P^*\boldsymbol{V}_P^{\mathrm{T}}-\boldsymbol{V}_P^*\boldsymbol{V}_P^{\mathrm{T}}-\hat{\boldsymbol{\gamma}}\boldsymbol{V}_S{}^{\mathrm{T}}=\boldsymbol{0}\\ \mathrm{Re}(\hat{\boldsymbol{H}}\boldsymbol{a}_s)=\boldsymbol{0},\quad 1\leqslant s\leqslant S\\ \mathrm{Im}(\hat{\boldsymbol{H}}\boldsymbol{a}_s)=\boldsymbol{0},\quad 1\leqslant s\leqslant S\end{cases}\tag{3-117}$$

其中，$\hat{\boldsymbol{\gamma}}=\dfrac{\hat{\boldsymbol{\lambda}}}{2}+\dfrac{\hat{\boldsymbol{\delta}}}{2\mathrm{j}}$。

由式(3-117)中的后两个等式可得

$$\hat{\boldsymbol{H}}\boldsymbol{V}_S=\boldsymbol{0}_{N\times S}\tag{3-118}$$

利用式(3-117)中第一个等式和式(3-118)，即可获得零点约束空域矩阵滤波器的最优解

$$\hat{\boldsymbol{H}}=\boldsymbol{I}_{N\times N}-\boldsymbol{V}_S[\boldsymbol{V}_S^{\mathrm{H}}(\boldsymbol{V}_P\boldsymbol{V}_P^{\mathrm{H}})^{-1}\boldsymbol{V}_S]^{-1}\boldsymbol{V}_S^{\mathrm{H}}(\boldsymbol{V}_P\boldsymbol{V}_P^{\mathrm{H}})^{-1}\tag{3-119}$$

此数值解为前述矩阵滤波器设计最优化问题的全局最优解。与利用向量方式所求的最优解，即式(3-111)的结果相同。

3.1.5.3　广义奇异值分解滤波器简化及验证

利用广义奇异值分解可以简化式(3-111)或(3-119)所得的空域预滤波器。利用化简后的结果可从理论上对通带误差及阻带响应进行分析。

由于$\boldsymbol{V}_P$和$\boldsymbol{V}_S$也是 Vandermonde 矩阵，行满秩或列满秩。在设计滤波器时所采用的通带离散化采样点数目大于阵元数目，故$\mathrm{rank}(\boldsymbol{V}_P)=N$。$\boldsymbol{V}_S$的秩与通带离散化采样间隔有关，为保证最优化问题的约束条件成立，则必须使阻带离散化采样间隔$S<N$，故此时$\mathrm{rank}(\boldsymbol{V}_S)=S$。由广义奇异值分解定理可知，存在酉矩阵$\boldsymbol{U}_P\in\mathbb{C}^{P\times P}$和$\boldsymbol{U}_S\in\mathbb{C}^{S\times S}$以及非奇异矩阵$\boldsymbol{Q}_X\in\mathbb{C}^{N\times N}$，使得

$$\boldsymbol{U}_P\boldsymbol{V}_P^{\mathrm{H}}\boldsymbol{Q}_X=\boldsymbol{\Sigma}_P,\quad \boldsymbol{\Sigma}_P=\begin{bmatrix}\boldsymbol{I}_{(N-S)\times(N-S)} & \boldsymbol{0}\\ \boldsymbol{0} & \boldsymbol{S}_{P\times P}\\ \boldsymbol{0} & \boldsymbol{0}\end{bmatrix},\quad \boldsymbol{S}_P=\mathrm{diag}(\alpha_1,\alpha_2,\cdots,\alpha_S)\tag{3-120}$$

$$\boldsymbol{U}_S\boldsymbol{V}_S^{\mathrm{H}}\boldsymbol{Q}_X=\boldsymbol{\Sigma}_S,\quad \boldsymbol{\Sigma}_S=[\boldsymbol{0}_{S\times(N-S)},\boldsymbol{S}_S],\quad \boldsymbol{S}_S=\mathrm{diag}(\beta_1,\beta_2,\cdots,\beta_S)\tag{3-121}$$

其中，$\alpha_s{}^2+\beta_s{}^2=1,s=1,2,\cdots,S$。

由式(3-120)和式(3-121)可得

$$\boldsymbol{V}_P^{\mathrm{H}}=\boldsymbol{U}_P^{\mathrm{H}}\boldsymbol{\Sigma}_P\boldsymbol{Q}_X^{-1},\quad \boldsymbol{V}_P=\boldsymbol{Q}_X^{-\mathrm{H}}\boldsymbol{\Sigma}_P^{\mathrm{T}}\boldsymbol{U}_P\tag{3-122}$$

$$\boldsymbol{V}_S^{\mathrm{H}} = \boldsymbol{U}_S^{\mathrm{H}} \boldsymbol{\Sigma}_S \boldsymbol{Q}_X^{-1}, \quad \boldsymbol{V}_S = \boldsymbol{Q}_X^{-\mathrm{H}} \boldsymbol{\Sigma}_S^{\mathrm{T}} \boldsymbol{U}_S \tag{3-123}$$

将式(3-122)和式(3-123)代入式(3-111)或式(3-119)可得

$$\hat{\boldsymbol{H}} = \boldsymbol{Q}_X^{-\mathrm{H}} \begin{bmatrix} \boldsymbol{I}_{(N-S)\times(N-S)} & \\ & \boldsymbol{0}_{S\times S} \end{bmatrix} \boldsymbol{Q}_X^{\mathrm{H}} \tag{3-124}$$

式(3-124)给出了式(3-111)或式(3-119)利用广义奇异分解化简后的空域滤波器。

利用广义奇异值分解所得的空域预滤波器，即式(3-124)，以及式(3-122)和式(3-123)，可以很容易得出空域矩阵滤波器的通带响应误差和阻带零点位置处的响应，通带误差为

$$\left\| \hat{\boldsymbol{H}} \boldsymbol{V}_P - \boldsymbol{V}_P \right\|_{\mathrm{F}}^2 = \left\| \boldsymbol{Q}_X^{-\mathrm{H}} \begin{bmatrix} \boldsymbol{0}_{(N-S)\times(N-S)} & \\ & \boldsymbol{S}_P \end{bmatrix} \right\|_{\mathrm{F}}^2 \tag{3-125}$$

阻带零点处的响应为

$$\left\| \hat{\boldsymbol{H}} \boldsymbol{V}_S \right\|_{\mathrm{F}}^2 = 0 \tag{3-126}$$

式(3-126)说明，采用广义奇异值分解所获得的最优空域矩阵滤波器是正确的，满足最优化设计问题的约束条件。同时，通过式(3-125)可以直接给出这种滤波器在通带的总体响应误差。

3.1.5.4　阻带零点约束滤波器效果仿真

考虑一个由阵元数 $N = 28$ 的水听器均匀线列阵，阵元间隔为半波长。假设强干扰源所在角度分别为 $-60°$ 、$-30°$ 和 $0°$ ，以相应的方向向量作为阻带向量并设置零点约束，其余角度对应于通带向量，空间离散化间隔为 $0.1°$ 。

从图 3-8 仿真结果可以看出，对于强干扰所在的三个离散方位，形成了−300dB 的凹陷。若强干扰方位精确可知且离散分布，可利用这种方式设计相应的预滤波矩阵，对干扰源抑制。随着干扰源数目增多，以设置零点约束方式的抑制效果会相应减弱，最终达到该方法的极限。

阻带零点约束空域矩阵滤波器还可设计出针对某扇面强干扰的抑制效果，通过在扇面内设置零点约束的方式实现，适用于水听器阵列存在扰动导致强干扰方位小范围变化，或者强干扰小角度范围运动的情况，这些情况在实际目标探测中普遍存在。

保持阵元数目 $N = 28$ 不变，假设强干扰所在阻带扇面为 $[-30°, -25°]$ ，通带扇面为 $[-90°, -30°) \cup (-25°, 90°]$ ，通带离散化采样间隔 $0.1°$ ，图 3-9 给出在阻带内设置不同个数零点约束的滤波器响应效果，该空域矩阵滤波器适用于阻带包含强干扰的阵列数据处理问题。

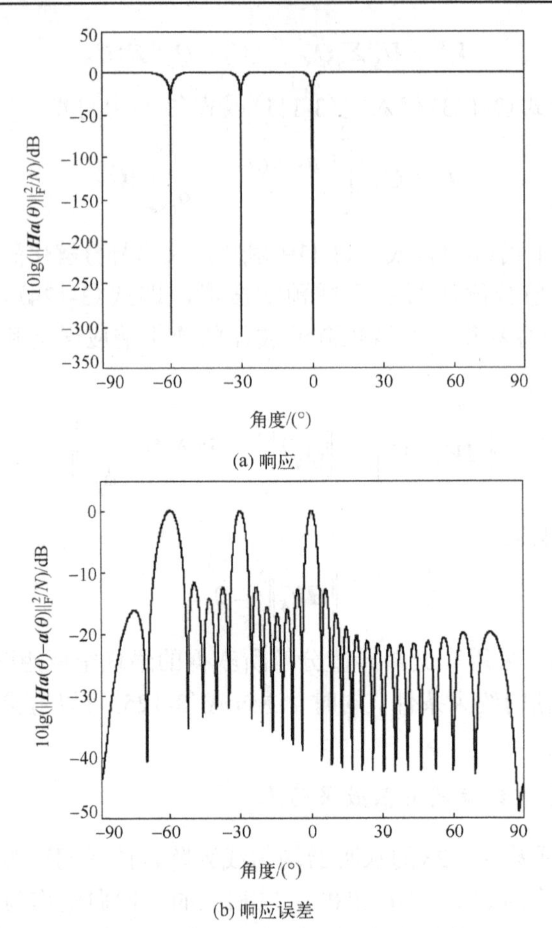

(a) 响应

(b) 响应误差

图 3-8　阻带零点约束矩阵滤波器离散方位强干扰抑制

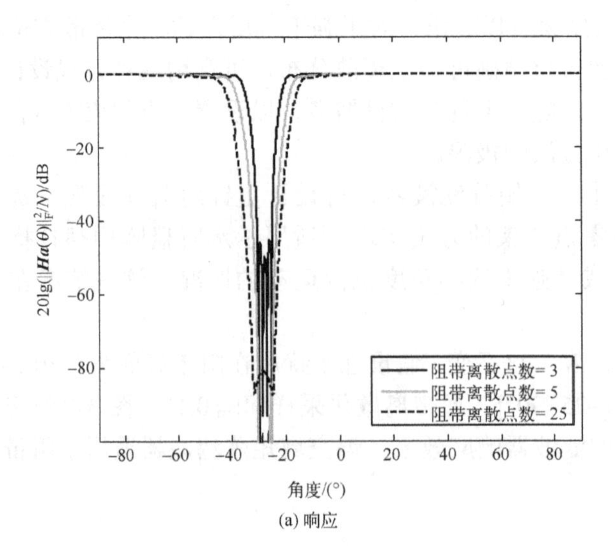

(a) 响应

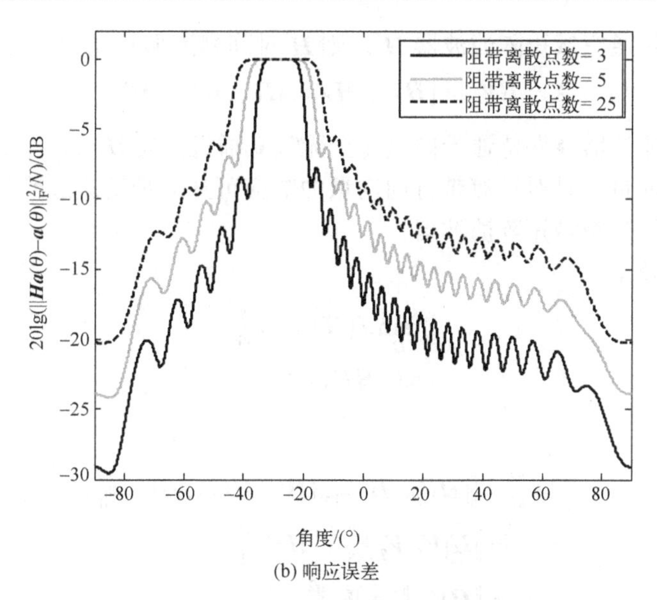

(b) 响应误差

图 3-9　阻带零点约束空域矩阵滤波器扇面强干扰抑制

3.1.6　通带零响应误差约束空域矩阵滤波器

该滤波器能保证通带方向向量无失真通过，同时使滤波器总体输出响应范数最小，从而达到通带响应无失真并抑制过渡带和阻带噪声的目的。

3.1.6.1　通带零响应误差空域矩阵滤波器设计及矩阵向量化求解

假设全空间离散化后方向向量构成的阵列流形为 $\boldsymbol{V}_{\mathrm{all}}=[\boldsymbol{V}_{S1},\boldsymbol{V}_{T1},\boldsymbol{V}_P,\boldsymbol{V}_{T2},\boldsymbol{V}_{S2}]$，其中，$\boldsymbol{V}_P$、$\boldsymbol{V}_S=[\boldsymbol{V}_{S1},\boldsymbol{V}_{S2}]$ 和 $\boldsymbol{V}_T=[\boldsymbol{V}_{T1},\boldsymbol{V}_{T2}]$ 分别为通带阵列流形、(左右)阻带阵列流形和(左右)过渡带阵列流形。

$$\boldsymbol{V}_P=[\boldsymbol{a}(\theta_1),\cdots,\boldsymbol{a}(\theta_p),\cdots,\boldsymbol{a}(\theta_P)]\in\mathbb{C}^{N\times P},\quad 1\leqslant p\leqslant P,\quad \theta_p\in\Theta_P$$

$$\boldsymbol{V}_S=[\boldsymbol{a}(\theta_1),\cdots,\boldsymbol{a}(\theta_s),\cdots,\boldsymbol{a}(\theta_S)]\in\mathbb{C}^{N\times S},\quad 1\leqslant s\leqslant S,\quad \theta_s\in\Theta_S$$

$$\boldsymbol{V}_T=[\boldsymbol{a}(\theta_1),\cdots,\boldsymbol{a}(\theta_t),\cdots,\boldsymbol{a}(\theta_T)]\in\mathbb{C}^{N\times T},\quad 1\leqslant t\leqslant T,\quad \theta_t\in\Theta_T$$

其中，$\boldsymbol{a}(\theta_p)$、$\boldsymbol{a}(\theta_s)$ 和 $\boldsymbol{a}(\theta_t)$ 分别是通带、阻带和过渡带离散化后的第 p、s 和 t 个方向向量，P、S 和 T 分别为相应的离散化方向向量数目，Θ_P、Θ_S 和 Θ_T 分别为通带、阻带和过渡带空间入射方位角集合。这里，所选取的通带离散点数目应小于阵元数，即 $P<N$。

为了便于滤波器设计和最优解推导，将 $\boldsymbol{a}(\theta_p)$、$\boldsymbol{a}(\theta_s)$ 和 $\boldsymbol{a}(\theta_t)$ 分别简记为 $\boldsymbol{a}_p$、$\boldsymbol{a}_s$ 和 $\boldsymbol{a}_t$。

设计一个带通空域矩阵滤波器 $\boldsymbol{H}$，则 $\boldsymbol{H}$ 对阵列流形 $\boldsymbol{V}_{\text{all}}$ 的响应为

$$\boldsymbol{X}=\boldsymbol{H}\boldsymbol{V}_{\text{all}}=[\boldsymbol{H}\boldsymbol{V}_{S1},\boldsymbol{H}\boldsymbol{V}_{T1},\boldsymbol{H}\boldsymbol{V}_{P},\boldsymbol{H}\boldsymbol{V}_{T2},\boldsymbol{H}\boldsymbol{V}_{S2}] \tag{3-127}$$

空域矩阵滤波器能保持通带向量完全无失真通过，故 $\boldsymbol{H}\boldsymbol{V}_P=\boldsymbol{V}_P$。该滤波器还要抑制阻带方向向量，且对过渡带方向向量的响应可从通带迅速过渡到阻带，通过如下最优化问题设计空域矩阵滤波器。

最优化问题 1

$$\begin{aligned}&\min_{\boldsymbol{H}} J(\boldsymbol{H})=\|\boldsymbol{X}\|_{\text{F}}^2\\&\text{s.t.}\ \ \boldsymbol{H}\boldsymbol{V}_P=\boldsymbol{V}_P\end{aligned} \tag{3-128}$$

由于

$$\begin{aligned}\|\boldsymbol{X}\|_{\text{F}}^2&=\|[\boldsymbol{H}\boldsymbol{V}_{S1},\boldsymbol{H}\boldsymbol{V}_{T1},\boldsymbol{H}\boldsymbol{V}_{P},\boldsymbol{H}\boldsymbol{V}_{T2},\boldsymbol{H}\boldsymbol{V}_{S2}]\|_{\text{F}}^2\\&=\|\boldsymbol{H}[\boldsymbol{V}_S,\boldsymbol{V}_T]\|_{\text{F}}^2+\|\boldsymbol{H}\boldsymbol{V}_P\|_{\text{F}}^2\\&=\|\boldsymbol{H}\boldsymbol{V}_{ST}\|_{\text{F}}^2+\|\boldsymbol{V}_P\|_{\text{F}}^2\\&=\|\boldsymbol{H}\boldsymbol{V}_{ST}\|_{\text{F}}^2+NP\end{aligned} \tag{3-129}$$

其中，$\boldsymbol{V}_{ST}=[\boldsymbol{V}_S,\boldsymbol{V}_T]$ 为阻带和过渡带合并后的阵列流形。

假设滤波器矩阵为 $\boldsymbol{H}=[\boldsymbol{h}_1^{\text{T}},\cdots,\boldsymbol{h}_k^{\text{T}},\cdots,\boldsymbol{h}_N^{\text{T}}]^{\text{T}}\in\mathbb{C}^{N\times N}$，其中 $\boldsymbol{h}_k=[h_{k1},h_{k2},\cdots,h_{kN}]$，$1\leqslant k\leqslant N$ 是对应矩阵滤波器 $\boldsymbol{H}$ 的第 k 个行向量。令 $\boldsymbol{y}=[\boldsymbol{h}_1,\boldsymbol{h}_2,\cdots,\boldsymbol{h}_N]^{\text{T}}\in\mathbb{C}^{N^2}$，通带向量约束可以表示为

$$\boldsymbol{V}_p\boldsymbol{y}=\boldsymbol{a}_p,\quad p=1,\cdots,P \tag{3-130}$$

其中

$$\boldsymbol{V}_p=\begin{bmatrix}\boldsymbol{a}_p^{\text{T}} & \cdots & \boldsymbol{0}_{1\times N}\\ \vdots & & \vdots\\ \boldsymbol{0}_{1\times N} & \cdots & \boldsymbol{a}_p^{\text{T}}\end{bmatrix}\in\mathbb{C}^{N\times N^2},\quad p=1,\cdots,P$$

令

$$\boldsymbol{V}=\begin{bmatrix}\boldsymbol{V}_1\\ \vdots\\ \boldsymbol{V}_P\end{bmatrix}\in\mathbb{C}^{NP\times N^2},\quad \boldsymbol{b}=\begin{bmatrix}\boldsymbol{a}_1\\ \vdots\\ \boldsymbol{a}_P\end{bmatrix}\in\mathbb{C}^{NP}$$

在此定义下，通带约束条件可以表示成如下的线性方程组形式

$$\boldsymbol{V}\boldsymbol{y}=\boldsymbol{b} \tag{3-131}$$

目标函数 $J(\boldsymbol{H})$ 展开，可得

$$\begin{aligned}J(\boldsymbol{H}) &= \left\|\boldsymbol{H}\boldsymbol{V}_{ST}\right\|_{\mathrm{F}}^{2} + NP \\ &= \boldsymbol{y}^{\mathrm{T}}[\boldsymbol{I}_{N\times N} \otimes (\boldsymbol{V}_{ST}\boldsymbol{V}_{ST}^{\mathrm{H}})]\boldsymbol{y}^{*} + NP \\ &= \boldsymbol{y}^{\mathrm{T}}\boldsymbol{C}_{ST}\boldsymbol{y}^{*} + NP\end{aligned} \tag{3-132}$$

其中， $\boldsymbol{C}_{ST} = \boldsymbol{I}_{N\times N} \otimes (\boldsymbol{V}_{ST}\boldsymbol{V}_{ST}^{\mathrm{H}})$ 是 Hermition 矩阵。

经过上述变换，求矩阵的最优化转化为线性约束二阶最优化问题。

最优化问题 2

$$\begin{gathered}\min_{\boldsymbol{y}} J(\boldsymbol{y}) = \boldsymbol{y}^{\mathrm{T}}\boldsymbol{C}_{ST}\boldsymbol{y}^{*} \\ \text{s.t. } \boldsymbol{V}\boldsymbol{y} = \boldsymbol{b}\end{gathered} \tag{3-133}$$

构造 Lagrange 函数 $L(\boldsymbol{y},\boldsymbol{\lambda}) = \boldsymbol{y}^{\mathrm{T}}\boldsymbol{C}_{ST}\boldsymbol{y}^{*} - \boldsymbol{\lambda}^{\mathrm{T}}(\boldsymbol{V}\boldsymbol{y} - \boldsymbol{b})$， $\boldsymbol{\lambda} \in \mathbb{C}^{NP\times 1}$。对函数 $L(\boldsymbol{y},\boldsymbol{\lambda})$ 分别求 $\boldsymbol{y}$ 和 $\boldsymbol{\lambda}$ 的偏导数，则 $L(\boldsymbol{y},\boldsymbol{\lambda})$ 的稳定点 $(\hat{\boldsymbol{y}},\hat{\boldsymbol{\lambda}})$ 满足下式

$$\begin{cases}\dfrac{\partial L(\boldsymbol{y},\boldsymbol{\lambda})}{\partial \boldsymbol{y}} = \boldsymbol{C}_{ST}\boldsymbol{y}^{*} - \boldsymbol{V}^{\mathrm{T}}\boldsymbol{\lambda} = \boldsymbol{0} \\ \dfrac{\partial L(\boldsymbol{y},\boldsymbol{\lambda})}{\partial \boldsymbol{\lambda}} = \boldsymbol{V}\boldsymbol{y} - \boldsymbol{b} = \boldsymbol{0}\end{cases} \tag{3-134}$$

求解可得

$$\hat{\boldsymbol{\lambda}} = (\boldsymbol{V}^{*}(\boldsymbol{C}_{ST})^{-1}\boldsymbol{V}^{\mathrm{T}})^{-1}\boldsymbol{b}^{*} \tag{3-135}$$

$$\hat{\boldsymbol{y}} = (\boldsymbol{C}_{ST}{}^{*})^{-1}\boldsymbol{V}^{H}(\boldsymbol{V}(\boldsymbol{C}_{ST}{}^{*})^{-1}\boldsymbol{V}^{H})^{-1}\boldsymbol{b} \tag{3-136}$$

$\hat{\boldsymbol{y}}$ 即为目标函数极小值点。利用所得的 $\hat{\boldsymbol{y}}$ 即可重构出矩阵滤波器 $\boldsymbol{H}$ 。但由于上式运算量较大，影响仿真结果的准确性，可根据上式，进一步化简得到矩阵滤波器设计的矩阵运算形式。

令 $\boldsymbol{V}_P = [\boldsymbol{\varepsilon}_1^{\mathrm{T}},\cdots,\boldsymbol{\varepsilon}_n^{\mathrm{T}},\cdots,\boldsymbol{\varepsilon}_N^{\mathrm{T}}]^{\mathrm{T}}, 1 \leqslant n \leqslant N$ ，其中 $\boldsymbol{\varepsilon}_n = [a_{n1}, a_{n2}, \cdots, a_{nP}]$ 是 $\boldsymbol{V}_P$ 的第 n 个行向量，则 $\boldsymbol{V}(\boldsymbol{C}_{ST}^{*})^{-1}\boldsymbol{V}^{\mathrm{H}}$ 为

$$\begin{aligned}\boldsymbol{V}(\boldsymbol{C}_{ST}^{*})^{-1}\boldsymbol{V}^{\mathrm{H}} &= \boldsymbol{V}\cdot[\boldsymbol{I}_{N\times N} \otimes (\boldsymbol{V}_{ST}^{*}\boldsymbol{V}_{ST}^{\mathrm{T}})^{-1}]\cdot\boldsymbol{V}^{\mathrm{H}} \\ &= \boldsymbol{I}_{N\times N} \otimes [\boldsymbol{V}_P^{\mathrm{T}}(\boldsymbol{V}_{ST}^{*}\boldsymbol{V}_{ST}^{\mathrm{T}})^{-1}\boldsymbol{V}_P^{*}]\end{aligned} \tag{3-137}$$

由上式可知

$$\begin{aligned}\boldsymbol{V}^{\mathrm{H}}(\boldsymbol{V}(\boldsymbol{C}_{ST}^{*})^{-1}\boldsymbol{V}^{\mathrm{H}})^{-1}\boldsymbol{b} &= \boldsymbol{V}^{\mathrm{H}}(\boldsymbol{I}_{N\times N} \otimes [\boldsymbol{V}_P^{\mathrm{T}}(\boldsymbol{V}_{ST}^{*}\boldsymbol{V}_{ST}^{\mathrm{T}})^{-1}\boldsymbol{V}_P^{*}])^{-1}\boldsymbol{b} \\ &= \begin{bmatrix}\boldsymbol{V}_P^{*}[\boldsymbol{V}_P^{\mathrm{T}}(\boldsymbol{V}_{ST}^{*}\boldsymbol{V}_{ST}^{\mathrm{T}})^{-1}\boldsymbol{V}_P{}^{*}]^{-1}\boldsymbol{\varepsilon}_1 \\ \vdots \\ \boldsymbol{V}_P^{*}[\boldsymbol{V}_P^{\mathrm{T}}(\boldsymbol{V}_{ST}^{*}\boldsymbol{V}_{ST}^{\mathrm{T}})^{-1}\boldsymbol{V}_P{}^{*}]^{-1}\boldsymbol{\varepsilon}_N\end{bmatrix}\end{aligned} \tag{3-138}$$

进而

$$\begin{aligned}\hat{\boldsymbol{y}} &= (\boldsymbol{C}_{ST}^{*})^{-1}\boldsymbol{V}^{\mathrm{H}}(\boldsymbol{V}(\boldsymbol{R}_{ST}^{*})^{-1}\boldsymbol{V}^{\mathrm{H}})^{-1}\boldsymbol{b} \\ &= \boldsymbol{I}_{N\times N}\otimes(\boldsymbol{V}_{ST}^{*}\boldsymbol{V}_{ST}^{\mathrm{T}})^{-1}\begin{bmatrix}\boldsymbol{V}_{P}^{*}[\boldsymbol{V}_{P}^{\mathrm{T}}(\boldsymbol{V}_{ST}^{*}\boldsymbol{V}_{ST}^{\mathrm{T}})^{-1}\boldsymbol{V}_{P}^{*}]^{-1}\boldsymbol{\varepsilon}_{1} \\ \vdots \\ \boldsymbol{V}_{P}^{*}[\boldsymbol{V}_{P}^{\mathrm{T}}(\boldsymbol{V}_{ST}^{*}\boldsymbol{V}_{ST}^{\mathrm{T}})^{-1}\boldsymbol{V}_{P}^{*}]^{-1}\boldsymbol{\varepsilon}_{N}\end{bmatrix} \\ &= \begin{bmatrix}(\boldsymbol{V}_{ST}^{*}\boldsymbol{V}_{ST}^{\mathrm{T}})^{-1}\boldsymbol{V}_{P}^{*}[\boldsymbol{V}_{P}^{\mathrm{T}}(\boldsymbol{V}_{ST}^{*}\boldsymbol{V}_{ST}^{\mathrm{T}})^{-1}\boldsymbol{V}_{P}^{*}]^{-1}\boldsymbol{\varepsilon}_{1} \\ \vdots \\ (\boldsymbol{V}_{ST}^{*}\boldsymbol{V}_{ST}^{\mathrm{T}})^{-1}\boldsymbol{V}_{P}^{*}[\boldsymbol{V}_{P}^{\mathrm{T}}(\boldsymbol{V}_{ST}^{*}\boldsymbol{V}_{ST}^{\mathrm{T}})^{-1}\boldsymbol{V}_{P}^{*}]^{-1}\boldsymbol{\varepsilon}_{N}\end{bmatrix}\end{aligned} \tag{3-139}$$

重排式(3-139)的向量 $\hat{\boldsymbol{y}}$，可得

$$\begin{aligned}\hat{\boldsymbol{H}} &= [\boldsymbol{h}_1^{\mathrm{T}},\boldsymbol{h}_2^{\mathrm{T}},\cdots,\boldsymbol{h}_N^{\mathrm{T}}]^{\mathrm{T}} \\ &= \boldsymbol{V}_P[\boldsymbol{V}_P^{\mathrm{H}}(\boldsymbol{V}_{ST}\boldsymbol{V}_{ST}^{\mathrm{H}})^{-1}\boldsymbol{V}_P]^{-1}\boldsymbol{V}_P^{\mathrm{H}}(\boldsymbol{V}_{ST}\boldsymbol{V}_{ST}^{\mathrm{H}})^{-1}\end{aligned} \tag{3-140}$$

上式即为所求的通带零响应误差约束空域矩阵滤波器。对于不考虑过渡带响应的空域矩阵滤波器设计，则式(3-140)变为

$$\hat{\boldsymbol{H}} = \boldsymbol{V}_P[\boldsymbol{V}_P^{\mathrm{H}}(\boldsymbol{V}_S\boldsymbol{V}_S^{\mathrm{H}})^{-1}\boldsymbol{V}_P]^{-1}\boldsymbol{V}_P^{\mathrm{H}}(\boldsymbol{V}_S\boldsymbol{V}_S^{\mathrm{H}})^{-1} \tag{3-141}$$

3.1.6.2　Lagrange 函数求偏导求解方法

将过渡带纳入阻带中，建立新的最优化问题 3，简化最优化问题 1 的设计方案。本最优化问题是在通带离散点上设置零响应误差的条件下，求空域矩阵滤波器对阻带响应的最小值。

最优化问题 3

$$\begin{aligned}&\min_{\boldsymbol{H}} J(\boldsymbol{H}) = \|\boldsymbol{H}\boldsymbol{V}_S\|_{\mathrm{F}}^2 \\ &\text{s.t. } \boldsymbol{H}\boldsymbol{V}_P = \boldsymbol{V}_P\end{aligned} \tag{3-142}$$

式(3-142)中的约束条件与下式等价

$$\begin{cases}\mathrm{Re}(\boldsymbol{H}\boldsymbol{a}_p - \boldsymbol{a}_p) = \boldsymbol{0}, & p = 1,2,\cdots,P \\ \mathrm{Im}(\boldsymbol{H}\boldsymbol{a}_p - \boldsymbol{a}_p) = \boldsymbol{0}, & p = 1,2,\cdots,P\end{cases} \tag{3-143}$$

利用最优化问题 3 的目标函数和约束条件，构造 Lagrange 函数

$$\begin{aligned}&L(\boldsymbol{H},\boldsymbol{\lambda}_1,\cdots,\boldsymbol{\lambda}_P,\boldsymbol{\delta}_1\cdots,\boldsymbol{\delta}_P) \\ &= \|\boldsymbol{H}\boldsymbol{V}_S\|_{\mathrm{F}}^2 + \sum_{p=1}^{P}\boldsymbol{\lambda}_p^{\mathrm{T}}\,\mathrm{Re}(\boldsymbol{H}\boldsymbol{a}_p - \boldsymbol{a}_p) + \sum_{pi=1}^{P}\delta_p^{\mathrm{T}}\,\mathrm{Im}(\boldsymbol{H}\boldsymbol{a}_p - \boldsymbol{a}_p)\end{aligned} \tag{3-144}$$

对 $L(\boldsymbol{H},\boldsymbol{\lambda}_1,\cdots,\boldsymbol{\lambda}_P,\boldsymbol{\delta}_1\cdots,\boldsymbol{\delta}_P)$ 求关于 $(\boldsymbol{H},\boldsymbol{\lambda}_1,\cdots,\boldsymbol{\lambda}_P,\boldsymbol{\delta}_1\cdots,\boldsymbol{\delta}_P)$ 的偏导数

$$\frac{\partial L(\boldsymbol{H},\boldsymbol{\lambda}_1,\cdots,\boldsymbol{\lambda}_P,\boldsymbol{\delta}_1\cdots,\boldsymbol{\delta}_P)}{\partial \boldsymbol{H}} = (\boldsymbol{V}_S\boldsymbol{V}_S^{\mathrm{H}}\boldsymbol{H}^{\mathrm{H}})^{\mathrm{T}} + \gamma\boldsymbol{V}_P^{\mathrm{T}} \tag{3-145}$$

其中，$\boldsymbol{\gamma}=\dfrac{\boldsymbol{\lambda}}{2}+\dfrac{\boldsymbol{\delta}}{2\mathrm{j}}\in\mathbb{C}^{N\times P}$，$\boldsymbol{\lambda}=[\boldsymbol{\lambda}_1,\boldsymbol{\lambda}_2,\cdots,\boldsymbol{\lambda}_P]\in\mathbb{C}^{N\times P}$，$\boldsymbol{\delta}=[\boldsymbol{\delta}_1,\boldsymbol{\delta}_2,\cdots,\boldsymbol{\delta}_P]\in\mathbb{C}^{N\times P}$。

$$\begin{cases}\dfrac{\partial L(\boldsymbol{H},\boldsymbol{\lambda}_1,\cdots,\boldsymbol{\lambda}_P,\boldsymbol{\delta}_1\cdots,\boldsymbol{\delta}_P)}{\partial\boldsymbol{\lambda}_p}=\mathrm{Re}(\boldsymbol{H}\boldsymbol{a}_p-\boldsymbol{a}_p),\quad p=1,2,\cdots,P\\ \dfrac{\partial L(\boldsymbol{H},\boldsymbol{\lambda}_1,\cdots,\boldsymbol{\lambda}_P,\boldsymbol{\delta}_1\cdots,\boldsymbol{\delta}_P)}{\partial\boldsymbol{\delta}_p}=\mathrm{Im}(\boldsymbol{H}\boldsymbol{a}_p-\boldsymbol{a}_p),\quad p=1,2,\cdots,P\end{cases}\tag{3-146}$$

Lagrange 函数的稳定点 $(\hat{\boldsymbol{H}},\hat{\boldsymbol{\gamma}})$ 满足下面条件

$$(\boldsymbol{V}_S\boldsymbol{V}_S^{\mathrm{H}}\hat{\boldsymbol{H}}^H)^{\mathrm{T}}+\hat{\boldsymbol{\gamma}}\boldsymbol{V}_P^{\mathrm{T}}=\boldsymbol{0}\tag{3-147}$$

$$\begin{cases}\mathrm{Re}(\hat{\boldsymbol{H}}\boldsymbol{a}_p-\boldsymbol{a}_p)=\boldsymbol{0},\quad p=1,2,\cdots,P\\ \mathrm{Im}(\hat{\boldsymbol{H}}\boldsymbol{a}_p-\boldsymbol{a}_p)=\boldsymbol{0},\quad p=1,2,\cdots,P\end{cases}\tag{3-148}$$

由式(3-148)可知下式成立

$$\hat{\boldsymbol{H}}\boldsymbol{V}_P-\boldsymbol{V}_P=\boldsymbol{0}\tag{3-149}$$

由式(3-147)和式(3-149)可得

$$\hat{\boldsymbol{\gamma}}^{\mathrm{T}}=-[\boldsymbol{V}_P^{\mathrm{H}}(\boldsymbol{V}_S\boldsymbol{V}_S^{\mathrm{H}})^{-1}\boldsymbol{V}_P]^{-1}\boldsymbol{V}_P^{\mathrm{H}}\tag{3-150}$$

$$\hat{\boldsymbol{H}}=\boldsymbol{V}_P[\boldsymbol{V}_P^{\mathrm{H}}(\boldsymbol{V}_S\boldsymbol{V}_S^{\mathrm{H}})^{-1}\boldsymbol{V}_P]^{-1}\boldsymbol{V}_P^{\mathrm{H}}(\boldsymbol{V}_S\boldsymbol{V}_S^{\mathrm{H}})^{-1}\tag{3-151}$$

$\hat{\boldsymbol{H}}$ 是 $L(\boldsymbol{H},\boldsymbol{\lambda}_1,\cdots,\boldsymbol{\lambda}_P,\boldsymbol{\delta}_1\cdots,\boldsymbol{\delta}_P)$ 的稳定点，也是二阶约束最优化问题 3 的最优解。

3.1.6.3　广义奇异值分解误差分析

利用广义奇异值分解可以简化式(3-141)或式(3-151)所得的空域预滤波器。利用化简后的结果可从理论上对通带误差及阻带响应进行分析。

由于 $\boldsymbol{V}_P$ 和 $\boldsymbol{V}_S$ 也是 Vandermonde 矩阵，行满秩或列满秩。在设计滤波器时所采用的通带离散化零响应采样点数目小于阵元数目，故 $\mathrm{rank}(\boldsymbol{V}_P)=P<N$。阻带所对应的采样点数目应选取较大数值，以使滤波器在阻带的响应平滑，即 $S>N$，故 $\boldsymbol{V}_S$ 的秩 $\mathrm{rank}(\boldsymbol{V}_S)=N$，由广义奇异值分解定理可知，存在酉矩阵 $\boldsymbol{U}_P\in\mathbb{C}^{P\times P}$ 和 $\boldsymbol{U}_S\in\mathbb{C}^{S\times S}$ 以及非奇异矩阵 $\boldsymbol{Q}_X\in\mathbb{C}^{N\times N}$，使得

$$\boldsymbol{U}_P\boldsymbol{V}_P^{\mathrm{H}}\boldsymbol{Q}_X=\boldsymbol{\Sigma}_P,\quad\boldsymbol{\Sigma}_P=[\boldsymbol{0}_{P\times(N-P)},\boldsymbol{S}_P],\quad\boldsymbol{S}_P=\mathrm{diag}(\beta_1,\beta_2,\cdots,\beta_P)\tag{3-152}$$

$$\boldsymbol{U}_S\boldsymbol{V}_S^{\mathrm{H}}\boldsymbol{Q}_X=\boldsymbol{\Sigma}_S,\quad\boldsymbol{\Sigma}_S=\begin{bmatrix}\boldsymbol{I}_{(N-P)\times(N-P)}&\boldsymbol{0}\\ \boldsymbol{0}&\boldsymbol{S}_S\\ \boldsymbol{0}&\boldsymbol{0}\end{bmatrix},\quad\boldsymbol{S}_S=\mathrm{diag}(\alpha_1,\alpha_2,\cdots,\alpha_P)\tag{3-153}$$

其中，$\alpha_p{}^2+\beta_p{}^2=1,p=1,2,\cdots,P$。

由式(3-152)和式(3-153)可得

$$V_P^{\mathrm{H}}=U_P^{\mathrm{H}}\Sigma_P Q_X^{-1},\quad V_P=Q_X^{-\mathrm{H}}\Sigma_P^{\mathrm{T}}U_P \tag{3-154}$$

$$V_S^{\mathrm{H}}=U_S^{\mathrm{H}}\Sigma_S Q_X^{-1},\quad V_S=Q_X^{-\mathrm{H}}\Sigma_S^{\mathrm{T}}U_S \tag{3-155}$$

将式(3-154)和式(3-155)代入式(3-141)或式(3-151)可得

$$\hat{H}=Q_X^{-\mathrm{H}}\begin{bmatrix}0_{(N-P)\times(N-P)} & \\ & I_{P\times P}\end{bmatrix}Q_X^{\mathrm{H}} \tag{3-156}$$

式(3-156)给出了式(3-141)或式(3-151)利用广义奇异分解化简后的空域滤波器。

利用广义奇异值分解所得的空域预滤波器，即式(3-156)，以及式(3-154)和式(3-155)，可以很容易得出空域矩阵滤波器的通带离散点处的响应误差和阻带总体响应，通带离散点处的总体响应误差为

$$\|HV_P-V_P\|_{\mathrm{F}}^2=0 \tag{3-157}$$

阻带总体响应为

$$\|HV_S\|_{\mathrm{F}}^2=\left\|Q_X^{-\mathrm{H}}\begin{bmatrix}0_{(N-P)\times(N-P)} & \\ & S_S\end{bmatrix}\right\|_{\mathrm{F}}^2 \tag{3-158}$$

式(3-157)说明，采用广义奇异值分解所获得的最优空域矩阵滤波器是正确的，满足式(3-142)最优化问题的约束条件。同时，通过式(3-158)可以直接给出这种滤波器在阻带的总体响应误差。

3.1.6.4 通带零响应误差滤波器效果仿真

阵元数目 $N=28$，假设强干扰所在阻带扇面为 $[-30°,-25°]$，通带扇面为 $[-90°,-30°)\cup(-25°,90°]$，通带离散化采样间隔 $0.1°$。在通带选取5、10、20个离散点设计通带零响应误差约束空域矩阵滤波器。图3-10给出了空域矩阵滤波器的设计效果。

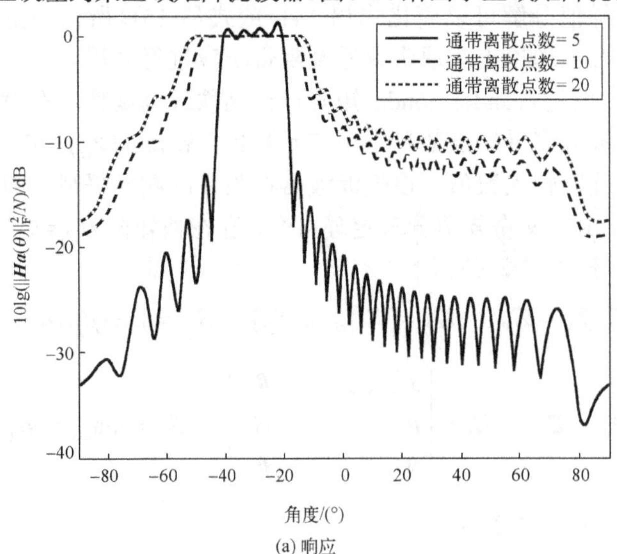

(a) 响应

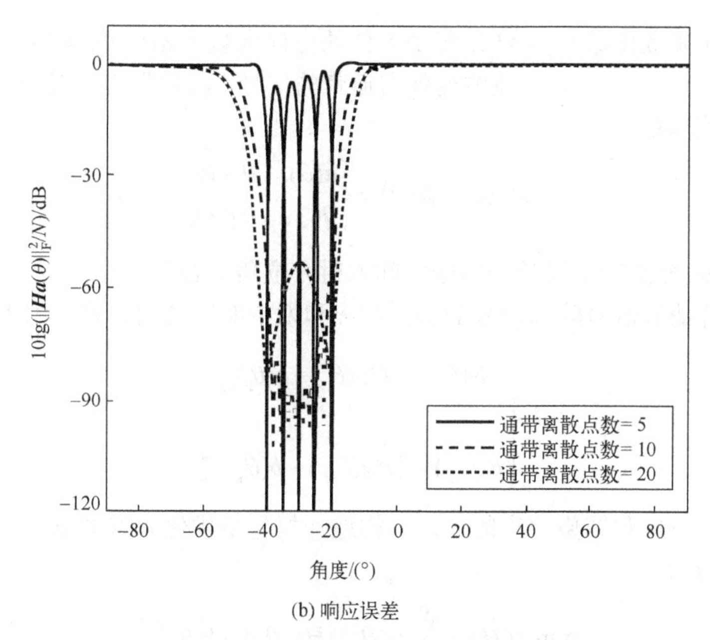

(b) 响应误差

图 3-10　通带零响应误差约束空域矩阵滤波器

3.2　响应加权离散型空域矩阵滤波器

空域矩阵滤波器设计方法中，最小二乘、零点约束和通带零响应误差约束方法都可以直接给出最优空域矩阵滤波器的解。阻带响应、通带响应误差总体约束、双边阻带总体响应约束空域矩阵滤波器仅需求解包含 1 或 2 个未知数的非线性方程求解最优 Lagrange 乘子，即可获得最优空域矩阵滤波器的解。而恒定阻带响应约束空域矩阵滤波器由于要限制阻带响应或通带响应误差的最大值都小于某特定约束值，所建立的最优化问题不能直接给出最优解，需要借助复杂的最优化理论和算法求解，计算复杂，不利于实时空域矩阵滤波器设计，尤其对于宽带阵列信号处理，要对多个子带设计相应的空域矩阵滤波器的情况更是如此。

本节将采用响应加权的方式设计空域矩阵滤波器，这种空域矩阵滤波器设计方法可以通过迭代的方式，获得所需的恒定阻带响应等滤波效果。

3.2.1　加权最小二乘空域矩阵滤波器

3.2.1.1　加权最小二乘空域矩阵滤波器设计

设计矩阵滤波器 $\boldsymbol{H} \in \mathbb{C}^{N\times N}$ 对接收阵列数据进行阵元域滤波，滤波输出为

$$\boldsymbol{y}(t) = \boldsymbol{H}\boldsymbol{A}(\boldsymbol{\theta})\boldsymbol{s}(t) + \boldsymbol{H}\boldsymbol{n}(t) \tag{3-159}$$

假设空域离散化数目为M，每个方位的方向向量为$\boldsymbol{a}(\theta_m), m=1,\cdots,M$，期望响应向量为$\boldsymbol{b}(\theta_m)$。为使该矩阵滤波器保留通带的信号，滤除阻带的噪声，则理想的矩阵滤波器应该满足

$$\boldsymbol{H}\boldsymbol{a}(\theta)=\boldsymbol{b}(\theta)=\begin{cases}\boldsymbol{a}(\theta), & \theta\in\Theta_P\\ \boldsymbol{0}_{N\times 1}, & \theta\in\Theta_S\end{cases} \tag{3-160}$$

其中，Θ_P、Θ_S分别表示通带和阻带空间入射方位角集合。

空域矩阵滤波器对阵列信号的实际响应和期望响应之间的误差由下式给出。

$$\begin{cases}E(\theta_1)=\left\|\boldsymbol{H}\boldsymbol{a}(\theta_1)-\boldsymbol{b}(\theta_1)\right\|_{\mathrm{F}}^2\\ \qquad\vdots\\ E(\theta_M)=\left\|\boldsymbol{H}\boldsymbol{a}(\theta_M)-\boldsymbol{b}(\theta_M)\right\|_{\mathrm{F}}^2\end{cases} \tag{3-161}$$

利用实际响应和期望响应的误差，构造加权型最优化问题如下。

最优化问题

$$\min_{\boldsymbol{H}} J(\boldsymbol{H})=\sum_{m=1}^{M}w(\theta_m)\left\|\boldsymbol{H}\boldsymbol{a}(\theta_m)-\boldsymbol{b}(\theta_m)\right\|_{\mathrm{F}}^2 \tag{3-162}$$

其中，$w(\theta_m)$是每个方向向量的响应加权系数。

由最优化的理论可知，当$w(\theta_m)$取较小值时，$\left\|\boldsymbol{H}\boldsymbol{a}(\theta_m)-\boldsymbol{b}(\theta_m)\right\|_{\mathrm{F}}^2$对$J(\boldsymbol{H})$的贡献较小，反之，则对$J(\boldsymbol{H})$的影响较大。随着$w(\theta_m)$取值的增加，$w(\theta_m)\left\|\boldsymbol{H}\boldsymbol{a}(\theta_m)-\boldsymbol{b}(\theta_m)\right\|_{\mathrm{F}}^2$的值随之增加，导致$J(\boldsymbol{H})$的增加。此时要获得最优空域矩阵滤波器，则必然需要在所有的响应误差间获得平衡，大的$w(\theta_m)$，必然会获得矩阵滤波器在θ_m位置较小的响应误差值。因此，可以通过调节该系数实现对目标函数的最优值调节，从而调节空域矩阵滤波器的响应效果。

构造 Lagrange 函数求解最优化问题

$$\begin{aligned}J(\boldsymbol{H})&=\sum_{m=1}^{M}w(\theta_m)\left\|\boldsymbol{H}\boldsymbol{a}(\theta_m)-\boldsymbol{b}(\theta_m)\right\|_{\mathrm{F}}^2\\ &=\left\|(\boldsymbol{H}\boldsymbol{A}-\boldsymbol{B})\begin{bmatrix}\sqrt{w(\theta_1)} & & \\ & \ddots & \\ & & \sqrt{w(\theta_M)}\end{bmatrix}\right\|_{\mathrm{F}}^2\\ &=\left\|(\boldsymbol{H}\boldsymbol{A}-\boldsymbol{B})\boldsymbol{R}_{1/2}\right\|_{\mathrm{F}}^2\\ &=\mathrm{tr}[(\boldsymbol{H}\boldsymbol{A}\boldsymbol{R}_{1/2}-\boldsymbol{B}\boldsymbol{R}_{1/2})(\boldsymbol{H}\boldsymbol{A}\boldsymbol{R}_{1/2}-\boldsymbol{B}\boldsymbol{R}_{1/2})^{\mathrm{H}}]\end{aligned} \tag{3-163}$$

上式中构造了矩阵

$$\boldsymbol{A}=[\boldsymbol{a}(\theta_1),\cdots,\boldsymbol{a}(\theta_M)]$$

$$\boldsymbol{B}=[\boldsymbol{b}(\theta_1),\cdots,\boldsymbol{b}(\theta_M)]$$

$$\boldsymbol{R}_{1/2}=\operatorname{diag}[\sqrt{w(\theta_1)},\sqrt{w(\theta_2)},\cdots,\sqrt{w(\theta_M)}]_{M\times M}$$

$$\boldsymbol{R}=\operatorname{diag}\left[w(\theta_1),w(\theta_2),\cdots,w(\theta_M)\right]_{M\times M}$$

对 $J(\boldsymbol{H})$ 求关于矩阵 $\boldsymbol{H}^*$ 的偏导数，并令其为零，以获得最优滤波器的解

$$\frac{\partial J(\boldsymbol{H})}{\partial \boldsymbol{H}^*}=(\hat{\boldsymbol{H}}\boldsymbol{A}\boldsymbol{R}_{1/2}-\boldsymbol{B}\boldsymbol{R}_{1/2})\boldsymbol{R}_{1/2}^{\mathrm{H}}\boldsymbol{A}^{\mathrm{H}}=\boldsymbol{0} \tag{3-164}$$

得到

$$\begin{aligned}\hat{\boldsymbol{H}}&=\boldsymbol{B}\boldsymbol{R}_{1/2}\boldsymbol{R}_{1/2}^{\mathrm{H}}\boldsymbol{A}^{\mathrm{H}}(\boldsymbol{A}\boldsymbol{R}_{1/2}\boldsymbol{R}_{1/2}^{\mathrm{H}}\boldsymbol{A}^{\mathrm{H}})^{-1}\\&=\boldsymbol{B}\boldsymbol{R}\boldsymbol{A}^{\mathrm{H}}(\boldsymbol{A}\boldsymbol{R}\boldsymbol{A}^{\mathrm{H}})^{-1}\end{aligned} \tag{3-165}$$

3.2.1.2　恒定响应空域矩阵滤波器迭代算法

为了获得期望的如恒定阻带抑制型矩阵滤波器效果，可以采用如下的 Lawson 准则实现。

初始值

$$w_1(\theta_m)=1,\quad m=1,\cdots,M \tag{3-166}$$

迭代

$$\boldsymbol{R}_k=\operatorname{diag}[w_k(\theta_1),w_k(\theta_2),\cdots,w_k(\theta_M)] \tag{3-167}$$

$$\boldsymbol{H}_k=\boldsymbol{B}\boldsymbol{R}_k\boldsymbol{A}^{\mathrm{H}}(\boldsymbol{A}\boldsymbol{R}_k\boldsymbol{A}^{\mathrm{H}})^{-1} \tag{3-168}$$

$$E_k(\theta_m)=\boldsymbol{H}_k\boldsymbol{a}(\theta_m)-\boldsymbol{b}(\theta_m),\quad m=1,\cdots,M \tag{3-169}$$

$$\beta_k(\theta_m)=\frac{M\left|E_k(\theta_m)\right|}{\sum_{m=1}^{M}w_k(\theta_m)\left|E_k(\theta_m)\right|} \tag{3-170}$$

$$w_{k+1}(\theta_m)=\beta_k(\theta_m)\gamma(\theta_m)[w_k(\theta_m)+o] \tag{3-171}$$

终止条件

(1) $k=K$。此时，迭代 K 次之后，算法终止。

(2) $\max\limits_{m}\left|E_k(\theta_m)\right|<\varsigma_1,m=1,\cdots,M$。迭代后，空域矩阵滤波器对所有方位的实际响应与期望响应差值小于常数 ς_1，算法终止。

(3) $\max\limits_{m}\dfrac{\left\|E_k(\theta_m)\right|-\left|E_{k-1}(\theta_m)\right\|}{\left|E_k(\theta_m)\right|}<\varsigma_2,m=1,\cdots,M$。迭代后，空域矩阵滤波器对所有方位的响应误差变化率都小于常数值 ς_2，算法终止。

上面的终止条件可以任选其一。式 (3-171) 中 o 为接近于 0 的常数值，目的是避

免 $w_k(\theta_s)=0$ 时， $w_{k+1}(\theta_s)=0$ 。式(3-170)的 $\beta_k(\theta_m)$ 是每次迭代对加权向量的乘积向量。

$\gamma(\theta_i)$ 是滤波器对方向向量的响应比例系数，假设通过如下方式选择响应比例系数

$$\gamma(\theta)=\begin{cases}a, & \theta\in\Theta_P\\ b, & \theta\in\Theta_{S1}\\ c, & \theta\in\Theta_{S2}\end{cases} \tag{3-172}$$

其中， Θ_{S1} 和 Θ_{S2} 是左右阻带空间入射方位角集合。

将式(3-172)的响应比例系数代入加权系数 $w(\theta_m),m=1,\cdots,M$ 的求解，在经多次迭代，算法终止之后，则左右阻带响应比通带响应误差多

$$E_{PS_1}=10\lg(b)-10\lg(a) \tag{3-173}$$

$$E_{PS_2}=10\lg(c)-10\lg(a) \tag{3-174}$$

上式是以 dB 形式给出的响应差值。当选择 $a=b=c$ 时，空域矩阵滤波器的通带响应误差和左右阻带响应值相同。

3.2.1.3 加权空域矩阵滤波器仿真

针对等间隔线列阵半波长频率设计空域矩阵滤波器，即阵元间隔为半波长。假设阵元数目 $N=30$，通带为 $[-15°,15°]$，阻带为 $[-90°,-20°)\cup(20°,90°]$，通带和阻带离散化采样间隔 0.1°，不考虑过渡带的响应。图 3-11 给出了加权最小二乘空域矩阵滤波器的设计效果。其中，通带响应误差和左右阻带响应的比例系数为 1∶1∶1。从仿真效果可知，滤波器左右阻带的响应以及通带的响应误差在 50 次加权迭代之后，趋于相等的恒定常数值。

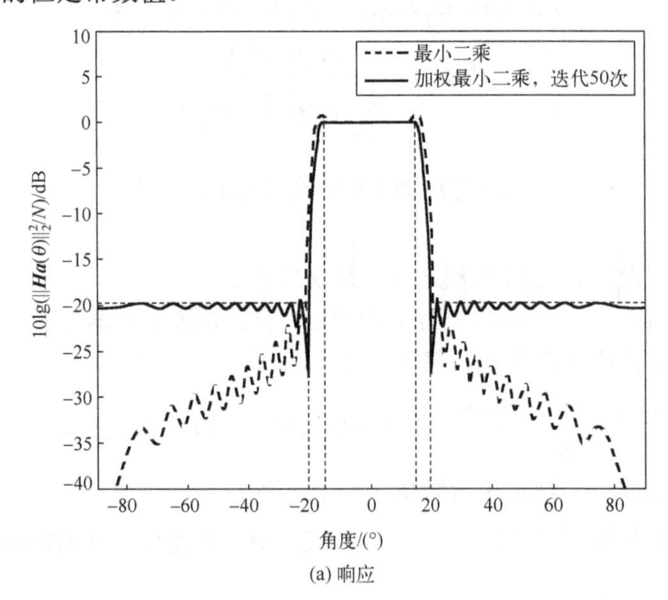

(a) 响应

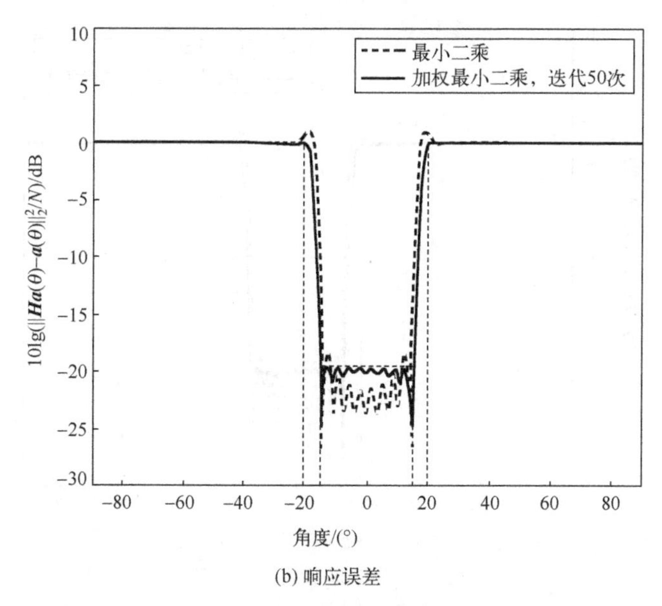

(b) 响应误差

图 3-11　加权最小二乘空域矩阵滤波器效果

图 3-12 给出了加权最小二乘在左右阻带和通带的响应系数比为 1∶2∶0.5 情况下的滤波器效果图。从仿真效果可知，左阻带响应比例系数最高，右阻带的比例系数最低，左右阻带比值为 4，左阻带比右阻带获得约 $10\lg 4 = 6\ \mathrm{dB}$ 的抑制效果，通带响应误差较右阻带响应高约 $10\lg 2 \approx 3\ \mathrm{dB}$。

因此，对于加权最小二乘矩阵滤波器设计而言，即便不知道通阻带恒定阻带抑制的最终结果是多少，但只要通过通带和左右阻带响应比例系数为 1∶1∶1 的设定

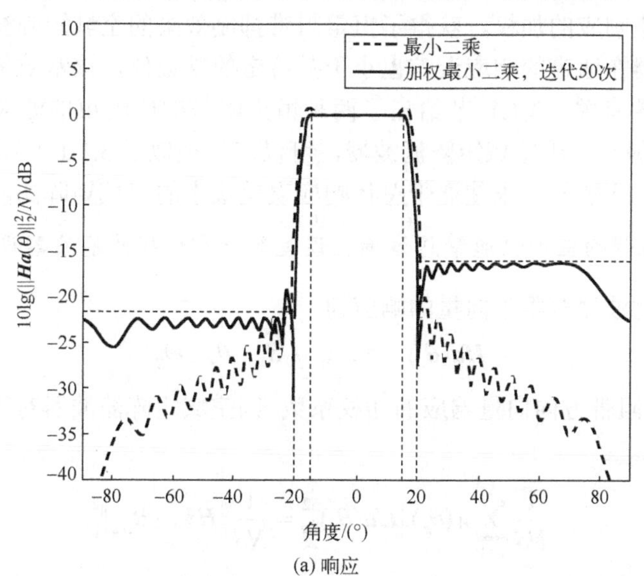

(a) 响应

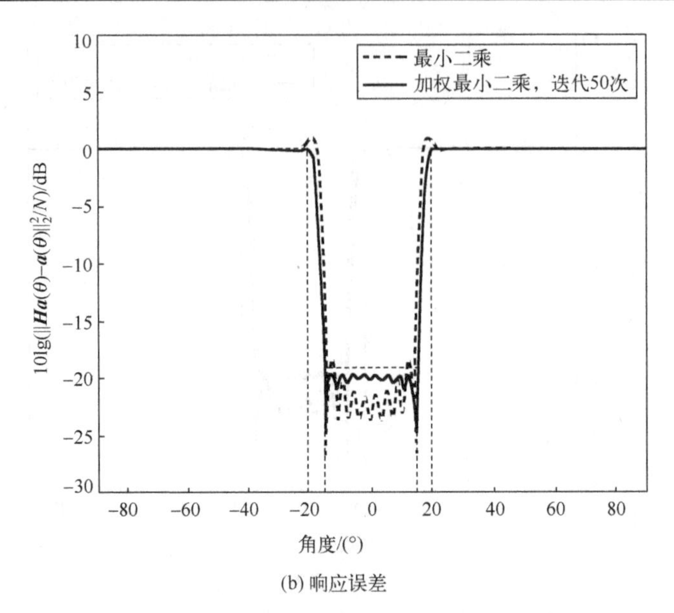

(b) 响应误差

图 3-12　加权最小二乘空域矩阵滤波器效果

方法，就可以获得通带响应误差和左右阻带响应完全相同的空域矩阵滤波器。同时，可以通过调节通阻带响应比例系数，获得通带响应误差和左右阻带响应满足一定差值的滤波器效果。这种空域矩阵滤波器设计方法在实际使用中是比较实用的。

3.2.2　阻带响应加权通带总体响应误差约束空域矩阵滤波器

3.2.1 节给出了加权最小二乘空域矩阵滤波器的设计方法，利用滤波器对方向向量的响应与期望响应的加权，获得了恒定阻带抑制效果的空域矩阵滤波器，同时，空域矩阵滤波器在通带的响应误差也小于某特定的常数值，该常数值与通阻带响应比例系数的设置有关。3.1.1 节给出了两种恒定阻带响应约束的滤波器设计方法，3.2.1 节的加权最小二乘空域矩阵滤波器，可以产生类似于 3.1.1.2 节的滤波器效果。本节将对阻带响应加权，求使通带总体响应误差最小的空域矩阵滤波器。

3.2.2.1　阻带响应加权通带总体响应误差约束空域矩阵滤波器设计

空域矩阵滤波器对阻带向量的响应为

$$\boldsymbol{Ha}(\theta_s),\quad s=1,\cdots,S,\quad \theta_s\in\Theta_S \tag{3-175}$$

令 $w(\theta_s)$ 为阻带方向向量响应的加权系数，则空域矩阵滤波器对阻带的归一化加权总体响应为

$$\frac{1}{NS}\sum_{s=1}^{S}w(\theta_s)\left\|\boldsymbol{Ha}(\theta_s)\right\|_{\mathrm{F}}^2=\frac{1}{NS}\left\|\boldsymbol{HV}_S\cdot\boldsymbol{R}_{1/2}\right\|_{\mathrm{F}}^2 \tag{3-176}$$

其中，N 为阵元数，S 为阻带离散化方向向量数目，$\boldsymbol{R}_{1/2}$ 为阻带方向向量加权值的平方根构成的对角矩阵。

$$\boldsymbol{R}_{1/2}=\mathrm{diag}[\sqrt{w(\theta_1)},\sqrt{w(\theta_2)},\cdots,\sqrt{w(\theta_s)}]_{S\times S}$$

空域矩阵滤波器的归一化通带总体响应误差为

$$\frac{1}{NP}\sum_{p=1}^{P}\left\|\boldsymbol{H}\boldsymbol{a}(\theta_p)-\boldsymbol{a}(\theta_p)\right\|_{\mathrm{F}}^2=\frac{1}{NP}\left\|\boldsymbol{H}\boldsymbol{V}_P-\boldsymbol{V}_P\right\|_{\mathrm{F}}^2,\quad \theta_p\in\Theta_P \tag{3-177}$$

其中，P 为通带离散化方向向量数目。

利用式(3-176)和式(3-177)设计最优化问题

最优化问题 1

$$\begin{aligned}&\min_{\boldsymbol{H}_1} J(\boldsymbol{H}_1)=\frac{1}{NS}\left\|\boldsymbol{H}_1\boldsymbol{V}_S\cdot\boldsymbol{R}_{1/2}\right\|_{\mathrm{F}}^2\\&\text{s.t. }\frac{1}{NP}\left\|\boldsymbol{H}_1\boldsymbol{V}_P-\boldsymbol{V}_P\right\|_{\mathrm{F}}^2\leqslant\xi\end{aligned} \tag{3-178}$$

其中，ξ 是滤波器对归一化通带总体响应误差的约束值。

构造最优化问题 1 的 Lagrange 方程 $L(\boldsymbol{H}_1;\mu)$

$$L(\boldsymbol{H}_1;\mu)=\frac{1}{NS}\left\|\boldsymbol{H}_1\boldsymbol{V}_S\cdot\boldsymbol{R}_{1/2}\right\|_{\mathrm{F}}^2+\mu\left(\frac{1}{NP}\left\|\boldsymbol{H}_1\boldsymbol{V}_P-\boldsymbol{V}_P\right\|_{\mathrm{F}}^2-\xi\right) \tag{3-179}$$

为便于求解，令 $\boldsymbol{C}_P=\dfrac{1}{NP}\boldsymbol{V}_P\boldsymbol{V}_P^{\mathrm{H}}$，$\boldsymbol{C}_S=\dfrac{1}{NS}\boldsymbol{V}_S\boldsymbol{R}\boldsymbol{V}_S^{\mathrm{H}}$，其中 $\boldsymbol{R}$ 为阻带方向向量加权系数构成的对角矩阵。

$$\boldsymbol{R}=\mathrm{diag}[w(\theta_1),w(\theta_2),\cdots,w(\theta_S)]_{S\times S}$$

对 $L(\boldsymbol{H}_1;\mu)$ 求关于 $\boldsymbol{H}_1^*$ 和 μ 的偏导数

$$\frac{\partial L(\boldsymbol{H}_1;\mu)}{\partial\boldsymbol{H}_1^*}=\boldsymbol{H}_1\boldsymbol{C}_S+\mu(\boldsymbol{H}_1\boldsymbol{C}_P-\boldsymbol{C}_P) \tag{3-180}$$

$$\frac{\partial L(\boldsymbol{H}_1;\mu)}{\partial\mu}=\mathrm{tr}[\boldsymbol{H}_1\boldsymbol{C}_P\boldsymbol{H}_1^{\mathrm{H}}-\boldsymbol{C}_P\boldsymbol{H}_1^{\mathrm{H}}-\boldsymbol{H}_1\boldsymbol{C}_P+\boldsymbol{C}_P]-\xi \tag{3-181}$$

最优解 $\hat{\boldsymbol{H}}_1$ 和最优 Lagrange 乘子 $\hat{\mu}$ 应满足下面的等式

$$\hat{\boldsymbol{H}}_1\boldsymbol{C}_S+\hat{\mu}(\hat{\boldsymbol{H}}_1\boldsymbol{C}_P-\boldsymbol{C}_P)=\boldsymbol{0} \tag{3-182}$$

$$\mathrm{tr}[\hat{\boldsymbol{H}}_1\boldsymbol{C}_P\hat{\boldsymbol{H}}_1^{\mathrm{H}}-\boldsymbol{C}_P\hat{\boldsymbol{H}}_1^{\mathrm{H}}-\hat{\boldsymbol{H}}_1\boldsymbol{C}_P+\boldsymbol{C}_P]-\xi=0 \tag{3-183}$$

由(3-182)可得最优解 $\hat{\boldsymbol{H}}_1$ 的表达式

$$\hat{\boldsymbol{H}}_1=\hat{\mu}\boldsymbol{C}_P(\hat{\mu}\boldsymbol{C}_P+\boldsymbol{C}_S)^{-1} \tag{3-184}$$

将式(3-184)代入式(3-183)可得确定最优 Lagrange 乘子 $\hat{\mu}$ 的方程

$$\mathrm{tr}[\hat{\mu}\boldsymbol{C}_P(\hat{\mu}\boldsymbol{C}_P+\boldsymbol{C}_S)^{-1}\boldsymbol{C}_S(\hat{\mu}\boldsymbol{C}_P+\boldsymbol{C}_S)^{-1}\boldsymbol{C}_P+\hat{\mu}\boldsymbol{C}_P(\hat{\mu}\boldsymbol{C}_P+\boldsymbol{C}_S)^{-1}\boldsymbol{C}_P]=1-\xi \quad (3\text{-}185)$$

从式(3-184)的最优解形式可以看出，该最优解与未加权的阻带响应约束条件下，求通带响应误差最小所获得的最优空域矩阵滤波器具有相同的形式。而其中的差别仅在于 $\boldsymbol{C}_S$ 矩阵中间是否包含对阻带方向向量的加权系数。因此，可以推测出，类似于 3.1.3 节的相应设计方法，可以直接获得最优矩阵滤波器的解，以及相应的 Lagrange 乘子求解方法。

最优化问题 2

$$\begin{aligned}&\min_{\boldsymbol{H}_2} J(\boldsymbol{H}_2)=\frac{1}{NP}\|\boldsymbol{H}_2\boldsymbol{V}_P-\boldsymbol{V}_P\|_\mathrm{F}^2\\&\text{s.t.}\ \frac{1}{NS}\|\boldsymbol{H}_2\boldsymbol{V}_S\cdot\boldsymbol{R}_{1/2}\|_\mathrm{F}^2\leqslant\varepsilon\end{aligned} \quad (3\text{-}186)$$

其中，ε 为归一化阻带加权总体响应约束值。

最优化问题 2 的最优解及 Lagrange 乘子 $\hat{\lambda}$ 求解方程为

$$\hat{\boldsymbol{H}}_2=\boldsymbol{C}_P(\boldsymbol{C}_P+\hat{\lambda}\boldsymbol{C}_S)^{-1} \quad (3\text{-}187)$$

$$\mathrm{tr}[\boldsymbol{C}_P(\boldsymbol{C}_P+\hat{\lambda}\boldsymbol{C}_S)^{-1}\boldsymbol{C}_S(\boldsymbol{C}_P+\hat{\lambda}\boldsymbol{C}_S)^{-1}\boldsymbol{C}_P]=\varepsilon \quad (3\text{-}188)$$

若阻带响应加权系数 $w(\theta_s)=1, s=1,\cdots,S$，则式(3-184)和式(3-187)所对应的解退化为通带响应误差约束或阻带响应约束型最优空域矩阵滤波器。

3.2.2.2　恒定阻带响应迭代算法

若需要获得阻带方向向量的恒定响应效果，可通过迭代方式实现。现针对最优化问题 1，设计具有恒定阻带响应的空域矩阵滤波器。

初始值

$$w_1(\theta_s)=1,\quad s=1,\cdots,S,\quad \theta_s\in\Theta_S \quad (3\text{-}189)$$

迭代

$$\boldsymbol{R}_k=\mathrm{diag}[w_k(\theta_1),w_k(\theta_2),\cdots,w_k(\theta_S)] \quad (3\text{-}190)$$

$$\boldsymbol{C}_{S_k}=\frac{1}{NS}\boldsymbol{V}_S\boldsymbol{R}_k\boldsymbol{V}_S^\mathrm{H} \quad (3\text{-}191)$$

$$\boldsymbol{H}_k=\hat{\mu}_k\boldsymbol{C}_P(\hat{\mu}_k\boldsymbol{C}_P+\boldsymbol{C}_{S_k})^{-1} \quad (3\text{-}192)$$

$$E_k(\theta_s)=\boldsymbol{H}_k\boldsymbol{a}(\theta_s),\quad s=1,\cdots,S,\quad \theta_s\in\Theta_S \quad (3\text{-}193)$$

$$\beta_k(\theta_s)=\frac{S|E_k(\theta_s)|}{\sum_{s=1}^{S}w_k(\theta_s)|E_k(\theta_s)|},\quad s=1,\cdots,S,\quad \theta_s\in\Theta_S \quad (3\text{-}194)$$

$$w_{k+1}(\theta_s)=\beta_k(\theta_s)\gamma(\theta_s)[w_k(\theta_s)+o],\quad s=1,\cdots,S,\quad \theta_s\in\Theta_S \tag{3-195}$$

其中，$\hat{\mu}_k$ 是通过式(3-185)，将 $\boldsymbol{C}_S$ 替换为 $\boldsymbol{C}_{S_k}$ 后，求解方程所得的最优 Lagrange 乘子。

终止条件

(1) $k=K$。此时，迭代 K 次之后，算法终止。

(2) $\max\limits_s\left|E_k(\theta_s)\right|<\varsigma_1, s=1,\cdots,S$。迭代后，空域矩阵滤波器对所有阻带方向向量的实际响应与期望响应差值都小于常数 ς_1，算法终止。

(3) $\max\limits_s\dfrac{\left\|E_k(\theta_s)\right|-\left|E_{k-1}(\theta_s)\right\|}{\left|E_k(\theta_s)\right|}<\varsigma_2, s=1,\cdots,S$。迭代后，空域矩阵滤波器对所有方位的响应误差变化率都小于常数值 ς_2，算法终止。

上面的终止条件可以任选其一。式(3-195)中 o 为接近于 0 的常数值，目的是避免 $w_k(\theta_s)=0$ 时，$w_{k+1}(\theta_s)=0$。式(3-195)的 $\beta_k(\theta_s)$ 是每次迭代对加权向量的乘积向量，$\gamma(\theta_s)$ 是滤波器对阻带方向向量的响应比例系数，适用于左右阻带需要获得不同的恒定约束值情况。

3.2.2.3　阻带响应加权通带总体响应误差约束滤波器效果仿真

针对等间隔线列阵的半波长频率设计空域矩阵滤波器，设置通带为[−15°,15°]，阻带为[−90°,−20°)∪(20°,90°]，空间离散化采样间隔为 0.5°，阵元数为 $N=20$，通带响应误差约束为−20dB。利用阻带响应加权的方法设计空域矩阵滤波器，并通过滤波器空域响应 $10\lg\left(\left\|\boldsymbol{Ha}(\theta)\right\|_{\mathrm{F}}^2/N\right)$ 和滤波器响应误差 $10\lg(\left\|\boldsymbol{Ha}(\theta)-\boldsymbol{a}(\theta)\right\|_{\mathrm{F}}^2/N)$ 辨识空域矩阵滤波器性能。

图 3-13 和图 3-14 分别给出了左右阻带响应比例为 1∶1 和 2∶1 情况下的空域

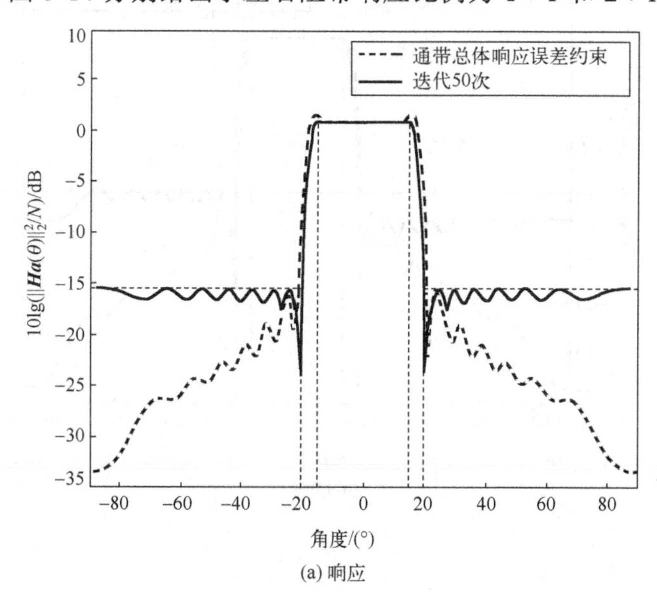

(a) 响应

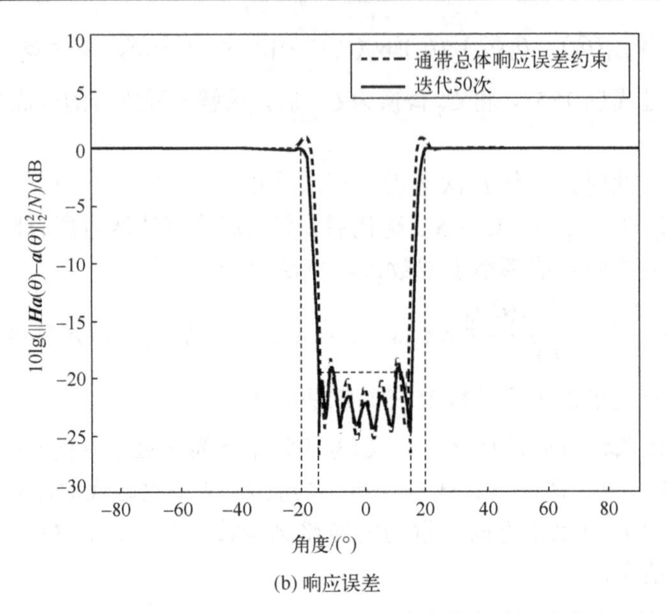

(b) 响应误差

图 3-13　阻带响应加权通带总体响应误差约束空域矩阵滤波器效果

矩阵滤波器效果。可以看出，阻带响应加权的迭代方式，可以保证通带总体响应误差恒定的情况下，使阻带实现恒定的响应效果。而且，可以通过设置左右阻带的响应比例系数，调节左右阻带的响应差值，在比例为 2∶1 的情况下，左阻带较右阻带获得约 3dB 的约束增益。

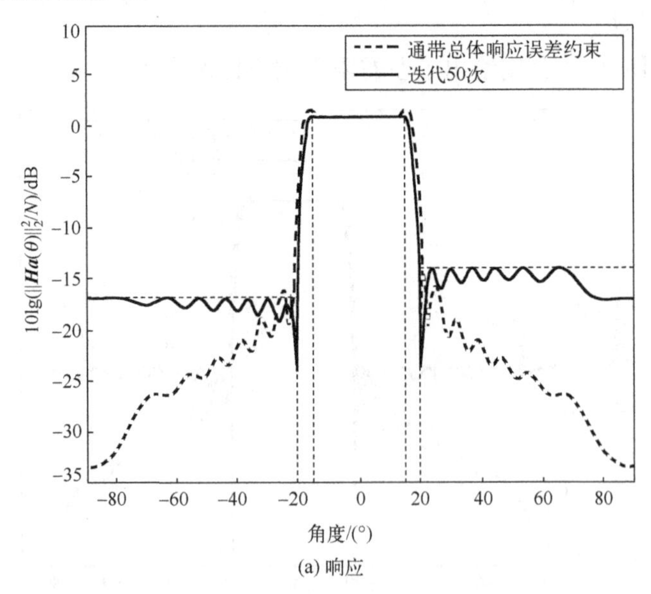

(a) 响应

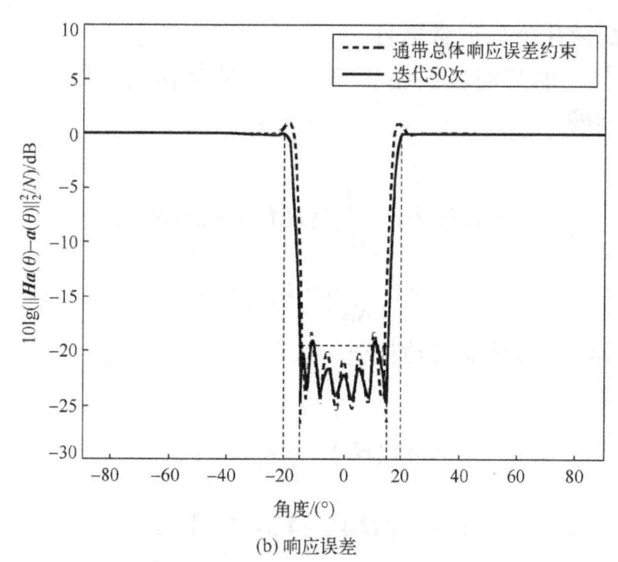

(b) 响应误差

图 3-14　阻带响应加权通带总体响应误差约束空域矩阵滤波器效果

3.2.3　通带响应误差加权阻带总体响应约束空域矩阵滤波器

在 3.2.2 节中，给出了阻带响应加权型空域矩阵滤波器的设计方案，并通过加权系数的迭代，获得了具有恒定阻带抑制效果的空域矩阵滤波器。基于类似的设计思路，本节给出通带响应误差加权的空域矩阵滤波器设计方法，并设置滤波器对阻带的总体响应作为目标函数或约束条件。

3.2.3.1　通带响应误差加权阻带总体响应约束空域矩阵滤波器设计

空域矩阵滤波器对通带方向向量的响应误差为

$$E(\theta_p)=\left\|\boldsymbol{Ha}(\theta_p)-\boldsymbol{a}(\theta_p)\right\|_{\mathrm{F}}^2,\quad p=1,\cdots,P,\quad \theta_p\in\Theta_P \tag{3-196}$$

令 $w(\theta_p)$ 为通带方向向量响应误差加权系数，则空域矩阵滤波器对通带的归一化加权总体响应误差为

$$\frac{1}{NP}\sum_{p=1}^{P}w(\theta_p)\left\|\boldsymbol{Ha}(\theta_p)-\boldsymbol{a}(\theta_p)\right\|_{\mathrm{F}}^2=\frac{1}{NP}\left\|(\boldsymbol{HV}_P-\boldsymbol{V}_P)\cdot\boldsymbol{R}_{1/2}\right\|_{\mathrm{F}}^2 \tag{3-197}$$

其中，N 为阵元数，P 为通带离散化方向向量数目，$\boldsymbol{R}_{1/2}$ 为通带方向向量加权值的平方根构成的对角矩阵。

$$\boldsymbol{R}_{1/2}=\mathrm{diag}[\sqrt{w(\theta_1)},\sqrt{w(\theta_2)},\cdots,\sqrt{w(\theta_P)}]_{P\times P}$$

空域矩阵滤波器的归一化阻带总体响应为

$$\frac{1}{NS}\sum_{s=1}^{S}\left\|\boldsymbol{Ha}(\theta_s)\right\|_{\mathrm{F}}^2=\frac{1}{NS}\left\|\boldsymbol{HV}_S\right\|_{\mathrm{F}}^2,\quad \theta_s\in\Theta_S \tag{3-198}$$

其中，S为阻带离散化方向向量数目。

利用加权归一化通带响应误差和归一化阻带总体响应作为目标函数和约束条件，设计最优化问题。

最优化问题 1

$$\begin{aligned} &\min_{\boldsymbol{H}_1} J(\boldsymbol{H}_1)=\frac{1}{NP}\left\|(\boldsymbol{H}_1\boldsymbol{V}_P-\boldsymbol{V}_P)\cdot\boldsymbol{R}_{1/2}\right\|_{\mathrm{F}}^2 \\ &\text{s.t. } \frac{1}{NS}\left\|\boldsymbol{H}_1\boldsymbol{V}_S\right\|_{\mathrm{F}}^2\leqslant\varepsilon \end{aligned} \tag{3-199}$$

其中，ε为归一化阻带总体响应约束值。

最优化问题 2

$$\begin{aligned} &\min_{\boldsymbol{H}_2} J(\boldsymbol{H}_2)=\frac{1}{NS}\left\|\boldsymbol{H}_2\boldsymbol{V}_S\right\|_{\mathrm{F}}^2 \\ &\text{s.t. } \frac{1}{NP}\left\|(\boldsymbol{H}_2\boldsymbol{V}_P-\boldsymbol{V}_P)\cdot\boldsymbol{R}_{1/2}\right\|_{\mathrm{F}}^2\leqslant\xi \end{aligned} \tag{3-200}$$

其中，ξ是滤波器对归一化通带总体响应误差的约束值。

最优化问题 3

$$\min_{\boldsymbol{H}_3} J(\boldsymbol{H}_3)=\frac{1}{NP}\left\|(\boldsymbol{H}_3\boldsymbol{V}_P-\boldsymbol{V}_P)\cdot\boldsymbol{R}_{1/2}\right\|_{\mathrm{F}}^2+\zeta\frac{1}{NS}\left\|\boldsymbol{H}_3\boldsymbol{V}_S\right\|_{\mathrm{F}}^2 \tag{3-201}$$

其中，ζ为归一化阻带总体响应的权系数。

3.2.3.2 最优化问题求解

对最优化问题 1，给出其求解过程。

最优化问题 1 的目标函数为

$$\begin{aligned} J(\boldsymbol{H}_1)&=\frac{1}{NP}\left\|(\boldsymbol{H}_1\boldsymbol{V}_P-\boldsymbol{V}_P)\cdot\boldsymbol{R}_{1/2}\right\|_{\mathrm{F}}^2 \\ &=\frac{1}{NP}\mathrm{tr}[(\boldsymbol{H}_1\boldsymbol{V}_P-\boldsymbol{V}_P)\boldsymbol{R}(\boldsymbol{H}_1\boldsymbol{V}_P-\boldsymbol{V}_P)^{\mathrm{H}}] \\ &=\frac{1}{NP}[\mathrm{tr}(\boldsymbol{H}_1\boldsymbol{V}_P\boldsymbol{R}\boldsymbol{V}_P^{\mathrm{H}}\boldsymbol{H}_1^{\mathrm{H}})-\mathrm{tr}(\boldsymbol{V}_P\boldsymbol{R}\boldsymbol{V}_P^{\mathrm{H}}\boldsymbol{H}_1^{\mathrm{H}})-\mathrm{tr}(\boldsymbol{H}_1\boldsymbol{V}_P\boldsymbol{R}\boldsymbol{V}_P^{\mathrm{H}})+\mathrm{tr}(\boldsymbol{V}_P\boldsymbol{R}\boldsymbol{V}_P^{\mathrm{H}})] \end{aligned} \tag{3-202}$$

构造 Lagrange 函数 $L(\boldsymbol{H}_1,\lambda)$ 如下

$$\begin{aligned} L(\boldsymbol{H}_1,\lambda)&=\sum_{p=1}^{P}w(\theta_p)\left\|\boldsymbol{H}_1\boldsymbol{a}(\theta_p)-\boldsymbol{a}(\theta_p)\right\|_{\mathrm{F}}^2+\lambda\left(\frac{1}{NS}\left\|\boldsymbol{H}_1\boldsymbol{V}_S\right\|_{\mathrm{F}}^2-\varepsilon\right) \\ &=\frac{1}{NP}[\mathrm{tr}(\boldsymbol{H}_1\boldsymbol{V}_P\boldsymbol{R}\boldsymbol{V}_P^{\mathrm{H}}\boldsymbol{H}_1^{\mathrm{H}})-\mathrm{tr}(\boldsymbol{V}_P\boldsymbol{R}\boldsymbol{V}_P^{\mathrm{H}}\boldsymbol{H}_1^{\mathrm{H}})-\mathrm{tr}(\boldsymbol{H}_1\boldsymbol{V}_P\boldsymbol{R}\boldsymbol{V}_P^{\mathrm{H}})+\mathrm{tr}(\boldsymbol{V}_P\boldsymbol{R}\boldsymbol{V}_P^{\mathrm{H}})] \\ &\quad+\lambda\frac{1}{NS}\mathrm{tr}(\boldsymbol{H}_1\boldsymbol{V}_S\boldsymbol{V}_S^{\mathrm{H}}\boldsymbol{H}_1^{\mathrm{H}})-\varepsilon\lambda \end{aligned} \tag{3-203}$$

其中，λ 为 Lagrange 乘子。

对 $L(\boldsymbol{H}_1,\lambda)$ 求关于 $\boldsymbol{H}_1^*$ 和 λ 的偏导数

$$\frac{\partial L(\boldsymbol{H}_1,\lambda)}{\partial \boldsymbol{H}_1^*}=\frac{1}{NP}\boldsymbol{H}_1\boldsymbol{V}_P\boldsymbol{R}\boldsymbol{V}_P^{\mathrm{H}}-\frac{1}{NP}\boldsymbol{V}_P\boldsymbol{R}\boldsymbol{V}_P^{\mathrm{H}}+\frac{1}{NS}\lambda\boldsymbol{H}_1\boldsymbol{V}_S\boldsymbol{V}_S^{\mathrm{H}} \tag{3-204}$$

$$\frac{\partial L(\boldsymbol{H}_1,\lambda)}{\partial \lambda}=\frac{1}{NS}\left\|\boldsymbol{H}_1\boldsymbol{V}_S\right\|_{\mathrm{F}}^2-\varepsilon \tag{3-205}$$

最优空域矩阵滤波器 $\hat{\boldsymbol{H}}_1$ 及最优 Lagrange 乘子 $\hat{\lambda}$ 应满足

$$\frac{1}{NP}\hat{\boldsymbol{H}}_1\boldsymbol{V}_P\boldsymbol{R}\boldsymbol{V}_P^{\mathrm{H}}-\frac{1}{NP}\boldsymbol{V}_P\boldsymbol{R}\boldsymbol{V}_P^{\mathrm{H}}+\hat{\lambda}\frac{1}{NS}\hat{\boldsymbol{H}}_1\boldsymbol{V}_S\boldsymbol{V}_S^{\mathrm{H}}=\boldsymbol{0} \tag{3-206}$$

$$\frac{1}{NS}\left\|\hat{\boldsymbol{H}}_1\boldsymbol{V}_S\right\|_{\mathrm{F}}^2-\varepsilon=\boldsymbol{0} \tag{3-207}$$

令 $\boldsymbol{C}_P=\frac{1}{NP}\boldsymbol{V}_P\boldsymbol{R}\boldsymbol{V}_P^{\mathrm{H}}$，$\boldsymbol{C}_S=\frac{1}{NS}\boldsymbol{V}_S\boldsymbol{V}_S^{\mathrm{H}}$，由式(3-206)可得

$$\hat{\boldsymbol{H}}_1=\boldsymbol{V}_P\boldsymbol{R}\boldsymbol{V}_P^{\mathrm{H}}(\boldsymbol{V}_P\boldsymbol{R}\boldsymbol{V}_P^{\mathrm{H}}+\hat{\lambda}\boldsymbol{V}_S\boldsymbol{V}_S^{\mathrm{H}})^{-1}=\boldsymbol{C}_P(\boldsymbol{C}_P+\hat{\lambda}\boldsymbol{C}_S)^{-1} \tag{3-208}$$

将式(3-208)代入式(3-207)可得

$$\frac{1}{NS}\mathrm{tr}(\hat{\boldsymbol{H}}_1\boldsymbol{V}\boldsymbol{V}_S^{\mathrm{H}}\hat{\boldsymbol{H}}_1^{\mathrm{H}})-\varepsilon=0 \tag{3-209}$$

展开可得确定最优 Lagrange 乘子 $\hat{\lambda}$ 的方程

$$\mathrm{tr}[\boldsymbol{C}_P(\boldsymbol{C}_P+\hat{\lambda}\boldsymbol{C}_S)^{-1}\boldsymbol{C}_S(\boldsymbol{C}_P+\hat{\lambda}\boldsymbol{C}_S)^{-1}\boldsymbol{C}_P]=\varepsilon \tag{3-210}$$

同理，可得最优化问题 2 和最优化问题 3 的最优解，以及与最优化问题 2 相对应的求解最优 Lagrange 乘子 $\hat{\lambda}'$ 的方程

$$\hat{\boldsymbol{H}}_2=\hat{\lambda}'\boldsymbol{C}_P(\hat{\lambda}'\boldsymbol{C}_P+\boldsymbol{C}_S)^{-1} \tag{3-211}$$

$$\mathrm{tr}[\hat{\lambda}'\boldsymbol{C}_P(\hat{\lambda}'\boldsymbol{C}_P+\boldsymbol{C}_S)^{-1}\boldsymbol{C}_S(\hat{\lambda}'\boldsymbol{C}_P+\boldsymbol{C}_S)^{-1}\boldsymbol{C}_P+\hat{\lambda}'\boldsymbol{C}_P(\hat{\lambda}'\boldsymbol{C}_P+\boldsymbol{C}_S)^{-1}\boldsymbol{C}_P]=1-\xi \tag{3-212}$$

$$\hat{\boldsymbol{H}}_3=\boldsymbol{C}_P(\boldsymbol{C}_P+\zeta\boldsymbol{C}_S)^{-1} \tag{3-213}$$

从三个最优化问题的最优解可以看出，它们之间存在内在联系，其中任意一个最优解都可通过其他的最优化问题设置适当的可调节参数获得。可以看出，当 $\hat{\lambda}=1/\hat{\lambda}'$ 时，最优化问题 1 和最优化问题 2 所给出的最优解相同。同理，若直接选择式(3-201)所定义的最优化问题中，阻带响应加权系数 $\zeta=\hat{\lambda}$，则最优化问题 3 与最优化问题 1 的最优解相同。

3.2.3.3　通带恒定响应误差阻带总体响应约束迭代算法

现针对最优化问题 1，利用迭代算法，给出具有恒定通带响应误差的空域矩阵滤波器。

初始值

$$w_1(\theta_p)=1, \quad p=1,\cdots,P, \quad \theta_p \in \Theta_P \tag{3-214}$$

迭代

$$\boldsymbol{R}_k = \mathrm{diag}[w_k(\theta_1), w_k(\theta_2),\cdots, w_k(\theta_p)] \tag{3-215}$$

$$\boldsymbol{C}_{P_k} = \frac{1}{NP}\boldsymbol{V}_P\boldsymbol{R}_k\boldsymbol{V}_P^{\mathrm{H}} \tag{3-216}$$

$$\boldsymbol{H}_k = \boldsymbol{C}_{P_k}(\boldsymbol{C}_{P_k}+\hat{\lambda}_k\boldsymbol{C}_S)^{-1} \tag{3-217}$$

$$E_k(\theta_p)=\boldsymbol{H}_k\boldsymbol{a}(\theta_p)-\boldsymbol{a}(\theta_p), \quad p=1,\cdots,P, \quad \theta_p \in \Theta_P \tag{3-218}$$

$$\beta_k(\theta_p)=\frac{P\left|E_k(\theta_p)\right|}{\sum\limits_{p=1}^{P} w_k(\theta_p)\left|E_p(\theta_p)\right|}, \quad p=1,\cdots,P, \quad \theta_p \in \Theta_P \tag{3-219}$$

$$w_{k+1}(\theta_p)=\beta_k(\theta_p)[w_k(\theta_p)+o], \quad p=1,\cdots,P, \quad \theta_p \in \Theta_P \tag{3-220}$$

其中，式(3-217)中的$\hat{\lambda}_k$是通过式(3-210)，将$\boldsymbol{C}_P$替换为$\boldsymbol{C}_{P_k}$后，求解方程所得的最优 Lagrange 乘子。式(3-220)中的o为接近于 0 的常数值。

终止条件

(1) $k=K$。此时，迭代K次之后，算法终止。

(2) $\max\limits_{p}\left|E_k(\theta_p)\right|<\varsigma_1, p=1,\cdots,P$。迭代后，空域矩阵滤波器对所有通带方向向量的响应误差都小于常数ς_1，算法终止。

(3) $\max\limits_{p}\frac{\left\|E_k(\theta_p)\right|-\left|E_{k-1}(\theta_p)\right\|}{\left|E_k(\theta_p)\right|}<\varsigma_2, p=1,\cdots,P$。迭代后，空域矩阵滤波器对所有通带方向向量的响应误差变化率小于常数ς_2，算法终止。

可以任选上述其一终止条件即可。

3.2.3.4　通带响应误差加权阻带总体响应约束滤波器效果仿真

针对等间隔线列阵的半波长频率设计空域矩阵滤波器，设置通带为$[-15°,15°]$，阻带为$[-90°,-20°]\cup(20°,90°]$，空间离散化采样间隔为$0.5°$，阵元数为$N=20$，阻带总体响应约束为-20dB。

图 3-15 给出了通带响应误差加权方法所得的空域矩阵滤波器效果，从图 3-15(a)可以看出，迭代过程保持了阻带总体响应约束条件，而经过迭代之后，图 3-15(b)的通带响应误差逐渐趋于恒定。

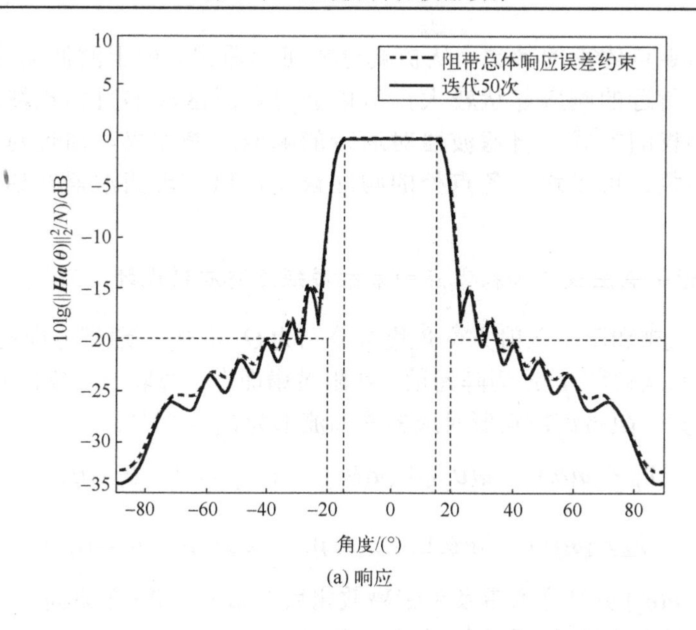

(a) 响应

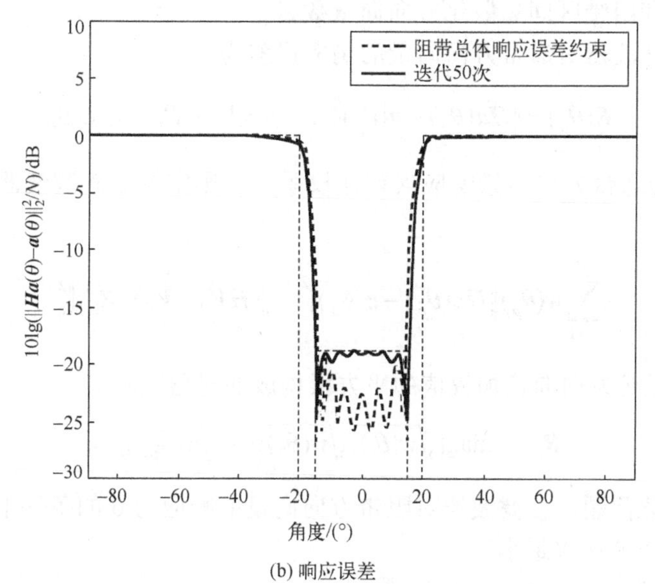

(b) 响应误差

图 3-15　通带响应误差加权阻带响应约束空域矩阵滤波器效果

3.2.4　通带响应误差加权阻带零点约束空域矩阵滤波器

在 3.1.5 节中，给出了阻带零点约束空域矩阵滤波器的设计方案，其设计思路是在阻带选取一些离散点，并设置滤波器对这些点的响应为零，通过对最优化问题的求解，给出了最优空域矩阵滤波器的解。利用仿真分析给出了离散零点约束和扇面零点约束的效果，从仿真分析可以看出，由于滤波器设置了零点，滤波器在零点附近的响应起伏较大，所以会对附近区域的目标探测产生影响，本节将利用加权的方式，将滤波器对通带的响应误差加权，通过对不同方位设置不同的权系数，可以均衡各点处的响应误差，以实现滤波器在通带的恒定响应误差效果。

3.2.4.1 通带响应误差加权零点约束空域矩阵滤波器设计

假设空域通带和阻带入射方位角集合分别为Θ_P和Θ_S，通带方向向量构成的阵列流形矩阵为$\boldsymbol{V}_P \in \mathbb{C}^{N\times P}$，$N$为阵元数。在阻带扇面上，选取一定数目的离散点，设置零响应的约束，阻带离散点所对应的阵列流形为$\boldsymbol{V}_S \in \mathbb{C}^{N\times S}$。

$$\boldsymbol{V}_P = [\boldsymbol{a}(\theta_1),\cdots,\boldsymbol{a}(\theta_p),\cdots,\boldsymbol{a}(\theta_P)],\quad 1\leqslant p\leqslant P,\quad \theta_p\in\Theta_P \tag{3-221}$$

$$\boldsymbol{V}_S = [\boldsymbol{a}(\theta_1),\cdots,\boldsymbol{a}(\theta_s),\cdots,\boldsymbol{a}(\theta_S)],\quad 1\leqslant s\leqslant S,\quad \theta_s\in\Theta_S \tag{3-222}$$

其中，$\boldsymbol{a}(\theta_p)$、$\boldsymbol{a}(\theta_s)$分别是通带及阻带离散化后的第p、第s个方向向量，P和S分别对应于通带和阻带区间离散化方向向量数目。

空域矩阵滤波器对通带方向向量的响应误差为

$$E(\theta_p) = \left\|\boldsymbol{H}\boldsymbol{a}(\theta_p)-\boldsymbol{a}(\theta_p)\right\|_{\mathrm{F}}^2,\quad p=1,\cdots,P,\quad \theta_p\in\Theta_P \tag{3-223}$$

令$w(\theta_p)$为通带方向向量响应误差加权系数，则空域矩阵滤波器的通带加权总体响应误差为

$$\sum_{p=1}^{P} w(\theta_p)\left\|\boldsymbol{H}\boldsymbol{a}(\theta_p)-\boldsymbol{a}(\theta_p)\right\|_{\mathrm{F}}^2 = \left\|(\boldsymbol{H}\boldsymbol{V}_P-\boldsymbol{V}_P)\cdot\boldsymbol{R}_{1/2}\right\|_{\mathrm{F}}^2 \tag{3-224}$$

其中，$\boldsymbol{R}_{1/2}$为通带方向向量加权值的平方根构成的对角矩阵。

$$\boldsymbol{R}_{1/2} = \mathrm{diag}\left[\sqrt{w(\theta_1)},\sqrt{w(\theta_2)},\cdots,\sqrt{w(\theta_p)}\right]_{P\times P} \tag{3-225}$$

构造最优化问题，使滤波器对阻带方向向量的响应为0的条件下，求滤波器的通带总体响应误差加权最小。

最优化问题

$$\begin{aligned}&\min_{\boldsymbol{H}} J(\boldsymbol{H}) = \sum_{p=1}^{P} w(\theta_p)\left\|\boldsymbol{H}\boldsymbol{a}(\theta_p)-\boldsymbol{a}(\theta_p)\right\|_{\mathrm{F}}^2,\quad \theta_p\in\Theta_P\\&\text{s.t.}\ \left\|\boldsymbol{H}\boldsymbol{a}(\theta_s)\right\|_{\mathrm{F}}^2 = 0,\quad 1\leqslant s\leqslant S,\quad \theta_s\in\Theta_S\end{aligned} \tag{3-226}$$

为便于运算，将$\boldsymbol{a}(\theta_s),1\leqslant s\leqslant S$简记为$\boldsymbol{a}_s$。由式(3-224)可得，最优化问题的目标函数为

$$\begin{aligned} J(\boldsymbol{H}) &= \sum_{p=1}^{P} w(\theta_p) \left\| \boldsymbol{H}\boldsymbol{a}(\theta_p) - \boldsymbol{a}(\theta_p) \right\| \\ &= \left\| (\boldsymbol{H}\boldsymbol{V}_P - \boldsymbol{V}_P) \cdot \boldsymbol{R}_{1/2} \right\|_{\mathrm{F}}^2 \\ &= \mathrm{tr}[(\boldsymbol{H}\boldsymbol{V}_P - \boldsymbol{V}_P) \cdot \boldsymbol{R}_{1/2} \cdot \boldsymbol{R}_{1/2}^{\mathrm{H}} (\boldsymbol{V}_P^{\mathrm{H}} \boldsymbol{H}^{\mathrm{H}} - \boldsymbol{V}_P^{\mathrm{H}})] \\ &= \mathrm{tr}(\boldsymbol{H}\boldsymbol{V}_P \boldsymbol{R} \boldsymbol{V}_P^{\mathrm{H}} \boldsymbol{H}^{\mathrm{H}}) - \mathrm{tr}(\boldsymbol{V}_P \boldsymbol{R} \boldsymbol{V}_P^{\mathrm{H}} \boldsymbol{H}^{\mathrm{H}}) - \mathrm{tr}(\boldsymbol{H}\boldsymbol{V}_P \boldsymbol{R} \boldsymbol{V}_P^{\mathrm{H}}) + \mathrm{tr}(\boldsymbol{V}_P \boldsymbol{R} \boldsymbol{V}_P^{\mathrm{H}}) \end{aligned} \tag{3-227}$$

构造 Lagrange 函数 $L(\boldsymbol{H}, \boldsymbol{\lambda}_1, \cdots, \boldsymbol{\lambda}_S, \boldsymbol{\delta}_1, \cdots, \boldsymbol{\delta}_S)$

$$\begin{aligned} & L(\boldsymbol{H}, \boldsymbol{\lambda}_1, \cdots, \boldsymbol{\lambda}_S, \boldsymbol{\delta}_1, \cdots, \boldsymbol{\delta}_S) \\ &= \sum_{p=1}^{P} w(\theta_p) \left\| \boldsymbol{H}\boldsymbol{a}(\theta_p) - \boldsymbol{a}(\theta_p) \right\|_{\mathrm{F}}^2 - \sum_{s=1}^{S} \boldsymbol{\lambda}_n^{\mathrm{T}} \mathrm{Re}[\boldsymbol{H}\boldsymbol{a}(\theta_s)] - \sum_{s=1}^{S} \boldsymbol{\delta}_n^{\mathrm{T}} \mathrm{Im}[\boldsymbol{H}\boldsymbol{a}(\theta_s)] \\ &= \mathrm{tr}(\boldsymbol{H}\boldsymbol{V}_P \boldsymbol{R} \boldsymbol{V}_P^{\mathrm{H}} \boldsymbol{H}^{\mathrm{H}}) - \mathrm{tr}(\boldsymbol{V}_P \boldsymbol{R} \boldsymbol{V}_P^{\mathrm{H}} \boldsymbol{H}^{\mathrm{H}}) - \mathrm{tr}(\boldsymbol{H}\boldsymbol{V}_P \boldsymbol{R} \boldsymbol{V}_P^{\mathrm{H}}) + \mathrm{tr}(\boldsymbol{V}_P \boldsymbol{R} \boldsymbol{V}_P^{\mathrm{H}}) \\ & \quad - \sum_{s=1}^{S} \left(\frac{\boldsymbol{\lambda}_s^{\mathrm{T}}}{2} + \frac{\boldsymbol{\delta}_s^{\mathrm{T}}}{2\mathrm{j}} \right) \boldsymbol{H}\boldsymbol{a}(\theta_s) - \sum_{s=1}^{S} \left(\frac{\boldsymbol{\lambda}_s^{\mathrm{T}}}{2} - \frac{\boldsymbol{\delta}_s^{\mathrm{T}}}{2\mathrm{j}} \right) \boldsymbol{H}^* \boldsymbol{a}(\theta_s)^* \end{aligned} \tag{3-228}$$

对 $L(\boldsymbol{H}, \boldsymbol{\lambda}_1, \cdots, \boldsymbol{\lambda}_S, \boldsymbol{\delta}_1, \cdots, \boldsymbol{\delta}_S)$ 分别求关于 $(\boldsymbol{H}, \boldsymbol{\lambda}_1, \cdots, \boldsymbol{\lambda}_S, \boldsymbol{\delta}_1, \cdots, \boldsymbol{\delta}_S)$ 的偏导数

$$\frac{\partial L(\boldsymbol{H}, \boldsymbol{\lambda}_1, \cdots, \boldsymbol{\lambda}_S, \boldsymbol{\delta}_1, \cdots, \boldsymbol{\delta}_S)}{\partial \boldsymbol{H}} = \boldsymbol{H}^* \boldsymbol{V}_P^* \boldsymbol{R} \boldsymbol{V}_P^{\mathrm{T}} - \boldsymbol{V}_P^* \boldsymbol{R} \boldsymbol{V}_P^{\mathrm{T}} - \boldsymbol{\gamma} \boldsymbol{V}_S^{\mathrm{T}} \tag{3-229}$$

$$\frac{\partial L(\boldsymbol{H}, \boldsymbol{\lambda}_1, \cdots, \boldsymbol{\lambda}_S, \boldsymbol{\delta}_1, \cdots, \boldsymbol{\delta}_S)}{\partial \boldsymbol{\lambda}_s} = \mathrm{Re}(\boldsymbol{H}\boldsymbol{a}_s), \quad 1 \leqslant s \leqslant S \tag{3-230}$$

$$\frac{\partial L(\boldsymbol{H}, \boldsymbol{\lambda}_1, \cdots, \boldsymbol{\lambda}_S, \boldsymbol{\delta}_1, \cdots, \boldsymbol{\delta}_S)}{\partial \boldsymbol{\delta}_s} = \mathrm{Im}(\boldsymbol{H}\boldsymbol{a}_s), \quad 1 \leqslant s \leqslant S \tag{3-231}$$

其中，$\boldsymbol{\gamma} = \dfrac{\boldsymbol{\lambda}}{2} + \dfrac{\boldsymbol{\delta}}{2\mathrm{j}}, \boldsymbol{\lambda} = [\boldsymbol{\lambda}_1, \cdots, \boldsymbol{\lambda}_S], \boldsymbol{\delta} = [\boldsymbol{\delta}_1, \cdots, \boldsymbol{\delta}_S]$。

假设 $L(\boldsymbol{H}, \boldsymbol{\lambda}_1, \cdots, \boldsymbol{\lambda}_S, \boldsymbol{\delta}_1, \cdots, \boldsymbol{\delta}_S)$ 的稳定点为 $(\hat{\boldsymbol{H}}, \hat{\boldsymbol{\lambda}}, \hat{\boldsymbol{\delta}})$，则下式成立

$$\begin{cases} \hat{\boldsymbol{H}}^* \boldsymbol{V}_P^* \boldsymbol{R} \boldsymbol{V}_P^{\mathrm{T}} - \boldsymbol{V}_P^* \boldsymbol{R} \boldsymbol{V}_P^{\mathrm{T}} - \hat{\boldsymbol{\gamma}} \boldsymbol{V}_S^{\mathrm{T}} = \boldsymbol{0} \\ \mathrm{Re}[\hat{\boldsymbol{H}}\boldsymbol{a}(\theta_s)] = \boldsymbol{0}, \quad 1 \leqslant s \leqslant S \\ \mathrm{Im}[\hat{\boldsymbol{H}}\boldsymbol{a}(\theta_s)] = \boldsymbol{0}, \quad 1 \leqslant s \leqslant S \end{cases} \tag{3-232}$$

其中，$\hat{\boldsymbol{\gamma}} = \dfrac{\hat{\boldsymbol{\lambda}}}{2} + \dfrac{\hat{\boldsymbol{\delta}}}{2\mathrm{j}}$。

由式 (3-232) 中前两个等式可得

$$\hat{\boldsymbol{H}}\boldsymbol{V}_S = \boldsymbol{0}_{N \times S} \tag{3-233}$$

利用式 (3-232) 中第一个等式和式 (3-233)，即可获得通带响应误差加权阻带零点约束空域矩阵滤波器的最优解

$$\hat{\boldsymbol{H}} = \boldsymbol{I}_{N\times N} - \boldsymbol{V}_S[\boldsymbol{V}_S^{\mathrm{H}}(\boldsymbol{V}_P\boldsymbol{R}\boldsymbol{V}_P^{\mathrm{H}})^{-1}\boldsymbol{V}_S]^{-1}\boldsymbol{V}_S^{\mathrm{H}}(\boldsymbol{V}_P\boldsymbol{R}\boldsymbol{V}_P^{\mathrm{H}})^{-1} \tag{3-234}$$

此数值解为前述矩阵滤波器设计最优化问题的全局最优解。

由式(3-234)的表达式可知，当 $w(\theta_p)=1, p=1,\cdots,P$ 时，所得的加权型零点约束矩阵滤波器与 3.1.5 节的最优解相同。

3.2.4.2 通带恒定响应误差阻带零点约束迭代算法

通过对通带响应误差设置恰当的权系数 $w(\theta_p)=1, p=1,\cdots,P$，即可实现在阻带零响应约束的条件下，通带响应误差的恒定效果。本小节给出迭代方式求恒定通带响应误差的方案。

初始值

$$w_1(\theta_p)=1, p=1,\cdots,P, \theta_p\in\Theta_P \tag{3-235}$$

迭代

$$\boldsymbol{R}_k = \mathrm{diag}[w_k(\theta_1), w_k(\theta_2),\cdots,w_k(\theta_P)] \tag{3-236}$$

$$\hat{\boldsymbol{H}}_k = \boldsymbol{I}_{N\times N} - \boldsymbol{V}_S[\boldsymbol{V}_S^{\mathrm{H}}(\boldsymbol{V}_P\boldsymbol{R}_k\boldsymbol{V}_P^{\mathrm{H}})^{-1}\boldsymbol{V}_S]^{-1}\boldsymbol{V}_S^{\mathrm{H}}(\boldsymbol{V}_P\boldsymbol{R}_k\boldsymbol{V}_P^{\mathrm{H}})^{-1} \tag{3-237}$$

$$E_k(\theta_p) = \hat{\boldsymbol{H}}_k\boldsymbol{a}(\theta_p) - \boldsymbol{a}(\theta_p), \quad p=1,\cdots,P, \quad \theta_p\in\Theta_P \tag{3-238}$$

$$\beta_k(\theta_p) = \frac{P\left|E_k(\theta_p)\right|}{\sum_{p=1}^{P} w_k(\theta_p)\left|E_k(\theta_p)\right|}, \quad p=1,\cdots,P, \quad \theta_p\in\Theta_P \tag{3-239}$$

$$w_{k+1}(\theta_p) = \beta_k(\theta_p)[w_k(\theta_p)+o], \quad p=1,\cdots,P, \quad \theta_p\in\Theta_P \tag{3-240}$$

其中，o 是比较小的数值，防止在某次迭代过程中，$w_k(\theta_p)$ 为零时，$w_{k+1}(\theta_p)$ 也为零。

终止条件

(1) $k=K$。此时，迭代 K 次之后，算法终止。

(2) $\max\limits_p\left|E_k(\theta_p)\right| < \varsigma_1, p=1,\cdots,P$。迭代后，空域矩阵滤波器对所有通带方向向量的响应误差都小于常数 ς_1，算法终止。

(3) $\max\limits_p \dfrac{\left\|E_k(\theta_p)\right| - \left|E_{k-1}(\theta_p)\right\|}{\left|E_k(\theta_p)\right|} < \varsigma_2, p=1,\cdots,P$。迭代后，空域矩阵滤波器对所有通带方向向量的响应误差变化率都小于常数 ς_2，算法终止。

可以任选上述其一终止条件即可。

3.2.4.3 通带响应误差加权阻带零点约束滤波器效果仿真

针对等间隔线列阵的半波长频率设计空域矩阵滤波器，设置通带为 $[-90^\circ,-32^\circ]\cup[-28^\circ,-2^\circ]\cup[2^\circ,90^\circ]$，零响应约束位置为 -30° 和 0°，通带空间离散化

采样间隔为 0.1°，阵元数为 $N=20$。

图 3-16 给出了通带响应误差加权阻带零点约束空域矩阵滤波器的效果，可以看出，迭代过程可以保持阻带离散点上的零响应约束，且通带响应误差由原来的非均匀性，转变为几乎恒定的误差效果。加权矩阵为单位矩阵时，即为零点约束空域矩阵滤波器，从图 3-16(b)中可见，它在阻带离散点处的阻带响应展宽现象明显，经迭代后可以将通带响应误差的主瓣变窄。

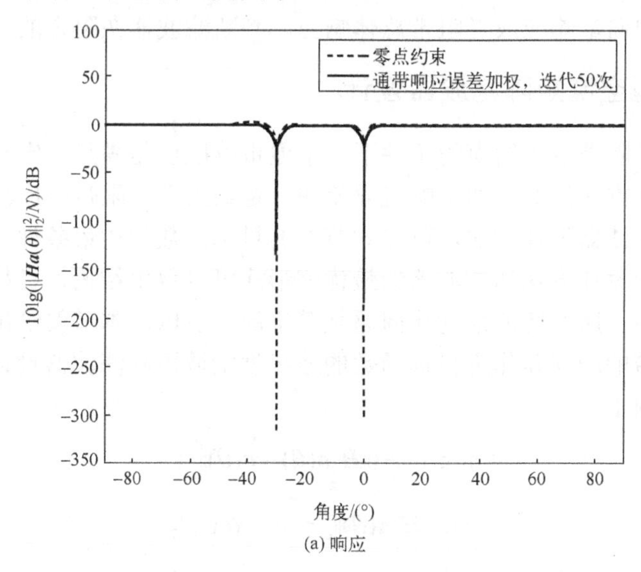

(a) 响应

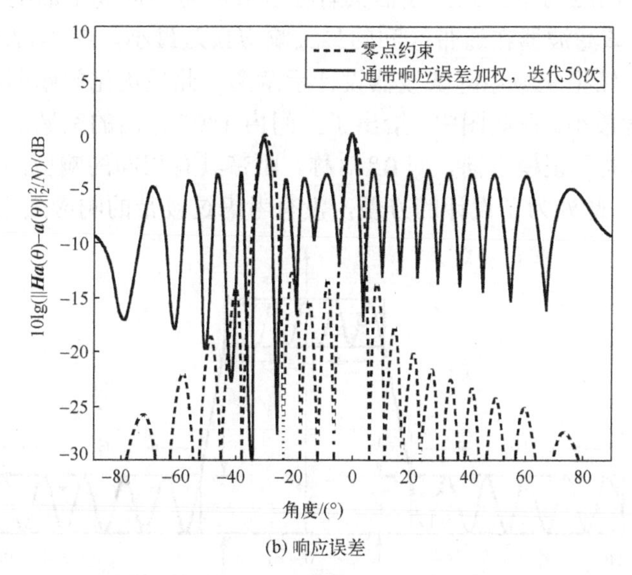

(b) 响应误差

图 3-16　通带响应误差加权阻带零点约束空域矩阵滤波器效果

3.3 连续型空域矩阵滤波器

连续型空域矩阵滤波器对连续探测区间的方向向量响应都满足一定的设计准则，并建立最优化问题设计空域矩阵滤波器。可利用滤波器对通带响应误差的最大值或通带总体响应误差判断滤波器在通带的性能。同理，可以利用连续阻带区间上的所有阻带方向向量响应或者阻带总体响应，判断滤波器在阻带的性能。

3.3.1 连续型空域矩阵滤波器设计

本节给出对阻带响应约束的条件下，求通带响应误差满足一定设计准则的空域矩阵滤波器设计方法。对于通带响应误差在一定约束下，阻带响应满足一定设计准则的空域矩阵滤波器设计方法，可将本节中的目标函数和约束条件交换位置获得，由 3.1 节的相应设计方法和滤波器的最优解形式可以得出结论，目标函数和约束条件交换位置之后，所对应的最优化问题是等价的。所以，本节仅给出阻带响应作为约束条件，通带响应误差作为目标函数的连续型空域矩阵滤波器设计方法。

最优化问题 1

$$\begin{aligned}&\min_{\boldsymbol{H}_1}\max_{\theta\in\Theta_P}\left(\left\|\boldsymbol{H}_1\boldsymbol{a}(\theta)-\boldsymbol{a}(\theta)\right\|_{\mathrm{F}}^2\right)\\&\text{s.t. }\left\|\boldsymbol{H}_1\boldsymbol{a}(\theta)\right\|_{\mathrm{F}}^2\leqslant\varepsilon,\quad\theta\in\Theta_S\end{aligned}\tag{3-241}$$

其中，ε 为阻带响应约束。该滤波器具有在连续的阻带区间上的响应都小于恒定常数值 ε。同时，该滤波器在通带区间的最大响应误差最小。图 3-17 给出了以最优化问题 1 设计的连续型空域矩阵滤波器设计示意图，此最优化问题即是获取图中通带阴影部分的高度最小。在此图中，给出了空间内 180° 方向的空域矩阵滤波器设计思路，其中，通带关于正横方向，即 0° 对称，阻带具有相同的响应约束，左右阻带区间的并集为 Θ_S。此处为了设计的方便，没有考虑过渡带的响应效果。

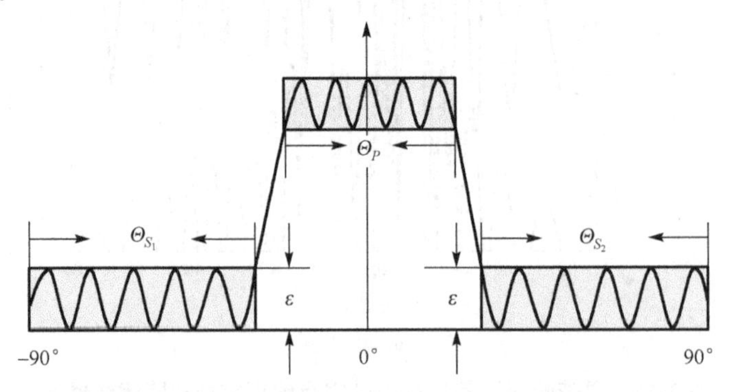

图 3-17　连续型空域矩阵滤波器最优化问题 1 设计示意图

最优化问题 2

$$
\begin{aligned}
&\min_{\boldsymbol{H}_2} \int_{\Theta_P} \left\| \boldsymbol{H}_2 \boldsymbol{a}(\theta) - \boldsymbol{a}(\theta) \right\|_{\mathrm{F}}^2 \mathrm{d}\theta \\
&\text{s.t.} \ \left\| \boldsymbol{H}_2 \boldsymbol{a}(\theta) \right\|_{\mathrm{F}}^2 \leqslant \varepsilon, \quad \theta \in \Theta_S
\end{aligned}
\tag{3-242}
$$

该最优化问题是滤波器对阻带响应小于恒定常数值的约束条件下，求滤波器通带总体响应误差最小。图 3-18 给出了最优化问题 2 的设计示意图，其中，最优化的目标函数为通带的总体响应误差最小，也即阴影部分的面积最小。

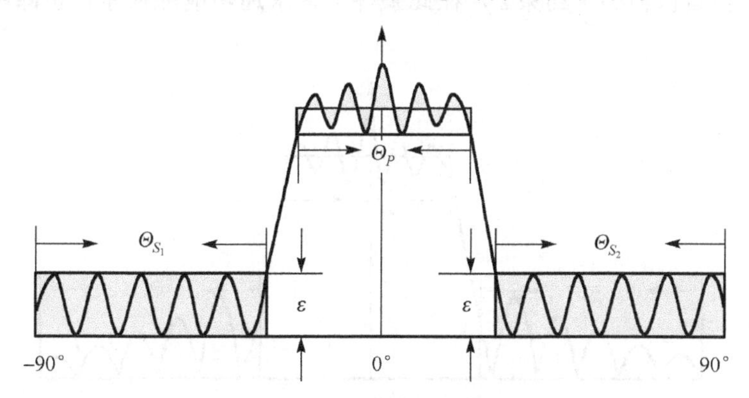

图 3-18　连续型空域矩阵滤波器最优化问题 2 设计示意图

最优化问题 3

$$
\begin{aligned}
&\min_{\boldsymbol{H}_3} \max_{\theta \in \Theta_P} \left(\left\| \boldsymbol{H}_3 \boldsymbol{a}(\theta) - \boldsymbol{a}(\theta) \right\|_{\mathrm{F}}^2 \right) \\
&\text{s.t.} \ \int_{\Theta_S} \left\| \boldsymbol{H}_3 \boldsymbol{a}(\theta) \right\|_{\mathrm{F}}^2 \mathrm{d}\theta \leqslant \varepsilon
\end{aligned}
\tag{3-243}
$$

该最优化问题是滤波器对阻带总体响应小于恒定常数值的约束条件下，求滤波器通带响应误差最大值最小。最优化问题 3 的设计示意图如图 3-19 所示。

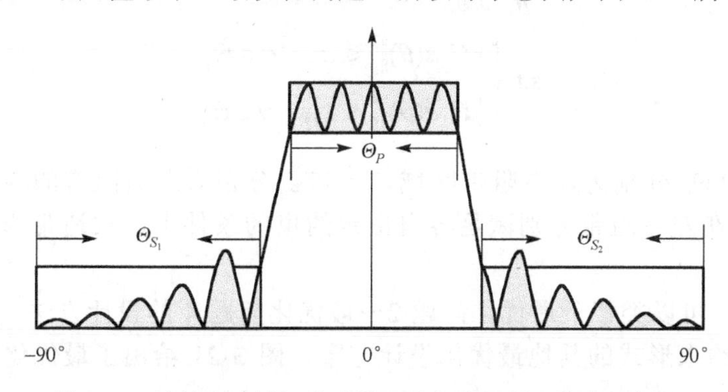

图 3-19　连续型空域矩阵滤波器最优化问题 3 设计示意图

最优化问题 4

$$
\begin{aligned}
&\min_{\boldsymbol{H}_4}\int_{\Theta_P}\left\|\boldsymbol{H}_4\boldsymbol{a}(\theta)-\boldsymbol{a}(\theta)\right\|_{\mathrm{F}}^2\mathrm{d}\theta\\
&\text{s.t.}\int_{\Theta_S}\left\|\boldsymbol{H}_4\boldsymbol{a}(\theta)\right\|_{\mathrm{F}}^2\mathrm{d}\theta\leqslant\varepsilon
\end{aligned}
\tag{3-244}
$$

该最优化问题是滤波器对阻带总体响应小于恒定常数值的约束条件下，求滤波器对通带总体响应误差最小。图 3-20 给出了最优化问题 4 的设计示意图。其中，左右阻带的阴影面积和小于约束 ε，在此条件下，求通带响应误差，也即图中通带阴影面积最小。

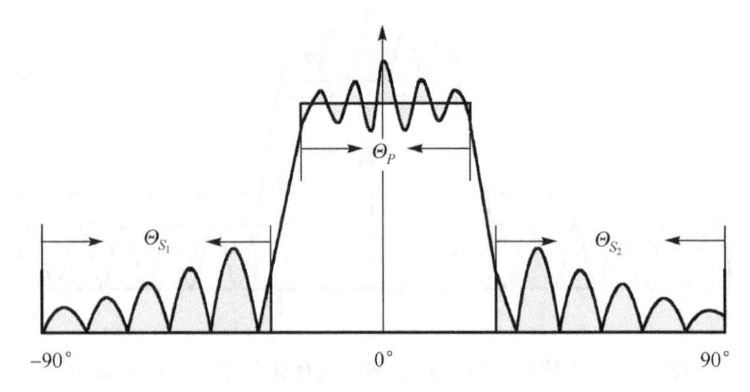

图 3-20　连续型空域矩阵滤波器最优化问题 4 设计示意图

以上是将阻带设置为一个整体情况的空域矩阵滤波器设计最优化问题，阻带也可以设置不同的约束，在此条件下，获得通带响应误差满足极大极小条件或整体最小条件的最优化设计方案。

最优化问题 5

$$
\begin{aligned}
&\min_{\boldsymbol{H}_5}\max_{\theta\in\Theta_P}\left(\left\|\boldsymbol{H}_5\boldsymbol{a}(\theta)-\boldsymbol{a}(\theta)\right\|_{\mathrm{F}}^2\right)\\
&\text{s.t.}\begin{cases}\left\|\boldsymbol{H}_5\boldsymbol{a}(\theta)\right\|_{\mathrm{F}}^2\leqslant\varepsilon_1, & \theta\in\Theta_{S_1}\\ \left\|\boldsymbol{H}_5\boldsymbol{a}(\theta)\right\|_{\mathrm{F}}^2\leqslant\varepsilon_2, & \theta\in\Theta_{S_2}\end{cases}
\end{aligned}
\tag{3-245}
$$

其中，Θ_{S_1} 和 Θ_{S_2} 分别为左右阻带区域，ε_1 和 ε_2 分别为左右阻带的约束值。最优化问题 5 是在左右阻带分别满足各自恒定约束的条件下，求通带影响误差极大值的最小。

很显然，可以类似于最优化问题 2～最优化问题 4 的设计方法，给出左右阻带满足不同约束形式的其他最优化设计方案。图 3-21 给出了最优化问题 5 的设计示意图。

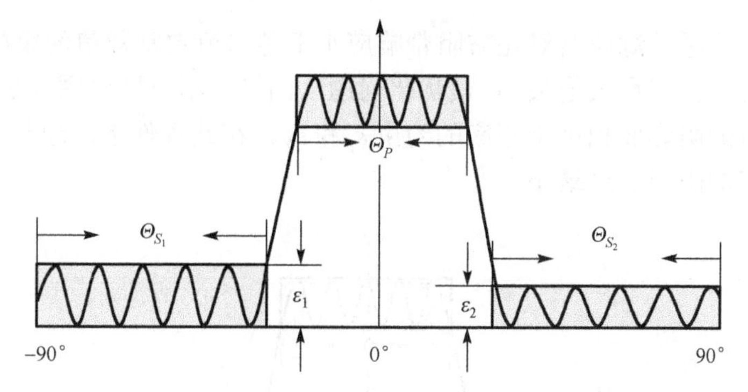

图 3-21　连续型空域矩阵滤波器最优化问题 5 设计示意图

最优化问题 6

$$
\begin{aligned}
&\min_{\boldsymbol{H}_6}\int_{\Theta_P}\left\|\boldsymbol{H}_6\boldsymbol{a}(\theta)-\boldsymbol{a}(\theta)\right\|_{\mathrm{F}}^2\mathrm{d}\theta\\
&\text{s.t.}\begin{cases}\left\|\boldsymbol{H}_6\boldsymbol{a}(\theta)\right\|_{\mathrm{F}}^2\leqslant\varepsilon_1, & \theta\in\Theta_{S_1}\\ \left\|\boldsymbol{H}_6\boldsymbol{a}(\theta)\right\|_{\mathrm{F}}^2\leqslant\varepsilon_2, & \theta\in\Theta_{S_2}\end{cases}
\end{aligned}
\tag{3-246}
$$

此最优化问题是在左右阻带满足各自恒定约束的条件下，求滤波器在通带的整体响应误差最小。与离散型设计方案的区别在于，此处的通带响应误差是通过连续区间的积分获得。图 3-22 给出了最优化问题 6 的设计示意图。

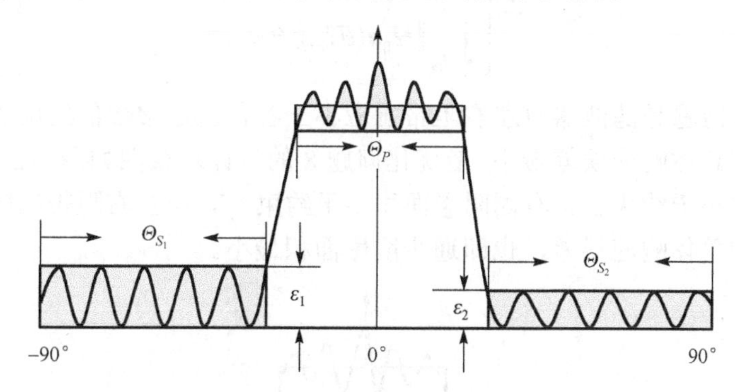

图 3-22　连续型空域矩阵滤波器最优化问题 6 设计示意图

最优化问题 7

$$
\begin{aligned}
&\min_{\boldsymbol{H}_7}\max_{\theta\in\Theta_P}\left(\left\|\boldsymbol{H}_7\boldsymbol{a}(\theta)-\boldsymbol{a}(\theta)\right\|_{\mathrm{F}}^2\right)\\
&\text{s.t.}\begin{cases}\displaystyle\int_{\Theta_{S_1}}\left\|\boldsymbol{H}_7\boldsymbol{a}(\theta)\right\|_{\mathrm{F}}^2\mathrm{d}\theta\leqslant\varepsilon_1\\ \displaystyle\int_{\Theta_{S_2}}\left\|\boldsymbol{H}_7\boldsymbol{a}(\theta)\right\|_{\mathrm{F}}^2\mathrm{d}\theta\leqslant\varepsilon_2\end{cases}
\end{aligned}
\tag{3-247}
$$

该最优化问题是滤波器对左右阻带响应小于各自恒定常数值约束的条件下，求滤波器通带响应误差最大值最小。最优化问题 7 的设计示意图如图 3-23 所示。其中，左右阻带各自的阴影面积小于相应的约束 ε_1 和 ε_2，在此条件下，通带的响应误差，也即图中通带的阴影高度最小。

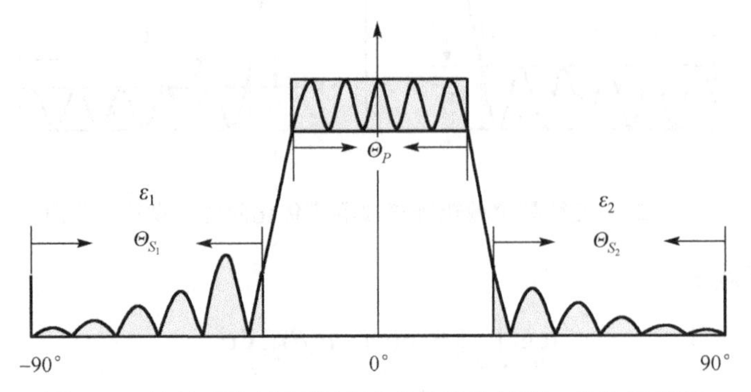

图 3-23　连续型空域矩阵滤波器最优化问题 7 设计示意图

最优化问题 8

$$
\begin{aligned}
&\min_{\boldsymbol{H}_8} \int_{\Theta_P} \left\| \boldsymbol{H}_8 \boldsymbol{a}(\theta) - \boldsymbol{a}(\theta) \right\|_{\mathrm{F}}^2 \mathrm{d}\theta \\
&\text{s.t.} \begin{cases} \displaystyle\int_{\Theta_{S_1}} \left\| \boldsymbol{H}_8 \boldsymbol{a}(\theta) \right\|_{\mathrm{F}}^2 \mathrm{d}\theta \leqslant \varepsilon_1 \\ \displaystyle\int_{\Theta_{S_2}} \left\| \boldsymbol{H}_8 \boldsymbol{a}(\theta) \right\|_{\mathrm{F}}^2 \mathrm{d}\theta \leqslant \varepsilon_2 \end{cases}
\end{aligned}
\tag{3-248}
$$

该最优化问题是滤波器对左右阻带响应小于各自恒定常数值约束的条件下，求滤波器对通带总体响应误差最小。最优化问题 8 的设计示意图如图 3-24 所示，其中，左侧阴影面积小于约束 ε_1，右侧阴影面积小于约束 ε_2，在左右阻带响应约束的条件下，求通带的总体响应误差，也即通带阴影面积最小。

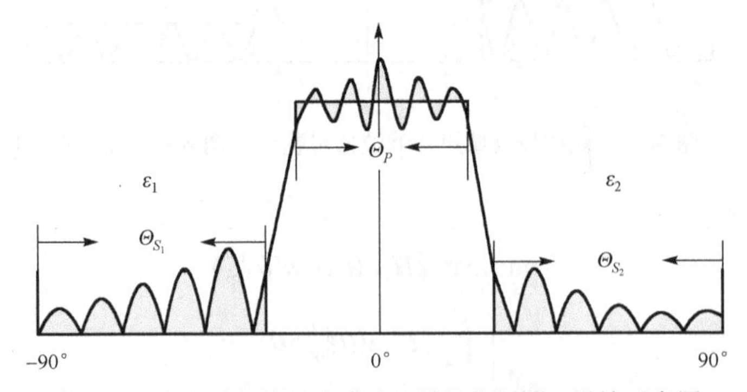

图 3-24　连续型空域矩阵滤波器最优化问题 8 设计示意图

以上给出了左右阻带设置不同约束条件下的最优空域矩阵滤波器设计问题。很显然，依据相似的设计思路，可以构造更复杂的滤波器设计方案。连续型空域矩阵滤波器的设计方法是期望获得理论上最优的滤波器效果。但实际上，在求解连续型空域矩阵滤波器过程中，需要一定的近似才能获得最优解。所以，这仅是理论上的最优设计。

3.3.2　连续型空域矩阵滤波器闭式最优解探索

在最优化问题 1、2 和 3 的目标函数或约束条件中，涉及在连续区间上，滤波器对通带或阻带方向向量的响应都要小于某常数值的约束，已有的国内外参考文献均没有直接给出相应滤波器的最优解。现针对最优化问题 4 的设计问题，探讨它的最优解。

由于空域矩阵滤波器的设计过程中，需要考虑滤波器对方向向量的响应和响应误差，由 2.1.1 节的相应结论可知，方向向量 $\boldsymbol{a}(\phi,\theta,\omega)$ 与 (ϕ,θ,ω) 有关，对于特定的频率 ω，则方向向量与 (ϕ,θ) 有关。考虑到 2.1.1 节中的几个特殊阵列，等间隔线列阵的方向向量仅与 θ 有关，圆形阵列和平面阵列探测 $\phi=\pi/2$ 的远场平面波时，方向向量也仅与 θ 有关。这就为空域矩阵滤波器的设计提供了便利。本节将针对等间隔线列阵，考虑连续型空域矩阵滤波器的最优化问题 4 的求解问题。

空域矩阵滤波器对通带方向向量的响应误差展开，可得

$$\begin{aligned}\|\boldsymbol{Ha}(\theta)-\boldsymbol{a}(\theta)\|_{\mathrm{F}}^{2}=N&+\sum_{m=1}^{N}\sum_{n_1=1}^{N}\sum_{n_2=1}^{N}a_{mn_1}a_{mn_2}\cos[(n_1-n_2)k\sin(\theta)]\\&+\sum_{m=1}^{N}\sum_{n_1=1}^{N}\sum_{n_2=1}^{N}2a_{mn_1}b_{mn_2}\sin[(n_1-n_2)k\sin(\theta)]\\&+\sum_{m=1}^{N}\sum_{n_1=1}^{N}\sum_{n_2=1}^{N}b_{mn_1}b_{mn_2}\cos[(n_1-n_2)k\sin(\theta)]\\&-2\sum_{m=1}^{N}\sum_{n=1}^{N}\{a_{mn}\cos[(n-m)k\sin(\theta)]-b_{mn}\sin[(n-m)k\sin(\theta)]\}\end{aligned}\tag{3-249}$$

空域矩阵滤波器对阻带方向向量的响应展开，可得

$$\begin{aligned}\|\boldsymbol{Ha}(\theta)\|_{\mathrm{F}}^{2}=&\sum_{m=1}^{N}\sum_{n_1=1}^{N}\sum_{n_2=1}^{N}a_{mn_1}a_{mn_2}\cos[(n_1-n_2)k\sin(\theta)]\\&+\sum_{m=1}^{N}\sum_{n_1=1}^{N}\sum_{n_2=1}^{N}2a_{mn_1}b_{mn_2}\sin[(n_1-n_2)k\sin(\theta)]\\&+\sum_{m=1}^{N}\sum_{n_1=1}^{N}\sum_{n_2=1}^{N}b_{mn_1}b_{mn_2}\cos[(n_1-n_2)k\sin(\theta)]\end{aligned}\tag{3-250}$$

其中，a_{mn} 和 b_{mn} 分别代表空域滤波矩阵 $\boldsymbol{H}$ 的第 m 行第 n 列元素的实部和虚部，$k = 2\pi df / c$。

分别对式(3-249)和式(3-250)求关于连续通带区间和连续阻带区间的积分，可得

$$\begin{aligned}\int_{\Theta_P}\|\boldsymbol{H}\boldsymbol{a}(\theta)-\boldsymbol{a}(\theta)\|_{\mathrm{F}}^2\mathrm{d}\theta &= \sum_{m=1}^{N}\left(\begin{bmatrix}\boldsymbol{a}_m\\ \boldsymbol{b}_m\end{bmatrix}^{\mathrm{T}}\begin{bmatrix}\boldsymbol{R}_P & \boldsymbol{K}_P^{\mathrm{T}}\\ \boldsymbol{K}_P & \boldsymbol{R}_P\end{bmatrix}\begin{bmatrix}\boldsymbol{a}_m\\ \boldsymbol{b}_m\end{bmatrix}-2\begin{bmatrix}\boldsymbol{a}_m\\ \boldsymbol{b}_m\end{bmatrix}^{\mathrm{T}}\begin{bmatrix}\boldsymbol{d}_{am}\\ \boldsymbol{d}_{bm}\end{bmatrix}\right)+N \\ &= \boldsymbol{y}^{\mathrm{T}}\boldsymbol{C}_P\boldsymbol{y}-2\boldsymbol{y}^{\mathrm{T}}\boldsymbol{d}+N\end{aligned} \tag{3-251}$$

$$\begin{aligned}\int_{\Theta_S}\|\boldsymbol{H}\boldsymbol{a}(\theta)\|_{\mathrm{F}}^2\mathrm{d}\theta &= \sum_{m=1}^{N}\left(\begin{bmatrix}\boldsymbol{a}_m\\ \boldsymbol{b}_m\end{bmatrix}^{\mathrm{T}}\begin{bmatrix}\boldsymbol{R}_S & \boldsymbol{K}_S^{T}\\ \boldsymbol{K}_S & \boldsymbol{R}_S\end{bmatrix}\begin{bmatrix}\boldsymbol{a}_m\\ \boldsymbol{b}_m\end{bmatrix}\right) \\ &= \boldsymbol{y}^{\mathrm{T}}\boldsymbol{C}_S\boldsymbol{y}\end{aligned} \tag{3-252}$$

其中，$\boldsymbol{y}=[\boldsymbol{a}_1^{\mathrm{T}},\boldsymbol{b}_1^{\mathrm{T}},\boldsymbol{a}_2^{\mathrm{T}},\boldsymbol{b}_2^{\mathrm{T}},\cdots,\boldsymbol{a}_N^{\mathrm{T}},\boldsymbol{b}_N^{\mathrm{T}}]^{\mathrm{T}}$，$\boldsymbol{a}_i$ 和 $\boldsymbol{b}_i$ 分别是 $\boldsymbol{H}$ 的第 i 行实部和虚部所构成的行向量。$\boldsymbol{d}=[\boldsymbol{d}_{a1}^{\mathrm{T}},\boldsymbol{d}_{b1}^{\mathrm{T}},\boldsymbol{d}_{a2}^{\mathrm{T}},\boldsymbol{d}_{b2}^{\mathrm{T}},\cdots,\boldsymbol{d}_{aN}^{\mathrm{T}},\boldsymbol{d}_{bN}^{\mathrm{T}}]^{\mathrm{T}}$，$\boldsymbol{C}_P=\boldsymbol{I}_{N\times N}\otimes\boldsymbol{D}_P$，$\boldsymbol{C}_S=\boldsymbol{I}_{N\times N}\otimes\boldsymbol{D}_S$。

$$\boldsymbol{D}_P=\begin{bmatrix}\boldsymbol{R}_P & \boldsymbol{K}_P^{\mathrm{T}}\\ \boldsymbol{K}_P & \boldsymbol{R}_P\end{bmatrix},\quad \boldsymbol{D}_S=\begin{bmatrix}\boldsymbol{R}_S & \boldsymbol{K}_S^{\mathrm{T}}\\ \boldsymbol{K}_S & \boldsymbol{R}_S\end{bmatrix} \tag{3-253}$$

其中，$\boldsymbol{R}_P$、$\boldsymbol{K}_P$、$\boldsymbol{R}_S$ 和 $\boldsymbol{K}_S$ 分别是由如下的积分形式元素所构成的矩阵

$$(\boldsymbol{R}_P)_{n_1,n_2}=\int_{\Theta_P}\cos[(n_1-n_2)k\sin(\theta)]\mathrm{d}\theta \tag{3-254}$$

$$(\boldsymbol{K}_P)_{n_1,n_2}=\int_{\Theta_P}\sin[(n_1-n_2)k\sin(\theta)]\mathrm{d}\theta \tag{3-255}$$

$$(\boldsymbol{R}_S)_{n_1,n_2}=\int_{\Theta_S}\cos[(n_1-n_2)k\sin(\theta)]\mathrm{d}\theta \tag{3-256}$$

$$(\boldsymbol{K}_S)_{n_1,n_2}=\int_{\Theta_S}\sin[(n_1-n_2)k\sin(\theta)]\mathrm{d}\theta \tag{3-257}$$

$\boldsymbol{d}_{am}$ 和 $\boldsymbol{d}_{bm}$ 是由下面的积分元素所构成的向量

$$(\boldsymbol{d}_{am})_n=\int_{\Theta_P}\cos[(n-m)k\sin(\theta)]\mathrm{d}\theta \tag{3-258}$$

$$(\boldsymbol{d}_{bm})_n=\int_{\Theta_P}\sin[(n-m)k\sin(\theta)]\mathrm{d}\theta \tag{3-259}$$

可通过级数展开的方式，获得上述积分中被积分项的值。由第一类贝塞尔函数理论可知

$$\cos[z\sin(\theta)]=J_0(z)+2\sum_{n=1}^{\infty}J_{2n}(z)\cos(2n\theta) \tag{3-260}$$

$$\sin[z\sin(\theta)]=2\sum_{n=0}^{\infty}J_{2n+1}(z)\sin[(2n+1)\theta] \tag{3-261}$$

其中，$J_m(z)$表示第一类贝塞尔函数，且

$$J_v(z)=\sum_{m=0}^{\infty}\frac{(-1)^m}{m!}\cdot\frac{1}{\Gamma(v+m+1)}\left(\frac{z}{2}\right)^{2m+v} \tag{3-262}$$

其中，$\Gamma(v+m+1)$是Γ函数，当v和m都是正整数时，有

$$\Gamma(v+m+1)=(v+m)! \tag{3-263}$$

对式(3-260)和式(3-261)求关于某区间Θ的积分，可得

$$\begin{aligned}\int_{\Theta}\cos[z\sin(\theta)]\mathrm{d}\theta&=\int_{\Theta}J_0(z)\mathrm{d}\theta+\int_{\Theta}2\sum_{n=1}^{\infty}J_{2n}(z)\cos(2n\theta)\mathrm{d}\theta\\&=\int_{\Theta}J_0(z)\mathrm{d}\theta+\int_{\Theta}2\sum_{n=1}^{\infty}\frac{1}{2n}J_{2n}(z)\mathrm{d}\sin 2n\theta\end{aligned} \tag{3-264}$$

$$\begin{aligned}\int_{\Theta}\sin[z\sin(\theta)]\mathrm{d}\theta&=\int_{\Theta}2\sum_{n=0}^{\infty}J_{2n+1}(z)\cos[(2n+1)\theta]\mathrm{d}\theta\\&=\int_{\Theta}2\sum_{n=0}^{\infty}\frac{1}{2n+1}J_{2n+1}(z)\mathrm{d}\sin[(2n+1)\theta]\end{aligned} \tag{3-265}$$

对于给定的通阻带划分，则可利用(3-264)和(3-265)式给出式(3-254)～式(3-259)的数值，并将该数值代入式(3-253)中，即可获得$\boldsymbol{D}_P$和$\boldsymbol{D}_S$的值。

在上述表征下，最优化问题 4 变为如下的最优化问题 9。

最优化问题 9

$$\begin{aligned}&\min_{\boldsymbol{y}}\ \boldsymbol{y}^{\mathrm{T}}\boldsymbol{C}_P\boldsymbol{y}-2\boldsymbol{y}^{\mathrm{T}}\boldsymbol{d}+N\\&\text{s.t.}\ \ \boldsymbol{y}^{\mathrm{T}}\boldsymbol{C}_S\boldsymbol{y}\leqslant\varepsilon\end{aligned} \tag{3-266}$$

该最优化问题的最优解为

$$\hat{\boldsymbol{y}}=(\boldsymbol{C}_P+\hat{\lambda}\boldsymbol{C}_S)^{-1}2\boldsymbol{d} \tag{3-267}$$

其中，$\hat{\lambda}$为满足下面非线性方程组的解

$$2\boldsymbol{d}^{\mathrm{T}}(\boldsymbol{C}_P+\hat{\lambda}\boldsymbol{C}_S)^{-1}\boldsymbol{C}_S(\boldsymbol{C}_P+\hat{\lambda}\boldsymbol{C}_S)^{-1}2\boldsymbol{d}=\varepsilon \tag{3-268}$$

利用式(3-267)给出的最优解，即可重排成空域矩阵滤波器$\hat{\boldsymbol{H}}$。由于在连续型空域矩阵滤波器的求解过程中，使用了式(3-264)和式(3-265)，从这两个式子的形式上可以看出，其中包含了无限级数，所以，仅能获得近似的积分值，导致最终的最优化问题 5 的最优解式(3-267)也是与所选择的级数项数目有关的值，换句话说，无法对连续型空域矩阵滤波器设计问题找出一个完美的闭式解。而在第 5 章中，对于矩阵滤波器的连续型设计方法，可以给出通阻带总体响应和响应误差约束的闭式解。

3.4 本章小结

本章针对平面波目标方位估计和匹配场处理，分别给出了阵列接收的数学模型。针对目标方位估计技术，分析了三种特殊阵型，即等间隔线列阵、等间隔圆阵和平面阵列的方向向量，以及一般阵列的方向向量。针对匹配场定位技术，基于波动方程和简正波理论，给出源信号到达接收阵列的拷贝向量，并建立接收阵列的数学模型。

系统地分析了离散型、响应加权离散型和连续型的空域矩阵滤波器设计方法。对于离散型空域矩阵滤波器，给出六类最优空域矩阵滤波器的设计方案。①给出了两种恒定阻带响应约束空域矩阵滤波器设计方法，设计了两个最优化问题，并将之转化为二阶锥规划问题，便于使用计算机软件求解；②给出了最小二乘空域矩阵滤波器设计方法，利用两种方式推导得出滤波器的最优解，分析了滤波器的通带总体响应误差和阻带总体响应；③给出了阻带总体响应或通带总体响应误差约束空域矩阵滤波器设计方法，推导得出滤波器的最优解，以及求最优 Lagrange 乘子的非线性方程，分析了空域矩阵滤波器的通带响应误差以及阻带响应；④给出了两种双边阻带总体响应约束空域矩阵滤波器设计方法，推导得出空域矩阵滤波器的最优解，以及确定最优 Lagrange 乘子的非线性方程或方程组；⑤给出了阻带零点约束空域矩阵滤波器的设计方法，用两种方式推导给出最优化问题的最优解，并通过广义奇异值分解分析了滤波器的通带总体响应误差；⑥给出了通带零响应误差约束空域矩阵滤波器设计方法，利用两种方式推导得出滤波器的最优解，通过广义奇异值分解分析了滤波器的阻带总体响应。针对等间隔线列阵，仿真给出六种空域矩阵滤波器的响应和响应误差效果。

对于响应加权型空域矩阵滤波器设计方法，给出了四种最优空域矩阵滤波器设计方法。①给出了加权最小二乘空域矩阵滤波器设计方法，推导得出滤波器的最优解，利用迭代方式，获得具有通带响应误差和左右阻带响应小于某恒定值的滤波效果，并通过调节左右阻带和通带响应误差的响应系数比例，实现不同的响应约束值；②给出了阻带响应加权通带总体响应误差约束空域矩阵滤波器设计方法，推导得出滤波器的最优解，以及确定最优 Lagrange 乘子的非线性方程，利用迭代方式，获得阻带响应恒定，同时使通带总体响应误差最小的空域矩阵滤波器；③给出了通带响应误差加权阻带总体响应约束空域矩阵滤波器设计方法，推导得出滤波器的最优解，以及确定最优 Lagrange 乘子的非线性方程，利用迭代方式，获得通带响应误差恒定，同时使左右阻带总体响应最小的空域矩阵滤波效果；④给出了通带响应误差加权阻带零点约束空域矩阵滤波器设计方法，推导得出滤波器的最优解，通过迭代的方式，获得在阻带的离散点位置零响应，同时通带响应误差小于某恒定常数值的空域矩阵滤波效果。针对等间隔线列阵，仿真给出四种空域矩阵滤波器的响应和响应误差效果。

对于连续型空域矩阵滤波器设计，给出了八种滤波器设计方案。针对第四种设计方法，即使用通带总体响应误差和阻带总体响应所设计的空域矩阵滤波器，利用矩阵向量化的方式，推导给出了最优空域矩阵滤波器的向量形式解。在求最优解过程中，使用了第一类贝塞尔函数理论获得相应的矩阵参量，由于最终的解中包含了无限级数求和形式，仅能通过截取级数部分值逼近实际值，所以，即便通过连续的通阻带响应积分，能够获得空域矩阵滤波器的设计方案，但最优解依旧是近似结果。

第 4 章　自适应空域矩阵滤波器设计

空域矩阵滤波技术是通过设计探测空域的通带和阻带，并采用适当的滤波器设计方法，实现空域矩阵滤波器对通带和阻带期望的响应效果。将滤波器矩阵与传感器接收的阵列数据相乘以实现空域滤波，经空域滤波处理能够有效抑制阻带干扰，并保留通带有用信号。

常规空域矩阵滤波器设计技术主要通过固定的通带和阻带划分，产生对通带和阻带特定的滤波响应效果。当空域中干扰的强度变化时，常规空域矩阵滤波器不能够根据干扰的能量级自适应调节对干扰空域的抑制能力。为了可以有效抑制干扰信号，本章通过建立最优化问题，讨论了三类共计 11 种自适应空域矩阵滤波器，并给出了其具体数值解。

4.1　空域矩阵滤波阵列数据处理模型

空域矩阵滤波器是对阵列数据进行滤波的，且输出后的数据仍属于阵元域范畴。在阵列数据实际应用于目标方位估计或匹配场定位之前，使用空域矩阵滤波器对阵元域数据进行相应的预处理，可以改善数据质量，提高系统处理性能。假设频率为 ω 的空域滤波器为 $\boldsymbol{H}(\omega)$，利用 2.1.2 节的远场平面波信号模型，对数据进行预处理。

此时，$\boldsymbol{A}(t,\omega)$ 是方向向量的阵列流行矩阵，$\boldsymbol{s}(t,\omega)$ 是信源，将 $\boldsymbol{A}(t,\omega)$ 与 $\boldsymbol{s}(t,\omega)$ 的乘积 $\boldsymbol{x}(t,\omega)$ 作为阵列接收数据，则滤波后的输出 $\boldsymbol{y}(t,\omega)$ 即为 $\boldsymbol{x}(t,\omega)$ 与加性环境噪声 $\boldsymbol{n}(t,\omega)$ 的和

$$\boldsymbol{y}(t,\omega)=\boldsymbol{H}(\omega)\boldsymbol{x}(t,\omega)=\boldsymbol{H}(\omega)\boldsymbol{A}(t,\omega)\boldsymbol{s}(t,\omega)+\boldsymbol{H}(\omega)\boldsymbol{n}(t,\omega) \tag{4-1}$$

其中，阵列流行矩阵 $\boldsymbol{A}(\omega)=\{\boldsymbol{a}(\varphi,\theta,\omega)\mid\varphi\in\varPhi,\theta\in\varTheta\}$ 。$\|\boldsymbol{H}(\omega)\boldsymbol{a}(\varphi_i,\theta_i,\omega)\|_{\mathrm{F}}^2$ 的值越接近于 0，则滤波器对 (φ_i,θ_i) 方向的平面波信号抑制作用越好。与之相反，当 $\|\boldsymbol{H}(\omega)\boldsymbol{a}(\varphi_i,\theta_i,\omega)-\boldsymbol{a}(\varphi_i,\theta_i,\omega)\|_{\mathrm{F}}^2$ 的值等于 0，说明滤波后 (φ_i,θ_i) 方向的平面波信号无失真。

当均匀分布线列阵、平面阵的入射信号位于 xy 所在平面时，方向向量 $\boldsymbol{a}(\varphi,\theta,\omega)$ 能够简化为 $\boldsymbol{a}(\theta,\omega)$，简记为 $\boldsymbol{a}(\theta)$，对滤波器 $\boldsymbol{H}(\omega)$ 简记为 $\boldsymbol{H}$ 。

在设计 $N\times N$ 维自适应空域滤波器前，假设各信号源、噪声两两互不相关，并对通带和阻带的方向向量进行规定，假设由这两种向量构成的阵列流形矩阵分别为 $\boldsymbol{V}_P\in\mathbb{C}^{N\times P}$ 和 $\boldsymbol{V}_S\in\mathbb{C}^{N\times S}$ 。

$$\boldsymbol{V}_P=[\boldsymbol{a}(\theta_1),\cdots,\boldsymbol{a}(\theta_p),\cdots,\boldsymbol{a}(\theta_p)],\quad 1\leqslant p\leqslant P,\quad \theta_p\in\varTheta_P \tag{4-2}$$

$$V_S = [\boldsymbol{a}(\theta_1),\cdots,\boldsymbol{a}(\theta_s),\cdots,\boldsymbol{a}(\theta_S)],\quad 1\leqslant s\leqslant S,\quad \theta_s\in\Theta_S \tag{4-3}$$

其中，$\boldsymbol{a}(\theta_p)$ 和 $\boldsymbol{a}(\theta_s)$ 分别是通带及阻带离散化后的第 p 和第 s 个方向向量，Θ_P 和 Θ_S 分别表示方向向量所在的通带区间和阻带区间，P、S 分别对应于 Θ_P 和 Θ_S 内方向向量离散化后的数目。将接收阵列数据写成矩阵的形式，具体为 $\boldsymbol{x}(t)=\boldsymbol{V}_P\boldsymbol{s}_1(t)+\boldsymbol{V}_S\boldsymbol{s}_0(t)+\boldsymbol{n}(t)$。

4.2　通带响应误差约束型自适应空域矩阵滤波器

4.2.1　通带总体响应误差约束自适应空域矩阵滤波器

(1) 最优化问题及求解。

对通带总体响应误差约束，求总体输出响应最小的自适应空域矩阵滤波器。

$$\min_{\boldsymbol{H}}\|\boldsymbol{y}(t)\|_{\mathrm{F}}^2$$
$$\text{s.t.}\ \|\boldsymbol{H}\boldsymbol{V}_P-\boldsymbol{V}_P\|_{\mathrm{F}}^2\leqslant\xi$$

其中，$\xi>0$ 是通带响应误差约束值。

通过构造 Lagrange 函数的方法求解最优化问题。最优化问题对应的 Lagrange 函数为

$$\begin{aligned}L(\boldsymbol{H},\lambda)&=\|\boldsymbol{y}(t)\|_{\mathrm{F}}^2+\lambda(\|\boldsymbol{H}\boldsymbol{V}_P-\boldsymbol{V}_P\|_{\mathrm{F}}^2-\xi)\\&=\mathrm{tr}(\boldsymbol{H}\boldsymbol{C}_x\boldsymbol{H}^{\mathrm{H}})+\lambda[\mathrm{tr}(\boldsymbol{H}\boldsymbol{V}_P\boldsymbol{V}_P^{\mathrm{H}}\boldsymbol{H}^{\mathrm{H}}-\boldsymbol{H}\boldsymbol{V}_P\boldsymbol{V}_P^{\mathrm{H}}-\boldsymbol{V}_P\boldsymbol{V}_P^{\mathrm{H}}\boldsymbol{H}^{\mathrm{H}}+\boldsymbol{V}_P\boldsymbol{V}_P^{\mathrm{H}})-\xi]\end{aligned}$$

其中，$\boldsymbol{C}_x=\boldsymbol{x}(t,\omega)\boldsymbol{x}^{\mathrm{H}}(t,\omega)$，为接收信号协方差矩阵，$\lambda>0$ 是 Lagrange 乘子。

对 $L(\boldsymbol{H},\lambda)$ 求关于 $\boldsymbol{H}^*$ 和 λ 的偏导数，可得

$$\begin{cases}\dfrac{\partial L(\boldsymbol{H},\lambda)}{\partial\boldsymbol{H}^*}=\boldsymbol{H}\boldsymbol{C}_x+\lambda(\boldsymbol{H}\boldsymbol{C}_P-\boldsymbol{C}_P)\\[2ex]\dfrac{\partial L(\boldsymbol{H},\lambda)}{\partial\lambda}=\mathrm{tr}(\boldsymbol{H}\boldsymbol{C}_P\boldsymbol{H}^{\mathrm{H}}-\boldsymbol{H}\boldsymbol{C}_P-\boldsymbol{C}_P\boldsymbol{H}^{\mathrm{H}}+\boldsymbol{C}_P)-\xi\end{cases}$$

其中，$\boldsymbol{C}_P=\boldsymbol{V}_P\boldsymbol{V}_P^{\mathrm{H}}$，$L(\boldsymbol{H},\lambda)$ 的稳定点 $(\hat{\boldsymbol{H}},\hat{\lambda})$ 应满足

$$\begin{cases}\hat{\boldsymbol{H}}\boldsymbol{C}_x+\hat{\lambda}(\hat{\boldsymbol{H}}\boldsymbol{C}_P-\boldsymbol{C}_P)=\boldsymbol{0}\\\mathrm{tr}(\hat{\boldsymbol{H}}\boldsymbol{C}_P\hat{\boldsymbol{H}}^{\mathrm{H}}-\hat{\boldsymbol{H}}\boldsymbol{C}_P-\boldsymbol{C}_P\hat{\boldsymbol{H}}^{\mathrm{H}}+\boldsymbol{C}_P)-\xi=0\end{cases}\tag{4-4}$$

由式 (4-4) 可得

$$\hat{\boldsymbol{H}}=\hat{\lambda}\boldsymbol{C}_P(\hat{\lambda}\boldsymbol{C}_P+\boldsymbol{C}_x)^{-1}$$
$$\mathrm{tr}[\hat{\lambda}\boldsymbol{C}_P(\hat{\lambda}\boldsymbol{C}_P+\boldsymbol{C}_x)^{-1}\boldsymbol{C}_x(\hat{\lambda}\boldsymbol{C}_P+\boldsymbol{C}_x)^{-1}\boldsymbol{C}_P+\hat{\lambda}\boldsymbol{C}_P(\hat{\lambda}\boldsymbol{C}_P+\boldsymbol{C}_x)^{-1}\boldsymbol{C}_P]=1-\xi$$

其中，$\hat{\boldsymbol{H}}$ 是前述自适应空域矩阵滤波器设计最优化问题的全局最优解。

(2)滤波器性能分析。

考虑一个阵元均匀分布的水听器线列阵，有阵元数 $N=32$ 个，阵元间距为 4m(半波长)。假设线列阵各阵元接收的噪声是与信号互不相关的高斯白噪声，且通带范围设置为[−10°,15°]，通带响应误差约束值为 10^{-6}。

定义线列阵法线方向为0°，假设目标信号的信噪比为−5dB，入射方位为10°，共有三个与目标信号不相关的近场强干扰，它们的干噪比均为20dB，分别从−65°、−30°、50°入射到阵列。该自适应空域矩阵滤波器的滤波效果如图 4-1 所示。

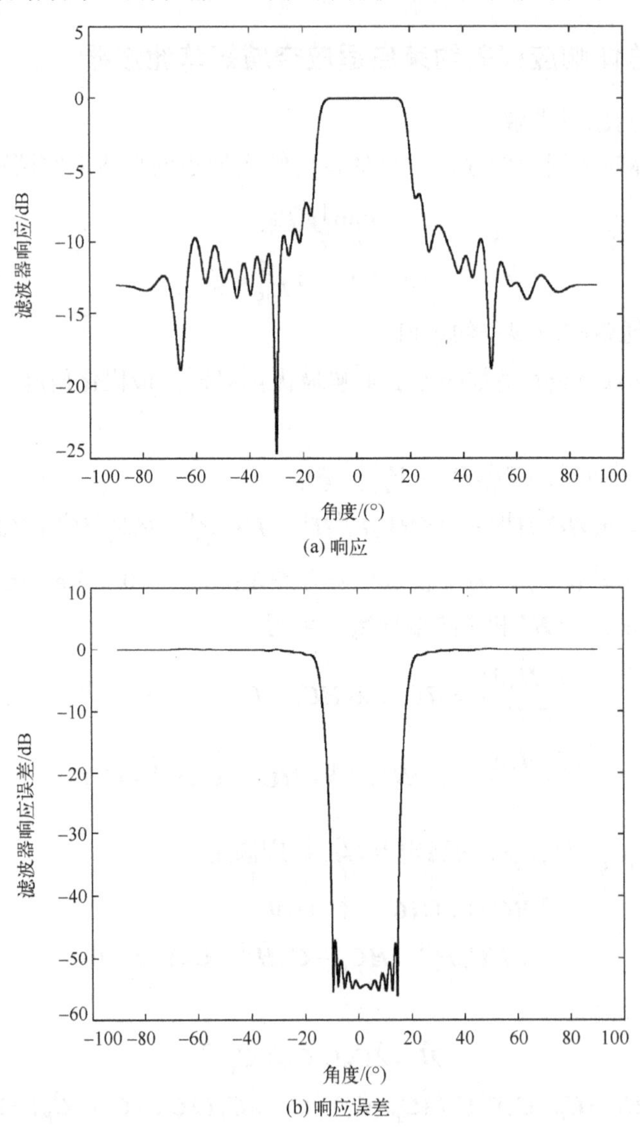

图 4-1　通带响应误差约束自适应空域矩阵滤波器效果

4.2.2　通带零响应误差约束自适应空域矩阵滤波器

(1)最优化问题及求解。

对通带总体响应误差为零，求总体输出响应最小的自适应空域矩阵滤波器。

$$\min_{\boldsymbol{H}} \|\boldsymbol{y}(t)\|_{\mathrm{F}}^2$$
$$\text{s.t. } \boldsymbol{H}\boldsymbol{V}_P - \boldsymbol{V}_P = \boldsymbol{0}_{N\times P}$$

通过构造 Lagrange 函数的方法求解最优化问题。最优化问题对应的 Lagrange 函数为

$$\begin{aligned} L(\boldsymbol{H},\lambda) &= \|\boldsymbol{y}(t)\|_{\mathrm{F}}^2 + \lambda(\boldsymbol{H}\boldsymbol{V}_P - \boldsymbol{V}_P) \\ &= \mathrm{tr}(\boldsymbol{H}\boldsymbol{C}_x\boldsymbol{H}^{\mathrm{H}}) + \lambda(\boldsymbol{H}\boldsymbol{V}_P - \boldsymbol{V}_P) \end{aligned}$$

其中，$\boldsymbol{C}_x = \boldsymbol{x}(t,\omega)\boldsymbol{x}^{\mathrm{H}}(t,\omega)$，为接收信号协方差矩阵，$\lambda > 0$ 是 Lagrange 乘子。

对 $L(\boldsymbol{H},\lambda)$ 求关于 $\boldsymbol{H}$ 和 λ 的偏导数，可得

$$\begin{cases} \dfrac{\partial L(\boldsymbol{H},\lambda)}{\partial \boldsymbol{H}} = (\boldsymbol{C}_x\boldsymbol{H}^{\mathrm{H}})^{\mathrm{T}} + \lambda\boldsymbol{V}_P^{\mathrm{T}} \\ \dfrac{\partial L(\boldsymbol{H},\lambda)}{\partial \lambda} = \boldsymbol{H}\boldsymbol{V}_P - \boldsymbol{V}_P \end{cases}$$

$L(\boldsymbol{H},\lambda)$ 的稳定点 $(\hat{\boldsymbol{H}},\hat{\lambda})$ 应满足

$$\begin{cases} (\boldsymbol{C}_x\hat{\boldsymbol{H}}^{\mathrm{H}})^{\mathrm{T}} + \hat{\lambda}\boldsymbol{V}_P^{\mathrm{T}} = \boldsymbol{0} \\ \hat{\boldsymbol{H}}\boldsymbol{V}_P - \boldsymbol{V}_P = \boldsymbol{0} \end{cases} \tag{4-5}$$

由式(4-5)可得

$$\hat{\lambda}^{\mathrm{T}} = -(\boldsymbol{V}_P^{\mathrm{H}}\boldsymbol{C}_x^{-1}\boldsymbol{V}_P)^{-1}\boldsymbol{V}_P^{\mathrm{H}}$$

$$\hat{\boldsymbol{H}} = \boldsymbol{V}_P[\boldsymbol{V}_P^{\mathrm{H}}\boldsymbol{C}_x^{-\mathrm{H}}\boldsymbol{V}_P]^{-1}\boldsymbol{V}_P^{\mathrm{H}}\boldsymbol{C}_x^{-\mathrm{H}}$$

其中，$\hat{\boldsymbol{H}}$ 是前述自适应空域矩阵滤波器设计最优化问题的全局最优解。

(2)滤波器性能分析。

考虑一个阵元均匀分布的水听器线列阵，有阵元数 $N=32$ 个，阵元间距为 4m(半波长)。假设线列阵各阵元接收的噪声是与信号互不相关的高斯白噪声，且通带范围设置为[−10°,15°]。

定义线列阵法线方向为0°，假设目标信号的信噪比为−5dB，入射方位为10°，共有三个与目标信号不相关的近场强干扰，它们的干噪比均为20dB，分别从−65°、−30°、50°入射到阵列。该自适应空域矩阵滤波器的滤波效果如图 4-2 所示。

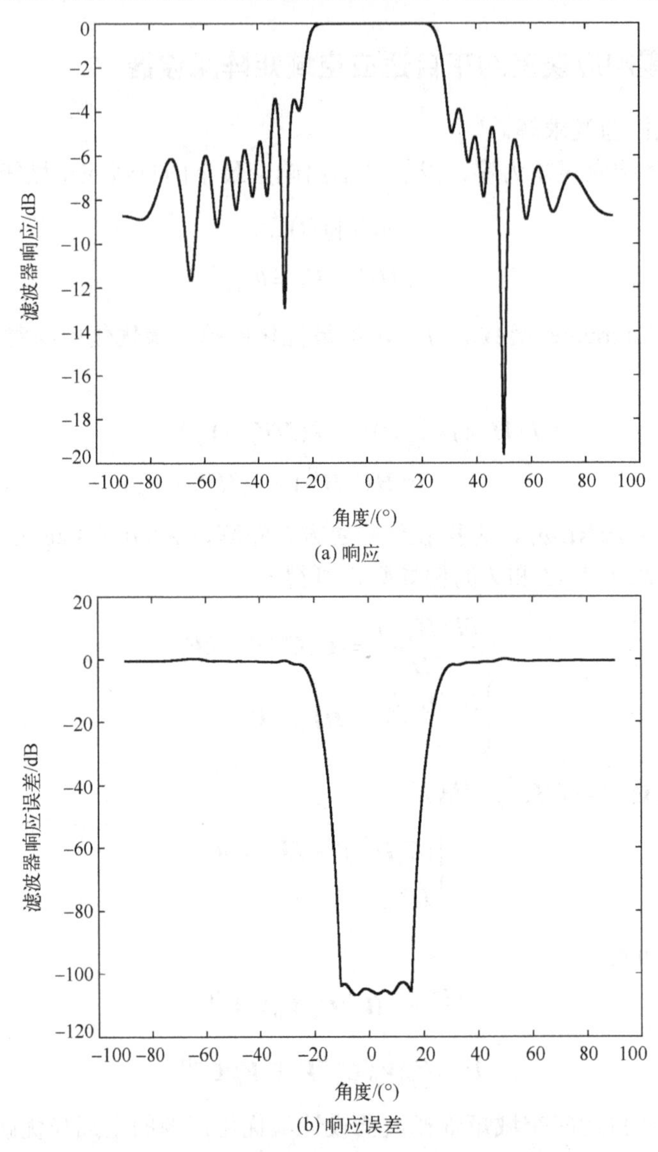

(a) 响应

(b) 响应误差

图 4-2　通带零响应误差约束自适应空域矩阵滤波器效果

4.2.3　通带响应误差加权约束自适应空域矩阵滤波器

令 $w(\theta_p)$ 为通带方向向量响应误差加权系数，$\boldsymbol{W}_{1/2}$ 为通带方向向量加权值的平方根构成的对角矩阵，即

$$\boldsymbol{W}_{1/2} = \mathrm{diag}[\sqrt{w(\theta_1)}, \sqrt{w(\theta_2)}, \cdots, \sqrt{w(\theta_P)}]_{P\times P}$$

(1)最优化问题及求解。

对通带总体响应误差加权约束,求总体输出响应最小的自适应空域矩阵滤波器。

$$\min_{\boldsymbol{H}} \|\boldsymbol{y}(t)\|_{\mathrm{F}}^2$$

$$\text{s.t.} \left\|(\boldsymbol{H}\boldsymbol{V}_P - \boldsymbol{V}_P)\cdot \boldsymbol{W}_{1/2}\right\|_{\mathrm{F}}^2 \leqslant \varepsilon$$

其中，$\varepsilon > 0$ 是通带响应误差加权约束值。

通过构造 Lagrange 函数的方法求解最优化问题。最优化问题对应的 Lagrange 函数为

$$\begin{aligned} L(\boldsymbol{H},\lambda) &= \|\boldsymbol{y}(t)\|_{\mathrm{F}}^2 + \lambda\left(\left\|(\boldsymbol{H}\boldsymbol{V}_P - \boldsymbol{V}_P)\cdot \boldsymbol{W}_{1/2}\right\|_{\mathrm{F}}^2 - \varepsilon\right) \\ &= \mathrm{tr}(\boldsymbol{H}\boldsymbol{C}_x\boldsymbol{H}^{\mathrm{H}}) + \lambda[\mathrm{tr}(\boldsymbol{H}\boldsymbol{V}_P\boldsymbol{W}\boldsymbol{V}_P^{\mathrm{H}}\boldsymbol{H}^{\mathrm{H}} - \boldsymbol{H}\boldsymbol{V}_P\boldsymbol{W}\boldsymbol{V}_P^{\mathrm{H}} - \boldsymbol{V}_P\boldsymbol{W}\boldsymbol{V}_P^{\mathrm{H}}\boldsymbol{H}^{\mathrm{H}} + \boldsymbol{V}_P\boldsymbol{W}\boldsymbol{V}_P^{\mathrm{H}}) - \varepsilon] \end{aligned}$$

其中，$\boldsymbol{C}_x = \boldsymbol{x}(t,\omega)\boldsymbol{x}^{\mathrm{H}}(t,\omega)$，为接收信号协方差矩阵，$\lambda > 0$ 是 Lagrange 乘子。

对 $L(\boldsymbol{H},\lambda)$ 求关于 $\boldsymbol{H}^*$ 和 λ 的偏导数，可得

$$\begin{cases} \dfrac{\partial L(\boldsymbol{H},\lambda)}{\partial \boldsymbol{H}^*} = \boldsymbol{H}\boldsymbol{C}_x + \lambda(\boldsymbol{H}\boldsymbol{C}_P - \boldsymbol{C}_P) \\ \dfrac{\partial L(\boldsymbol{H},\lambda)}{\partial \lambda} = \mathrm{tr}(\boldsymbol{H}\boldsymbol{C}_P\boldsymbol{H}^{\mathrm{H}} - \boldsymbol{H}\boldsymbol{C}_P - \boldsymbol{C}_P\boldsymbol{H}^{\mathrm{H}} + \boldsymbol{C}_P) - \varepsilon \end{cases}$$

其中，$\boldsymbol{C}_P = \boldsymbol{V}_P\boldsymbol{W}\boldsymbol{V}_P^{\mathrm{H}}$，$L(\boldsymbol{H},\lambda)$ 的稳定点 $(\hat{\boldsymbol{H}},\hat{\lambda})$ 应满足

$$\begin{cases} \hat{\boldsymbol{H}}\boldsymbol{C}_x + \hat{\lambda}(\hat{\boldsymbol{H}}\boldsymbol{C}_P - \boldsymbol{C}_P) = \boldsymbol{0} \\ \mathrm{tr}(\hat{\boldsymbol{H}}\boldsymbol{C}_P\hat{\boldsymbol{H}}^{\mathrm{H}} - \hat{\boldsymbol{H}}\boldsymbol{C}_P - \boldsymbol{C}_P\hat{\boldsymbol{H}}^{\mathrm{H}} + \boldsymbol{C}_P) - \varepsilon = 0 \end{cases} \tag{4-6}$$

由式(4-6)可得

$$\hat{\boldsymbol{H}} = \hat{\lambda}\boldsymbol{C}_P(\hat{\lambda}\boldsymbol{C}_P + \boldsymbol{C}_x)^{-1}$$

$$\mathrm{tr}[\hat{\lambda}\boldsymbol{C}_P(\hat{\lambda}\boldsymbol{C}_P+\boldsymbol{C}_x)^{-1}\boldsymbol{C}_x(\hat{\lambda}\boldsymbol{C}_P+\boldsymbol{C}_x)^{-1}\boldsymbol{C}_P+\hat{\lambda}\boldsymbol{C}_P(\hat{\lambda}\boldsymbol{C}_P + \boldsymbol{C}_x)^{-1}\boldsymbol{C}_P] = 1 - \varepsilon$$

其中，$\hat{\boldsymbol{H}}$ 是前述自适应空域矩阵滤波器设计最优化问题的全局最优解。

(2)滤波器性能分析。

考虑一个阵元均匀分布的水听器线列阵,有阵元数 $N = 32$ 个,阵元间距为 4m(半波长)。假设线列阵各阵元接收的噪声是与信号互不相关的高斯白噪声，且通带范围设置为[−10°,15°]，通带响应误差加权约束值为 10^{-6}。

定义线列阵法线方向为 0°，假设目标信号的信噪比为 −5dB，入射方位为 10°，共有三个与目标信号不相关的近场强干扰，它们的干噪比均为 20dB，分别从 −65°、−30°、50°入射到阵列。该自适应空域矩阵滤波器的滤波效果如图 4-3 所示。

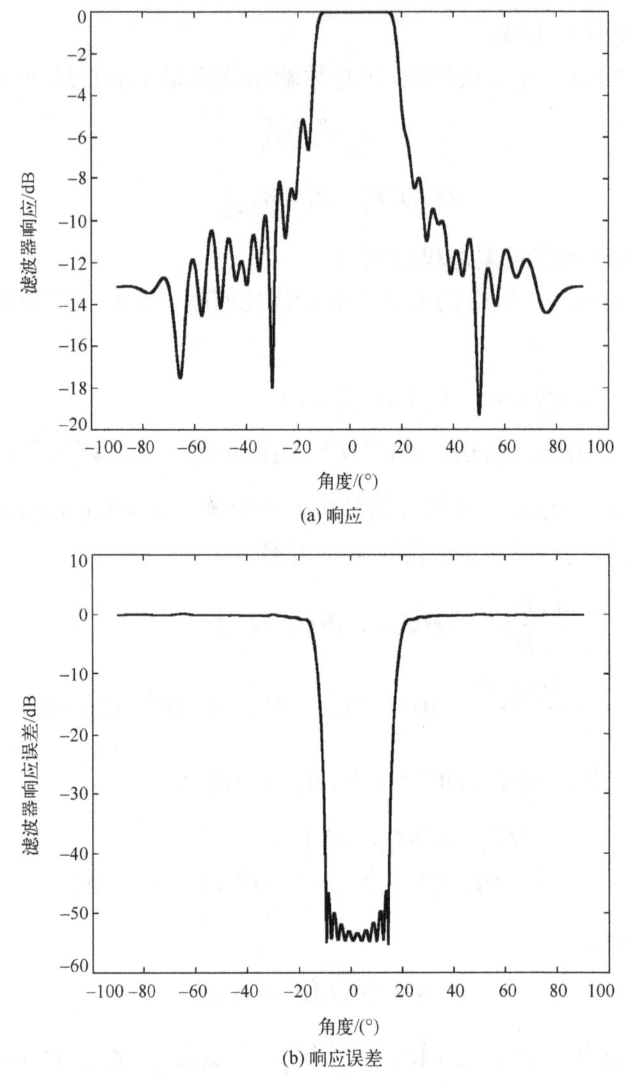

(a) 响应

(b) 响应误差

图 4-3　通带响应误差加权约束自适应空域矩阵滤波器效果

4.3　阻带约束型自适应空域矩阵滤波器

4.3.1　阻带总体响应约束自适应空域矩阵滤波器

(1) 最优化问题及求解。

对阻带总体响应约束，求总体输出响应与通带总体响应误差之和为最小的自适应空域矩阵滤波器。

$$\min_{\boldsymbol{H}}\left\|\boldsymbol{y}(t)\right\|_{\mathrm{F}}^{2}+k\left\|\boldsymbol{H}\boldsymbol{V}_{P}-\boldsymbol{V}_{P}\right\|_{\mathrm{F}}^{2}$$
$$\text{s.t.}\left\|\boldsymbol{H}\boldsymbol{V}_{S}\right\|_{\mathrm{F}}^{2}\leqslant\varepsilon$$

其中，k 为可调节系数，$\varepsilon>0$ 是阻带响应约束值。

通过构造 Lagrange 函数的方法求解最优化问题。最优化问题对应的 Lagrange 函数为

$$\begin{aligned}L(\boldsymbol{H},\lambda)&=\left\|\boldsymbol{y}(t)\right\|_{\mathrm{F}}^{2}+k\left\|\boldsymbol{H}\boldsymbol{V}_{P}-\boldsymbol{V}_{P}\right\|_{\mathrm{F}}^{2}+\lambda(\left\|\boldsymbol{H}\boldsymbol{V}_{S}\right\|_{\mathrm{F}}^{2}-\varepsilon)\\&=\mathrm{tr}(\boldsymbol{H}\boldsymbol{C}_{x}\boldsymbol{H}^{\mathrm{H}})+k\mathrm{tr}(\boldsymbol{H}\boldsymbol{V}_{P}\boldsymbol{V}_{P}^{\mathrm{H}}\boldsymbol{H}^{\mathrm{H}}-\boldsymbol{H}\boldsymbol{V}_{P}\boldsymbol{V}_{P}^{\mathrm{H}}-\boldsymbol{V}_{P}\boldsymbol{V}_{P}^{\mathrm{H}}\boldsymbol{H}^{\mathrm{H}}+\boldsymbol{V}_{P}\boldsymbol{V}_{P}^{\mathrm{H}})\\&\quad+\lambda[\mathrm{tr}(\boldsymbol{H}\boldsymbol{V}_{S}\boldsymbol{V}_{S}^{\mathrm{H}}\boldsymbol{H}^{\mathrm{H}})-\varepsilon]\end{aligned}$$

其中，$\boldsymbol{C}_{x}=\boldsymbol{x}(t,\omega)\boldsymbol{x}^{\mathrm{H}}(t,\omega)$，为接收信号协方差矩阵，$\lambda>0$ 是 Lagrange 乘子。

对 $L(\boldsymbol{H},\lambda)$ 求关于 $\boldsymbol{H}^{*}$ 和 λ 的偏导数，可得

$$\begin{cases}\dfrac{\partial L(\boldsymbol{H},\lambda)}{\partial\boldsymbol{H}^{*}}=\boldsymbol{H}\boldsymbol{C}_{x}+k(\boldsymbol{H}\boldsymbol{C}_{P}-\boldsymbol{C}_{P})+\lambda\boldsymbol{H}\boldsymbol{C}_{S}\\\dfrac{\partial L(\boldsymbol{H},\lambda)}{\partial\lambda}=\mathrm{tr}(\boldsymbol{H}\boldsymbol{C}_{S}\boldsymbol{H}^{H})-\varepsilon\end{cases}$$

其中，$\boldsymbol{C}_{P}=\boldsymbol{V}_{P}\boldsymbol{V}_{P}^{\mathrm{H}}$，$\boldsymbol{C}_{S}=\boldsymbol{V}_{S}\boldsymbol{V}_{S}^{\mathrm{H}}$，$L(\boldsymbol{H},\lambda)$ 的稳定点 $(\hat{\boldsymbol{H}},\hat{\lambda})$ 应满足

$$\begin{cases}\hat{\boldsymbol{H}}\boldsymbol{C}_{x}+k(\hat{\boldsymbol{H}}\boldsymbol{C}_{P}-\boldsymbol{C}_{P})+\hat{\lambda}\hat{\boldsymbol{H}}\boldsymbol{C}_{S}=\boldsymbol{0}\\\mathrm{tr}(\hat{\boldsymbol{H}}\boldsymbol{C}_{S}\hat{\boldsymbol{H}}^{\mathrm{H}})-\varepsilon=0\end{cases}\tag{4-7}$$

由式(4-7)可得

$$\hat{\boldsymbol{H}}=k\boldsymbol{C}_{P}(\boldsymbol{C}_{x}+k\boldsymbol{C}_{P}+\hat{\lambda}\boldsymbol{C}_{S})^{-1}$$

$$\mathrm{tr}[k\boldsymbol{C}_{P}(\boldsymbol{C}_{x}+k\boldsymbol{C}_{P}+\hat{\lambda}\boldsymbol{C}_{S})^{-1}\boldsymbol{C}_{S}(\boldsymbol{C}_{x}+k\boldsymbol{C}_{P}+\hat{\lambda}\boldsymbol{C}_{S})^{-\mathrm{H}}k\boldsymbol{C}_{P}]=\varepsilon$$

其中，$\hat{\boldsymbol{H}}$ 是前述自适应空域矩阵滤波器设计最优化问题的全局最优解。

(2) 滤波器性能分析。

考虑一个阵元均匀分布的水听器线列阵，有阵元数 $N=32$ 个，阵元间距为 4m（半波长）。假设线列阵各阵元接收的噪声是与信号互不相关的高斯白噪声，且通带范围设置为$[-15°,15°]$，阻带范围设置为$[-90°,-18°]\cup[18°,90°]$，调节系数为 10^{-3}，阻带响应约束值为 10^{-5}。

定义线列阵法线方向为 0°，假设目标信号的信噪比为 −5dB，入射方位为 10°，共有三个与目标信号不相关的近场强干扰，它们的干噪比均为 10dB，分别从 −65°、−30°、50°入射到阵列。该自适应空域矩阵滤波器的滤波效果如图 4-4 所示。

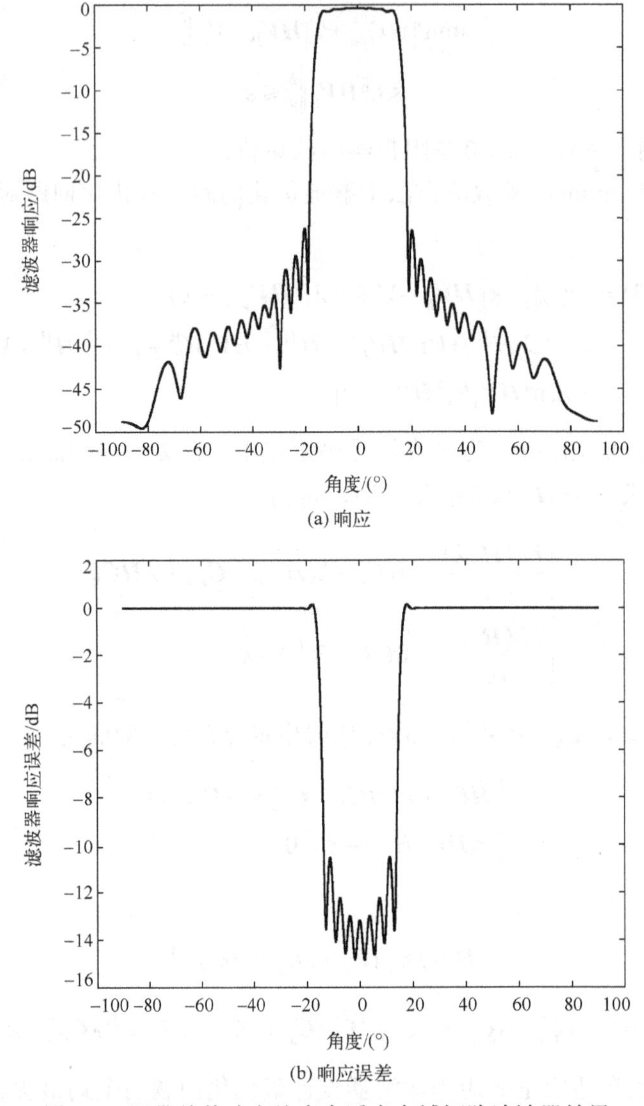

(a) 响应

(b) 响应误差

图 4-4 阻带总体响应约束自适应空域矩阵滤波器效果

4.3.2 阻带零响应约束自适应空域矩阵滤波器

(1) 最优化问题及求解。

对阻带零响应约束，求总体输出响应与通带总体响应误差之和为最小的自适应空域矩阵滤波器。

$$\min_{\boldsymbol{H}}\left\|\boldsymbol{y}(t)\right\|_{\mathrm{F}}^{2}+k\left\|\boldsymbol{H}\boldsymbol{V}_{P}-\boldsymbol{V}_{P}\right\|_{\mathrm{F}}^{2}$$
$$\text{s.t.}\boldsymbol{H}\boldsymbol{V}_{S}=\boldsymbol{0}_{N\times S}$$

其中，k 为可调节系数。

通过构造 Lagrange 函数的方法求解最优化问题。最优化问题对应的 Lagrange 函数为

$$
\begin{aligned}
L(\boldsymbol{H},\lambda) &= \|\boldsymbol{y}(t)\|_{\mathrm{F}}^{2} + k\|\boldsymbol{H}\boldsymbol{V}_P - \boldsymbol{V}_P\|_{\mathrm{F}}^{2} + \lambda \boldsymbol{H}\boldsymbol{V}_S \\
&= \mathrm{tr}(\boldsymbol{H}\boldsymbol{C}_x\boldsymbol{H}^{\mathrm{H}}) + k\mathrm{tr}[(\boldsymbol{H}\boldsymbol{V}_P - \boldsymbol{V}_P)(\boldsymbol{H}\boldsymbol{V}_P - \boldsymbol{V}_P)^{\mathrm{H}}] + \lambda \boldsymbol{H}\boldsymbol{V}_S
\end{aligned}
$$

其中，$\boldsymbol{C}_x = \boldsymbol{x}(t,\omega)\boldsymbol{x}^{\mathrm{H}}(t,\omega)$，为接收信号协方差矩阵，$\lambda > 0$ 是 Lagrange 乘子。

对 $L(\boldsymbol{H},\lambda)$ 求关于 $\boldsymbol{H}$ 和 λ 的偏导数，可得

$$
\begin{cases}
\dfrac{\partial L(\boldsymbol{H},\lambda)}{\partial \boldsymbol{H}} = (\boldsymbol{C}_x\boldsymbol{H}^{\mathrm{H}})^{\mathrm{T}} + k[\boldsymbol{V}_P(\boldsymbol{H}\boldsymbol{V}_P - \boldsymbol{V}_P)^{\mathrm{H}}]^{\mathrm{T}} + \lambda \boldsymbol{V}_S^{\mathrm{T}} \\
\dfrac{\partial L(\boldsymbol{H},\lambda)}{\partial \lambda} = \boldsymbol{H}\boldsymbol{V}_S
\end{cases}
$$

$L(\boldsymbol{H},\lambda)$ 的稳定点 $(\hat{\boldsymbol{H}},\hat{\lambda})$ 应满足

$$
\begin{cases}
(\boldsymbol{C}_x\hat{\boldsymbol{H}}^{\mathrm{H}})^{\mathrm{T}} + k[\boldsymbol{V}_P(\hat{\boldsymbol{H}}\boldsymbol{V}_P - \boldsymbol{V}_P)^{\mathrm{H}}]^{\mathrm{T}} + \hat{\lambda}\boldsymbol{V}_S^{\mathrm{T}} = \boldsymbol{0} \\
\hat{\boldsymbol{H}}\boldsymbol{V}_S = \boldsymbol{0}
\end{cases}
\tag{4-8}
$$

由式(4-8)中第一个式子可得

$$
\hat{\boldsymbol{H}} = (k\boldsymbol{C}_P - \hat{\lambda}\boldsymbol{V}_S^{\mathrm{H}})(\boldsymbol{C}_x^{\mathrm{H}} + k\boldsymbol{C}_P)^{-1} \tag{4-9}
$$

其中，$\boldsymbol{C}_P = \boldsymbol{V}_P\boldsymbol{V}_P^{\mathrm{H}}$，$\hat{\boldsymbol{H}}$ 是前述自适应空域矩阵滤波器设计最优化问题的全局最优解。

将式(4-9)代入式(4-8)中第二个式子可得

$$
\hat{\lambda} = k\boldsymbol{C}_P(\boldsymbol{C}_x^{\mathrm{H}} + k\boldsymbol{C}_P)^{-1}\boldsymbol{V}_S[\boldsymbol{V}_S^{\mathrm{H}}(\boldsymbol{C}_x^{\mathrm{H}} + k\boldsymbol{C}_P)^{-1}\boldsymbol{V}_S]^{-1} \tag{4-10}
$$

式(4-10)代入式(4-9)，得到

$$
\hat{\boldsymbol{H}} = \{k\boldsymbol{C}_P - k\boldsymbol{C}_P(\boldsymbol{C}_x^{\mathrm{H}} + k\boldsymbol{C}_P)^{-1}\boldsymbol{V}_S[\boldsymbol{V}_S^{\mathrm{H}}(\boldsymbol{C}_x^{\mathrm{H}} + k\boldsymbol{C}_P)^{-1}\boldsymbol{V}_S]^{-1}\boldsymbol{V}_S^{\mathrm{H}}\}(\boldsymbol{C}_x^{\mathrm{H}} + k\boldsymbol{C}_P)^{-1}
$$

(2)滤波器性能分析。

考虑一个阵元均匀分布的水听器线列阵，有阵元数 $N=32$ 个，阵元间距为 4m(半波长)。假设线列阵各阵元接收的噪声是与信号互不相关的高斯白噪声，且通带范围设置为 $[-15^\circ,15^\circ]$，阻带范围设置为 $[-90^\circ,-18^\circ]\cup[18^\circ,90^\circ]$，调节系数为 10^{-3}。

定义线列阵法线方向为 0°，假设目标信号的信噪比为 −5dB，入射方位为 10°，共有三个与目标信号不相关的近场强干扰，它们的干噪比均为 10dB，分别从 −65°、−30°、50°入射到阵列。该自适应空域矩阵滤波器的滤波效果如图 4-5 所示。

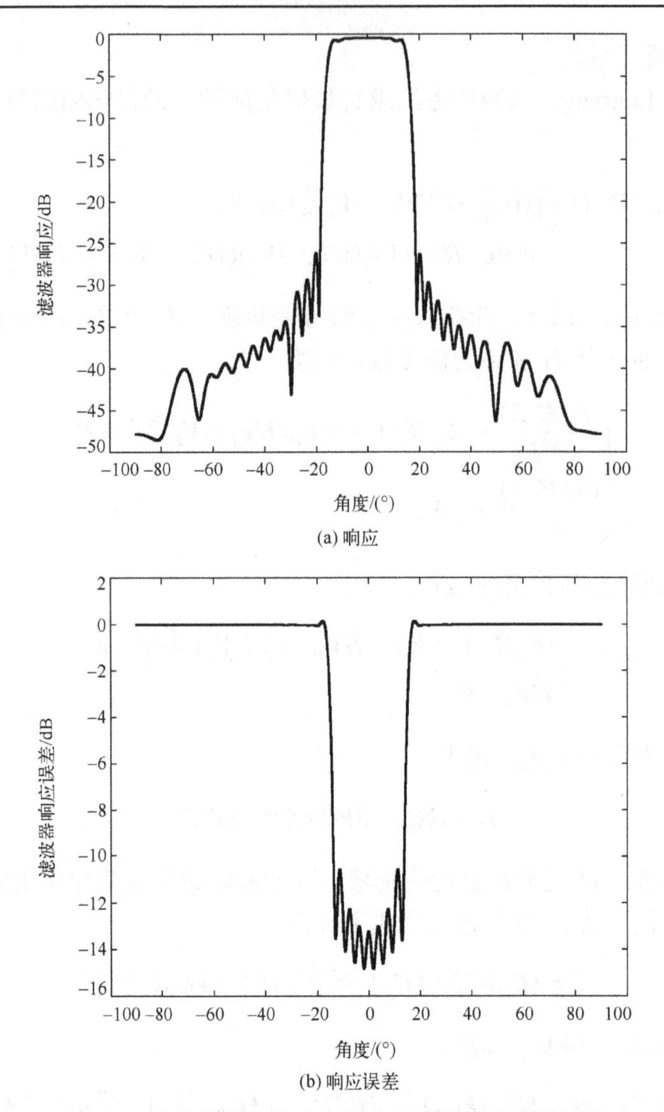

(a) 响应

(b) 响应误差

图 4-5　阻带零响应约束自适应空域矩阵滤波器效果

4.4　通阻带约束型自适应空域矩阵滤波器

4.4.1　通带响应误差及阻带总体响应约束自适应空域矩阵滤波器

(1) 最优化问题及求解。

对通带总体响应误差及阻带总体响应约束，求总体输出响应最小的自适应空域矩阵滤波器。

$$
\min_{\boldsymbol{H}} \|\boldsymbol{y}(t)\|_{\mathrm{F}}^2
$$
$$
\text{s.t.} \begin{cases} \|\boldsymbol{H}\boldsymbol{V}_P - \boldsymbol{V}_P\|_{\mathrm{F}}^2 \leqslant \varepsilon \\ \|\boldsymbol{H}\boldsymbol{V}_S\|_{\mathrm{F}}^2 \leqslant \delta \end{cases}
$$

其中，$\varepsilon > 0$ 是通带响应误差约束值，$\delta > 0$ 是阻带响应约束值。

通过构造 Lagrange 函数的方法求解最优化问题。最优化问题对应的 Lagrange 函数为

$$
\begin{aligned}
L(\boldsymbol{H},\lambda_1,\lambda_2) &= \|\boldsymbol{y}(t)\|_{\mathrm{F}}^2 + \lambda_1(\|\boldsymbol{H}\boldsymbol{V}_P - \boldsymbol{V}_P\|_{\mathrm{F}}^2 - \varepsilon) + \lambda_2(\|\boldsymbol{H}\boldsymbol{V}_S\|_{\mathrm{F}}^2 - \delta) \\
&= \mathrm{tr}(\boldsymbol{H}\boldsymbol{C}_x\boldsymbol{H}^{\mathrm{H}}) + \lambda_1[\mathrm{tr}(\boldsymbol{H}\boldsymbol{V}_P\boldsymbol{V}_P^{\mathrm{H}}\boldsymbol{H}^{\mathrm{H}} - \boldsymbol{H}\boldsymbol{V}_P\boldsymbol{V}_P^{\mathrm{H}} - \boldsymbol{V}_P\boldsymbol{V}_P^{\mathrm{H}}\boldsymbol{H}^{\mathrm{H}} + \boldsymbol{V}_P\boldsymbol{V}_P^{\mathrm{H}}) - \varepsilon] \\
&\quad + \lambda_2[\mathrm{tr}(\boldsymbol{H}\boldsymbol{V}_S\boldsymbol{V}_S^{\mathrm{H}}\boldsymbol{H}^{\mathrm{H}}) - \delta]
\end{aligned}
$$

其中，$\boldsymbol{C}_x = \boldsymbol{x}(t,\omega)\boldsymbol{x}^{\mathrm{H}}(t,\omega)$，为接收信号协方差矩阵，$\lambda_1 > 0$，$\lambda_2 > 0$ 是 Lagrange 乘子。

对 $L(\boldsymbol{H},\lambda_1,\lambda_2)$ 求关于 $\boldsymbol{H}^*$ 和 λ_1、λ_2 的偏导数，可得

$$
\begin{cases}
\dfrac{\partial L(\boldsymbol{H},\lambda_1,\lambda_2)}{\partial \boldsymbol{H}^*} = \boldsymbol{H}\boldsymbol{C}_x + \lambda_1(\boldsymbol{H}\boldsymbol{C}_P - \boldsymbol{C}_P) + \lambda_2\boldsymbol{H}\boldsymbol{C}_S \\
\dfrac{\partial L(\boldsymbol{H},\lambda_1,\lambda_2)}{\partial \lambda_1} = \mathrm{tr}(\boldsymbol{H}\boldsymbol{C}_P\boldsymbol{H}^{\mathrm{H}} - \boldsymbol{H}\boldsymbol{C}_P - \boldsymbol{C}_P\boldsymbol{H}^{\mathrm{H}} + \boldsymbol{C}_P) - \varepsilon \\
\dfrac{\partial L(\boldsymbol{H},\lambda_1,\lambda_2)}{\partial \lambda_2} = \mathrm{tr}(\boldsymbol{H}\boldsymbol{C}_S\boldsymbol{H}^{\mathrm{H}}) - \delta
\end{cases}
$$

其中，$\boldsymbol{C}_P = \boldsymbol{V}_P\boldsymbol{V}_P^{\mathrm{H}}$，$\boldsymbol{C}_S = \boldsymbol{V}_S\boldsymbol{V}_S^{\mathrm{H}}$，$L(\boldsymbol{H},\lambda_1,\lambda_2)$ 的稳定点 $(\hat{\boldsymbol{H}},\hat{\lambda}_1,\hat{\lambda}_2)$ 应满足

$$
\begin{cases}
\hat{\boldsymbol{H}}\boldsymbol{C}_x + \hat{\lambda}_1(\hat{\boldsymbol{H}}\boldsymbol{C}_P - \boldsymbol{C}_P) + \hat{\lambda}_2\hat{\boldsymbol{H}}\boldsymbol{C}_S = \boldsymbol{0} \\
\mathrm{tr}(\hat{\boldsymbol{H}}\boldsymbol{C}_P\hat{\boldsymbol{H}}^{\mathrm{H}} - \hat{\boldsymbol{H}}\boldsymbol{C}_P - \boldsymbol{C}_P\hat{\boldsymbol{H}}^{\mathrm{H}} + \boldsymbol{C}_P) - \varepsilon = 0 \\
\mathrm{tr}(\hat{\boldsymbol{H}}\boldsymbol{C}_S\hat{\boldsymbol{H}}^{\mathrm{H}}) - \delta = 0
\end{cases} \tag{4-11}
$$

由式 (4-11) 中第一个式子可得

$$
\hat{\boldsymbol{H}} = \hat{\lambda}_1\boldsymbol{C}_P(\boldsymbol{C}_x + \hat{\lambda}_1\boldsymbol{C}_P + \hat{\lambda}_2\boldsymbol{C}_S)^{-1} \tag{4-12}
$$

其中，$\hat{\boldsymbol{H}}$ 是前述自适应空域矩阵滤波器设计最优化问题的全局最优解。

式 (4-12) 代入式 (4-11)，可得约束值

$$
\begin{aligned}
&\mathrm{tr}[\hat{\lambda}_1\boldsymbol{C}_P(\boldsymbol{C}_x + \hat{\lambda}_1\boldsymbol{C}_P + \hat{\lambda}_2\boldsymbol{C}_S)^{-1}\boldsymbol{C}_P(\boldsymbol{C}_x + \hat{\lambda}_1\boldsymbol{C}_P + \hat{\lambda}_2\boldsymbol{C}_S)^{-1}\hat{\lambda}_1\boldsymbol{C}_P \\
&-2\hat{\lambda}_1\boldsymbol{C}_P(\boldsymbol{C}_x + \hat{\lambda}_1\boldsymbol{C}_P + \hat{\lambda}_2\boldsymbol{C}_S)^{-1}\boldsymbol{C}_P + \boldsymbol{C}_P] = \varepsilon
\end{aligned}
$$

$$
\mathrm{tr}[\hat{\lambda}_1\boldsymbol{C}_P(\boldsymbol{C}_x + \hat{\lambda}_1\boldsymbol{C}_P + \hat{\lambda}_2\boldsymbol{C}_S)^{-1}\boldsymbol{C}_S(\boldsymbol{C}_x + \hat{\lambda}_1\boldsymbol{C}_P + \hat{\lambda}_2\boldsymbol{C}_S)^{-\mathrm{H}}\hat{\lambda}_1\boldsymbol{C}_P] = \delta
$$

(2)滤波器性能分析。

考虑一个阵元均匀分布的水听器线列阵，有阵元数 $N=32$ 个，阵元间距为 4m(半波长)。假设线列阵各阵元接收的噪声是与信号互不相关的高斯白噪声，且通带范围设置为[−15°,15°]，阻带范围设置为[−90°,−18°]∪[18°,90°]，通带响应误差约束值为 10^{-5}，阻带总体响应约束值为 10^{-6}。

定义线列阵法线方向为0°，假设目标信号的信噪比为−5dB，入射方位为10°，共有三个与目标信号不相关的近场强干扰，它们的干噪比均为20dB，分别从−65°、−30°、50°入射到阵列。该自适应空域矩阵滤波器的滤波效果如图4-6所示。

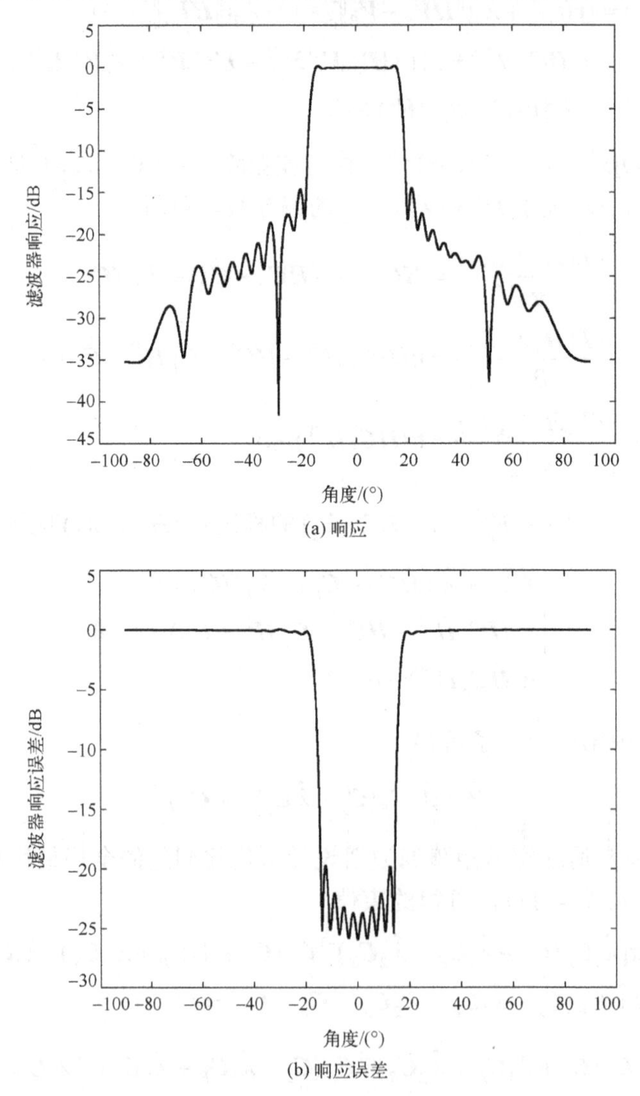

(a) 响应

(b) 响应误差

图 4-6　通带响应误差及阻带总体响应约束自适应空域矩阵滤波器效果

4.4.2　通带响应误差及阻带零响应约束自适应空域矩阵滤波器

(1) 最优化问题及求解。

对通带总体响应误差及阻带零响应约束，求总体输出响应最小的自适应空域矩阵滤波器。

$$\min_{\boldsymbol{H}} \|\boldsymbol{y}(t)\|_{\mathrm{F}}^2$$
$$\text{s.t.}\begin{cases}\|\boldsymbol{H}\boldsymbol{V}_P-\boldsymbol{V}_P\|_{\mathrm{F}}^2 \leqslant \varepsilon \\ \boldsymbol{H}\boldsymbol{V}_S=\boldsymbol{0}_{N\times S}\end{cases}$$

其中，$\varepsilon>0$ 是通带响应误差约束值。

通过构造 Lagrange 函数的方法求解最优化问题。最优化问题对应的 Lagrange 函数为

$$\begin{aligned}L(\boldsymbol{H},\lambda_1,\lambda_2)&=\|\boldsymbol{y}(t)\|_{\mathrm{F}}^2+\lambda_1(\|\boldsymbol{H}\boldsymbol{V}_P-\boldsymbol{V}_P\|_{\mathrm{F}}^2-\varepsilon)+\lambda_2\boldsymbol{H}\boldsymbol{V}_S \\ &=\mathrm{tr}(\boldsymbol{H}\boldsymbol{C}_x\boldsymbol{H}^{\mathrm{H}})+\lambda_1\{\mathrm{tr}[(\boldsymbol{H}\boldsymbol{V}_P-\boldsymbol{V}_P)(\boldsymbol{H}\boldsymbol{V}_P-\boldsymbol{V}_P)^{\mathrm{H}}]-\varepsilon\}+\lambda_2\boldsymbol{H}\boldsymbol{V}_S\end{aligned}$$

其中，$\boldsymbol{C}_x=\boldsymbol{x}(t,\omega)\boldsymbol{x}^{\mathrm{H}}(t,\omega)$，为接收信号协方差矩阵，$\lambda_1>0$，$\lambda_2>0$ 是 Lagrange 乘子。

对 $L(\boldsymbol{H},\lambda_1,\lambda_2)$ 求关于 $\boldsymbol{H}$ 和 λ_1、λ_2 的偏导数，可得

$$\begin{cases}\dfrac{\partial L(\boldsymbol{H},\lambda_1,\lambda_2)}{\partial \boldsymbol{H}}=(\boldsymbol{C}_x\boldsymbol{H}^{\mathrm{H}})^{\mathrm{T}}+\lambda_1[\boldsymbol{V}_P(\boldsymbol{H}\boldsymbol{V}_P-\boldsymbol{V}_P)^{\mathrm{H}}]^{\mathrm{T}}+\lambda_2\boldsymbol{V}_S^{\mathrm{T}} \\ \dfrac{\partial L(\boldsymbol{H},\lambda_1,\lambda_2)}{\partial \lambda_1}=\mathrm{tr}[(\boldsymbol{H}\boldsymbol{V}_P-\boldsymbol{V}_P)(\boldsymbol{H}\boldsymbol{V}_P-\boldsymbol{V}_P)^{\mathrm{H}}]-\varepsilon \\ \dfrac{\partial L(\boldsymbol{H},\lambda_1,\lambda_2)}{\partial \lambda_2}=\boldsymbol{H}\boldsymbol{V}_S\end{cases}$$

$L(\boldsymbol{H},\lambda_1,\lambda_2)$ 的稳定点 $(\hat{\boldsymbol{H}},\hat{\lambda}_1,\hat{\lambda}_2)$ 应满足

$$\begin{cases}(\boldsymbol{C}_x\hat{\boldsymbol{H}}^{\mathrm{H}})^{\mathrm{T}}+\hat{\lambda}_1[\boldsymbol{V}_P(\hat{\boldsymbol{H}}\boldsymbol{V}_P-\boldsymbol{V}_P)^{\mathrm{H}}]^{\mathrm{T}}+\hat{\lambda}_2\boldsymbol{V}_S^{\mathrm{T}}=\boldsymbol{0} \\ \mathrm{tr}[(\hat{\boldsymbol{H}}\boldsymbol{V}_P-\boldsymbol{V}_P)(\hat{\boldsymbol{H}}\boldsymbol{V}_P-\boldsymbol{V}_P)^{\mathrm{H}}]-\varepsilon=0 \\ \hat{\boldsymbol{H}}\boldsymbol{V}_S=\boldsymbol{0}\end{cases}\tag{4-13}$$

由式 (4-13) 中第一个式子可得

$$\hat{\boldsymbol{H}}=(\hat{\lambda}_1\boldsymbol{C}_P-\hat{\lambda}_2\boldsymbol{V}_S^{\mathrm{H}})(\boldsymbol{C}_x^{\mathrm{H}}+\hat{\lambda}_1\boldsymbol{C}_P)^{-1}\tag{4-14}$$

其中，$\boldsymbol{C}_P=\boldsymbol{V}_P\boldsymbol{V}_P^{\mathrm{H}}$，$\hat{\boldsymbol{H}}$ 是前述自适应空域矩阵滤波器设计最优化问题的全局最优解。

式 (4-14) 代入式 (4-13) 中后两个式子，可得

$$\mathrm{tr}\{[(\hat{\lambda}_1\boldsymbol{C}_P-\hat{\lambda}_2\boldsymbol{V}_S^{\mathrm{H}})(\boldsymbol{C}_x^{\mathrm{H}}+\hat{\lambda}_1\boldsymbol{C}_P)^{-1}\boldsymbol{V}_P-\boldsymbol{V}_P][(\hat{\lambda}_1\boldsymbol{C}_P-\hat{\lambda}_2\boldsymbol{V}_S^{\mathrm{H}})(\boldsymbol{C}_x^{\mathrm{H}}+\hat{\lambda}_1\boldsymbol{C}_P)^{-1}\boldsymbol{V}_P-\boldsymbol{V}_P]^{\mathrm{H}}\}=\varepsilon$$

$$\hat{\lambda}_2=\hat{\lambda}_1\boldsymbol{C}_P(\boldsymbol{C}_x^{\mathrm{H}}+\hat{\lambda}_1\boldsymbol{C}_P)^{-1}\boldsymbol{V}_S[\boldsymbol{V}_S^{\mathrm{H}}(\boldsymbol{C}_x^{\mathrm{H}}+\hat{\lambda}_1\boldsymbol{C}_P)^{-1}\boldsymbol{V}_S]^{-1}$$

(2) 滤波器性能分析。

考虑一个阵元均匀分布的水听器线列阵，有阵元数 $N=32$ 个，阵元间距为 4m(半波长)。假设线列阵各阵元接收的噪声是与信号互不相关的高斯白噪声，且通带范围设置为 $[-15°,15°]$，阻带范围设置为 $[-90°,-18°]\cup[18°,90°]$，通带响应误差约束值为 10^{-5}。

定义线列阵法线方向为 0°，假设目标信号的信噪比为 –5dB，入射方位为 10°，共有三个与目标信号不相关的近场强干扰，它们的干噪比均为 20dB，分别从 –65°、–30°、50° 入射到阵列。该自适应空域矩阵滤波器的滤波效果如图 4-7 所示。

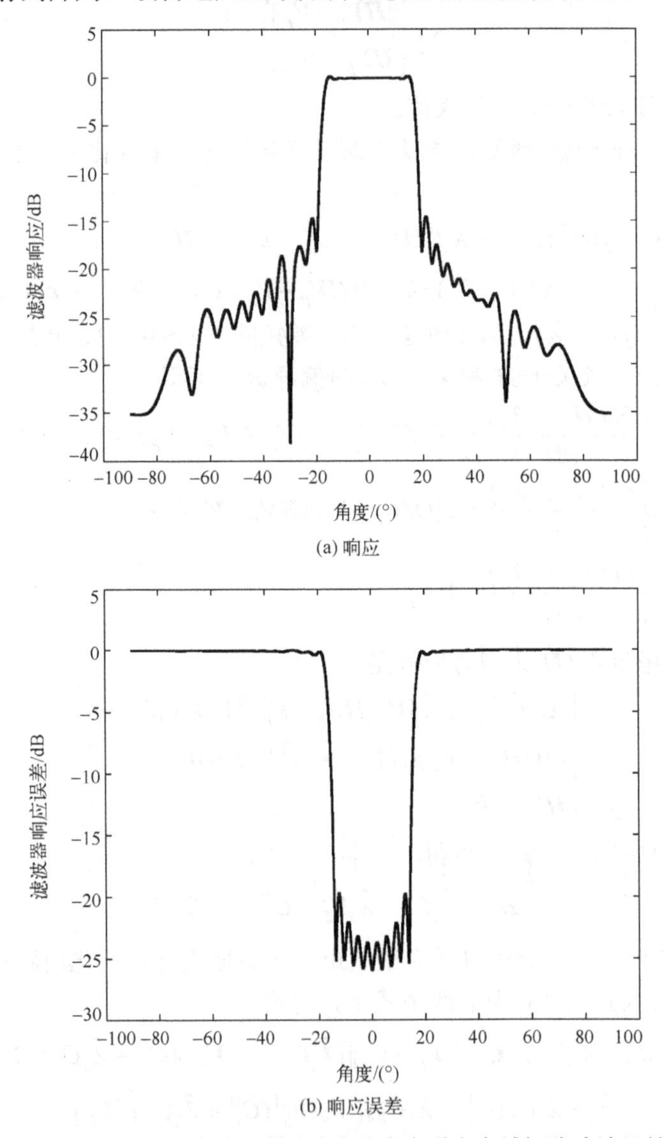

图 4-7　通带响应误差及阻带零响应约束自适应空域矩阵滤波器效果

4.4.3 通带零响应误差及阻带总体响应约束自适应空域矩阵滤波器

(1) 最优化问题及求解。

对通带零响应误差及阻带总体响应约束，求总体输出响应最小的自适应空域矩阵滤波器。

$$\min_{\boldsymbol{H}} \|\boldsymbol{y}(t)\|_{\mathrm{F}}^2$$
$$\text{s.t.}\begin{cases}\boldsymbol{H}\boldsymbol{V}_P - \boldsymbol{V}_P = \boldsymbol{0}_{N\times P} \\ \|\boldsymbol{H}\boldsymbol{V}_S\|_{\mathrm{F}}^2 \leqslant \delta\end{cases}$$

其中，$\delta > 0$ 是阻带响应约束值。

通过构造 Lagrange 函数的方法求解最优化问题。最优化问题对应的 Lagrange 函数为

$$\begin{aligned}L(\boldsymbol{H},\lambda_1,\lambda_2) &= \|\boldsymbol{y}(t)\|_{\mathrm{F}}^2 + \lambda_1(\boldsymbol{H}\boldsymbol{V}_P - \boldsymbol{V}_P) + \lambda_2(\|\boldsymbol{H}\boldsymbol{V}_S\|_{\mathrm{F}}^2 - \delta) \\ &= \mathrm{tr}(\boldsymbol{H}\boldsymbol{C}_x\boldsymbol{H}^{\mathrm{H}}) + \lambda_1(\boldsymbol{H}\boldsymbol{V}_P - \boldsymbol{V}_P) + \lambda_2[\mathrm{tr}(\boldsymbol{H}\boldsymbol{V}_S\boldsymbol{V}_S^{\mathrm{H}}\boldsymbol{H}^{\mathrm{H}}) - \delta]\end{aligned}$$

其中，$\boldsymbol{C}_x = \boldsymbol{x}(t,\omega)\boldsymbol{x}^{\mathrm{H}}(t,\omega)$，为接收信号协方差矩阵，$\lambda_1 > 0$，$\lambda_2 > 0$ 是 Lagrange 乘子。

对 $L(\boldsymbol{H},\lambda_1,\lambda_2)$ 求关于 $\boldsymbol{H}$ 和 λ_1、λ_2 的偏导数，可得

$$\begin{cases}\dfrac{\partial L(\boldsymbol{H},\lambda_1,\lambda_2)}{\partial \boldsymbol{H}} = (\boldsymbol{C}_x\boldsymbol{H}^{\mathrm{H}})^{\mathrm{T}} + \lambda_1\boldsymbol{V}_P^{\mathrm{T}} + \lambda_2(\boldsymbol{C}_S\boldsymbol{H}^{\mathrm{H}})^{\mathrm{T}} \\ \dfrac{\partial L(\boldsymbol{H},\lambda_1,\lambda_2)}{\partial \lambda_1} = \boldsymbol{H}\boldsymbol{V}_P - \boldsymbol{V}_P \\ \dfrac{\partial L(\boldsymbol{H},\lambda_1,\lambda_2)}{\partial \lambda_2} = \mathrm{tr}(\boldsymbol{H}\boldsymbol{C}_S\boldsymbol{H}^{\mathrm{H}}) - \delta\end{cases}$$

其中，$\boldsymbol{C}_S = \boldsymbol{V}_S\boldsymbol{V}_S^{\mathrm{H}}$，$L(\boldsymbol{H},\lambda_1,\lambda_2)$ 的稳定点 $(\hat{\boldsymbol{H}},\hat{\lambda}_1,\hat{\lambda}_2)$ 应满足

$$\begin{cases}(\boldsymbol{C}_x\hat{\boldsymbol{H}}^{\mathrm{H}})^{\mathrm{T}} + \hat{\lambda}_1\boldsymbol{V}_P^{\mathrm{T}} + \hat{\lambda}_2(\boldsymbol{C}_S\hat{\boldsymbol{H}}^{\mathrm{H}})^{\mathrm{T}} = \boldsymbol{0} \\ \hat{\boldsymbol{H}}\boldsymbol{V}_P - \boldsymbol{V}_P = \boldsymbol{0} \\ \mathrm{tr}(\hat{\boldsymbol{H}}\boldsymbol{C}_S\hat{\boldsymbol{H}}^{\mathrm{H}}) - \delta = 0\end{cases} \tag{4-15}$$

由式 (4-15) 中第一个式子可得

$$\hat{\boldsymbol{H}} = -\hat{\lambda}_1\boldsymbol{V}_P^{\mathrm{H}}(\boldsymbol{C}_x^{\mathrm{H}} + \hat{\lambda}_2\boldsymbol{C}_S^{\mathrm{H}})^{-1} \tag{4-16}$$

其中，$\hat{\boldsymbol{H}}$ 是前述自适应空域矩阵滤波器设计最优化问题的全局最优解。

式 (4-16) 代入式 (4-15) 中后两个式子，可得

$$\hat{\lambda}_1 = -\boldsymbol{V}_P[\boldsymbol{V}_P^{\mathrm{H}}(\boldsymbol{C}_x^{\mathrm{H}} + \hat{\lambda}_2\boldsymbol{C}_S^{\mathrm{H}})^{-1}\boldsymbol{V}_P]^{-1}$$

$$\mathrm{tr}[\hat{\lambda}_1\boldsymbol{V}_P^{\mathrm{H}}(\boldsymbol{C}_x^{\mathrm{H}} + \hat{\lambda}_2\boldsymbol{C}_S^{\mathrm{H}})^{-1}\boldsymbol{C}_S\hat{\lambda}_1(\boldsymbol{C}_x^{\mathrm{H}} + \hat{\lambda}_2\boldsymbol{C}_S^{\mathrm{H}})^{-\mathrm{H}}\boldsymbol{V}_P] = \delta$$

(2) 滤波器性能分析。

考虑一个阵元均匀分布的水听器线列阵，有阵元数 $N=32$ 个，阵元间距为 4m(半波长)。假设线列阵各阵元接收的噪声是与信号互不相关的高斯白噪声，且通带范围设置为[−15°,15°]，阻带范围设置为[−90°,−18°]∪[18°,90°]，阻带响应约束值为 10^{-5}。

定义线列阵法线方向为0°，假设目标信号的信噪比为−5dB，入射方位为10°，共有三个与目标信号不相关的近场强干扰，它们的干噪比均为20dB，分别从−40°、−30°、50°入射到阵列。该自适应空域矩阵滤波器的滤波效果如图4-8所示。

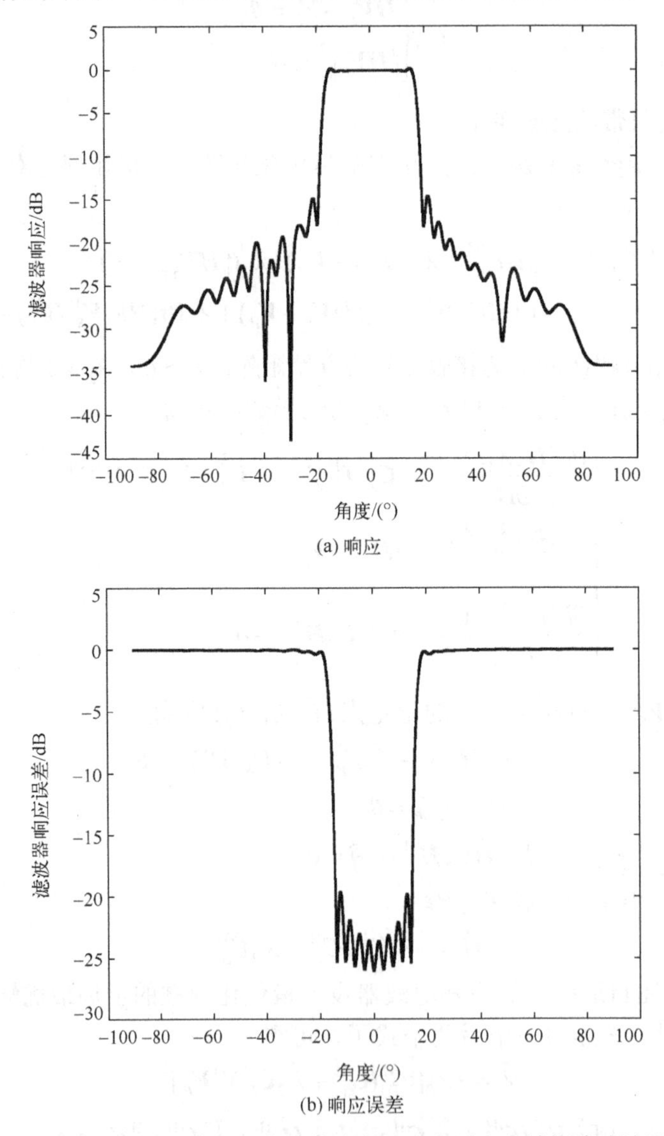

图 4-8　通带零响应误差及阻带总体响应约束自适应空域矩阵滤波器效果

4.4.4　通带零响应误差及阻带零响应约束自适应空域矩阵滤波器

(1) 最优化问题及求解。

对通带零响应误差及阻带零响应约束，求总体输出响应最小的自适应空域矩阵滤波器。

$$\min_{\boldsymbol{H}}\|\boldsymbol{y}(t)\|_{\mathrm{F}}^{2}$$
$$\text{s.t.}\begin{cases}\boldsymbol{H}\boldsymbol{V}_P-\boldsymbol{V}_P=\boldsymbol{0}_{N\times P}\\ \boldsymbol{H}\boldsymbol{V}_S=\boldsymbol{0}_{N\times S}\end{cases}$$

通过构造 Lagrange 函数的方法求解最优化问题。最优化问题对应的 Lagrange 函数为

$$\begin{aligned}L(\boldsymbol{H},\lambda_1,\lambda_2)&=\|\boldsymbol{y}(t)\|_{\mathrm{F}}^{2}+\lambda_1(\boldsymbol{H}\boldsymbol{V}_P-\boldsymbol{V}_P)+\lambda_2\boldsymbol{H}\boldsymbol{V}_S\\&=\mathrm{tr}(\boldsymbol{H}\boldsymbol{C}_x\boldsymbol{H}^{\mathrm{H}})+\lambda_1(\boldsymbol{H}\boldsymbol{V}_P-\boldsymbol{V}_P)+\lambda_2\boldsymbol{H}\boldsymbol{V}_S\end{aligned}$$

其中，$\boldsymbol{C}_x=\boldsymbol{x}(t,\omega)\boldsymbol{x}^{\mathrm{H}}(t,\omega)$，为接收信号协方差矩阵，$\lambda_1>0$，$\lambda_2>0$ 是 Lagrange 乘子。

对 $L(\boldsymbol{H},\lambda_1,\lambda_2)$ 求关于 $\boldsymbol{H}$ 和 λ_1、λ_2 的偏导数，可得

$$\begin{cases}\dfrac{\partial L(\boldsymbol{H},\lambda_1,\lambda_2)}{\partial \boldsymbol{H}}=(\boldsymbol{C}_x\boldsymbol{H}^{\mathrm{H}})^{\mathrm{T}}+\lambda_1\boldsymbol{V}_P^{\mathrm{T}}+\lambda_2\boldsymbol{V}_S^{\mathrm{T}}\\ \dfrac{\partial L(\boldsymbol{H},\lambda_1,\lambda_2)}{\partial \lambda_1}=\boldsymbol{H}\boldsymbol{V}_P-\boldsymbol{V}_P\\ \dfrac{\partial L(\boldsymbol{H},\lambda_1,\lambda_2)}{\partial \lambda_2}=\boldsymbol{H}\boldsymbol{V}_S\end{cases}$$

$L(\boldsymbol{H},\lambda_1,\lambda_2)$ 的稳定点 $(\hat{\boldsymbol{H}},\hat{\lambda}_1,\hat{\lambda}_2)$ 应满足

$$\begin{cases}(\boldsymbol{C}_x\hat{\boldsymbol{H}}^{\mathrm{H}})^{\mathrm{T}}+\hat{\lambda}_1\boldsymbol{V}_P^{\mathrm{T}}+\hat{\lambda}_2\boldsymbol{V}_S^{\mathrm{T}}=\boldsymbol{0}\\ \hat{\boldsymbol{H}}\boldsymbol{V}_P-\boldsymbol{V}_P=\boldsymbol{0}\\ \hat{\boldsymbol{H}}\boldsymbol{V}_S=\boldsymbol{0}\end{cases}\tag{4-17}$$

由式 (4-17) 中第一个式子可得

$$\hat{\boldsymbol{H}}=-\boldsymbol{C}_x^{-\mathrm{H}}(\hat{\lambda}_1\boldsymbol{V}_P^{\mathrm{H}}+\hat{\lambda}_2\boldsymbol{V}_S^{\mathrm{H}})\tag{4-18}$$

其中，$\hat{\boldsymbol{H}}$ 是前述自适应空域矩阵滤波器设计最优化问题的全局最优解。

式 (4-18) 代入式 (4-17) 中后两个式子，可得

$$\hat{\lambda}_1=-(\boldsymbol{V}_P+\hat{\lambda}_2\boldsymbol{C}_x^{-\mathrm{H}}\boldsymbol{V}_S^{\mathrm{H}}\boldsymbol{V}_P)(\boldsymbol{C}_x^{-\mathrm{H}}\boldsymbol{V}_P^{\mathrm{H}}\boldsymbol{V}_P)^{-1}$$
$$\hat{\lambda}_2=-\hat{\lambda}_1\boldsymbol{C}_x^{-\mathrm{H}}\boldsymbol{V}_P^{\mathrm{H}}\boldsymbol{V}_S(\boldsymbol{C}_x^{-\mathrm{H}}\boldsymbol{V}_S^{\mathrm{H}}\boldsymbol{V}_S)^{-1}$$

(2) 滤波器性能分析。

考虑一个阵元均匀分布的水听器线列阵，有阵元数 $N=32$ 个，阵元间距为 4m（半波长）。假设线列阵各阵元接收的噪声是与信号互不相关的高斯白噪声，且通带范围

设置为[−15°,15°]，阻带范围设置为[−90°,−18°]∪[18°,90°]。

定义线列阵法线方向为0°，假设目标信号的信噪比为−5dB，入射方位为10°，共有三个与目标信号不相关的近场强干扰，它们的干噪比均为20dB，分别从−40°、−30°、50°入射到阵列。该自适应空域矩阵滤波器的滤波效果如图4-9所示。

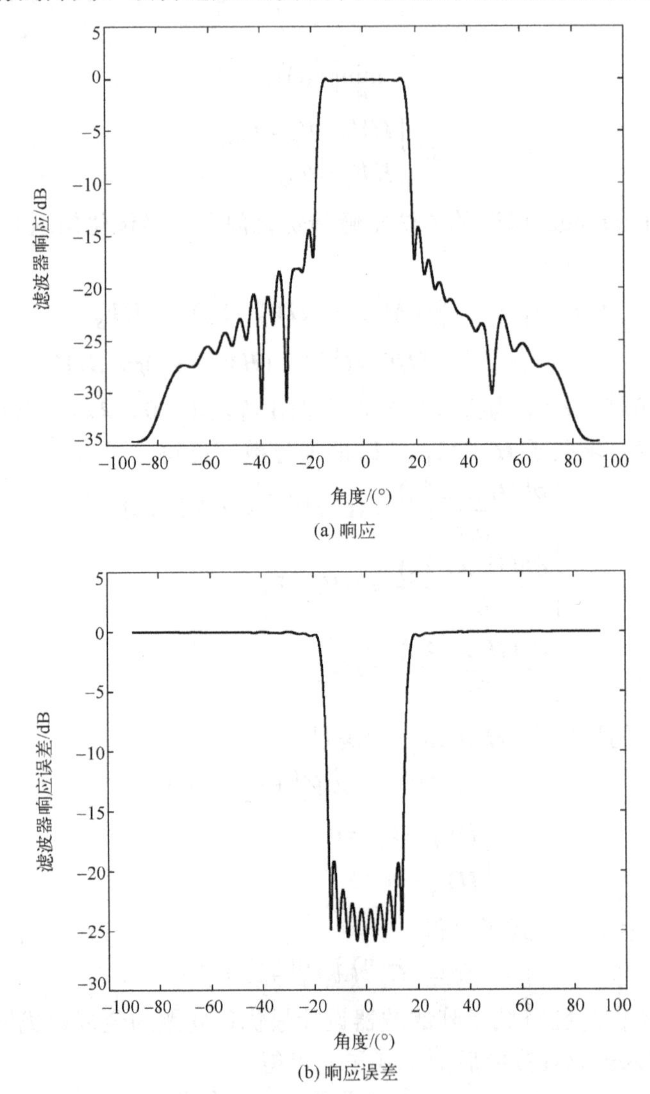

图4-9　通带零响应误差及阻带零响应约束自适应空域矩阵滤波器效果

4.4.5　通带响应误差加权及阻带总体响应约束自适应空域矩阵滤波器

采用迭代的方式设计通带响应误差加权及阻带总体响应约束自适应空域矩阵滤

波器，其通带方向向量响应误差的加权值与对角矩阵均与 4.2.3 节中的相同。

(1) 最优化问题及求解。

对通带总体响应误差加权及阻带总体响应约束，求总体输出响应最小的自适应空域矩阵滤波器。

$$\min_{\boldsymbol{H}} \left\|\boldsymbol{y}(t)\right\|_{\mathrm{F}}^2$$
$$\text{s.t.}\begin{cases}\left\|(\boldsymbol{H}\boldsymbol{V}_P-\boldsymbol{V}_P)\cdot\boldsymbol{W}_{1/2}\right\|_{\mathrm{F}}^2\leqslant\varepsilon\\ \left\|\boldsymbol{H}\boldsymbol{V}_S\right\|_{\mathrm{F}}^2\leqslant\delta\end{cases}$$

其中，$\varepsilon>0$ 是通带响应误差加权约束值，$\delta>0$ 是阻带响应约束值。

通过构造 Lagrange 函数的方法求解最优化问题。最优化问题对应的 Lagrange 函数为

$$\begin{aligned}L(\boldsymbol{H},\lambda_1,\lambda_2)&=\left\|\boldsymbol{y}(t)\right\|_{\mathrm{F}}^2+\lambda_1\left(\left\|(\boldsymbol{H}\boldsymbol{V}_P-\boldsymbol{V}_P)\cdot\boldsymbol{W}_{1/2}\right\|_{\mathrm{F}}^2-\varepsilon\right)+\lambda_2\left(\left\|\boldsymbol{H}\boldsymbol{V}_S\right\|_{\mathrm{F}}^2-\delta\right)\\&=\mathrm{tr}(\boldsymbol{H}\boldsymbol{C}_x\boldsymbol{H}^{\mathrm{H}})+\lambda_1[\mathrm{tr}(\boldsymbol{H}\boldsymbol{V}_P\boldsymbol{W}\boldsymbol{V}_P^{\mathrm{H}}\boldsymbol{H}^{\mathrm{H}}-\boldsymbol{H}\boldsymbol{V}_P\boldsymbol{W}\boldsymbol{V}_P^{\mathrm{H}}-\boldsymbol{V}_P\boldsymbol{W}\boldsymbol{V}_P^{\mathrm{H}}\boldsymbol{H}^{\mathrm{H}}+\boldsymbol{V}_P\boldsymbol{W}\boldsymbol{V}_P^{\mathrm{H}})-\varepsilon]\\&\quad+\lambda_2[\mathrm{tr}(\boldsymbol{H}\boldsymbol{V}_S\boldsymbol{V}_S^{\mathrm{H}}\boldsymbol{H}^{\mathrm{H}})-\delta]\end{aligned}$$

其中，$\boldsymbol{C}_x=\boldsymbol{x}(t,\omega)\boldsymbol{x}^{\mathrm{H}}(t,\omega)$，为接收信号协方差矩阵，$\lambda_1>0$，$\lambda_2>0$ 是 Lagrange 乘子。

对 $L(\boldsymbol{H},\lambda_1,\lambda_2)$ 求关于 $\boldsymbol{H}^*$ 和 λ_1、λ_2 的偏导数，可得

$$\begin{cases}\dfrac{\partial L(\boldsymbol{H},\lambda_1,\lambda_2)}{\partial\boldsymbol{H}^*}=\boldsymbol{H}\boldsymbol{C}_x+\lambda_1(\boldsymbol{H}\boldsymbol{C}_P-\boldsymbol{C}_P)+\lambda_2\boldsymbol{H}\boldsymbol{C}_S\\ \dfrac{\partial L(\boldsymbol{H},\lambda_1,\lambda_2)}{\partial\lambda_1}=\mathrm{tr}(\boldsymbol{H}\boldsymbol{C}_P\boldsymbol{H}^{\mathrm{H}}-\boldsymbol{H}\boldsymbol{C}_P-\boldsymbol{C}_P\boldsymbol{H}^{\mathrm{H}}+\boldsymbol{C}_P)-\varepsilon\\ \dfrac{\partial L(\boldsymbol{H},\lambda_1,\lambda_2)}{\partial\lambda_2}=\mathrm{tr}(\boldsymbol{H}\boldsymbol{C}_S\boldsymbol{H}^{\mathrm{H}})-\delta\end{cases}$$

其中，$\boldsymbol{C}_P=\boldsymbol{V}_P\boldsymbol{W}\boldsymbol{V}_P^{\mathrm{H}}$，$\boldsymbol{C}_S=\boldsymbol{V}_S\boldsymbol{V}_S^{\mathrm{H}}$，$L(\boldsymbol{H},\lambda_1,\lambda_2)$ 的稳定点 $(\hat{\boldsymbol{H}},\hat{\lambda}_1,\hat{\lambda}_2)$ 应满足

$$\begin{cases}\hat{\boldsymbol{H}}\boldsymbol{C}_x+\hat{\lambda}_1(\hat{\boldsymbol{H}}\boldsymbol{C}_P-\boldsymbol{C}_P)+\hat{\lambda}_2\hat{\boldsymbol{H}}\boldsymbol{C}_S=\boldsymbol{0}\\ \mathrm{tr}(\hat{\boldsymbol{H}}\boldsymbol{C}_P\hat{\boldsymbol{H}}^{\mathrm{H}}-\hat{\boldsymbol{H}}\boldsymbol{C}_P-\boldsymbol{C}_P\hat{\boldsymbol{H}}^{\mathrm{H}}+\boldsymbol{C}_P)-\varepsilon=0\\ \mathrm{tr}(\hat{\boldsymbol{H}}\boldsymbol{C}_S\hat{\boldsymbol{H}}^{\mathrm{H}})-\delta=0\end{cases}\tag{4-19}$$

由式 (4-19) 中第一个式子可得

$$\hat{\boldsymbol{H}}=\hat{\lambda}_1\boldsymbol{C}_P(\boldsymbol{C}_x+\hat{\lambda}_1\boldsymbol{C}_P+\hat{\lambda}_2\boldsymbol{C}_S)^{-1}\tag{4-20}$$

其中，$\hat{\boldsymbol{H}}$ 是前述自适应空域矩阵滤波器设计最优化问题的全局最优解。

式 (4-20) 代入式 (4-19) 中后两个式子，可得

$$\begin{aligned}&\mathrm{tr}[\hat{\lambda}_1\boldsymbol{C}_P(\boldsymbol{C}_x+\hat{\lambda}_1\boldsymbol{C}_P+\hat{\lambda}_2\boldsymbol{C}_S)^{-1}\boldsymbol{C}_P(\boldsymbol{C}_x+\hat{\lambda}_1\boldsymbol{C}_P+\hat{\lambda}_2\boldsymbol{C}_S)^{-1}\hat{\lambda}_1\boldsymbol{C}_P\\&-2\hat{\lambda}_1\boldsymbol{C}_P(\boldsymbol{C}_x+\hat{\lambda}_1\boldsymbol{C}_P+\hat{\lambda}_2\boldsymbol{C}_S)^{-1}\boldsymbol{C}_P+\boldsymbol{C}_P]=\varepsilon\end{aligned}$$

$$\operatorname{tr}[\hat{\lambda}_1 \boldsymbol{C}_P(\boldsymbol{C}_x + \hat{\lambda}_1 \boldsymbol{C}_P + \hat{\lambda}_2 \boldsymbol{C}_S)^{-1} \boldsymbol{C}_S (\boldsymbol{C}_x + \hat{\lambda}_1 \boldsymbol{C}_P + \hat{\lambda}_2 \boldsymbol{C}_S)^{-\mathrm{H}} \hat{\lambda}_1 \boldsymbol{C}_P] = \delta$$

(2)滤波器性能分析。

考虑一个阵元均匀分布的水听器线列阵，有阵元数 $N=32$ 个，阵元间距为 4m(半波长)。假设线列阵各阵元接收的噪声是与信号互不相关的高斯白噪声，且通带范围设置为[−15°,15°]，阻带范围设置为[−90°,−18°]∪[18°,90°]，通带响应误差加权约束值为 10^{-5}，阻带总体响应约束值为 10^{-6}。

定义线列阵法线方向为0°，假设目标信号的信噪比为−5dB，入射方位为10°，共有三个与目标信号不相关的近场强干扰，它们的干噪比均为20dB，分别从−40°、−30°、50°入射到阵列。该自适应空域矩阵滤波器的滤波效果如图 4-10 所示。

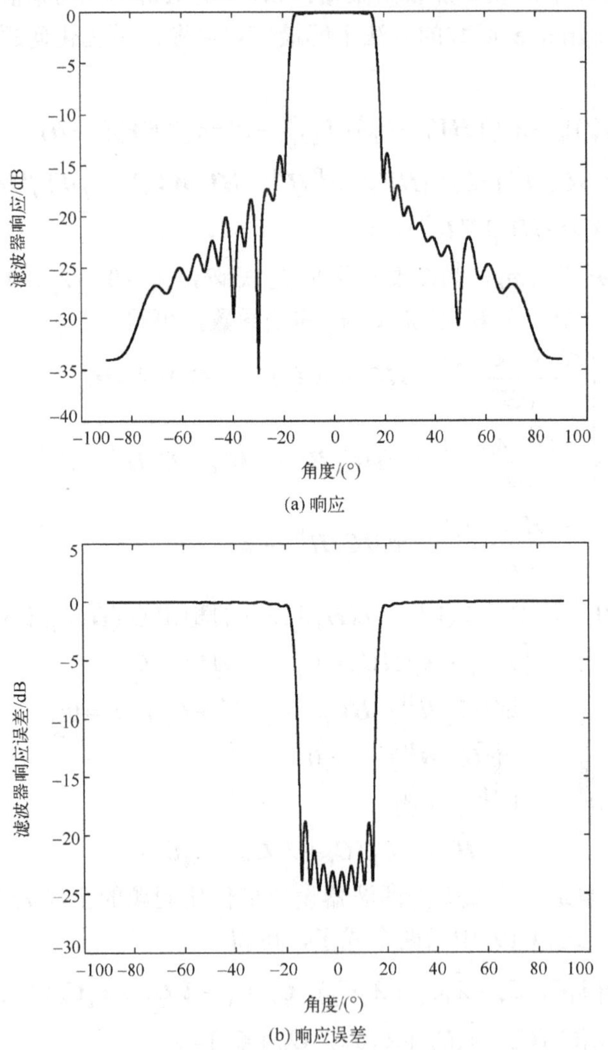

(a) 响应

(b) 响应误差

图 4-10　通带响应误差加权及阻带总体响应约束自适应空域矩阵滤波器效果

4.4.6 通带响应误差加权及阻带零响应约束自适应空域矩阵滤波器

采用迭代的方式设计通带响应误差加权及阻带零响应约束空域滤波器，其通带方向向量响应误差的加权值与对角矩阵均与 4.2.3 节中的相同。

(1) 最优化问题及求解。

对通带响应误差加权及阻带零响应约束，求总体输出响应最小的自适应空域矩阵滤波器。

$$\min_{\boldsymbol{H}} \|\boldsymbol{y}(t)\|_{\mathrm{F}}^2$$

$$\text{s.t.}\begin{cases} \left\|(\boldsymbol{H}\boldsymbol{V}_P - \boldsymbol{V}_P)\cdot \boldsymbol{W}_{1/2}\right\|_{\mathrm{F}}^2 \leqslant \varepsilon \\ \boldsymbol{H}\boldsymbol{V}_S = \boldsymbol{0}_{N\times S} \end{cases}$$

其中，$\varepsilon > 0$ 是通带响应误差加权约束值。

通过构造 Lagrange 函数的方法求解最优化问题。最优化问题对应的 Lagrange 函数为

$$\begin{aligned} L(\boldsymbol{H},\lambda_1,\lambda_2) &= \|\boldsymbol{y}(t)\|_{\mathrm{F}}^2 + \lambda_1\left(\left\|(\boldsymbol{H}\boldsymbol{V}_P - \boldsymbol{V}_P)\cdot \boldsymbol{W}_{1/2}\right\|_{\mathrm{F}}^2 - \varepsilon\right) + \lambda_2 \boldsymbol{H}\boldsymbol{V}_S \\ &= \mathrm{tr}(\boldsymbol{H}\boldsymbol{C}_x\boldsymbol{H}^{\mathrm{H}}) + \lambda_1\{\mathrm{tr}[(\boldsymbol{H}\boldsymbol{V}_P - \boldsymbol{V}_P)\boldsymbol{W}(\boldsymbol{H}\boldsymbol{V}_P - \boldsymbol{V}_P)^{\mathrm{H}}] - \varepsilon\} + \lambda_2 \boldsymbol{H}\boldsymbol{V}_S \end{aligned}$$

其中，$\boldsymbol{C}_x = \boldsymbol{x}(t,\omega)\boldsymbol{x}^{\mathrm{H}}(t,\omega)$，为接收信号协方差矩阵，$\lambda_1 > 0$，$\lambda_2 > 0$ 是 Lagrange 乘子。

对 $L(\boldsymbol{H},\lambda_1,\lambda_2)$ 求关于 $\boldsymbol{H}$ 和 λ_1、λ_2 的偏导数，可得

$$\begin{cases} \dfrac{\partial L(\boldsymbol{H},\lambda_1,\lambda_2)}{\partial \boldsymbol{H}} = (\boldsymbol{C}_x\boldsymbol{H}^{\mathrm{H}})^{\mathrm{T}} + \lambda_1[\boldsymbol{V}_P\boldsymbol{W}(\boldsymbol{H}\boldsymbol{V}_P - \boldsymbol{V}_P)^{\mathrm{H}}]^{\mathrm{T}} + \lambda_2\boldsymbol{V}_S^{\mathrm{T}} \\ \dfrac{\partial L(\boldsymbol{H},\lambda_1,\lambda_2)}{\partial \lambda_1} = \mathrm{tr}[(\boldsymbol{H}\boldsymbol{V}_P - \boldsymbol{V}_P)\boldsymbol{W}(\boldsymbol{H}\boldsymbol{V}_P - \boldsymbol{V}_P)^{\mathrm{H}}] - \varepsilon \\ \dfrac{\partial L(\boldsymbol{H},\lambda_1,\lambda_2)}{\partial \lambda_2} = \boldsymbol{H}\boldsymbol{V}_S \end{cases}$$

$L(\boldsymbol{H},\lambda_1,\lambda_2)$ 的稳定点 $(\hat{\boldsymbol{H}},\hat{\lambda}_1,\hat{\lambda}_2)$ 应满足

$$\begin{cases} (\boldsymbol{C}_x\hat{\boldsymbol{H}}^{\mathrm{H}})^{\mathrm{T}} + \hat{\lambda}_1[\boldsymbol{V}_P\boldsymbol{W}(\hat{\boldsymbol{H}}\boldsymbol{V}_P - \boldsymbol{V}_P)^{\mathrm{H}}]^{\mathrm{T}} + \hat{\lambda}_2\boldsymbol{V}_S^{\mathrm{T}} = \boldsymbol{0} \\ \mathrm{tr}[(\hat{\boldsymbol{H}}\boldsymbol{V}_P - \boldsymbol{V}_P)\boldsymbol{W}(\hat{\boldsymbol{H}}\boldsymbol{V}_P - \boldsymbol{V}_P)^{\mathrm{H}}] - \varepsilon = 0 \\ \hat{\boldsymbol{H}}\boldsymbol{V}_S = \boldsymbol{0} \end{cases} \tag{4-21}$$

由式 (4-21) 中第一个式子可得

$$\hat{\boldsymbol{H}} = (\hat{\lambda}_1\boldsymbol{C}_P - \hat{\lambda}_2\boldsymbol{V}_S^{\mathrm{H}})(\boldsymbol{C}_x^{\mathrm{H}} + \hat{\lambda}_1\boldsymbol{C}_P)^{-1} \tag{4-22}$$

其中，$\boldsymbol{C}_P = \boldsymbol{V}_P\boldsymbol{W}^{\mathrm{H}}\boldsymbol{V}_P^{\mathrm{H}}$，$\hat{\boldsymbol{H}}$ 是前述自适应空域矩阵滤波器设计最优化问题的全局最优解。

式 (4-22) 代入式 (4-21) 中后两个式子，可得

$$\begin{aligned} &\mathrm{tr}\{[(\hat{\lambda}_1\boldsymbol{C}_P - \hat{\lambda}_2\boldsymbol{V}_S^{\mathrm{H}})(\boldsymbol{C}_x^{\mathrm{H}} + \hat{\lambda}_1\boldsymbol{C}_P)^{-1}\boldsymbol{V}_P - \boldsymbol{V}_P] \\ &\boldsymbol{W}[(\hat{\lambda}_1\boldsymbol{C}_P - \hat{\lambda}_2\boldsymbol{V}_S^{\mathrm{H}})(\boldsymbol{C}_x^{\mathrm{H}} + \hat{\lambda}_1\boldsymbol{C}_P)^{-1}\boldsymbol{V}_P - \boldsymbol{V}_P]^{\mathrm{H}}\} = \varepsilon \end{aligned}$$

$$\hat{\lambda}_2=\hat{\lambda}_1 \boldsymbol{C}_P(\boldsymbol{C}_x^{\mathrm{H}}+\hat{\lambda}_1 \boldsymbol{C}_P)^{-1}\boldsymbol{V}_S[\boldsymbol{V}_S^{\mathrm{H}}(\boldsymbol{C}_x^{\mathrm{H}}+\hat{\lambda}_1 \boldsymbol{C}_P)^{-1}\boldsymbol{V}_S]^{-1}$$

(2)滤波器性能分析。

考虑一个阵元均匀分布的水听器线列阵，有阵元数 $N=32$ 个，阵元间距为 4m(半波长)。假设线列阵各阵元接收的噪声是与信号互不相关的高斯白噪声，且通带范围设置为[−15°,15°]，阻带范围设置为[−90°,−18°]∪[18°,90°]，通带响应误差加权约束值为 10^{-5}。

定义线列阵法线方向为0°，假设目标信号的信噪比为−5dB，入射方位为10°，共有三个与目标信号不相关的近场强干扰，它们的干噪比均为20dB，分别从−40°、−30°、50°入射到阵列。该自适应空域矩阵滤波器的滤波效果如图 4-11 所示。

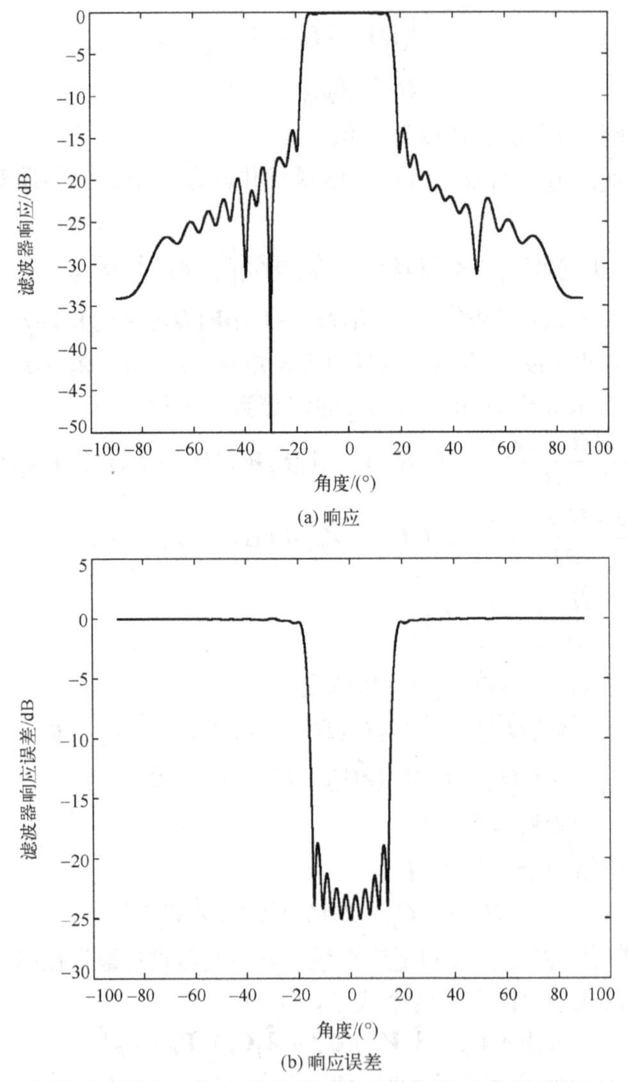

(a) 响应

(b) 响应误差

图 4-11　通带响应误差加权及阻带零响应约束自适应空域矩阵滤波器效果

4.5　本 章 小 结

本章给出了自适应空域矩阵滤波器设计的思路，并将通带响应误差和阻带响应设置成不同的约束条件，讨论了 11 种自适应空域矩阵滤波器。当空域中干扰的强度发生变化时，这些滤波器可根据干扰的能量级自适应调节对干扰的抑制程度。通过仿真性能分析，所设计的滤波器均能够保证通带内的远场平面波信号无失真通过，同时在干扰方位自动形成零陷，有效抑制了阻带内的干扰。

第 5 章　宽带空域矩阵滤波及阵列数据处理

基于传感器阵列的目标方位估计，为了充分利用目标源入射到阵列的信息，大都采用宽带波束形成算法。现有的矩阵滤波技术，都是针对阵列半波长频率设计的，而该技术要用于阵元域数据的预滤波，必须解决宽带空域矩阵滤波器的设计问题[25,58-60]。只有在充分研究针对特定频率设计的空域矩阵滤波器对其他频带阵列信号的通阻带响应效果的基础上，才能找到宽带空域矩阵滤波器的设计准则，以便解决采用一个滤波器还是采用多个滤波器实现宽带阵列信号的预处理问题。等间隔线性排列传感器阵列在水声信号处理中具有重要的地位，被广泛用于各种类型的声呐装备，是水声信号处理的基础。

5.1　宽带空域矩阵滤波器设计

5.1.1　等间隔线列阵宽带空域矩阵滤波器设计

首先分析等间隔线列阵所设计的窄带矩阵滤波器对宽带阵列数据的影响。不失一般性，假定针对特定频带窄带 ω_0 所设计的空域矩阵滤波器为 $\hat{\boldsymbol{H}}(\omega_0)$，则该滤波器对基阵其他频率窄带信号的作用结果为

$$\boldsymbol{y}(t,\omega') = \hat{\boldsymbol{H}}(\omega_0)\boldsymbol{x}(t,\omega') = \hat{\boldsymbol{H}}(\omega_0)\boldsymbol{A}(\boldsymbol{\theta},\omega')\boldsymbol{s}(t,\omega') + \hat{\boldsymbol{H}}(\omega_0)\boldsymbol{n}(t,\omega') \tag{5-1}$$

由上式可知，空域矩阵滤波器 $\hat{\boldsymbol{H}}(\omega_0)$ 对频率为 ω' 的信号滤波效果与 $\hat{\boldsymbol{H}}(\omega_0)\boldsymbol{A}(\boldsymbol{\theta},\omega')$ 有关。频率 ω' 所对应的阵列流形为 $\boldsymbol{A}(\boldsymbol{\theta},\omega') = [\boldsymbol{a}(\theta_1,\omega'),\cdots,\boldsymbol{a}(\theta_i,\omega'),\cdots,\boldsymbol{a}(\theta_D,\omega')] \in \mathbb{C}^{N\times D}$，其中 $\boldsymbol{a}(\theta_i,\omega') = [1,\exp(-\mathrm{j}\omega'\Delta\sin\theta_i/c),\cdots,\exp(-\mathrm{j}\omega'(N-1)\Delta\sin\theta_i/c)]^{\mathrm{T}} \in \mathbb{C}^{N\times 1}$。由于

$$\hat{\boldsymbol{H}}(\omega_0)\boldsymbol{a}(\theta_i,\omega') = \hat{\boldsymbol{H}}(\omega_0)\boldsymbol{a}(\arcsin(\omega'\sin\theta_i/\omega_0),\omega_0) \tag{5-2}$$

这里必须有条件 $\omega'\sin\theta_i \leqslant \omega_0$ 成立。由式(5-2)可知，基于频率 ω_0 设计的空域矩阵滤波器 $\hat{\boldsymbol{H}}(\omega_0)$ 对频率为 ω' 的窄带信号空域滤波，在方向 θ_i 上的响应效果与其对频率为 ω_0 的窄带信号在方向 $\arcsin(\omega'\sin\theta_i/\omega_0)$ 上的响应效果相同。当 $\theta_i \neq 0$ 时，$\arcsin(\omega'\sin\theta_i/\omega_0) \neq \theta_i$，这就导致针对某一频率设计的滤波器，只有对阵列正横方位 $0°$ 的其他频率带通或带阻响应保持了方位的稳定性，对其他频带的非正横方位，滤波器的通带或阻带都会发生偏移。所以，不能用唯一的空域矩阵滤波器实现全频带都具有相同通阻带的效果。换言之，对于宽带空域矩阵滤波器设计，必须采用分频段的

方式，对每个子带设计独立的空域矩阵滤波器。然而，由于所分的子带具有一定的带宽，不论基于子带的哪一个频点设计滤波器，实现这个子带的空域矩阵滤波，这个子带的其他频点的通带和阻带位置都会有一定的偏移，并且偏移量与频率参数 ω_0、ω' 以及方位 θ 有关，偏移量为 $\arcsin(\omega'\sin\theta/\omega_0)-\theta$。

在分子带的方式设计宽带空域矩阵滤波器的过程中，需要用到各个频率的全空间阵列流形矩阵，所以宽带空域矩阵滤波器的设计问题所占用的计算机资源较多，而对于等间隔均匀线列阵而言，鉴于阵列结构的特殊性，可以借助方向向量的特点，仅依靠某一特定频率的全空间阵列流形矩阵即可实现宽带空域矩阵滤波器设计。假设设计通带为 $[\theta_{p1},\theta_{p2}]$ 的宽带空域矩阵滤波器，可首先选定基准频率 ω_0，并以此频率的全空间阵列流形矩阵设计窄带空域矩阵滤波器。为使频率为 ω' 的窄带信号空域通带为 $[\theta_{p1},\theta_{p2}]$，可通过在频率为 ω_0 的阵列流形上设计通带为 $[\arcsin(\omega'\sin\theta_{p1}/\omega_0),\arcsin(\omega'\sin\theta_{p2}/\omega_0)]$ 的窄带空域矩阵滤波器，所得的空域矩阵滤波器即为频带 ω' 所对应的窄带空域矩阵滤波器。所以，对于等间隔均匀线列阵，宽带空域矩阵滤波器设计问题就转化为在阵列某固定频率上设计不同通带的最优空域矩阵滤波器问题。

由于方向向量是指数形式，所对应的接收阵列数据为解析信号形式，这就决定了方向向量是以 2π 为周期。由于针对某一频率设计的空域矩阵滤波器对其他频带的通带和阻带有偏移作用，这就导致在大于基准频率 ω_0 的其他频率上，有可能出现非带通方位的带通效果。假设在频率为 ω' 的频带上，两个空间方向分别为 θ_1 及 θ_2，若

$$(\omega'\Delta\sin\theta_1/c-\omega'\Delta\sin\theta_2/c)\ \mathrm{mod}\ 2\pi=0 \tag{5-3}$$

则可知，两个方向所对应的方向向量相同，此时空域矩阵滤波器在这两个方向上的响应效果相同。即便在滤波器设计时，θ_1 被设计在通带，θ_2 被设计在阻带，但实际效果将产生 θ_1 和 θ_2 具有相同的响应。也即当 $\omega'>\omega_0$ 时，空域矩阵滤波器有可能在设定的通带以外方位泄漏，而当 $\omega'<\omega_0$ 时不会产生这种效果。

如果基准频率 ω_0 对应于半波长频率，则由频率、阵元间隔和声速的关系可知

$$\omega_0\varDelta/c=\pi \tag{5-4}$$

将式(5-4)代入式(5-3)消去 c 和 $\varDelta$ 可得

$$(\omega'\sin\theta_1/\omega_0-\omega'\sin\theta_2/\omega_0)\ \mathrm{mod}\ 2=0 \tag{5-5}$$

式(5-5)为在 ω' 的频带上，两个不同角度产生相同滤波器响应效果的关系式。由反正弦函数 $\varphi=\arcsin(\omega)$ 的可行域条件可知，$|\omega|\leqslant 1$。因此，为实现在频率为 ω' 的阵列流形上通带为 $[\theta_{p1},\theta_{p2}]$ 的效果，在频率为 ω_0 的阵列流形上设计通带角 $\arcsin(\omega'\sin\theta_{p1}/\omega_0)$ 和 $\arcsin(\omega'\sin\theta_{p2}/\omega_0)$ 中的自变量 $\omega'\sin\theta_{p1}/\omega_0$ 和 $\omega'\sin\theta_{p2}/\omega_0$ 必须同时满足 $|\omega'\sin\theta_{p1}/\omega_0|\leqslant 1$ 和 $|\omega'\sin\theta_{p2}/\omega_0|\leqslant 1$，也即 $\omega'\leqslant\omega_0/\sin(\max(|\theta_{p1}|,|\theta_{p2}|))$，此数值为保证 $[\theta_{p1},\theta_{p2}]$ 为通带条件下，空域矩阵滤波器可设计的最高频率，而此时也

将出现其他方位的非通带区域成为通带的情况。

由前述分析可知，滤波器对方向向量的响应偏移与频率参数 ω_0、ω' 以及方位 θ 有关，偏移量为 $\arcsin(\omega'\sin\theta/\omega_0)-\theta$，图 5-1 给出基于基准频率 ω_0 设计的空域矩阵滤波器对其他频率 ω' 所对应的方向向量的响应偏移结果。滤波器对频率为 ω'、角度为 $\arcsin(\omega'\sin\theta/\omega_0)$ 的方向向量响应，与基准频率 ω_0 方向为 θ 的方向向量响应效果相同。从图 5-1 可知，当 $\omega'<\omega_0$ 时，滤波器的响应从正横方位向两端偏移，当 $\omega'>\omega_0$ 时，滤波器响应从两端向正横方位偏移。同时，当 $\omega'>\omega_0$ 时，滤波器可能会在 θ 的相反方向出现相同响应的效果。因此，若 θ_0 位于通带，则当 $\omega'>\omega_0$ 且 $|\omega'\sin\theta_0/\omega_0|\leqslant 1$ 时，滤波器在 $\arcsin(\omega'\sin\theta_0/\omega_0)$ 位置也有与 θ_0 位置一样的通带效应。同理，对于 θ_0 位于阻带的情况也有同样的性质。这就导致了滤波器在高频非通带位置有可能泄露目标的情况。

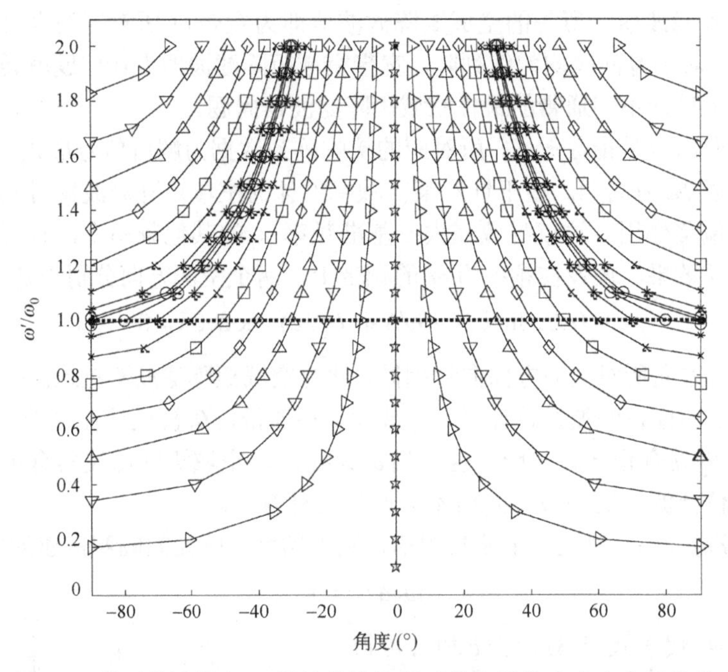

图 5-1　基于基准频率 ω_0 设计的滤波器对其他频率 ω' 方向向量偏移

以下利用通带响应误差约束空域矩阵滤波器，观察单滤波器对全频带方向向量的响应效果。阵元数设置为 $N=30$，通带带宽为 20°，过渡带带宽为 0°，通带响应误差为 $-20\,\text{dB}$。并假设海水中的声速为 $c=1500\text{m/s}$，阵元间隔等于半波长，阵列半波长频率对应于 1500Hz。图 5-2～图 5-6 分别为通带中心位置为 0°、-20°、-40°、-60° 和 -80° 的滤波器响应及响应误差。

可以看出，一方面，当频率小于 1500Hz 时，随着频率的降低，通带响应位置向

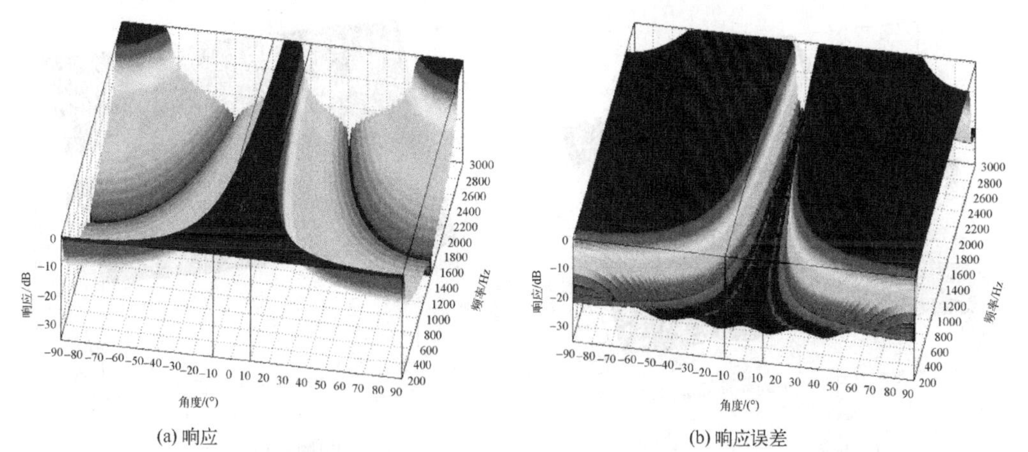

(a) 响应　　　　　　　　　　　　　　(b) 响应误差

图 5-2　单空域矩阵滤波器对全频带阵列流形响应，$\Theta_P = [-10°, 10°]$

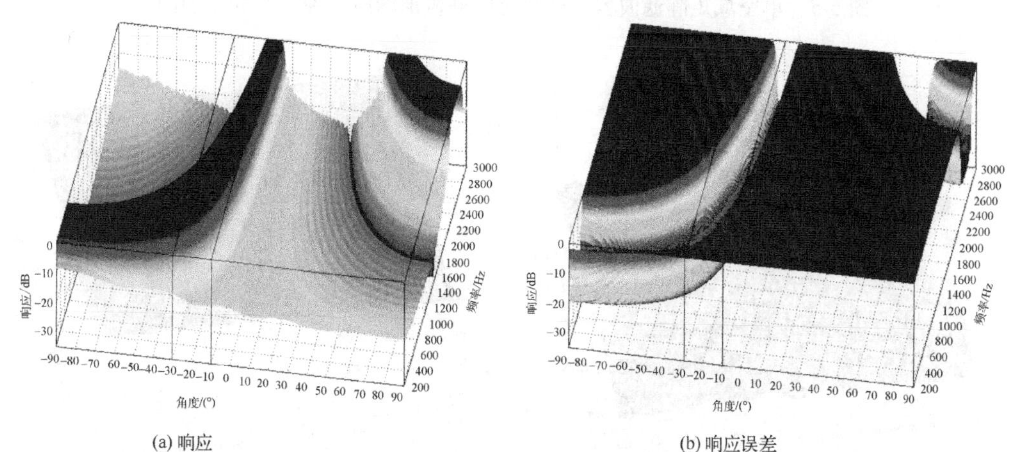

(a) 响应　　　　　　　　　　　　　　(b) 响应误差

图 5-3　单空域矩阵滤波器对全频带阵列流形响应，$\Theta_P = [-30°, -10°]$

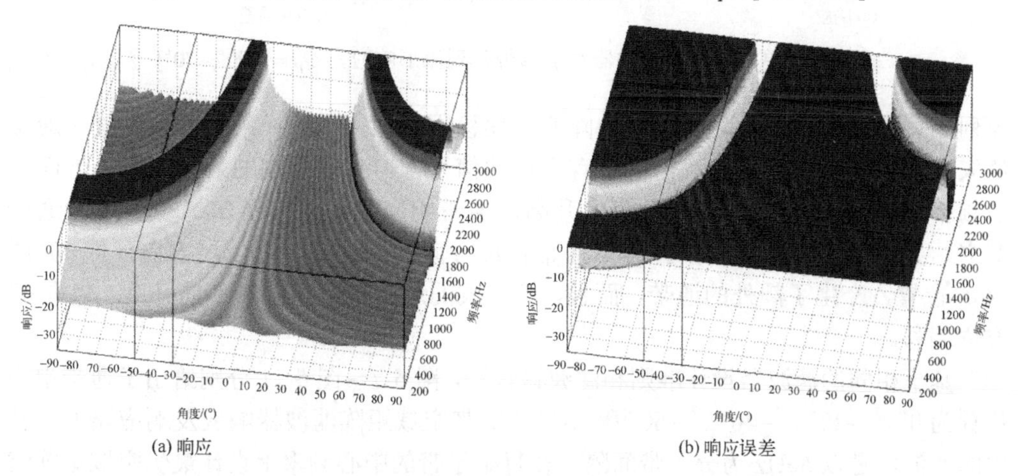

(a) 响应　　　　　　　　　　　　　　(b) 响应误差

图 5-4　单空域矩阵滤波器对全频带阵列流形响应，$\Theta_P = [-50°, -30°]$

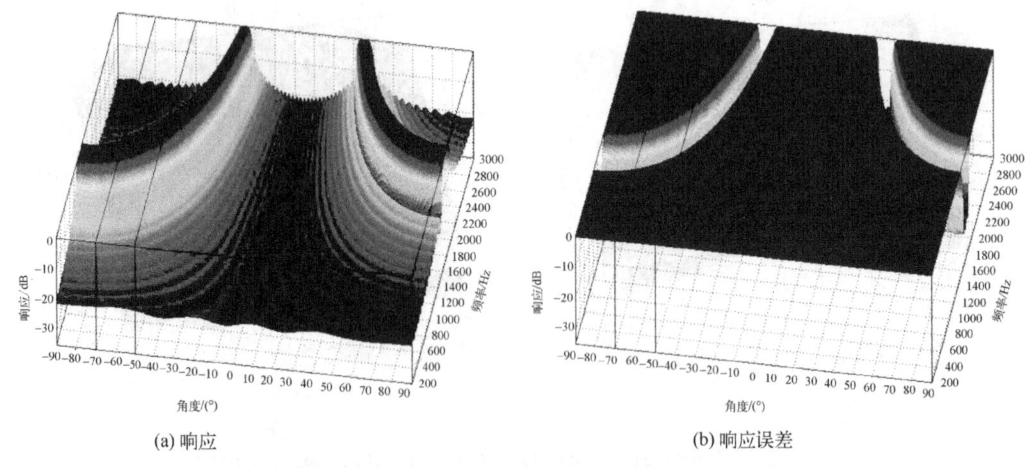

(a) 响应　　(b) 响应误差

图 5-5　单空域矩阵滤波器对全频带阵列流形响应，$\Theta_P=[-70°,-50°]$

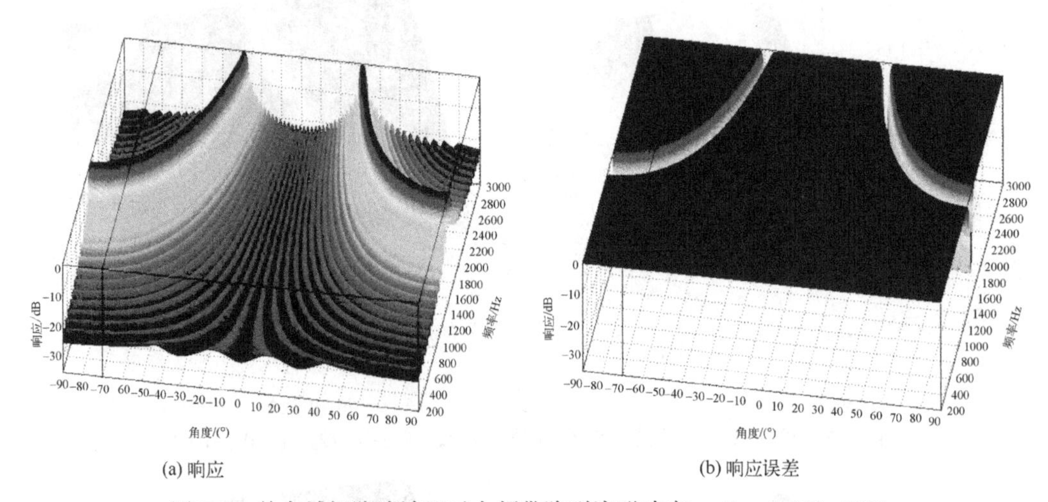

(a) 响应　　(b) 响应误差

图 5-6　单空域矩阵滤波器对全频带阵列流形响应，$\Theta_P=[-90°,-70°]$

阵列端首方位偏移。且随着频率的降低，偏移程度加大，并在某个低频位置，通带消失，在更低频率处，滤波器对所有方位的信号都产生了抑制的效果。另一方面，当频率大于1500Hz时，随着频率的升高，通带响应位置向正横0°方位移动，通带变窄，并在某个高频频率，在与原通带相反方向的阵列端首或端尾方向，即90°或−90°位置，产生了额外的通带，而且，新生成的通带位置随着频率的升高，也向0°方位偏移。

基于相同的滤波器设计准则和滤波器设置，图 5-7～图 5-11 分别给出了通带中心位置为0°、−20°、−40°、−60°和−80°的宽带空域矩阵滤波器响应及响应误差。其中的滤波器是以 50Hz 为分子带间隔，在每个子带的中心频率上设计最优空域矩阵滤

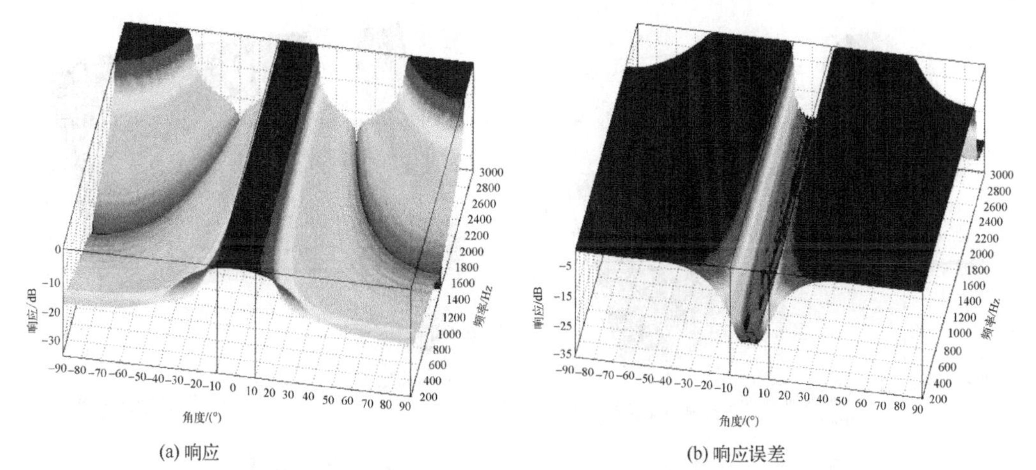

(a) 响应 (b) 响应误差

图 5-7 宽带空域矩阵滤波器效果，$\Theta_P=[-10°,10°]$

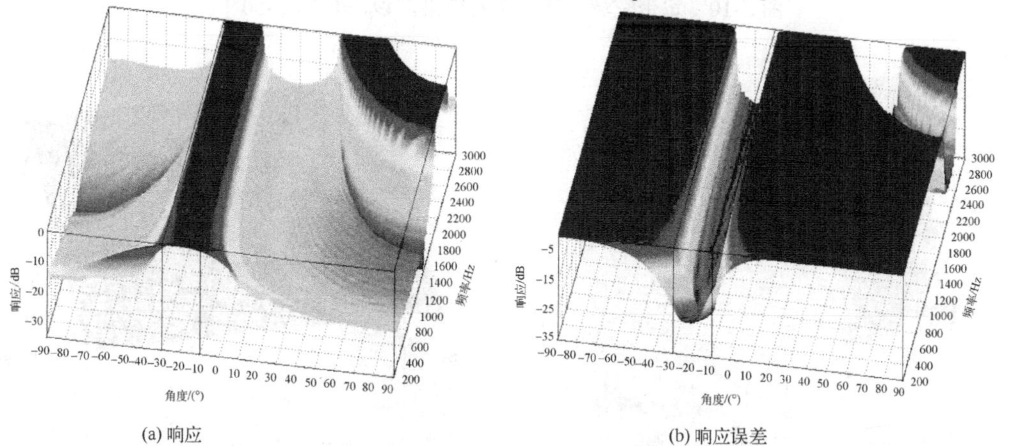

(a) 响应 (b) 响应误差

图 5-8 宽带空域矩阵滤波器效果，$\Theta_P=[-30°,-10°]$

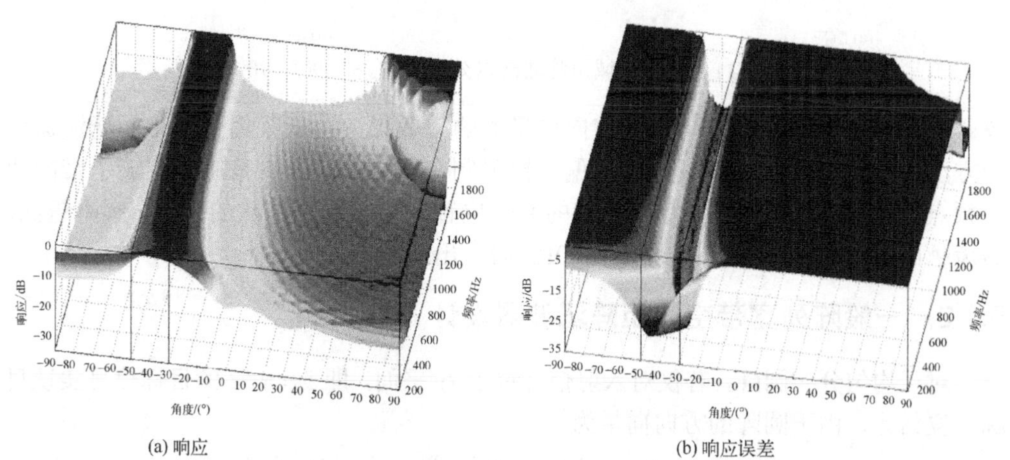

(a) 响应 (b) 响应误差

图 5-9 宽带空域矩阵滤波器效果，$\Theta_P=[-50°,-30°]$

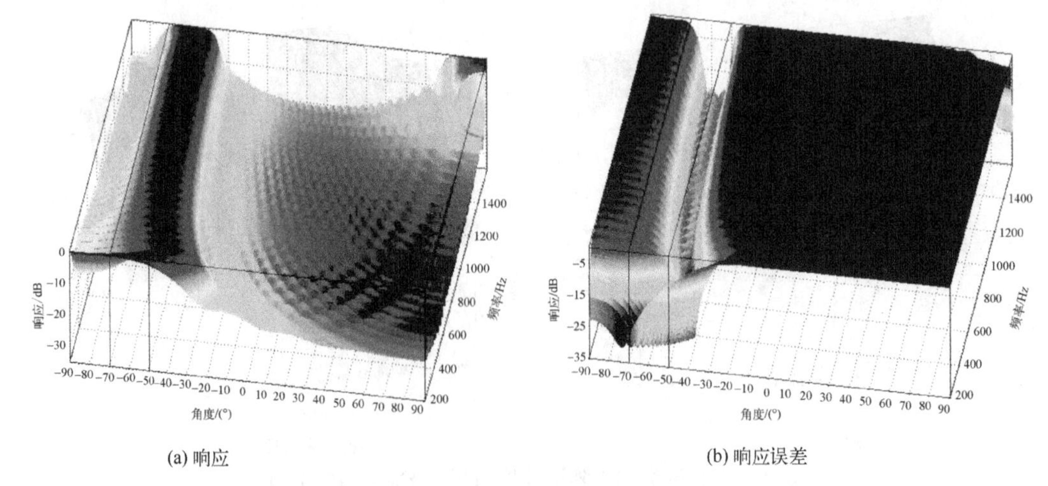

(a) 响应　　(b) 响应误差

图 5-10　宽带空域矩阵滤波器效果，$\Theta_P=[-70°,-50°]$

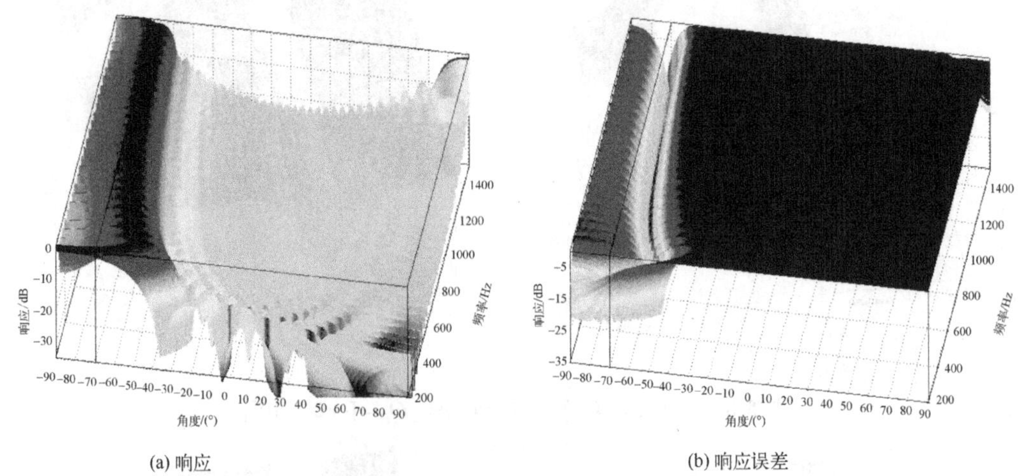

(a) 响应　　(b) 响应误差

图 5-11　宽带空域矩阵滤波器效果，$\Theta_P=[-90°,-70°]$

波器，对该子带所有频点全空间方向向量的响应效果。由于采用分子带的滤波器设计方法，使得滤波器在空域的响应偏移被限制在了相应的子带范围，在该子带的边缘频点，偏移效应更显著，每个子带的通带位置也会出现锯齿状的效果，频率越低，锯齿越明显，频率高于基准频率 1500Hz 后，出现通带的泄漏。

5.1.2　一般阵列宽带空域矩阵滤波器设计

对于均匀分布圆阵，若仅对入射信号位于 xy 平面，即 $\phi=\pi/2$ 的目标信号实现目标方位估计，由于圆阵的方向向量为

$$\boldsymbol{a}(\theta,\omega)=[\mathrm{e}^{-\mathrm{j}\omega r\cos(\vartheta_1-\theta)/c},\mathrm{e}^{-\mathrm{j}\omega r\cos(\vartheta_2-\theta)/c},\cdots,\mathrm{e}^{-\mathrm{j}\omega r\cos(\vartheta_N-\theta)/c}]^{\mathrm{T}} \tag{5-6}$$

任选 ω_1 和 ω_2，以及对应的方位 θ_1 和 θ_2，若要求 $\boldsymbol{a}(\theta_1,\omega_1)=\boldsymbol{a}(\theta_2,\omega_2)$，则必须满足

$$\mathrm{e}^{-\mathrm{j}\omega_1 r\cos(\vartheta_n-\theta_1)/c}=\mathrm{e}^{-\mathrm{j}\omega_2 r\cos(\vartheta_n-\theta_2)/c},\quad n=1,\cdots,N \tag{5-7}$$

即必须满足

$$\omega_1\cos(\vartheta_n-\theta_1)=\omega_2\cos(\vartheta_n-\theta_2),\quad n=1,\cdots,N \tag{5-8}$$

而上式对于 $N>2$ 无解。由于圆阵的阵元数满足 $N>2$，由此可知

$$\boldsymbol{a}(\theta_1,\omega_1)\neq\boldsymbol{a}(\theta_2,\omega_2) \tag{5-9}$$

上式说明圆阵中不同频率的方向向量，所有的方向向量皆不相同，而等间隔线列阵可以找到不同频率上相同的方向向量。假设 $\hat{\boldsymbol{H}}(\omega_1)$ 为针对频率 ω_1 设计的圆阵最佳空域矩阵滤波器，则

$$\hat{\boldsymbol{H}}(\omega_1)\boldsymbol{a}(\theta_1,\omega_1)\neq\hat{\boldsymbol{H}}(\omega_1)\boldsymbol{a}(\theta_2,\omega_2) \tag{5-10}$$

上式说明基于某一个频率设计的空域矩阵滤波器，对其他频率的空域响应，与原频率的空域响应不同。也就是说，没有类似于等间隔线阵的响应平移效果。

均匀分布圆阵、平面阵列是比较特殊的两种阵型，且限定的目标入射方位为 xy 平面，但即便在此假设情况下，不同频带的响应效果之间也没有明显的关联。所以，对于这两种阵形的全空间信号空域滤波处理，也不存在频点间的关联。进而，对于一般平面阵列而言，也有相同的结论。

由于一般阵列在各频点间没有空域矩阵滤波器响应的关联，所以，最保守的宽带空域矩阵滤波器设计方法是子带仅包含单个频率，也即是宽带由无数单频点的子带组成，对每个子带使用空域矩阵滤波。很显然，这种方式的空域矩阵滤波，所占用的处理器资源十分庞大。简化的处理方式是和后续目标方位估计或匹配场定位的宽带处理方法结合，仅对所需的频带进行空域矩阵滤波，以减少运算量。也可针对一般阵列的某一频率设计最优空域矩阵滤波器，观察该滤波器对其他频率阵列方向向量的响应，若在不同频点的响应偏移处于可控范围内，则可以考虑用单个空域矩阵滤波器实现该子带的空域矩阵滤波。

5.2　宽带阵列数据处理

5.2.1　宽带阵列数据空域矩阵滤波技术处理流程

利用空域矩阵滤波技术对接收阵列数据预处理，实现拖曳阵声呐拖船辐射噪声抑制，其处理流程如图 5-12 所示。其中，N 为拖曳阵阵元数目，M 为宽带分子带数目，$x_i,i=1,\cdots,N$ 为第 i 阵元接收数据，x_{ij} 为第 i 阵元接收数据 x_i 经带通数字滤波器后输出的第 j 子带信号，y_{ij} 为第 i 阵元数据经空域矩阵滤波后输出的第 j 子带信号，y_i 为合

成的不含阻带噪声干扰的第 i 阵元数据，$\hat{\boldsymbol{H}}(\omega_j)$ 为第 j 子带上针对频率 ω_j 设计的最优空域矩阵滤波器。

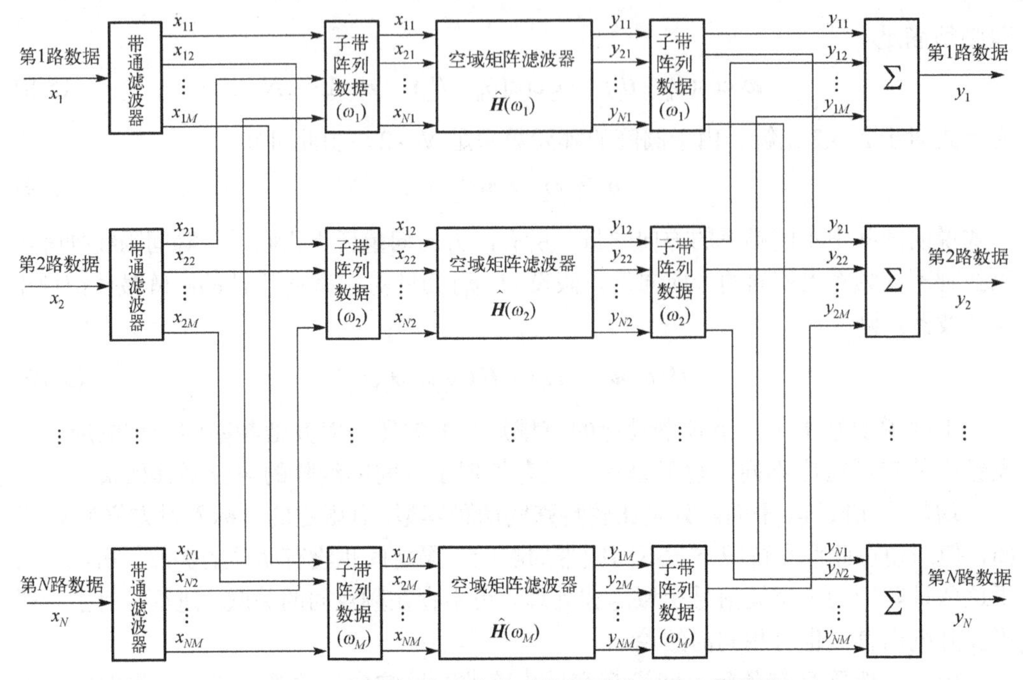

图 5-12　空域矩阵滤波阵列数据预处理技术路线图

对于宽带阵列数据分子带，需要确定子带的上下频率，以及各子带空域矩阵滤波器的最佳频率。下一节将详细讨论等间隔线列阵的子带最佳频率选择问题。

在已确定子带划分方法的情况下，针对宽带阵列数据，使用带通数字滤波器将宽带阵列数据分子带，通过检验分子带后的窄带阵列数据直接合并成新的宽带阵列数据与原宽带阵列数据的相关系数数值是否满足设定的条件，例如可选用相关系数值大于某阈值作为带通数字滤波器性能检验标准，以确保空域矩阵滤波器所使用的子带阵列数据能够最大程度无失真。

图 5-12 将经空域矩阵滤波预处理后的各子带阵列数据重新合成为宽带阵列数据，用于后续的时域波束形成或频域波束形成算法实现目标方位估计或匹配场定位等算法。鉴于空域矩阵滤波后的宽带阵列数据目标方位估计或匹配场定位也可能需要采用分子带的方式做后续处理，故可根据实际后续处理算法流程，选择是否进行滤波后的子带阵列数据合并。

5.2.2　子带最佳频率选择

结合现有的单频最优空域矩阵滤波器设计技术，可以获得基于特定频率阵列流形设计的空域矩阵滤波器对其他频率阵列流形的影响。对于特殊阵列，如等间隔线列阵、圆阵和平面阵列的水平方位探测，鉴于其方向向量的特殊性，可以得出单频点设计的空域矩阵滤波器对其他频率方向向量的响应偏移误差与频率变化量之间的关系。在实际阵列信号处理中，通常要求宽带处理中对应的通带或阻带偏移误差限定在某个范围内，可以通过对每个子带的通带响应偏移量控制。

图 5-13 给出了通带响应位置偏移的示意图。这里 ω_a 和 ω_b 分别为某一子带的最低和最高频率，θ_{p1} 和 θ_{p2} 为空域通带的左右边角，E_{lf} 和 E_{hf} 分别为通带左角所对应的低频和高频偏移量，F_{lf} 和 F_{hf} 分别为右通带角所对应的低频和高频偏移量。通带响应位置的偏移与频率之间呈现出非线性的函数关系。

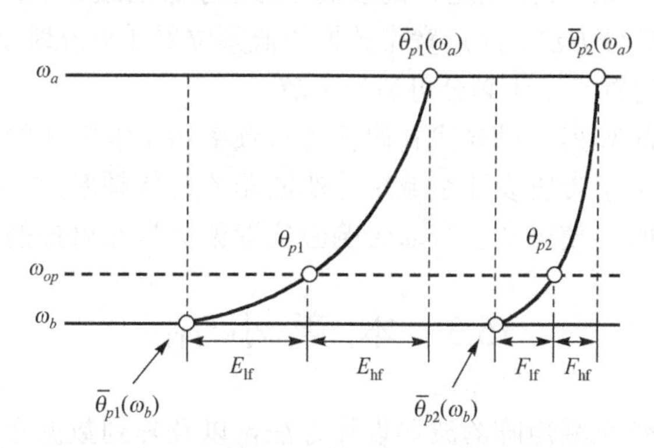

图 5-13　子带最佳空域矩阵滤波器频率选择

对于等间隔线列阵而言，当频带为 ω_{op} 时，角度 θ 的响应偏移至频带 ω 的 $\bar{\theta}(\omega)$ 处，且

$$\bar{\theta}(\omega)=\arcsin(\omega\sin\theta/\omega_{\mathrm{op}}) \tag{5-11}$$

其中，ω_{op} 是该子带空域矩阵滤波器的最佳频率。两个不同频带的偏移量为

$$E(\omega_{\mathrm{op}},\omega,\theta)=\left|\theta-\arcsin(\omega\sin\theta/\omega_{\mathrm{op}})\right| \tag{5-12}$$

在相同的 ω_{op} 和 ω 的情况下，$|\theta|$ 越大，$E(\omega_{\mathrm{op}},\omega,\theta)$ 越大。所以，通带左右角在其他频带上的最大偏移量仅与 $\max(|\theta_{p1}|,|\theta_{p2}|)$ 有关，图 5-13 中 $|\theta_{p1}|>|\theta_{p2}|$，所以 θ_{p1} 所对应的角度偏移要强于 θ_{p2} 的角度偏移。

对应于子带的最低和最高频率，偏移量分别为

$$E(\omega_{\mathrm{op}},\omega_a,\theta_{p1})=\left|\theta_{p1}-\arcsin(\omega_a\sin\theta_{p1}/\omega_{\mathrm{op}})\right| \tag{5-13}$$

$$E(\omega_{\mathrm{op}},\omega_b,\theta_{p1})=\left|\theta_{p1}-\arcsin(\omega_b\sin\theta_{p1}/\omega_{\mathrm{op}})\right| \tag{5-14}$$

所以，最佳的子带频率 ω_{op} 应满足

$$E(\omega_{\mathrm{op}},\omega_a,\theta_{p1})=E(\omega_{\mathrm{op}},\omega_b,\theta_{p1}) \tag{5-15}$$

即

$$\left|\theta_{p1}-\arcsin(\omega_a \sin\theta_{p1} / \omega_{\text{op}})\right| = \left|\theta_{p1}-\arcsin(\omega_b \sin\theta_{p1} / \omega_{\text{op}})\right| \tag{5-16}$$

展开可得

$$2\theta_{p1} = \arcsin(\omega_a \sin\theta_{p1} / \omega_{\text{op}}) + \arcsin(\omega_b \sin\theta_{p1} / \omega_{\text{op}}) \tag{5-17}$$

在满足上式的情况下，E_{lf} 和 E_{hf} 相等，并且具有最小的子带偏移量最大值。同时，上式也说明了子带最佳滤波器频点选择与子带的上下频带值有关，若将宽带阵列数据以等间隔方式进行子带划分，则导致在低频的位置，最大的频带偏移量要大于高频位置的最大偏移量。因此，若限制通带偏移量在每个子带的最大值为恒定值，则可以采用非等间隔的子带划分方法。靠近宽带数据的低频位置，子带划分更加精细，反之靠近宽带数据的高频位置，子带划分可适当稀疏。

对于其他类型的阵列，只要找到偏移量与频率和角度之间的关系，即可找到子带频率划分以及每个子带所设计空域矩阵滤波器的最佳频率。在保证分子带精细度、算法运算速度的同时，使每个子带通带响应位置偏移量在可控的范围内变化。

5.3　本章小结

本章讨论了宽带空域矩阵滤波器设计方法，以及阵列数据宽带空域矩阵滤波流程。对于等间隔线列阵，空域矩阵滤波器对设定频带的方向向量的响应等于对其他频带相对应的某方位方向向量响应，导致基于某特定频带设计的空域矩阵滤波器对全频带阵列流形的响应发生偏移效应。基于这个特性，获得了等间隔线列阵的宽带空域矩阵滤波器设计方法，并获得了子带最佳频率选择条件。对于一般阵列，由于各频带方向向量完全不同，基于某一频点设计的空域矩阵滤波器，只对该频率方向向量有正确的通阻带响应，而对其他频率方向向量响应需要根据实际结果进一步分析。

第 6 章　空域矩阵滤波技术在水声信号处理中的应用

本章从三个角度分析空域矩阵滤波技术在水声信号处理中的应用。6.2 节将该技术用于阵列数据目标方位估计，6.3 节将该技术用于水声信号匹配场处理，6.4 节将目标方位估计和匹配场处理技术结合，并通过空域矩阵滤波技术抑制拖船辐射噪声干扰。其中，6.4 节给出空域矩阵滤波器的设计方案，并通过 Lagrange 乘子理论推导得出空域矩阵滤波器的最优解，从理论上分析滤波器的总体响应和总体响应误差，并通过仿真数据和实际海试数据检验空域矩阵滤波器效果。

6.1　目标方位估计强干扰抑制

6.1.1　空域矩阵滤波技术用于目标方位估计仿真分析

为检验空域矩阵滤波技术用于目标方位估计的性能，给出干噪比变化情况下，预滤波前后常规波束形成目标方位估计的结果。假设三个信号源的方位分别为 0°、30° 和 60°，信噪比分别为 –10dB、–5dB 和 0dB。干扰源目标方位为 –28°，干噪比从 –20dB 均匀增加到 100dB。信号源和干扰源频率相同，阵元间隔等于半波长。使用图 6-1 中的空域矩阵滤波器对阵列数据预处理，其中，零点约束空域矩阵滤波器在阻带设置零点数为 5，零点约束空域矩阵滤波器通带以及最小二乘空域矩阵滤波器的通阻带离散化采样间隔为 0.1°，采用常规波束形成(CBF)和 Dolph-Chebychev 加权波束形成(DC-CBF)给出方位估计效果。

从图 6-2 及图 6-3 的仿真结果可见，不预滤波情况下，当干噪比增大到 20dB 以上时，受干扰源影响，均匀加权方法不能估计出信噪比为 0dB 以下的目标，此时干信比约等于 20dB。使用伪逆方法预滤波后，方位估计性能有所提升，当干噪比增大到 45dB 以上时，估计效果显著下降，此时干信比约等于 45dB。利用本书方法对强干扰扇面预滤波，干噪比小于等于 80dB 左右时能够正确估计三个信号源方位。利用本书方法对干扰源预滤波，在干信比约等于 85～90dB 左右时可正确分辨目标方位。此外，利用 Dolph-Chebychev 加权的方位估计虽然在目标源两侧形成稍宽的方位谱，但对无目标区域的杂波抑制能力要好于均匀加权方位估计，在预滤波能抑制干扰源的情况下，不会在通带产生虚假目标。而在预滤波效果失效时，两种方法都会在干扰源两侧形成虚假目标。

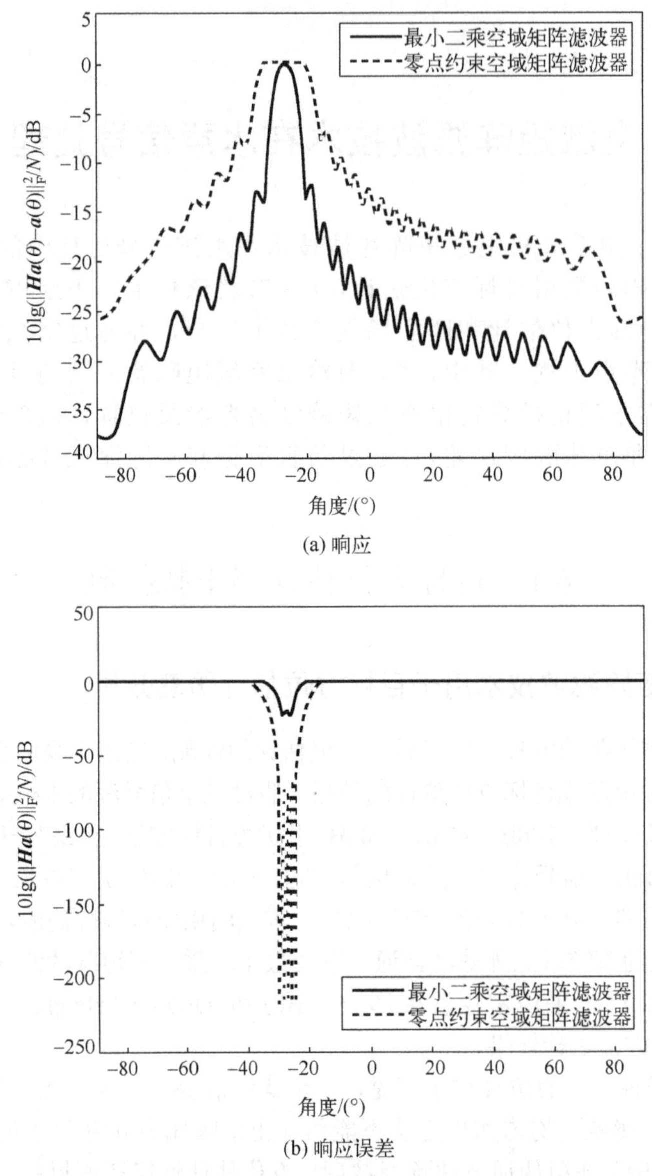

图 6-1　最小二乘和零点约束空域矩阵滤波器效果

6.1.2　空域矩阵滤波技术用于海试数据处理

利用某次海上试验数据检验空域矩阵滤波技术的性能。试验使用全向均匀水平线列阵，放置于舷侧，共由 28 个水听器阵元组成，间距为 0.225m，设计频率为 3300Hz。试验中本舰抛锚，辅机供电，此时本舰辐射噪声级小于舰艇航行状态辐射噪声级。有

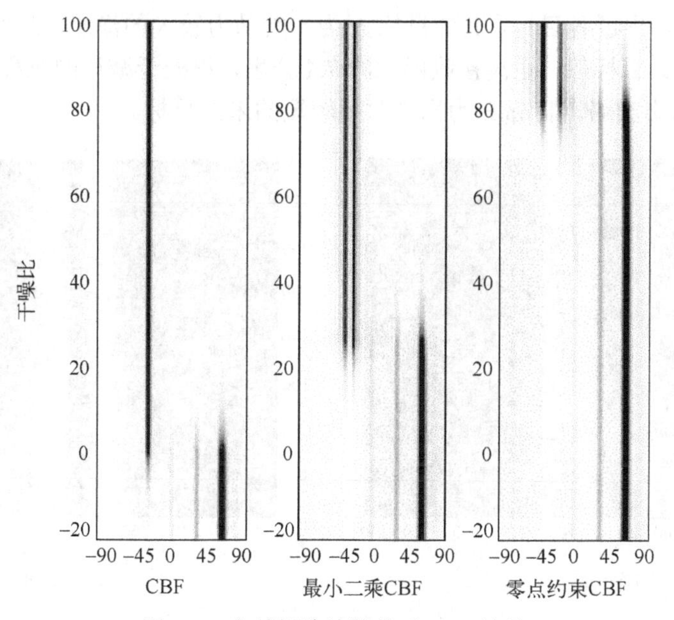

图 6-2　空域矩阵滤波前后 CBF 效果

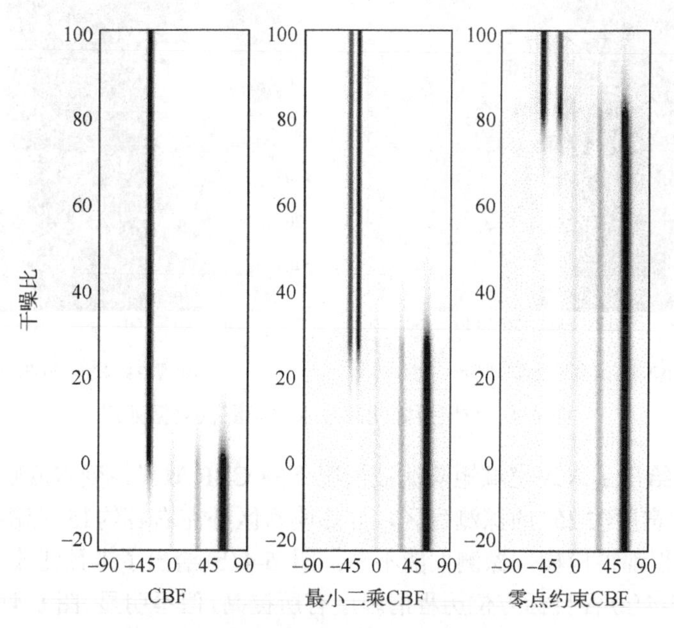

图 6-3　空域矩阵滤波前后 DC-CBF 效果

一个合作目标船，试验海域附近常常出现一些过往船只，以吨位较小的渔船为主。图 6-4(d)中标示出了各目标，其中目标 A 为一艘马力较大的渔船，距离接收船大约 3 公里，目标 B 为目标船，距离接收船大约 7.4 公里，正处于减速的过程。目标 C 为货轮，目标 D 为小渔船。目标 E 为出现时间较短的未知目标。

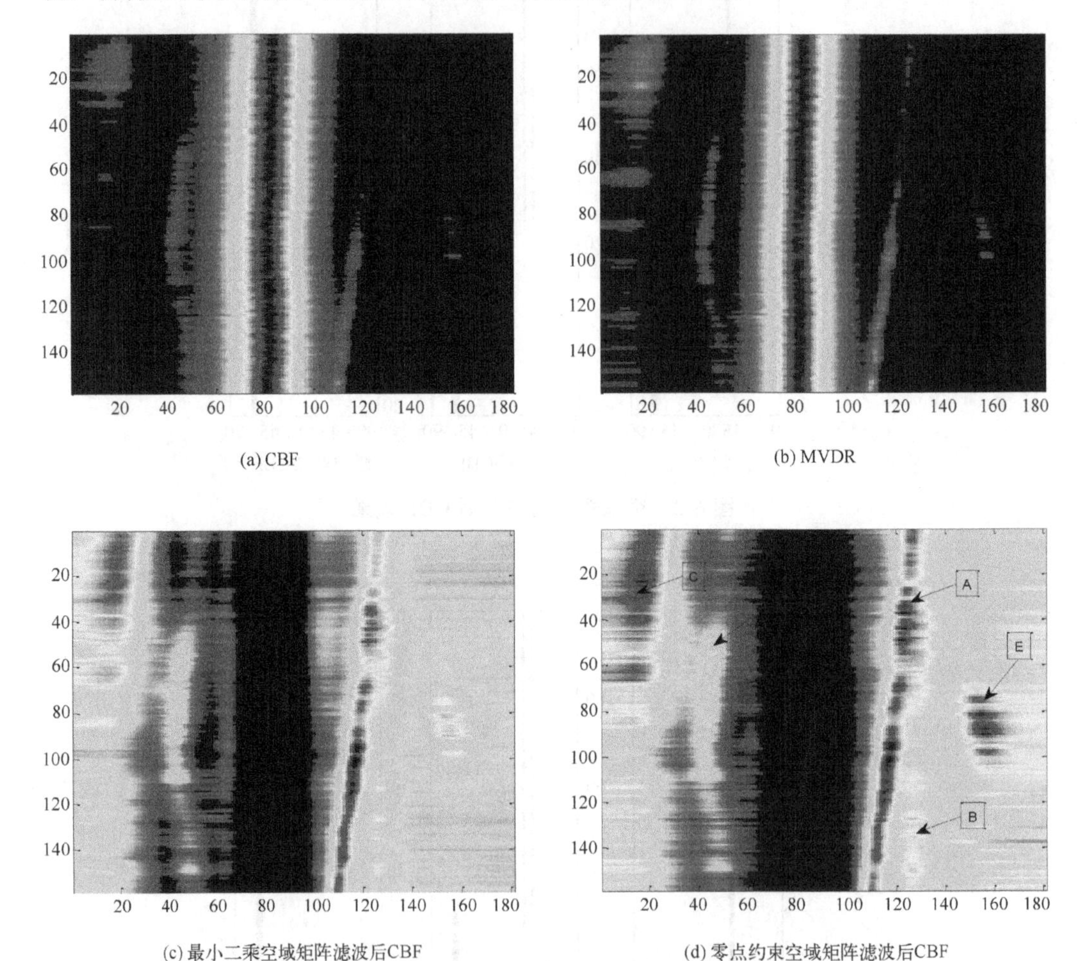

(a) CBF

(b) MVDR

(c) 最小二乘空域矩阵滤波后CBF

(d) 零点约束空域矩阵滤波后CBF

图 6-4　空域矩阵滤波技术用于海试数据处理

图 6-4(a)给出了未经空域矩阵滤波情况下的 CBF 效果，受本舰噪声的影响，在 −10° 左右形成宽度约 25° 的探测盲区，并影响盲区外左右各约15° 范围的探测性能，各目标方位历程都很模糊，探测性能不高。图 6-4(b)给出了未预滤波情况下 MVDR 效果，相对图 6-4(a)各目标方位历程清晰度有所提高，但不明显。图 6-4(c)和图 6-4(d)分别给出了经最小二乘和零点约束空域矩阵滤波后 CBF 效果，空域矩阵滤波后方位估计性能改善明显，可正确观测出各目标的方位历程。

6.2 匹配场定位强干扰抑制

基于声场计算理论，可以获得声源到达接收阵列的拷贝向量，并通过拷贝向量与接收阵列数据的相关谱分析，获得水下目标的位置估计。当水下弱目标位于水面强目标正下方或附近区域时，基于常规的匹配场或匹配模定位技术仅能识别出水面目标，而高分辨匹配场算法虽然可以在环境精确匹配时辨识出水下弱目标，却存在易失配、稳定性差等问题，给敌方潜艇、无人自潜器、蛙人等凭借水面舰船掩护突袭我方港口、基地等创造了机会，空域矩阵滤波技术用于强干扰抑制，为强干扰条件下的弱目标探测提供了可行的解决方案。

6.2.1 海洋环境参数及空域矩阵滤波器设置

考虑一个垂直阵列，阵元间隔为 1.5m，第一阵元位于水下 9.5m，阵元数为 $N=32$，海区深度为 60.5m，垂直阵位置分布及海洋环境参数信息如图 6-5 所示。图中共有两个水下目标，其中 $s1$ 深度为 7m，$s2$ 深度为 40m，两个目标与阵列距离皆为 5300m，两目标为频率重叠的信号，频谱范围为 690～710Hz。

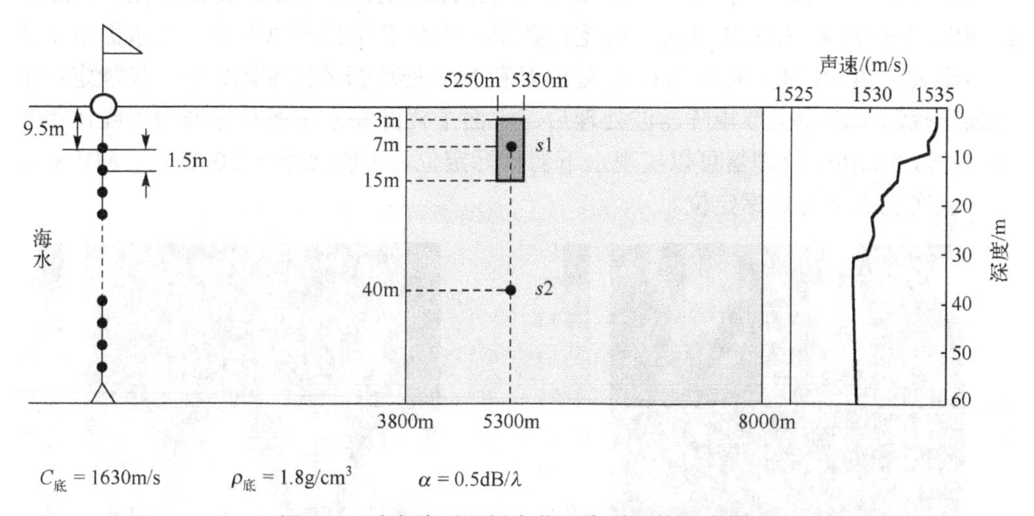

图 6-5 垂直阵匹配场定位及海洋环境示意图

针对水面干扰目标设计阻带总体响应约束型空域矩阵滤波器，设置阻带范围为水深 3～15m，距离 5250～5350m，其余范围为通带，阻带总体响应误差约束为 0.00032(–35dB)。针对每个频点的通带和阻带拷贝向量设计相应的空域矩阵滤波器，其中频率为 710Hz 的空域矩阵滤波器的响应和响应误差如图 6-6 所示。

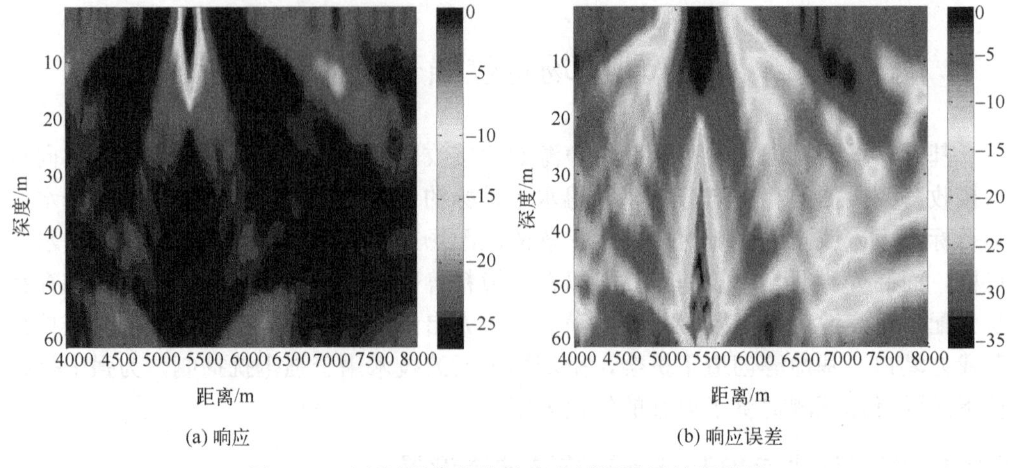

图 6-6　匹配场阻带总体约束空域矩阵滤波器效果

6.2.2　空域矩阵滤波前后匹配场定位

本节采用 Bartlett 处理器和 MV 处理器实现垂直阵匹配场定位，设水面 7m 的强干扰目标源为 160dB，图 6-7～图 6-10 分别给出了水下 40m 弱目标源在 140dB、135dB、130dB 和 125dB 情况下的定位效果。由仿真结果可以看出，在水面水下的干噪比大于 20dB 时，采用 Bartlett 处理器和 MV 处理器的匹配场定位，仅能定位水面强干扰源。而经空域矩阵滤波处理后，水面干扰源和水下弱目标源的干噪比小于 25dB 时，Bartlett 处理器可以实现水下弱目标定位，干噪比小于 30dB 时，MV 处理器可以实现水下弱目标定位。

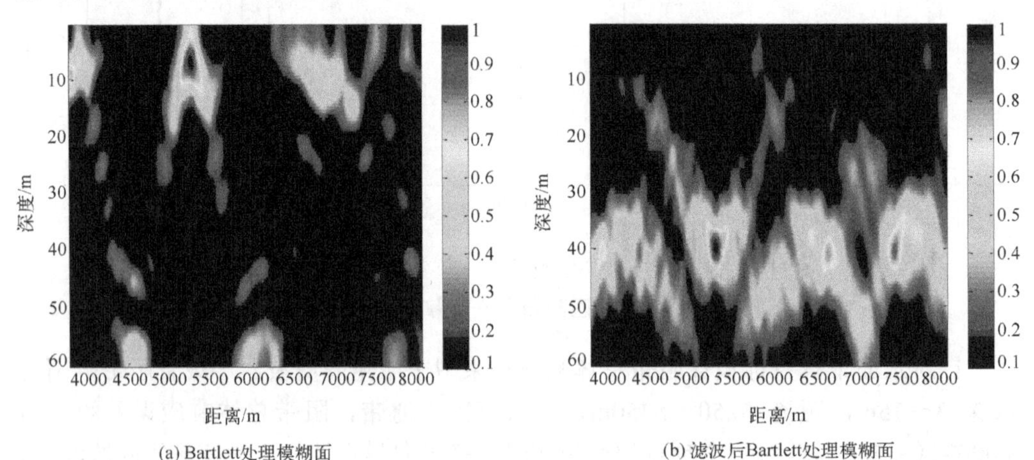

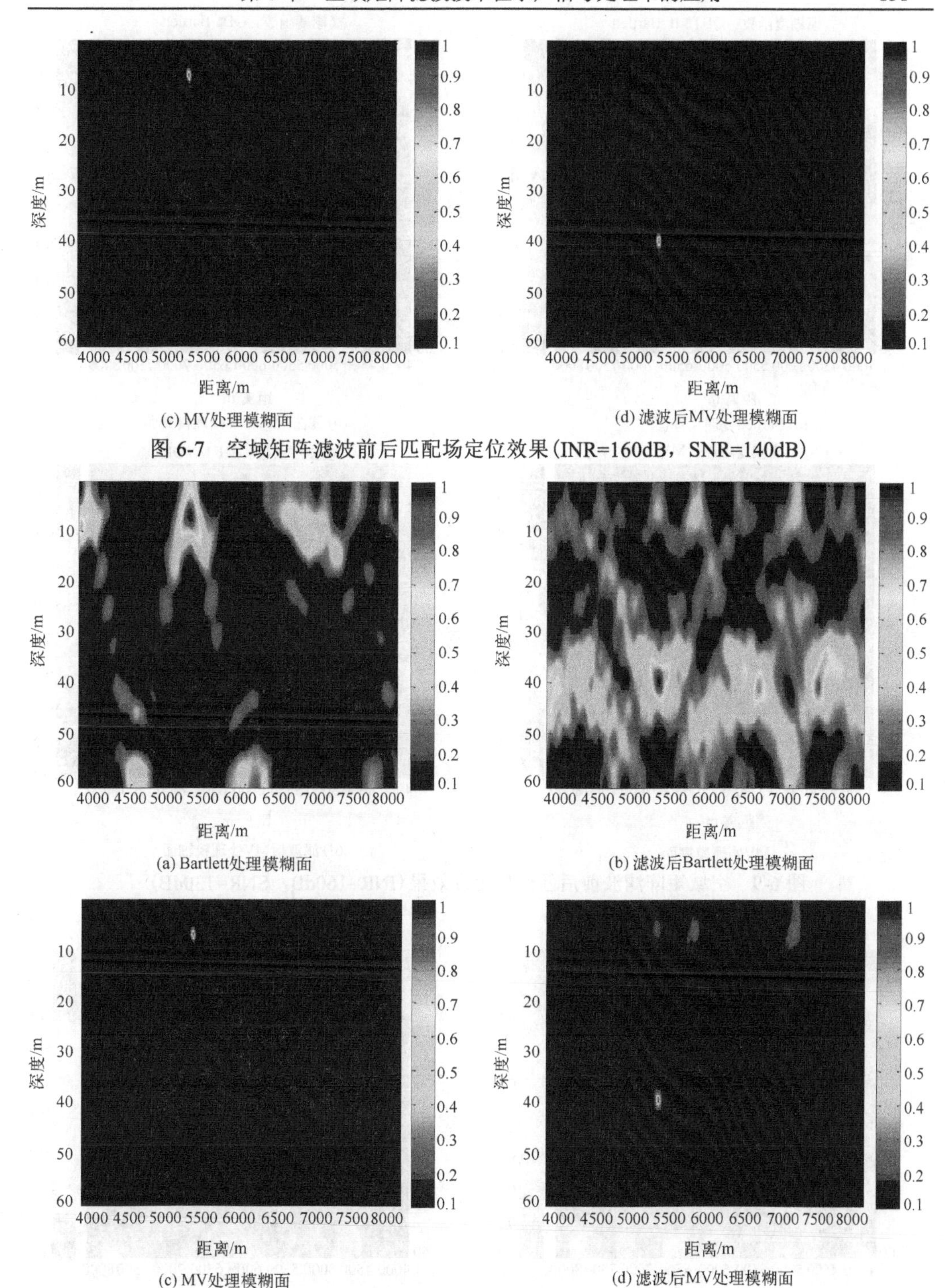

图 6-8　空域矩阵滤波前后匹配场定位效果(INR=160dB，SNR=135dB)

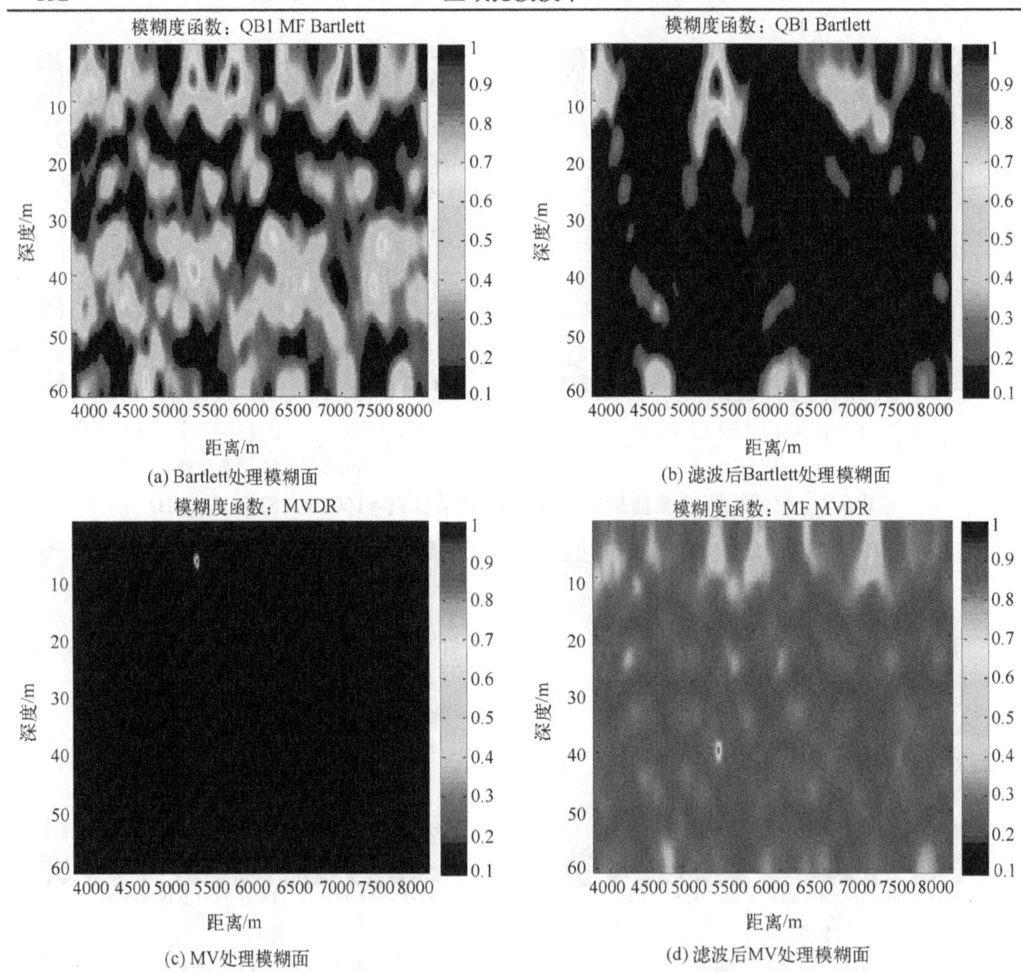

(a) Bartlett处理模糊面　　(b) 滤波后Bartlett处理模糊面

(c) MV处理模糊面　　(d) 滤波后MV处理模糊面

图 6-9　空域矩阵滤波前后匹配场定位效果(INR=160dB，SNR=130dB)

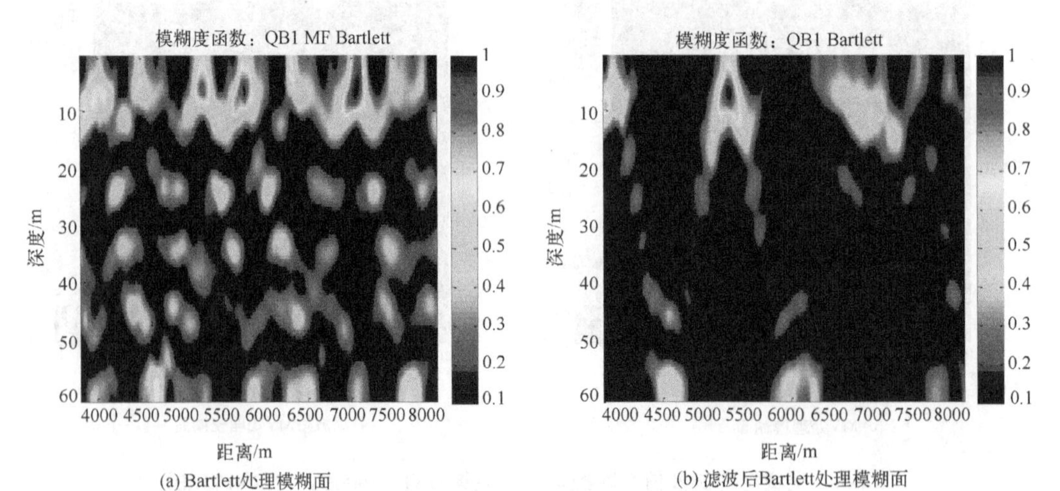

(a) Bartlett处理模糊面　　(b) 滤波后Bartlett处理模糊面

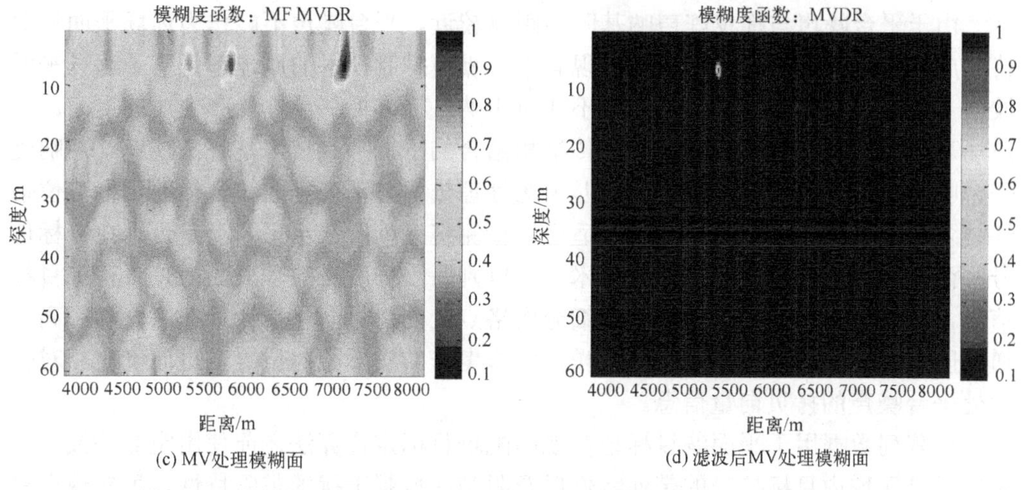

(c) MV处理模糊面　(d) 滤波后MV处理模糊面

图 6-10　空域矩阵滤波前后匹配场定位效果(INR=160dB，SNR=125dB)

6.3　拖曳线列阵声呐拖船辐射噪声抑制

拖曳阵声呐水听器阵列长度可达上百米，从而充分利用信号场相干性信息，以获得更高的空间处理增益，拖曳阵声呐是探测低频、低噪声水下目标的重要手段[61-63]。但由于声呐拖曳平台即舰艇或潜艇距声呐拖曳阵的距离有限，平台辐射噪声对水听器阵列的影响十分严重，在阵列端首附近方向构成近程强干扰。导致拖曳阵声呐在水听器阵端首方向形成大范围的探测盲区，同时还影响其他方位的目标探测能力[64-68]。

平台辐射噪声的来源主要有三部分：船体或艇体的机械噪声、螺旋桨噪声以及水动力噪声，在多数情况下，前两者是主要的辐射噪声[69,70]。其中机械噪声主要包括主机和辅机工作时向水中辐射而形成的噪声，螺旋桨噪声包括螺旋桨附近的空化现象产生的噪声以及螺旋桨叶片切割水流引起的噪声。国内外学者尝试利用多种方法抑制平台辐射噪声，如自适应噪声抵消[71-77]、自适应波束形成[78-85]、后置波束形成干扰抵消[86-91]、逆波束形成等方法[92-98]，但这些基于平面波传播理论的干扰抵消技术对拖曳阵声呐平台噪声抑制能力十分有限。此外，也出现了一些新的方法用于拖船辐射噪声抑制，如基于经验模态分解和特征分析的自适应干扰抵消技术[99-101]。

另外，国内学者将匹配场的处理方法与后置波束形成方法结合，给出了一种新的拖船噪声抵消方案[102-104]，该方法利用拖船噪声在拖曳线列阵上的拷贝场向量进行干扰波束的形成，进而利用后置波束形成方法进行干扰抵消。但是，该方法一方面受到水声环境的限制，如果环境参数失配会造成方法性能退化；另一方面，该方法仅适用于窄带处理，同后置波束形成方法一样，尚不能很好地抵消宽带拖船干扰。

由于平台噪声与拖曳阵声呐基阵的距离较近，平台噪声不能作为远场平面波对待，应作为近场强干扰看待。然而现有平台噪声抑制技术的原理都是基于远场平面波信号的降噪或抵消技术，因而并不能对声呐目标方位估计性能产生质的提高。与声场环境、声源到达接收阵的多途传播相结合的干扰抑制技术是解决拖曳阵声呐受平台噪声影响的最可行解决方案。匹配场处理技术与基于平面波传播的目标方位估计技术不同，平面波方位估计技术适合于检测拖曳阵所在水平面上是否存在目标信号，而通过水平阵的匹配场处理技术，可以判断阵列所在的垂直面上是否存在目标信号，匹配场处理利用了垂直面上细分网格点处的拷贝向量估计目标深度和距离。通过匹配场定位的方式，确定平台噪声距拖曳阵的实际相对位置，进而确定相对位置处平台噪声的拷贝向量信息。

在阵列数据用于平面波目标定向或匹配场目标定位算法之前使用空域滤波，可实现通带区域内目标信号的带通特性以及阻带区域强干扰的带阻特性。虽然现有空域滤波技术可实现更高精度的平面波方位估计和匹配场定位效果，但还没有与平面波方位估计和匹配场定位同时结合起来。

6.3.1　平台辐射噪声响应约束空域滤波器

6.3.1.1　滤波器设计模型

拖曳线列阵声呐的目标方位估计，是建立在接收声信号为远场平面波假设条件下的计算结果，然而，由于声呐使用平台与拖曳阵列距离有限，平台噪声经海底海面折射反射等效应，应作为近场强干扰对待。考虑由无指向性水听器构成的均匀线列阵，假设阵元数为 N，则频率为 ω 的接收阵列信号 $\boldsymbol{x}(t,\omega)$ 中包含远场平面波及近场平台噪声干扰

$$\boldsymbol{x}(t,\omega)=\boldsymbol{A}(\boldsymbol{\theta},\omega)\boldsymbol{s}_1(t,\omega)+\boldsymbol{V}(\omega)\boldsymbol{s}_0(t,\omega)+\boldsymbol{n}(t,\omega) \tag{6-1}$$

其中，$\boldsymbol{x}(t,\omega)=[x_1(t,\omega),\cdots,x_N(t,\omega)]^{\mathrm{T}}$ 是接收阵列数据，$\boldsymbol{s}_1(t,\omega)=[s_{11}(t,\omega),\cdots,s_{1D}(t,\omega)]^{\mathrm{T}}$ 是 D 维频率为 ω 的远场平面波信号，$\boldsymbol{s}_0(t,\omega)=[s_{01}(t,\omega),\cdots,s_{0S}(t,\omega)]^{\mathrm{T}}$ 是 S 维频率为 ω 的近场拖船噪声干扰。$\boldsymbol{A}(\boldsymbol{\theta},\omega)=[\boldsymbol{a}(\theta_1,\omega),\cdots,\boldsymbol{a}(\theta_i,\omega),\cdots,\boldsymbol{a}(\theta_D,\omega)]\in\mathbb{C}^{N\times D}$ 是频率为 ω 的平面波阵列流形矩阵，其中 $\boldsymbol{\theta}=[\theta_1,\theta_2,\cdots,\theta_D]$ 为平面波信号入射方向，$\boldsymbol{a}(\theta_i,\omega)=[1,\exp(-\mathrm{j}\omega\Delta\sin\theta_i/c),\cdots,\exp(-\mathrm{j}\omega(N-1)\Delta\sin\theta_i/c)]^{\mathrm{T}}\in\mathbb{C}^{N\times 1}$ 是信号源到接收阵的方向向量，这里 Δ 代表阵元间隔，$\boldsymbol{V}(\omega)=[\boldsymbol{v}_1(\omega),\boldsymbol{v}_2(\omega),\cdots,\boldsymbol{v}_S(\omega)]\in\mathbb{C}^{N\times S}$ 是平台噪声干扰经海洋多途到达接收阵的拷贝向量，$\boldsymbol{n}(t,\omega)=[n_1(t,\omega),\cdots,n_N(t,\omega)]^{\mathrm{T}}$ 是 N 维环境噪声。

设计空域预滤波器 $\boldsymbol{H}(\omega)\in\mathbb{C}^{N\times N}$，利用该滤波器对接收阵列数据滤波

$$\boldsymbol{y}(t,\omega)=\boldsymbol{H}(\omega)\boldsymbol{A}(\boldsymbol{\theta},\omega)\boldsymbol{s}_1(t,\omega)+\boldsymbol{H}(\omega)\boldsymbol{V}(\omega)\boldsymbol{s}_0(t,\omega)+\boldsymbol{H}(\omega)\boldsymbol{n}(t,\omega) \tag{6-2}$$

经空域滤波器 $\boldsymbol{H}(\omega)$ 滤波后，远场平面波所获得的响应及响应误差分别为 $\|\boldsymbol{H}(\omega)\boldsymbol{A}(\boldsymbol{\theta},\omega)\|_{\mathrm{F}}^2$ 和 $\|\boldsymbol{H}(\omega)\boldsymbol{A}(\boldsymbol{\theta},\omega)-\boldsymbol{A}(\boldsymbol{\theta},\omega)\|_{\mathrm{F}}^2$。平台噪声经空域滤波后所获得的响应和

响应误差分别为$\|\boldsymbol{H}(\omega)\boldsymbol{V}(\omega)\|_{\mathrm{F}}^{2}$和$\|\boldsymbol{H}(\omega)\boldsymbol{V}(\omega)-\boldsymbol{V}(\omega)\|_{\mathrm{F}}^{2}$。

空域滤波的目的是通过制约对近场干扰响应$\|\boldsymbol{H}(\omega)\boldsymbol{V}(\omega)\|_{\mathrm{F}}^{2}$的值来抑制平台噪声，同时约束对远场平面波响应误差$\|\boldsymbol{H}(\omega)\boldsymbol{A}(\boldsymbol{\theta},\omega)-\boldsymbol{A}(\boldsymbol{\theta},\omega)\|_{\mathrm{F}}^{2}$的值以实现不影响远场平面波信号检测。为方便设计及求解，现将$\boldsymbol{H}(\omega)$、$\boldsymbol{A}(\boldsymbol{\theta},\omega)$、$\boldsymbol{V}(\omega)$分别简记为$\boldsymbol{H}$、$\boldsymbol{A}$和$\boldsymbol{V}$。

通过建立如下最优化问题设计空域滤波器，实现近场平台噪声抑制。

最优化问题 1：平台噪声零响应约束空域滤波器

$$\begin{aligned}&\min_{\boldsymbol{H}_1} J(\boldsymbol{H}_1)=\|\boldsymbol{H}_1\boldsymbol{A}-\boldsymbol{A}\|_{\mathrm{F}}^{2}\\&\text{s.t. }\ \boldsymbol{H}_1\boldsymbol{V}=\boldsymbol{0}_{N\times S}\end{aligned}\tag{6-3}$$

空域滤波器$\boldsymbol{H}_1$对平台噪声的响应完全设定为零。

最优化问题 2：平台噪声响应抑制空域滤波器

$$\begin{aligned}&\min_{\boldsymbol{H}_2} J(\boldsymbol{H}_2)=\|\boldsymbol{H}_2\boldsymbol{A}-\boldsymbol{A}\|_{\mathrm{F}}^{2}\\&\text{s.t. }\ \|\boldsymbol{H}_2\boldsymbol{V}\|_{\mathrm{F}}^{2}\leqslant\varepsilon\end{aligned}\tag{6-4}$$

其中，$\varepsilon>0$是空域滤波器对平台噪声的响应约束值。空域滤波器$\boldsymbol{H}_2$对平台噪声的响应限定为小于或等于ε，从而抑制平台噪声。

6.3.1.2　最优化问题求解

现给出该最优化问题 1 的求解过程及最优解。最优化问题 1 的约束条件与下式等价

$$\begin{cases}\operatorname{Re}(\boldsymbol{H}_1\boldsymbol{v}_n)=\boldsymbol{0}_{N\times1}, & 1\leqslant n\leqslant S\\ \operatorname{Im}(\boldsymbol{H}_1\boldsymbol{v}_n)=\boldsymbol{0}_{N\times1}, & 1\leqslant n\leqslant S\end{cases}\tag{6-5}$$

构造实 Lagrange 函数

$$\begin{aligned}L(\boldsymbol{H}_1,\boldsymbol{\lambda}_1,\cdots,\boldsymbol{\lambda}_S,\boldsymbol{\delta}_1,\cdots,\boldsymbol{\delta}_S)&=\|\boldsymbol{H}_1\boldsymbol{A}-\boldsymbol{A}\|_{\mathrm{F}}^{2}-\sum_{n=1}^{S}\boldsymbol{\lambda}_n^{\mathrm{T}}\operatorname{Re}(\boldsymbol{H}_1\boldsymbol{v}_n)-\sum_{n=1}^{S}\boldsymbol{\delta}_n^{\mathrm{T}}\operatorname{Im}(\boldsymbol{H}_1\boldsymbol{v}_n)\\&=\operatorname{tr}(\boldsymbol{H}_1\boldsymbol{A}\boldsymbol{A}^{\mathrm{H}}\boldsymbol{H}_1^{\mathrm{H}})-\operatorname{tr}(\boldsymbol{H}_1\boldsymbol{A}\boldsymbol{A}^{\mathrm{H}})-\operatorname{tr}(\boldsymbol{A}\boldsymbol{A}^{\mathrm{H}}\boldsymbol{H}_1^{\mathrm{H}})+\operatorname{tr}(\boldsymbol{A}\boldsymbol{A}^{\mathrm{H}})\\&\quad-\sum_{n=1}^{S}\left(\frac{\boldsymbol{\lambda}_n^{\mathrm{T}}}{2}+\frac{\boldsymbol{\delta}_n^{\mathrm{T}}}{2\mathrm{j}}\right)\boldsymbol{H}_1\boldsymbol{v}_n-\sum_{n=1}^{S}\left(\frac{\boldsymbol{\lambda}_n^{\mathrm{T}}}{2}-\frac{\boldsymbol{\delta}_n^{\mathrm{T}}}{2\mathrm{j}}\right)\boldsymbol{H}_1^{*}\boldsymbol{v}_n^{*}\end{aligned}\tag{6-6}$$

令$\boldsymbol{\lambda}=[\boldsymbol{\lambda}_1,\cdots,\boldsymbol{\lambda}_S]\in\mathbb{R}^{N\times S}$和$\boldsymbol{\delta}=[\boldsymbol{\delta}_1,\cdots,\boldsymbol{\delta}_S]\in\mathbb{R}^{N\times S}$是 Lagrange 乘子。

对$L(\boldsymbol{H}_1,\boldsymbol{\lambda}_1,\cdots,\boldsymbol{\lambda}_S,\boldsymbol{\delta}_1,\cdots,\boldsymbol{\delta}_S)$求关于$(\boldsymbol{H}_1,\boldsymbol{\lambda}_1,\cdots,\boldsymbol{\lambda}_S,\boldsymbol{\delta}_1,\cdots,\boldsymbol{\delta}_S)$的偏导数

$$\begin{aligned}\frac{\partial L(\boldsymbol{H}_1,\boldsymbol{\lambda}_1,\cdots,\boldsymbol{\lambda}_S,\boldsymbol{\delta}_1,\cdots,\boldsymbol{\delta}_S)}{\partial\boldsymbol{H}_1}&=(\boldsymbol{A}\boldsymbol{A}^{\mathrm{H}}\boldsymbol{H}_1^{\mathrm{H}})^{\mathrm{T}}-(\boldsymbol{A}\boldsymbol{A}^{\mathrm{H}})^{\mathrm{T}}-\sum_{n=1}^{S}\left(\frac{\boldsymbol{\lambda}_n^{\mathrm{T}}}{2}+\frac{\boldsymbol{\delta}_n^{\mathrm{T}}}{2\mathrm{j}}\right)\boldsymbol{v}_n^{\mathrm{T}}\\&=\boldsymbol{H}_1^{*}\boldsymbol{A}^{*}\boldsymbol{A}^{\mathrm{T}}-\boldsymbol{A}^{*}\boldsymbol{A}^{\mathrm{T}}-\left(\frac{\boldsymbol{\lambda}}{2}+\frac{\boldsymbol{\delta}}{2\mathrm{j}}\right)\boldsymbol{V}^{\mathrm{T}}\\&=\boldsymbol{H}_1^{*}\boldsymbol{A}^{*}\boldsymbol{A}^{\mathrm{T}}-\boldsymbol{A}^{*}\boldsymbol{A}^{\mathrm{T}}-\boldsymbol{\gamma}\boldsymbol{V}^{\mathrm{T}}\end{aligned}\tag{6-7}$$

其中，$\boldsymbol{\gamma}=\dfrac{\boldsymbol{\lambda}}{2}+\dfrac{\boldsymbol{\delta}}{2\mathrm{j}}\in\mathbb{C}^{N\times S}$ 是由 $\boldsymbol{\lambda}$ 和 $\boldsymbol{\delta}$ 所构造的 Lagrange 乘子。

$$\frac{\partial L(\boldsymbol{H}_1,\boldsymbol{\lambda}_1,\cdots,\boldsymbol{\lambda}_S,\boldsymbol{\delta}_1,\cdots,\boldsymbol{\delta}_S)}{\partial\boldsymbol{\lambda}_n}=\mathrm{Re}(\boldsymbol{H}_1\boldsymbol{v}_n),\quad 1\leqslant n\leqslant S \tag{6-8}$$

$$\frac{\partial L(\boldsymbol{H}_1,\boldsymbol{\lambda}_1,\cdots,\boldsymbol{\lambda}_S,\boldsymbol{\delta}_1,\cdots,\boldsymbol{\delta}_S)}{\partial\boldsymbol{\delta}_n}=\mathrm{Im}(\boldsymbol{H}_1\boldsymbol{v}_n),\quad 1\leqslant n\leqslant S \tag{6-9}$$

Lagrange 函数的稳定点 $(\hat{\boldsymbol{H}}_1,\hat{\boldsymbol{\lambda}},\hat{\boldsymbol{\delta}})$，也即最优空域滤波器及最优 Lagrange 常数满足条件

$$\hat{\boldsymbol{H}}_1^*\boldsymbol{A}^*\boldsymbol{A}^{\mathrm{T}}-\boldsymbol{A}^*\boldsymbol{A}^{\mathrm{T}}-\hat{\boldsymbol{\gamma}}\boldsymbol{V}^{\mathrm{T}}=\boldsymbol{0}_{N\times N} \tag{6-10}$$

$$\mathrm{Re}(\hat{\boldsymbol{H}}_1\boldsymbol{v}_n)=\boldsymbol{0}_{N\times 1},1\leqslant n\leqslant S \tag{6-11}$$

$$\mathrm{Im}(\hat{\boldsymbol{H}}_1\boldsymbol{v}_n)=\boldsymbol{0}_{N\times 1},1\leqslant n\leqslant S \tag{6-12}$$

其中，$\hat{\boldsymbol{\gamma}}=\dfrac{\hat{\boldsymbol{\lambda}}}{2}+\dfrac{\hat{\boldsymbol{\delta}}}{2\mathrm{j}}$。合并式(6-11)和式(6-12)，即平台噪声零响应的约束条件为

$$\hat{\boldsymbol{H}}_1\boldsymbol{V}_S=\boldsymbol{0}_{(N-S)\times(N-S)} \tag{6-13}$$

由式(6-10)可得

$$\hat{\boldsymbol{H}}_1=(\boldsymbol{A}\boldsymbol{A}^{\mathrm{H}}+\hat{\boldsymbol{\gamma}}^*\boldsymbol{V}^{\mathrm{H}})(\boldsymbol{A}\boldsymbol{A}^{\mathrm{H}})^{-1} \tag{6-14}$$

由 $\boldsymbol{A}$ 的构造可知，$\boldsymbol{A}$ 是 Vandermonde 矩阵，行满秩，因此 $\boldsymbol{A}\boldsymbol{A}^{\mathrm{H}}$ 是满秩方阵，$\boldsymbol{A}\boldsymbol{A}^{\mathrm{H}}$ 可逆。将式(6-14)代入式(6-13)可求出所构造的最优 Lagrange 乘子

$$\hat{\boldsymbol{\gamma}}^*=-\boldsymbol{V}[\boldsymbol{V}^{\mathrm{H}}(\boldsymbol{A}\boldsymbol{A}^{\mathrm{H}})^{-1}\boldsymbol{V}]^{-1} \tag{6-15}$$

将最优 Lagrange 乘子 $\hat{\boldsymbol{\gamma}}^*$ 即式(6-15)代入式(6-14)，获得最优空域滤波器为

$$\hat{\boldsymbol{H}}_1=\boldsymbol{I}_{N\times N}-\boldsymbol{V}[\boldsymbol{V}^{\mathrm{H}}(\boldsymbol{A}\boldsymbol{A}^{\mathrm{H}})^{-1}\boldsymbol{V}]^{-1}\boldsymbol{V}^{\mathrm{H}}(\boldsymbol{A}\boldsymbol{A}^{\mathrm{H}})^{-1} \tag{6-16}$$

$\hat{\boldsymbol{H}}_1$ 是 $L(\boldsymbol{H}_1,\boldsymbol{\lambda}_1,\cdots,\boldsymbol{\lambda}_S,\boldsymbol{\delta}_1,\cdots,\boldsymbol{\delta}_S)$ 的稳定点，也即是最优化问题 1 的全局最优解。

利用与最优化问题 1 相似的求解方法，可得到最优化问题 2 的全局最优解及求解最优 Lagrange 乘子 $\hat{\kappa}$ 的方程

$$\hat{\boldsymbol{H}}_2=\boldsymbol{A}\boldsymbol{A}^{\mathrm{H}}(\boldsymbol{A}\boldsymbol{A}^{\mathrm{H}}+\hat{\kappa}\boldsymbol{V}\boldsymbol{V}^{\mathrm{H}})^{-1} \tag{6-17}$$

$$\mathrm{tr}[\boldsymbol{A}\boldsymbol{A}^{\mathrm{H}}(\boldsymbol{A}\boldsymbol{A}^{\mathrm{H}}+\hat{\kappa}\boldsymbol{V}\boldsymbol{V}^{\mathrm{H}})^{-1}\boldsymbol{V}\boldsymbol{V}^{\mathrm{H}}(\boldsymbol{A}\boldsymbol{A}^{\mathrm{H}}+\hat{\kappa}\boldsymbol{V}\boldsymbol{V}^{\mathrm{H}})^{-1}\boldsymbol{A}\boldsymbol{A}^{\mathrm{H}}]=\varepsilon \tag{6-18}$$

6.3.1.3 广义奇异值分解误差分析及最优解验证

利用广义奇异值分解可以从理论上分析最优空域滤波器对近场平台噪声响应以及对远场平面波响应误差，从而通过检验最优解对近场平台噪声响应是否等于约束条件验证其正确性。

由于$\boldsymbol{A}$是 Vandermonde 矩阵，行满秩，在设计滤波器时所采用的全空间方向向量数D大于阵元数N，故$\mathrm{rank}(\boldsymbol{A})=N$。$\boldsymbol{V}$的秩与平台噪声有关，平台噪声到拖曳阵所生成拷贝向量数应小于阵元数，故$\mathrm{rank}(\boldsymbol{V})=S$。由广义奇异值分解可知，存在酉矩阵$\boldsymbol{U}_A\in\mathbb{C}^{D\times D}$和$\boldsymbol{U}_V\in\mathbb{C}^{S\times S}$以及非奇异矩阵$\boldsymbol{Q}_X\in\mathbb{C}^{N\times N}$，使得

$$\boldsymbol{U}_A\boldsymbol{A}^{\mathrm{H}}\boldsymbol{Q}_X=\boldsymbol{\Sigma}_A,\quad \boldsymbol{\Sigma}_A=\begin{bmatrix}\boldsymbol{I}_{(N-S)\times(N-S)} & \boldsymbol{0}_{(N-S)\times S}\\ \boldsymbol{0}_{S\times(N-S)} & \boldsymbol{Z}_A\\ \boldsymbol{0}_{(D-N)\times(N-S)} & \boldsymbol{0}_{(D-N)\times S}\end{bmatrix}_{D\times N},\quad \boldsymbol{Z}_A=\mathrm{diag}(\alpha_1,\alpha_2,\cdots,\alpha_S)\tag{6-19}$$

$$\boldsymbol{U}_V\boldsymbol{V}^{\mathrm{H}}\boldsymbol{Q}_X=\boldsymbol{\Sigma}_V,\quad \boldsymbol{\Sigma}_V=[\boldsymbol{0}_{S\times(N-S)},\boldsymbol{Z}_V]_{S\times N},\quad \boldsymbol{Z}_V=\mathrm{diag}(\beta_1,\beta_2,\cdots,\beta_S)\tag{6-20}$$

其中，$\alpha_i^2+\beta_i^2=1,i=1,2,\cdots,S$。

由式(6-19)和式(6-20)可得

$$\boldsymbol{A}=\boldsymbol{Q}_X^{-\mathrm{H}}\boldsymbol{\Sigma}_A^{\mathrm{T}}\boldsymbol{U}_A\tag{6-21}$$

$$\boldsymbol{V}=\boldsymbol{Q}_X^{-\mathrm{H}}\boldsymbol{\Sigma}_V^{\mathrm{T}}\boldsymbol{U}_V\tag{6-22}$$

将式(6-21)、式(6-22)代入式(6-16)、式(6-17)和式(6-18)可得

$$\hat{\boldsymbol{H}}_1=\boldsymbol{Q}_X^{-\mathrm{H}}\begin{bmatrix}\boldsymbol{I}_{(N-S)\times(N-S)} & \boldsymbol{0}_{(N-S)\times S}\\ \boldsymbol{0}_{S\times(N-S)} & \boldsymbol{0}_S\end{bmatrix}\boldsymbol{Q}_X^{\mathrm{H}}\tag{6-23}$$

$$\hat{\boldsymbol{H}}_2=\boldsymbol{Q}_X^{-\mathrm{H}}\begin{bmatrix}\boldsymbol{I}_{(N-S)\times(N-S)} & \boldsymbol{0}_{(N-S)\times S}\\ \boldsymbol{0}_{S\times(N-S)} & \boldsymbol{Z}_A^{2}(\boldsymbol{Z}_A^{2}+\hat{\kappa}\boldsymbol{Z}_V^{2})^{-1}\end{bmatrix}\boldsymbol{Q}_X^{\mathrm{H}}\tag{6-24}$$

$$\mathrm{tr}\left\{\boldsymbol{Q}_X^{-\mathrm{H}}\begin{bmatrix}\boldsymbol{0}_{(N-S)\times(N-S)} & \boldsymbol{0}_{(N-S)\times S}\\ \boldsymbol{0}_{S\times(N-S)} & \boldsymbol{Z}_A^4\boldsymbol{Z}_V^2(\boldsymbol{Z}_A^2+\hat{\kappa}\boldsymbol{Z}_V^2)^{-2}\end{bmatrix}\boldsymbol{Q}_X^{-1}\right\}=\varepsilon\tag{6-25}$$

式(6-25)由式(6-18)所得，是最优化问题 2 中求解 Lagrange 乘子$\hat{\kappa}$的方程。

式(6-23)和式(6-24)给出了广义奇异分解所得的空域滤波器简化解，利用该简化解和式(6-21)和式(6-22)可得空域滤波器对近场平台噪声的响应以及对远场平面波的响应误差

$$\left\|\hat{\boldsymbol{H}}_1\boldsymbol{A}-\boldsymbol{A}\right\|_{\mathrm{F}}^2=\left\|\boldsymbol{Q}_X^{-\mathrm{H}}\begin{bmatrix}\boldsymbol{0}_{(N-S)\times(N-S)} & \boldsymbol{0}_{(N-S)\times S}\\ \boldsymbol{0}_{S\times(N-S)} & \boldsymbol{Z}_A\end{bmatrix}\right\|_{\mathrm{F}}^2\tag{6-26}$$

$$\left\|\hat{\boldsymbol{H}}_2\boldsymbol{A}-\boldsymbol{A}\right\|_{\mathrm{F}}^2=\left\|\boldsymbol{Q}_X^{-\mathrm{H}}\begin{bmatrix}\boldsymbol{0}_{(N-S)\times(N-S)} & \boldsymbol{0}_{(N-S)\times S}\\ \boldsymbol{0}_{S\times(N-S)} & \hat{\kappa}\boldsymbol{Z}_V^2\boldsymbol{Z}_A(\boldsymbol{Z}_A^2+\hat{\kappa}\boldsymbol{Z}_V^2)^{-1}\end{bmatrix}\right\|_{\mathrm{F}}^2\tag{6-27}$$

$$\left\|\hat{\boldsymbol{H}}_1\boldsymbol{V}\right\|_{\mathrm{F}}^2=\boldsymbol{0}_{(N-S)\times(N-S)}\tag{6-28}$$

$$
\begin{aligned}
\left\|\hat{\boldsymbol{H}}_1\boldsymbol{V}\right\|_{\mathrm{F}}^2 &= \left\|\boldsymbol{Q}_X^{-\mathrm{H}}\begin{bmatrix}\boldsymbol{0}_{(N-S)\times S}\\ \boldsymbol{Z}_A^2\boldsymbol{Z}_V(\boldsymbol{Z}_A^2+\hat{\kappa}\boldsymbol{Z}_V^2)^{-1}\end{bmatrix}\right\|_{\mathrm{F}}^2\\
&= \mathrm{tr}\left\{\boldsymbol{Q}_X^{-\mathrm{H}}\begin{bmatrix}\boldsymbol{0}_{(N-S)\times(N-S)} & \boldsymbol{0}_{(N-S)\times S}\\ \boldsymbol{0}_{S\times(N-S)} & \boldsymbol{Z}_A^4\boldsymbol{Z}_V^2(\boldsymbol{Z}_A^2+\hat{\kappa}\boldsymbol{Z}_V^2)^{-2}\end{bmatrix}\boldsymbol{Q}_X^{-1}\right\}\\
&= \varepsilon
\end{aligned} \tag{6-29}
$$

由式(6-28)和式(6-29)可知，空域滤波器最优解 $\hat{\boldsymbol{H}}_1$ 和 $\hat{\boldsymbol{H}}_2$ 分别满足最优化问题 1 和最优化问题 2 的约束条件，从而验证了滤波器最优解的正确性。

最优化问题 1 和最优化问题 2 是在限定近场平台噪声不同响应幅度的基础上建立的，虽然所得的最优解形式不同，但最优解之间存在一定的关联。由最优化问题 2 求解最优 Lagrange 乘子 $\hat{\kappa}$ 的方程式(6-25)可知，当 $\hat{\kappa}\to\infty$ 时，最优化问题约束条件 $\varepsilon\to 0$，此时最优化问题 2 的最优解与最优化问题 1 的最优解相等，因此，最优解 $\hat{\boldsymbol{H}}_1$ 是 $\hat{\boldsymbol{H}}_2$ 的极限形式。

6.3.1.4　仿真及海试数据处理

考虑一个由阵元数 $N=64$ 组成的水听器均匀线列阵，阵元间距为 4m，探测阵列半波长频率即 192.5Hz 的目标信号。平台噪声与阵列相对位置及海洋声速剖面如图 6-11 所示，海底声速为 1682m/s，海底介质密度为 1.76g/cm^3，平台噪声深度为 8m，水平拖曳阵靠近拖船的第一个水听器位于拖船后 400m 处，拖曳深度为 25m，并以该水听器为基准，平台辐射噪声到达该水听器的干噪比为 10dB。

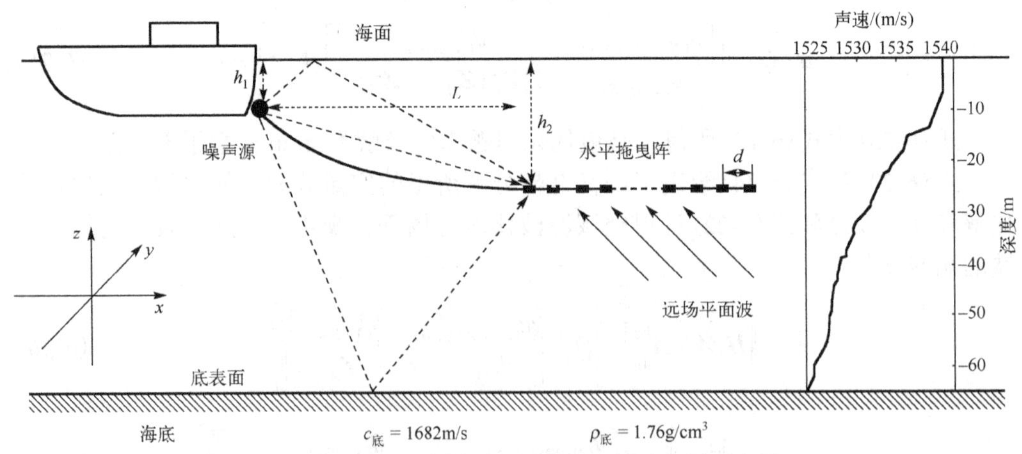

图 6-11　海洋声速剖面及平台噪声相对位置示意图

图 6-12 是平台噪声传播损失效果，图 6-13 给出利用最小方差 MV 处理器所得的匹配场定位效果，平台噪声位置用黑色圆圈圈出，匹配场定位可以获得平台噪声源的正确距离和深度信息。

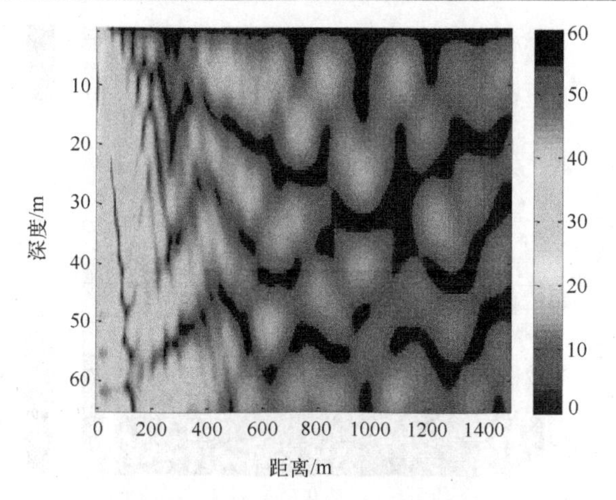

图 6-12　平台噪声传播损失

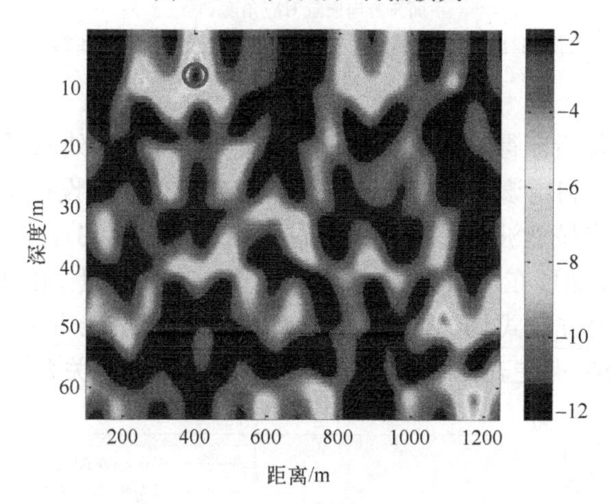

图 6-13　平台位置匹配场定位结果

CBF 由于其目标方位估计的稳健性，在拖曳阵声呐信号处理中广泛使用，将空域滤波技术应用于常规波束形成，检验两种平台噪声抑制空域滤波器性能。受海底海面多途传播的影响，平台噪声在 −76.2° 及 −67° 形成了两个强干扰，在方位历程图中一直伴随(参见图 6-17 空域滤波前的方位历程)。方位历程上存在强干扰的原因可以通过平台噪声拷贝向量与平面波方向向量的相关性解释。图 6-14 给出了阵列首阵元距平台 400m 条件下，随深度变化的平台噪声拷贝向量与平面波方向向量的相关系数(取绝对值)，图中横坐标是平面波方向向量的波束角度，每一个深度结果由该深度的拷贝向量与平面波方向向量的相关系数曲线构成。在深度为 8m 时，平台噪声拷贝向量与平面波方向向量在 −76.2° 及 −67° 附近的相关系数值较大，而与其他方位的相关系数值接近于 0，因而生成了平台噪声类似于远场平面波从 −76.2° 及 −67° 入射到阵列的现象。

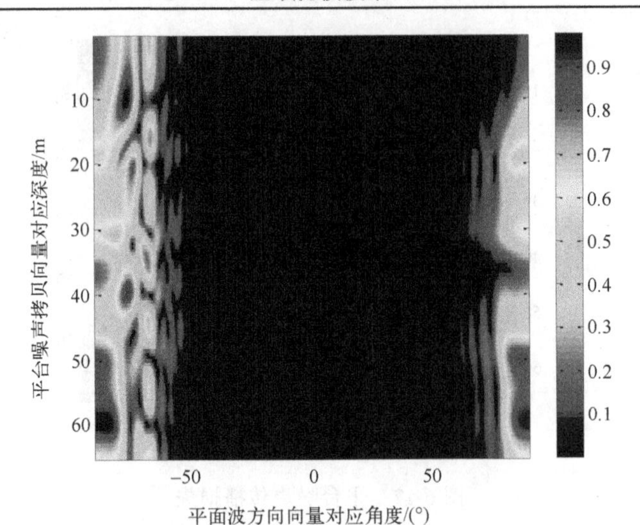

图 6-14　拷贝向量与平面波方向向量相关系数

(1) 仿真分析。

利用匹配场定位所获得的平台噪声位置，可以获得该点处的平台噪声传播到拖曳线阵列的拷贝向量，利用该拷贝向量和平面波阵列流形即可设计空域滤波器。对于平台噪声零响应约束空域滤波器，可直接由式(6-16)或式(6-23)给出。对于平台噪声响应抑制空域滤波器，需要在求最优 Lagrange 乘子 κ_{op} 的基础上，由式(6-17)或式(6-24)给出。从确定 κ_{op} 的方程式(6-18)或式(6-25)可知，κ_{op} 与 ε 呈单调递减函数关系，图 6-15 给出了平台噪声在五种海深情况下，κ_{op} 与 ε 的函数关系图。从图 6-15 可知，

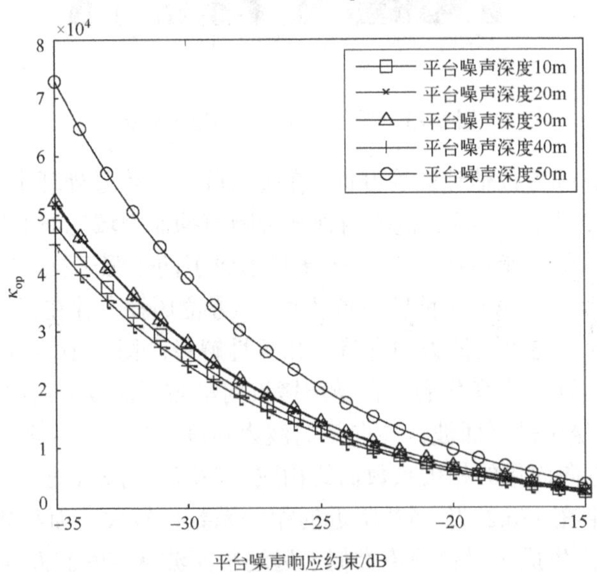

图 6-15　平台噪声响应约束与 κ_{op} 值关系曲线

利用不同的平台噪声拷贝向量设计空域滤波器时，平台噪声响应ε所对应的最优 Lagrange 乘子κ_{op}有所不同，但整体变化趋势相同。

空域滤波器$\boldsymbol{H}$的效果可以通过滤波器响应$10\lg(\|\boldsymbol{Ha}(\theta)\|_F^2/N)$和响应误差$10\lg(\|\boldsymbol{Ha}(\theta)-\boldsymbol{a}(\theta)\|_F^2/N)$衡量。一方面，当滤波器响应小于 0dB 时，说明$\|\boldsymbol{Ha}(\theta)\|_F^2/N$小于 1，滤波器对角度$\theta$上的平面波有一定的抑制效果，也即滤波后有失真。另一方面，当滤波器响应误差远小于 0dB 时，说明$\|\boldsymbol{Ha}(\theta)-\boldsymbol{a}(\theta)\|_F^2/N$接近于 0，滤波器对角度$\theta$上的平面波失真可以忽略。从图 6-16 的空域滤波器响应和响应误差可知，两类滤波器都能在拷贝向量与平面波方向向量相关系数较大值位置产生了一定的抑制效果，对其他方向的平面波方向向量失真可以忽略，零响应约束空域滤波器效果是平台噪声响应约束滤波器效果的极限形式。

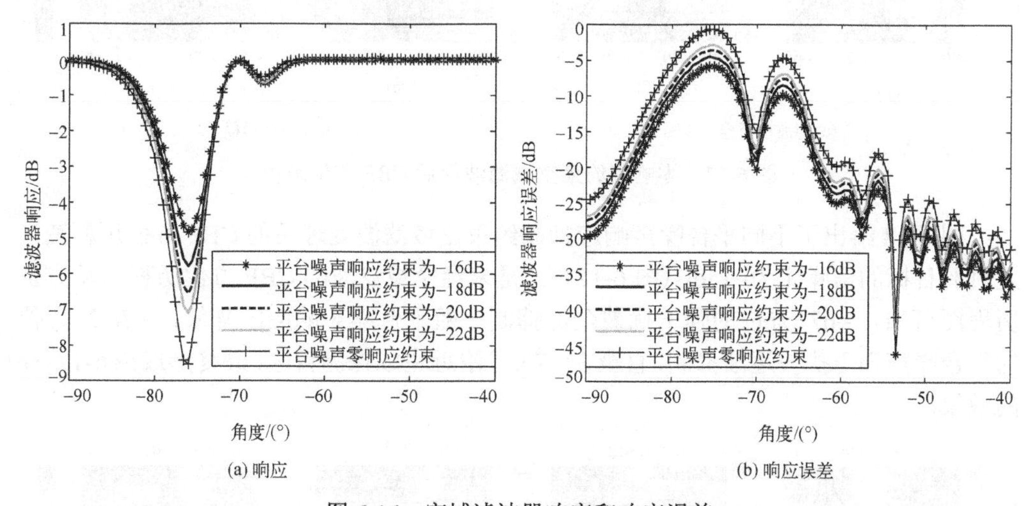

(a) 响应　　(b) 响应误差

图 6-16　空域滤波器响应和响应误差

分析空域滤波后 CBF 对远场弱目标的检测能力。假设目标从方位−90°～−60°连续运动，运动轨迹呈斜对角的形式，平台相对于拖曳阵位置保持恒定。图 6-17 给出了弱目标信噪比为−5dB、−10dB、−15dB 和−20dB 情况下平台噪声零响应约束空域滤波前后常规波束形成方位历程图(子图横坐标是波束搜索角度，纵坐标是弱目标的方位历程角度)。通过平台噪声零响应约束空域滤波处理，−76.2°方位的平台噪声强干扰被完全滤除，−67°方位的强干扰被大部分抑制。信噪比为−5dB 时，利用 CBF 可以正确辨识目标方位历程，而此时不适宜采用空域滤波技术对接收阵列数据处理，处理后会产生假目标。零响应约束空域滤波器会在平台噪声−76.2°位置附近产生一定宽度的探测盲区，在盲区外对 CBF 的探测能力有较大的提高作用。而且此时空域滤波后的 CBF 盲区宽度要小于未空域滤波处理的 CBF 盲区宽度。

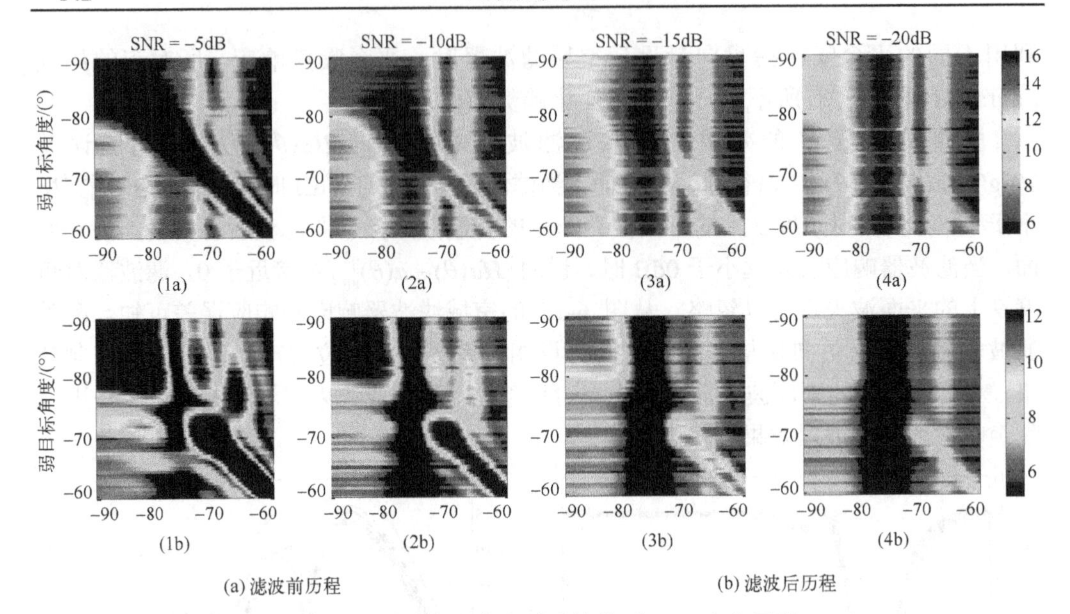

图 6-17　零响应约束空域滤波前后 CBF 方位历程

图 6-18 给出了不同平台噪声响应抑制约束空域滤波处理后的 CBF 方位历程图，此时弱目标的信噪比为−15dB(图 6-17(3a)是未经空域滤波的 CBF 方位历程)。从方位历程图可知，−67°方位的强干扰被全部抑制，随平台噪声响应的降低，−76.2°方位的平台噪声强干扰被逐渐抑制，直至在−76.2°附近生成探测盲区，最终形成图 6-17(3b)的效果。

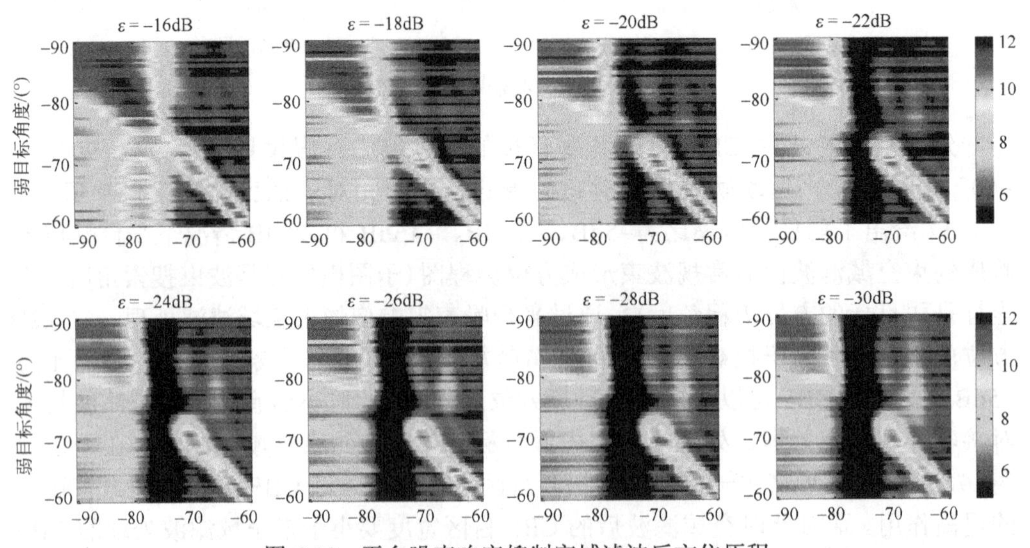

图 6-18　平台噪声响应抑制空域滤波后方位历程

分析空域滤波后 –76.2° 附近范围生成探测盲区以及 –67° 不生成盲区的原因：由图 6-14 可知，平台噪声拷贝向量与该范围内的平面波方向向量存在强相关性，经空域滤波处理后，滤波器对平台噪声拷贝向量的响应为 0 或接近于 0，由于拷贝向量与平面波方向向量相关性的原因，空域滤波对该区域的平面波也具有同等抑制作用，抑制能力与相关性呈正比关系。在 –76.2° 附近的相关系数值接近于 1，因而在 –76.2° 附近范围生成探测盲区。在 –67° 附近的相关系数较小，因而不产生盲区。

(2) 海试数据处理结果。

使用某次拖曳线列阵声呐海上试验的数据进行目标方位估计处理。海试过程中，拖曳阵的拖曳深度未精确测量，受海流和拖船速度变化的影响，大致约为 25m。声速剖面的估计结果如图 6-19 所示。拖曳阵的阵元数为 32，阵元间隔为 8m。利用估计的海洋环境信息，对本舰辐射噪声做匹配场定位，其中两个时刻的定位结果如图 6-20 所示。多次试验的统计结果显示出，拖船辐射噪声大致位于 (260m,1.5m)、(290m,2m) 和 (310m,3.5m) 三个位置。该结果与实际拖缆长度基本吻合，但由于海洋环境未能精确获得，此结果必定与实际结果有一定的误差。

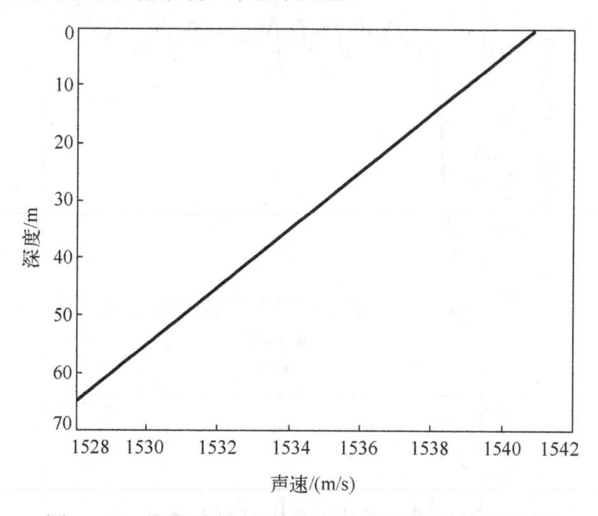

图 6-19　拖曳阵声呐实验海区声速剖面估计结果

对每个积分时间所对应的采样数据，做拖船位置的定位，获得拷贝向量，并利用拷贝向量和平面波方向向量做空域矩阵滤波器设计，采用阻带响应约束的设计方法。这里，为了便于计算，没有特意设置拖船辐射噪声响应约束大小，而是采用最优化问题 2 中，将 Lagrange 乘子 $\hat{\kappa}$ 设置为 500 的方式实现拖船辐射噪声抑制。图 6-21 给出了 40s 数据所设计的空域矩阵滤波器效果。

图 6-22 给出了 2106s 数据空域矩阵滤波前后的常规波束形成效果，从图中结果可知，滤波后，各目标的方位历程更清晰，端首附近的目标宽度变窄，由于没有掌

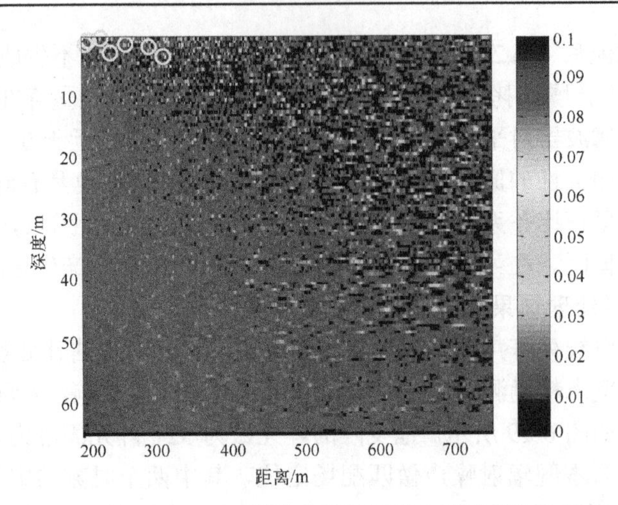

图 6-20　第 241～280s 数据拖船辐射噪声匹配场定位结果

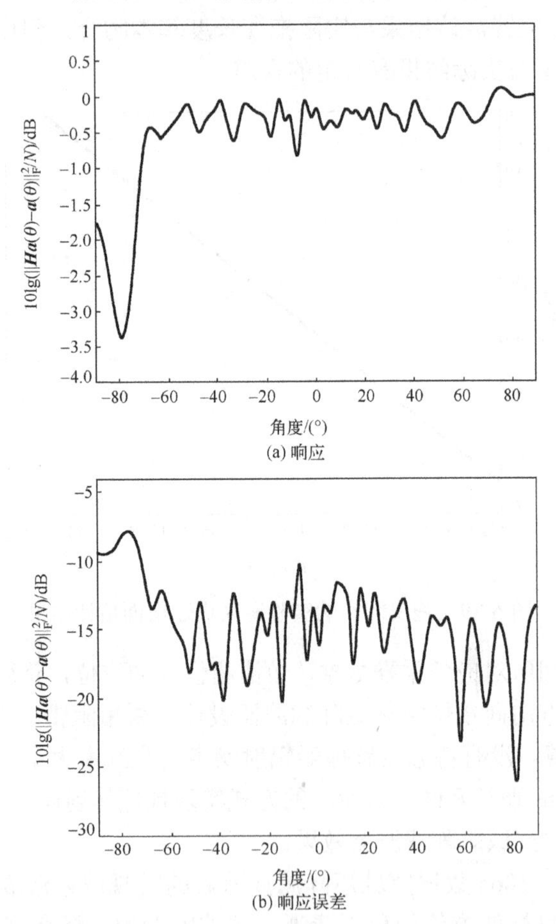

(a) 响应

(b) 响应误差

图 6-21　第 241～280s 数据所设计的空域矩阵滤波器

握海洋环境信息，仅靠估计的结果设计空域矩阵滤波器，拖船辐射噪声定位效果不理想，拖船辐射噪声抑制没有达到预期的目标，但还是对目标的辨识起到一定效果。

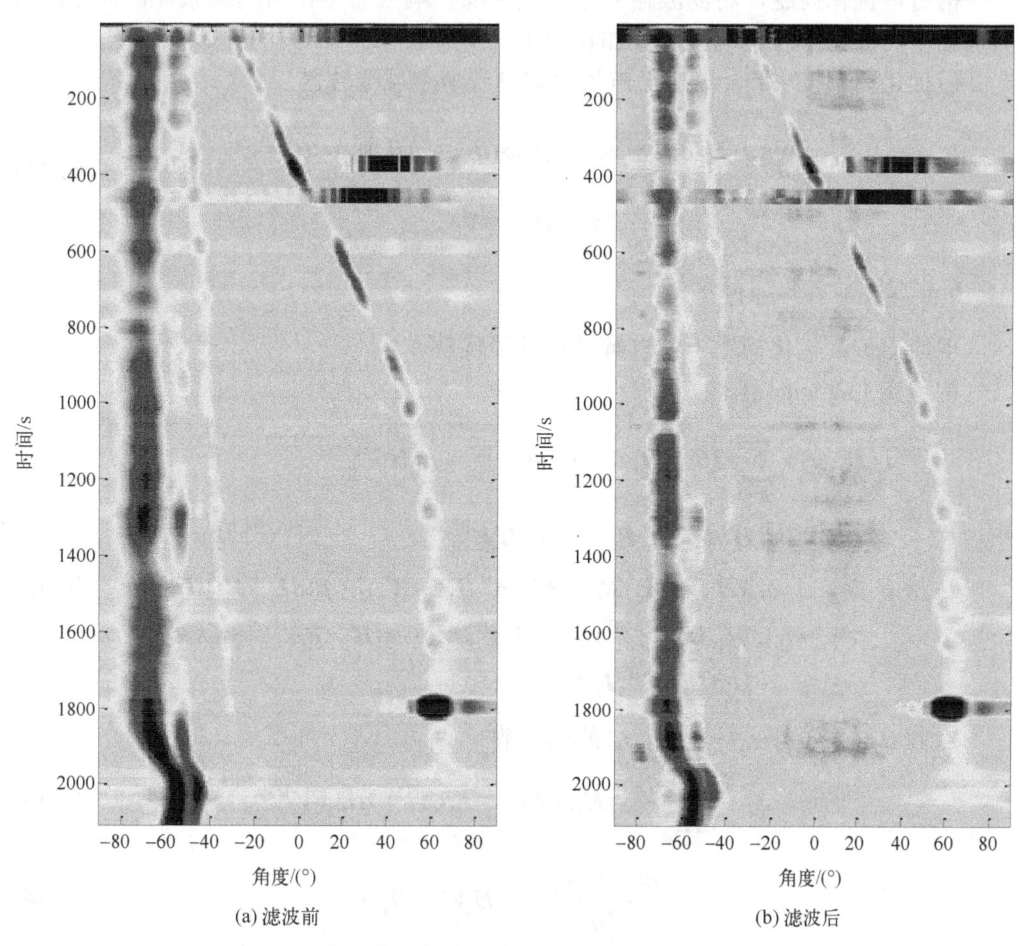

(a) 滤波前　(b) 滤波后

图 6-22　海试数据空域矩阵滤波前后目标方位估计结果

6.3.2　加权零响应平台辐射噪声抑制空域滤波器

令 $w(\theta_p)$ 为远场平面波信号方向向量响应误差加权系数，对角矩阵由各个方向上的加权系数构成，即 $\boldsymbol{R}_{1/2}=\mathrm{diag}[\sqrt{w(\theta_1)},\sqrt{w(\theta_2)},\cdots,\sqrt{w(\theta_P)}]_{P\times P}$。将空域滤波器对远场平面波的响应误差乘以该对角矩阵，可以实现滤波器对远场平面波信号的响应误差尽量均衡的效果。

空域滤波器的远场平面波信号加权总体响应误差可表示为

$$\sum_{p=1}^{P} w(\theta_p)\left\|\boldsymbol{H}\boldsymbol{a}(\theta_p)-\boldsymbol{a}(\theta_p)\right\|_{\mathrm{F}}^2=\left\|(\boldsymbol{H}\boldsymbol{A}-\boldsymbol{A})\cdot\boldsymbol{R}_{1/2}\right\|_{\mathrm{F}}^2 \tag{6-30}$$

6.3.2.1 滤波器设计模型

构造最优化问题，将滤波器对平台辐射噪声响应为零作为约束条件，求滤波器的远场平面波信号总体响应误差加权最小。

最优化问题 1：平台辐射噪声加权零响应型空域滤波器

$$\min_{\boldsymbol{H}_1} J(\boldsymbol{H}_1)=\sum_{p=1}^{P} w(\theta_p)\left\|\boldsymbol{H}_1\boldsymbol{a}(\theta_p)-\boldsymbol{a}(\theta_p)\right\|_{\mathrm{F}}^2,\quad \theta_p\in\Theta_P \\ \text{s.t.}\ \ \boldsymbol{H}_1\boldsymbol{V}=\boldsymbol{0}_{N\times S} \tag{6-31}$$

6.3.2.2 最优化问题求解

现给出该最优化问题 1 的求解过程及最优解。

构造实 Lagrange 函数

$$\begin{aligned} L(\boldsymbol{H}_1,\mu)&=\sum_{p=1}^{P} w(\theta_p)\left\|\boldsymbol{H}_1\boldsymbol{a}(\theta_p)-\boldsymbol{a}(\theta_p)\right\|_{\mathrm{F}}^2+\mu\left\|\boldsymbol{H}_1\boldsymbol{V}\right\|_{\mathrm{F}}^2 \\ &=\left\|(\boldsymbol{H}_1\boldsymbol{A}-\boldsymbol{A})\cdot\boldsymbol{R}_{1/2}\right\|_{\mathrm{F}}^2+\mu\left\|\boldsymbol{H}_1\boldsymbol{V}\right\|_{\mathrm{F}}^2 \\ &=\mathrm{tr}[(\boldsymbol{H}_1\boldsymbol{A}-\boldsymbol{A})\cdot\boldsymbol{R}_{1/2}\cdot\boldsymbol{R}_{1/2}^{\mathrm{H}}(\boldsymbol{A}^{\mathrm{H}}\boldsymbol{H}_1^{\mathrm{H}}-\boldsymbol{A}^{\mathrm{H}})]+\mu\mathrm{tr}(\boldsymbol{H}_1\boldsymbol{V}\boldsymbol{V}^{\mathrm{H}}\boldsymbol{H}_1^{\mathrm{H}}) \\ &=\mathrm{tr}(\boldsymbol{H}_1\boldsymbol{A}\boldsymbol{R}\boldsymbol{A}^{\mathrm{H}}\boldsymbol{H}_1^{\mathrm{H}})-\mathrm{tr}(\boldsymbol{A}\boldsymbol{R}\boldsymbol{A}^{\mathrm{H}}\boldsymbol{H}_1^{\mathrm{H}})-\mathrm{tr}(\boldsymbol{H}_1\boldsymbol{A}\boldsymbol{R}\boldsymbol{A}^{\mathrm{H}})+\mathrm{tr}(\boldsymbol{A}\boldsymbol{R}\boldsymbol{A}^{\mathrm{H}}) \\ &\quad+\mu\mathrm{tr}(\boldsymbol{H}_1\boldsymbol{V}\boldsymbol{V}^{\mathrm{H}}\boldsymbol{H}_1^{\mathrm{H}}) \end{aligned} \tag{6-32}$$

对 $L(\boldsymbol{H}_1,\mu)$ 分别求关于 $(\boldsymbol{H}_1,\mu)$ 的偏导数

$$\frac{\partial L(\boldsymbol{H}_1,\mu)}{\partial \boldsymbol{H}_1^*}=\hat{\boldsymbol{H}}_1\boldsymbol{A}\boldsymbol{R}\boldsymbol{A}^{\mathrm{H}}-\boldsymbol{A}\boldsymbol{R}\boldsymbol{A}^{\mathrm{H}}+\mu\hat{\boldsymbol{H}}_1\boldsymbol{V}\boldsymbol{V}^{\mathrm{H}} \tag{6-33}$$

$$\frac{\partial L(\boldsymbol{H}_1,\mu)}{\partial \mu}=\mathrm{tr}(\hat{\boldsymbol{H}}_1\boldsymbol{V}\boldsymbol{V}^{\mathrm{H}}\hat{\boldsymbol{H}}_1^{\mathrm{H}}) \tag{6-34}$$

Lagrange 函数的稳定点 $(\hat{\boldsymbol{H}}_1,\hat{\boldsymbol{\lambda}})$ 满足条件

$$\hat{\boldsymbol{H}}_1\boldsymbol{A}\boldsymbol{R}\boldsymbol{A}^{\mathrm{H}}-\boldsymbol{A}\boldsymbol{R}\boldsymbol{A}^{\mathrm{H}}+\mu\hat{\boldsymbol{H}}_1\boldsymbol{V}\boldsymbol{V}^{\mathrm{H}}=\boldsymbol{0}_{N\times N} \tag{6-35}$$

平台辐射噪声零响应的约束条件为

$$\hat{\boldsymbol{H}}_1\boldsymbol{V}=\boldsymbol{0}_{N\times S} \tag{6-36}$$

由式(6-35)和式(6-36)可得

$$\hat{\boldsymbol{H}}_1=\boldsymbol{I}_{N\times N}-\boldsymbol{V}[\boldsymbol{V}^{\mathrm{H}}(\boldsymbol{A}\boldsymbol{R}\boldsymbol{A}^{\mathrm{H}})^{-1}\boldsymbol{V}]^{-1}\boldsymbol{V}^{\mathrm{H}}(\boldsymbol{A}\boldsymbol{R}\boldsymbol{A}^{\mathrm{H}})^{-1} \tag{6-37}$$

式(6-37)即为前述空域滤波器的最优解。

通过选取合适的加权系数 $w(\theta_p), p=1,\cdots,P$，即可实现阻带总体响应为零的约束条件下，通带响应误差恒定的效果。

下面给出具体的迭代方式。

初始值

$$w_1(\theta_p)=1,\quad p=1,\cdots,P,\quad \theta_p\in\Theta_P \tag{6-38}$$

迭代

$$\boldsymbol{R}_k=\mathrm{diag}[w_k(\theta_1),w_k(\theta_2),\cdots,w_k(\theta_P)] \tag{6-39}$$

$$\hat{\boldsymbol{H}}_k=\boldsymbol{I}_{N\times N}-\boldsymbol{V}[\boldsymbol{V}^{\mathrm{H}}(\boldsymbol{A}\boldsymbol{R}_k\boldsymbol{A}^{\mathrm{H}})^{-1}\boldsymbol{V}]^{-1}\boldsymbol{V}^{\mathrm{H}}(\boldsymbol{A}\boldsymbol{R}_k\boldsymbol{A}^{\mathrm{H}})^{-1} \tag{6-40}$$

$$E_k(\theta_p)=\hat{\boldsymbol{H}}_k\boldsymbol{a}(\theta_p)-\boldsymbol{a}(\theta_p),\quad p=1,\cdots,P,\quad \theta_p\in\Theta_P \tag{6-41}$$

$$\beta_k(\theta_p)=\frac{P\left|E_k(\theta_p)\right|}{\sum_{i=1}^{P}w_k(\theta_p)\left|E_k(\theta_p)\right|},\quad p=1,\cdots,P,\quad \theta_p\in\Theta_P \tag{6-42}$$

$$w_{k+1}(\theta_p)=\beta_k(\theta_p)[w_k(\theta_p)+o],\quad p=1,\cdots,P,\quad \theta_p\in\Theta_P \tag{6-43}$$

其中，$w_k(\theta_p)$ 为第 k 次迭代过程中的加权系数；o 是比较小的数值，防止在迭代过程中加权系数变成零；$\hat{\boldsymbol{H}}_k$ 为第 k 次迭代所得的空域滤波器，$E_k(\theta_p)$ 为滤波器 $\hat{\boldsymbol{H}}_k$ 对远场平面波的响应误差；$\beta_k(\theta_p)$ 为第 k 次迭代对 $w_k(\theta_p)$ 加权值的乘积向量；$\boldsymbol{R}_k$ 为第 k 次迭代所用的加权系数矩阵。

终止条件

(1) $k=K$。此时，迭代 K 次之后，算法终止。

(2) $\max\limits_{p}\dfrac{\left|\left\|F_k(\theta_p)\right\|_{\mathrm{F}}^2-\left\|F_{k-1}(\theta_p)\right\|_{\mathrm{F}}^2\right|}{\left\|F_k(\theta_p)\right\|_{\mathrm{F}}^2}<\varsigma_1,p=1,\cdots,P$，即迭代后，空域滤波器对远场平面波的响应误差变化率都小于常数 ς_1，算法终止。

(3) 设 $G_k(\theta_p)=10\lg\left(\dfrac{\left\|\hat{\boldsymbol{H}}_k\boldsymbol{a}(\theta_p)\right\|_{\mathrm{F}}^2}{N}\right),p=1,\cdots,P,\theta_p\in\Theta_P$，则当 $\max\limits_{p}\dfrac{\left|G_k(\theta_p)-G_{k-1}(\theta_p)\right|}{\left|G_k(\theta_p)\right|}\leqslant\varsigma_2$，$p=1,\cdots,P$ 时，即迭代后，空域滤波器对远场平面波的响应误差变化率都小于常数 ς_2，算法终止。

可以任选上述其一终止条件即可。

6.3.2.3　广义奇异值分解误差分析及最优解验证

(1) 广义奇异值分解。

假设 $\boldsymbol{R}_k^{1/2}=\mathrm{diag}[\sqrt{w_k(\theta_1)},\sqrt{w_k(\theta_2)},\cdots,\sqrt{w_k(\theta_P)}]\in\mathbb{R}^{P\times P}$，则 $\boldsymbol{R}_k^{1/2}(\boldsymbol{R}_k^{1/2})^{\mathrm{H}}=\boldsymbol{R}_k^{1/2}\boldsymbol{R}_k^{1/2}=\boldsymbol{R}_k$。由于 $\boldsymbol{A}\boldsymbol{R}_k^{1/2}$ 是 Vandermonde 矩阵，行满秩且 $P>N$，所以 $\mathrm{rank}(\boldsymbol{A}\boldsymbol{R}_k^{1/2})=N$。$S<N$，假设平台辐射噪声源数目即为 $\boldsymbol{V}$ 的秩，即 $\mathrm{rank}(\boldsymbol{V})=S$。由广义奇异值分解[98,99]可知，

存在酉矩阵 $\boldsymbol{U}_U \in \mathbb{C}^{P\times P}$ 、$\boldsymbol{U}_V \in \mathbb{C}^{S\times S}$ 和非奇异矩阵 $\boldsymbol{Q}_X \in \mathbb{C}^{N\times N}$，满足

$$\boldsymbol{U}_U(\boldsymbol{A}\boldsymbol{R}_k^{1/2})^{\mathrm{H}}\boldsymbol{Q}_X = \boldsymbol{\Sigma}_A,\quad \boldsymbol{\Sigma}_A = \begin{bmatrix} \boldsymbol{I}_{(N-S)\times(N-S)} & \boldsymbol{0}_{(N-S)\times S} \\ \boldsymbol{0}_{S\times(N-S)} & \boldsymbol{Z}_A \\ \boldsymbol{0}_{(P-N)\times(N-S)} & \boldsymbol{0}_{(P-N)\times S} \end{bmatrix}_{P\times N},\quad \boldsymbol{Z}_A = \mathrm{diag}(\alpha_1,\alpha_2,\cdots,\alpha_S) \tag{6-44}$$

$$\boldsymbol{U}_V\boldsymbol{V}^{\mathrm{H}}\boldsymbol{Q}_X = \boldsymbol{\Sigma}_V,\quad \boldsymbol{\Sigma}_V = [\boldsymbol{0}_{S\times(N-S)},\boldsymbol{Z}_V]_{S\times N},\quad \boldsymbol{Z}_V = \mathrm{diag}(\beta_1,\beta_2,\cdots,\beta_S) \tag{6-45}$$

其中，$\alpha_i^2+\beta_i^2=1, i=1,2,\cdots,S$。由式(6-44)和式(6-45)可得

$$(\boldsymbol{A}\boldsymbol{R}_k^{1/2})^{\mathrm{H}} = \boldsymbol{U}_U^{\mathrm{H}}\boldsymbol{\Sigma}_A\boldsymbol{Q}_X^{-1},\quad \boldsymbol{A}\boldsymbol{R}_k^{1/2} = \boldsymbol{Q}_X^{-\mathrm{H}}\boldsymbol{\Sigma}_A^{\mathrm{T}}\boldsymbol{U}_U \tag{6-46}$$

$$\boldsymbol{V}^{\mathrm{H}} = \boldsymbol{U}_V^{\mathrm{H}}\boldsymbol{\Sigma}_V\boldsymbol{Q}_X^{-1},\quad \boldsymbol{V} = \boldsymbol{Q}_X^{-\mathrm{H}}\boldsymbol{\Sigma}_V^{\mathrm{T}}\boldsymbol{U}_V \tag{6-47}$$

式(6-40)可以改写为

$$\hat{\boldsymbol{H}}_k = \boldsymbol{I}_{N\times N} - \boldsymbol{V}\{\boldsymbol{V}^{\mathrm{H}}[\boldsymbol{A}\boldsymbol{R}_k\boldsymbol{A}^{\mathrm{H}}]^{-1}\boldsymbol{V}\}^{-1}\boldsymbol{V}^{\mathrm{H}}[\boldsymbol{A}\boldsymbol{R}_k\boldsymbol{A}^{\mathrm{H}}]^{-1} \tag{6-48}$$

将式(6-46)和式(6-47)代入式(6-48)可得

$$\hat{\boldsymbol{H}}_k = \boldsymbol{Q}_X^{-\mathrm{H}}\begin{bmatrix} \boldsymbol{I}_{(N-S)\times(N-S)} & \boldsymbol{0}_{(N-S)\times S} \\ \boldsymbol{0}_{S\times(N-S)} & \boldsymbol{0}_S \end{bmatrix}\boldsymbol{Q}_X^{\mathrm{H}} \tag{6-49}$$

(2)最优解验证及空域滤波器误差分析。

理论上，我们可以利用广义奇异值分解方法分析并检验上述滤波器最优解的正确性。式(6-49)给出了广义奇异分解所得的简化解，利用该简化解以及式(6-46)和式(6-47)，可得到滤波器对远场平面波信号加权响应误差以及对近场平台辐射噪声的响应

$$\left\|(\hat{\boldsymbol{H}}_k\boldsymbol{A}\boldsymbol{R}_k^{1/2} - \boldsymbol{A}\boldsymbol{R}_k^{1/2})\right\|_{\mathrm{F}}^2 = \left\|\boldsymbol{Q}_X^{-\mathrm{H}}\begin{bmatrix} \boldsymbol{0}_{(N-S)\times(N-S)} & \boldsymbol{0}_{(N-S)\times S} & \boldsymbol{0}_{(N-S)\times(P-N)} \\ \boldsymbol{0}_{S\times(N-S)} & \boldsymbol{Z}_A & \boldsymbol{0}_{S\times(P-N)} \end{bmatrix}\right\|_{\mathrm{F}}^2 \tag{6-50}$$

$$\left\|\hat{\boldsymbol{H}}_k\boldsymbol{V}\right\|_{\mathrm{F}}^2 = \boldsymbol{0}_{(N-S)\times(N-S)} \tag{6-51}$$

由式(6-51)可知，空域滤波器第 k 次迭代的最优解 $\hat{\boldsymbol{H}}_k$ 满足平台辐射噪声零响应约束条件，从而验证了该迭代所得滤波器最优解的正确性。

6.3.2.4 仿真及海试数据处理

仿真中，海洋环境和接收阵等信息与6.3.1.4节相同，平台辐射噪声深度设置为6m。空域滤波器响应效果如图6-23(a)所示，滤波器响应误差效果如图6-23(b)所示。图6-23(a)中黑色曲线对应于使用加权系数初始值 $w_1(\theta_p)=1, p=1,\cdots,P, \theta_p\in\Theta_P$ 和由加权系数 $w_1(\theta_p)$ 构成的矩阵 $\boldsymbol{R}_1=\mathrm{diag}[w_1(\theta_1),w_1(\theta_2),\cdots,w_1(\theta_P)]$ 所得到的空域滤波器 $\hat{\boldsymbol{H}}_1$ 的响应。红色曲线对应于经过38次迭代运算之后的空域滤波器的响应。图6-23(b)是滤波器响应误差，其中，黑色曲线是空域滤波器 $\hat{\boldsymbol{H}}_1$ 所对应的响应误差，红色曲线

是空域滤波器 $\hat{\boldsymbol{H}}_{38}$ 所对应的响应误差。当滤波器响应误差远小于 0dB 时，滤波器对此方位的平面波失真可以忽略。理想情况下，图 6-23(a) 中的滤波器响应曲线应该是一条纵坐标为 0dB 的直线，即空域滤波器满足在对平台辐射噪声响应为零的条件下，能够保证滤波后其他远场平面波目标无失真通过。

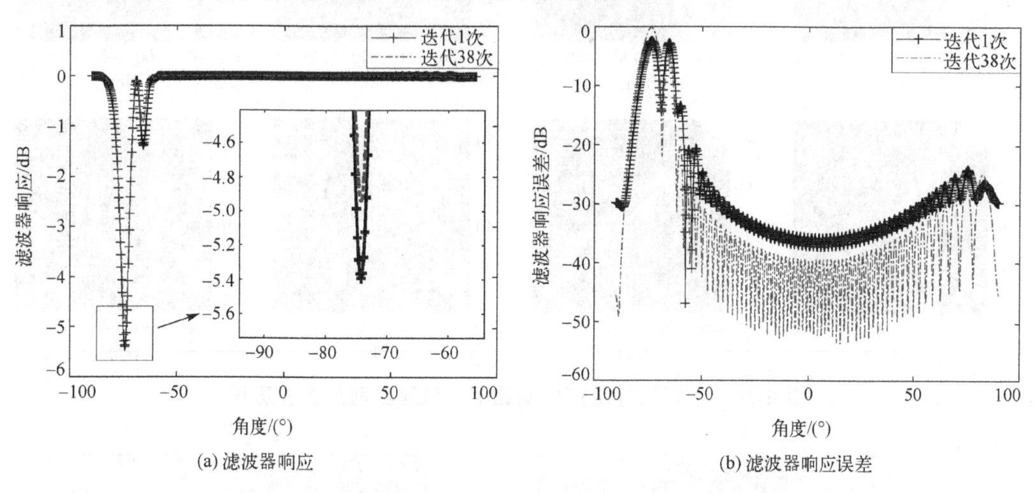

(a) 滤波器响应　(b) 滤波器响应误差

图 6-23　加权零响应型空域滤波器响应效果(见彩图)

在假定目标连续运动方位为[−90°,0°]，运动轨迹呈斜线形式，且平台相对于阵列位置保持不变的前提下，将空域滤波技术应用于常规波束形成方法进行计算机仿真。当弱目标信噪比分别为−5dB、−10dB、−15dB、−20dB 时，经过加权空域滤波处理前后的方位历程图(横坐标是波束搜索角度，纵坐标是弱目标的方位历程角度，图片的刻度尺均为 0～20 的 CBF 功率值，单位为 dB)见图 6-24。其中，图 6-24(1a)～(4a)是未经空域滤波处理的方位历程图，图 6-24(1b)～(4b)是经过迭代空域滤波处理的方位历程图。

从图 6-24(1a)～(4a)可以看出，受平台辐射噪声干扰的影响，在拖线阵声呐波束形成方位历程图中，−74.2°和−65.8°方位形成了较大范围的探测盲区，严重影响远场弱目标的探测性能。图 6-24(1b)～(4b)中，经空域滤波处理后，−74.2°方位的平台辐射噪声被完全抑制，−65.8°方位平台辐射噪声有效减弱，结果与图 6-23 中的滤波器响应效果吻合。受滤波器过度抑制的影响，在−74.2°方位产生了一定范围的盲区，但盲区宽度较未滤波前有明显减少。产生探测盲区的原因在于平台辐射噪声拷贝向量与方位−74.2°的远场平面波方向向量具有强相关性，当滤波器对拷贝向量响应为零时，对该方位的方向向量也产生接近于零的响应效果。而−65.8°方位的相关性相对较弱，滤波器对该方位的影响有限，因而没产生盲区。

采用 6.3.1 节所用的海试数据，验证该方法对平台辐射噪声的抑制效果，方位估计效果如图 6-25 所示。图 6-25(a)为未经过空域滤波处理的 CBF 方位历程图，图 6-25(b)

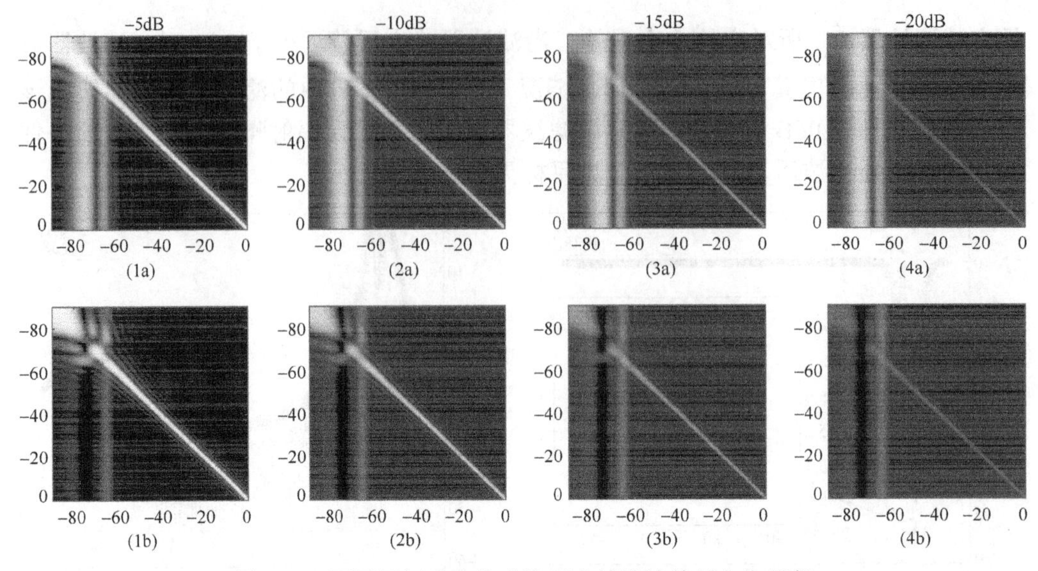

图 6-24　不同目标噪声信噪比下空域滤波前后方位历程

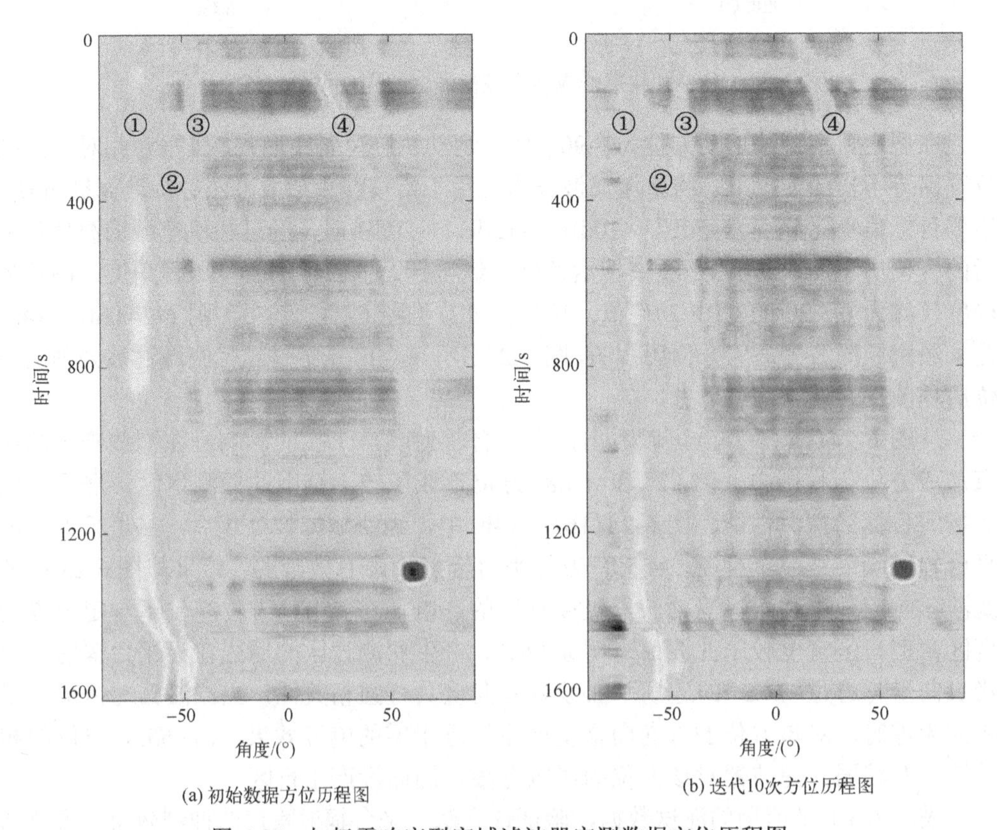

(a) 初始数据方位历程图　　(b) 迭代10次方位历程图

图 6-25　加权零响应型空域滤波器实测数据方位历程图

为经过加权零响应空域滤波处理的 CBF 方位历程图，迭代次数设定为 10 次。其中，①和②是平台辐射噪声，③和④是协作目标，历程时间为 1600s，波束搜索角度为 [−90°,90°]。从试验数据处理结果可以看出，这种平台辐射噪声抑制的滤波器盲区宽度有明显的减小。

6.3.3 加权响应约束平台辐射噪声抑制空域滤波器

6.3.3.1 滤波器设计模型

与加权零响应型空域滤波器的设计方法相似，可以设置滤波器对平台辐射噪声的总体响应小于某一特定值作为约束条件，以及把远场平面波的响应误差加权最小作为目标函数来设计加权响应约束型空域滤波器。

构造最优化问题 2：平台辐射噪声加权响应约束型空域滤波器

$$\min_{\boldsymbol{H}_2} J(\boldsymbol{H}_2)=\sum_{p=1}^{P} w(\theta_p)\left\|\boldsymbol{H}_2\boldsymbol{a}(\theta_p)-\boldsymbol{a}(\theta_p)\right\|_{\mathrm{F}}^2,\quad \theta_p\in\Theta_P \\ \text{s.t. } \left\|\boldsymbol{H}_2\boldsymbol{V}\right\|_{\mathrm{F}}^2\leqslant\varepsilon \tag{6-52}$$

其中，$\varepsilon>0$ 是平台辐射噪声的响应约束值。

6.3.3.2 最优化问题求解

现给出该最优化问题 2 的求解过程及最优解。

构造实 Lagrange 函数

$$\begin{aligned} L(\boldsymbol{H}_2,\eta)&=\sum_{p=1}^{P} w(\theta_p)\left\|\boldsymbol{H}_2\boldsymbol{a}(\theta_p)-\boldsymbol{a}(\theta_p)\right\|_{\mathrm{F}}^2+\eta(\left\|\boldsymbol{H}_2\boldsymbol{V}_S\right\|_{\mathrm{F}}^2-\varepsilon)\\ &=\left\|(\boldsymbol{H}_2\boldsymbol{A}-\boldsymbol{A})\cdot\boldsymbol{R}_{1/2}\right\|_{\mathrm{F}}^2+\eta(\left\|\boldsymbol{H}_2\boldsymbol{V}_S\right\|_{\mathrm{F}}^2-\varepsilon)\\ &=\mathrm{tr}[(\boldsymbol{H}_2\boldsymbol{A}-\boldsymbol{A})\cdot\boldsymbol{R}_{1/2}\cdot\boldsymbol{R}_{1/2}^{\mathrm{H}}(\boldsymbol{A}^{\mathrm{H}}\boldsymbol{H}_2^{\mathrm{H}}-\boldsymbol{A}^{\mathrm{H}})]+\eta\mathrm{tr}(\boldsymbol{H}_2\boldsymbol{V}\boldsymbol{V}^{\mathrm{H}}\boldsymbol{H}_2^{\mathrm{H}})-\eta\varepsilon\\ &=\mathrm{tr}(\boldsymbol{H}_2\boldsymbol{A}\boldsymbol{R}\boldsymbol{A}^{\mathrm{H}}\boldsymbol{H}_2^{\mathrm{H}})-\mathrm{tr}(\boldsymbol{A}\boldsymbol{R}\boldsymbol{A}^{\mathrm{H}}\boldsymbol{H}_2^{\mathrm{H}})-\mathrm{tr}(\boldsymbol{H}_2\boldsymbol{A}\boldsymbol{R}\boldsymbol{A}^{\mathrm{H}})+\mathrm{tr}(\boldsymbol{A}\boldsymbol{R}\boldsymbol{A}^{\mathrm{H}})\\ &\quad+\eta\mathrm{tr}(\boldsymbol{H}_2\boldsymbol{V}\boldsymbol{V}^{\mathrm{H}}\boldsymbol{H}_2^{\mathrm{H}})-\eta\varepsilon \end{aligned} \tag{6-53}$$

其中，$\eta>0$，是 Lagrange 乘子，对 $L(\boldsymbol{H}_2,\eta)$ 求关于 $\boldsymbol{H}_2^*$ 和 η 的偏导数

$$\frac{\partial L(\boldsymbol{H}_2,\eta)}{\partial \boldsymbol{H}_2^*}=\boldsymbol{H}_2\boldsymbol{A}\boldsymbol{R}\boldsymbol{A}^{\mathrm{H}}-\boldsymbol{A}\boldsymbol{R}\boldsymbol{A}^{\mathrm{H}}+\eta\boldsymbol{H}_2\boldsymbol{V}\boldsymbol{V}^{\mathrm{H}} \tag{6-54}$$

$$\frac{\partial L(\boldsymbol{H}_2,\eta)}{\partial \eta}=\left\|\boldsymbol{H}_2\boldsymbol{V}\right\|_{\mathrm{F}}^2-\varepsilon \tag{6-55}$$

令式(6-54)和式(6-55)中的等式为 0，即

$$\begin{cases} \hat{\boldsymbol{H}}_2 \boldsymbol{A}\boldsymbol{R}\boldsymbol{A}^{\mathrm{H}} - \boldsymbol{A}\boldsymbol{R}\boldsymbol{A}^{\mathrm{H}} + \hat{\eta}\hat{\boldsymbol{H}}_2 \boldsymbol{V}\boldsymbol{V}^{\mathrm{H}} = \boldsymbol{0} \\ \left\| \hat{\boldsymbol{H}}_2 \boldsymbol{V} \right\|_{\mathrm{F}}^2 - \varepsilon = 0 \end{cases} \tag{6-56}$$

由方程组(6-56)中第一个式子可得最优空域滤波器 $\hat{\boldsymbol{H}}_2$

$$\hat{\boldsymbol{H}}_2 = \boldsymbol{A}\boldsymbol{R}\boldsymbol{A}^{\mathrm{H}}(\boldsymbol{A}\boldsymbol{R}\boldsymbol{A}^{\mathrm{H}} + \hat{\eta}\boldsymbol{V}\boldsymbol{V}^{\mathrm{H}})^{-1} \tag{6-57}$$

此数值解即为前述滤波器设计最优化问题的全局最优解。

将式(6-57)代入方程组(6-56)中第二个式子

$$\operatorname{tr}(\hat{\boldsymbol{H}}_2 \boldsymbol{V}\boldsymbol{V}^{\mathrm{H}} \hat{\boldsymbol{H}}_2^{\mathrm{H}}) - \varepsilon = 0 \tag{6-58}$$

展开可得确定最优 Lagrange 乘子 $\hat{\eta}$ 的表达式

$$\operatorname{tr}[\boldsymbol{A}\boldsymbol{R}\boldsymbol{A}^{\mathrm{H}}(\boldsymbol{A}\boldsymbol{R}\boldsymbol{A}^{\mathrm{H}} + \hat{\eta}\boldsymbol{V}\boldsymbol{V}^{\mathrm{H}})^{-1}\boldsymbol{V}\boldsymbol{V}^{\mathrm{H}}(\boldsymbol{A}\boldsymbol{R}\boldsymbol{A}^{\mathrm{H}} + \hat{\eta}\boldsymbol{V}\boldsymbol{V}^{\mathrm{H}})^{-1}\boldsymbol{A}\boldsymbol{R}\boldsymbol{A}^{\mathrm{H}}] = \varepsilon \tag{6-59}$$

该平台辐射噪声加权响应约束型空域滤波器采用与 6.3.2.2 节中相同的迭代方式，可得到

$$\hat{\boldsymbol{H}}_k = \boldsymbol{A}\boldsymbol{R}_k\boldsymbol{A}^{\mathrm{H}}(\boldsymbol{A}\boldsymbol{R}_k\boldsymbol{A}^{\mathrm{H}} + \hat{\eta}_k\boldsymbol{V}\boldsymbol{V}^{\mathrm{H}})^{-1} \tag{6-60}$$

$$\operatorname{tr}[\boldsymbol{A}\boldsymbol{R}_k\boldsymbol{A}^{\mathrm{H}}(\boldsymbol{A}\boldsymbol{R}_k\boldsymbol{A}^{\mathrm{H}} + \hat{\eta}_k\boldsymbol{V}\boldsymbol{V}^{\mathrm{H}})^{-1}\boldsymbol{V}\boldsymbol{V}^{\mathrm{H}}(\boldsymbol{A}\boldsymbol{R}_k\boldsymbol{A}^{\mathrm{H}} + \hat{\eta}_k\boldsymbol{V}\boldsymbol{V}^{\mathrm{H}})^{-1}\boldsymbol{A}\boldsymbol{R}_k\boldsymbol{A}^{\mathrm{H}}] = \varepsilon \tag{6-61}$$

6.3.3.3　广义奇异值分解误差分析及最优解验证

(1)广义奇异值分解。

采取与 6.3.1.3 节中相同的方法对式(6-60)和式(6-61)进行广义奇异值分解。

将式(6-46)、式(6-47)代入式(6-60)、式(6-61)，可得

$$\hat{\boldsymbol{H}}_k = \boldsymbol{Q}_X^{-\mathrm{H}} \begin{bmatrix} \boldsymbol{I}_{(N-S)\times(N-S)} & \boldsymbol{0}_{(N-S)\times S} \\ \boldsymbol{0}_{S\times(N-S)} & \boldsymbol{Z}_A^2(\boldsymbol{Z}_A^2 + \hat{\eta}_k\boldsymbol{Z}_V^2)^{-1} \end{bmatrix} \boldsymbol{Q}_X^{\mathrm{H}} \tag{6-62}$$

$$\operatorname{tr}\left\{ \boldsymbol{Q}_X^{-\mathrm{H}} \begin{bmatrix} \boldsymbol{0}_{(N-S)\times(N-S)} & \boldsymbol{0}_{(N-S)\times S} \\ \boldsymbol{0}_{S\times(N-S)} & \boldsymbol{Z}_A^4\boldsymbol{Z}_V^2(\boldsymbol{Z}_A^2 + \hat{\eta}_k\boldsymbol{Z}_V^2)^{-2} \end{bmatrix} \boldsymbol{Q}_X^{-1} \right\} = \varepsilon \tag{6-63}$$

通过式(6-63)可求得 $\hat{\eta}_k$。

(2)最优解验证及空域滤波器误差分析。

式(6-62)给出了根据广义奇异分解方法得到的空域滤波器的简化解，通过该简化解和式(6-46)、式(6-47)可分别得到滤波器对远场平面波信号加权响应误差和对近场平台辐射噪声拷贝向量的响应，如下

$$\left\| (\hat{\boldsymbol{H}}_k\boldsymbol{A}\boldsymbol{R}_k^{1/2} - \boldsymbol{A}\boldsymbol{R}_k^{1/2}) \right\|_{\mathrm{F}}^2 = \left\| \boldsymbol{Q}_X^{-\mathrm{H}} \begin{bmatrix} \boldsymbol{0}_{(N-S)\times(N-S)} & \boldsymbol{0}_{(N-S)\times S} \\ \boldsymbol{0}_{S\times(N-S)} & \hat{\eta}_k\boldsymbol{Z}_V^2\boldsymbol{Z}_A(\boldsymbol{Z}_A^2 + \hat{\eta}_k\boldsymbol{Z}_V^2)^{-1} \end{bmatrix} \right\|_{\mathrm{F}}^2 \tag{6-64}$$

$$\begin{aligned}\left\|\hat{\boldsymbol{H}}_k\boldsymbol{V}\right\|_{\mathrm{F}}^2 &= \left\|\boldsymbol{Q}_X^{-\mathrm{H}}\begin{bmatrix}\boldsymbol{0}_{(N-S)\times S}\\ \boldsymbol{Z}_A^2\boldsymbol{Z}_V(\boldsymbol{Z}_A^2+\hat{\eta}_k\boldsymbol{Z}_V^2)^{-1}\end{bmatrix}\right\|_{\mathrm{F}}^2\\ &= \mathrm{tr}\left\{\boldsymbol{Q}_X^{-\mathrm{H}}\begin{bmatrix}\boldsymbol{0}_{(N-S)\times(N-S)} & \boldsymbol{0}_{(N-S)\times S}\\ \boldsymbol{0}_{S\times(N-S)} & \boldsymbol{Z}_A^4\boldsymbol{Z}_V^2(\boldsymbol{Z}_A^2+\hat{\eta}_k\boldsymbol{Z}_V^2)^{-2}\end{bmatrix}\boldsymbol{Q}_X^{-1}\right\}\\ &= \varepsilon\end{aligned} \tag{6-65}$$

由式(6-65)可知，空域滤波器最优解 $\hat{\boldsymbol{H}}_k$ 满足加权响应约束型空域滤波器的约束条件，验证了该最优解的正确性。

6.3.3.4　仿真及海试数据处理

仿真中，海洋环境和接收阵等信息与 6.3.1.4 节相同，平台辐射噪声深度设置为 6m。选取 ε=10^{-5} 进行仿真验证，可得图 6-26 所示的滤波效果。图 6-26(b)是滤波器响应误差，其中，黑色虚线是经过 1 次迭代的空域滤波器所对应的响应误差，红色实线是空域滤波器 $\hat{\boldsymbol{H}}_{30}$ 所对应的响应误差。当滤波器响应误差远小于 ε dB 时，滤波器对此角度的平面波失真可以忽略。图 6-26(a)是滤波器响应，图中共有两条曲线，其中黑色虚线对应于使用加权系数初始值 $w_1(\theta_p)=1, p=1,\cdots,P, \theta_p\in\Theta_P$ 和由加权系数 $w_1(\theta_p)$ 构成的矩阵 $\boldsymbol{R}_1=\mathrm{diag}[w_1(\theta_1),w_1(\theta_2),\cdots,w_1(\theta_P)]$ 所得到的空域滤波器。红色实线对应于经过 30 次迭代之后的空域滤波器响应，加权系数矩阵为 $\boldsymbol{R}_{30}=\mathrm{diag}[w_{30}(\theta_1),w_{30}(\theta_2),\cdots,w_{30}(\theta_P)]$，对应空域滤波器 $\hat{\boldsymbol{H}}_{30}$ 的响应。理想情况下，图 6-26(a)中的滤波器响应曲线纵坐标应为 ε dB，即空域滤波器能够一直保持对平台辐射噪声的响应很小。但由于滤波器对拷贝向量 $\boldsymbol{V}$ 与平面波方向向量 $\boldsymbol{A}$ 相关性较大位置−74.2° 左右处发生波形失真(不考虑其他方向的波形失真)，所以图中红色曲线比黑色曲线更接近于 ε dB，说明迭代之后，远场平面波波形失真变小，滤波器对平面波的处理效果要优于未迭代的结果。从图 6-26(b)可以看出，迭代 30 次之后，在[−90°,90°]大范围区域内，$\hat{\boldsymbol{H}}_{30}$ 所对应的滤波器响应误差绝大部分低于迭代 1 次的滤波器响应误差，说明迭代之后的滤波器对远场平面波信号的失真整体更低，效果更好。

迭代次数的选取与声速、平台辐射噪声深度等初始条件有关，为确定迭代次数对初始条件下的空域滤波的影响，选取[−75.2°,−73.2°]的搜索角度，其他因素不变，做滤波器响应平均值分析，可得到图 6-27 黑色曲线。另外值得注意的是，迭代次数的取值并不是越大越好，取值越大，数据处理时间越长，可以看出，迭代 30 次时，滤波器响应效果平均值最大，优势最明显。由于最佳迭代次数不是固定不变的，会随着初始条件的不同而改变，所以，在实际运用中，选取合适的迭代次数对平台辐射噪声抑制效果有着重要的影响，同时也会影响数据处理的时效性。选取[−60°,60°]的搜索角度，做滤波器响应误差的平均值分析，如 6-27 所示。可以看出，随着迭代次数的增大，滤波器响应误差变小，效果变好。且实际运算中，数据处理的时间随迭代次

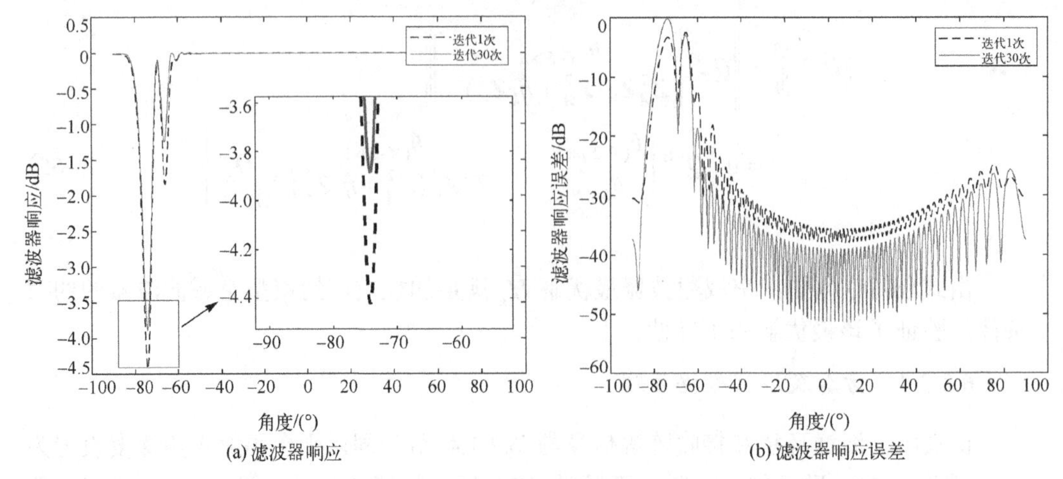

(a) 滤波器响应 (b) 滤波器响应误差

图 6-26 加权响应约束型空域滤波器响应效果(见彩图)

数的增大而变长。因此选取迭代次数时，要综合考虑滤波器响应效果以及数据处理的时效性。

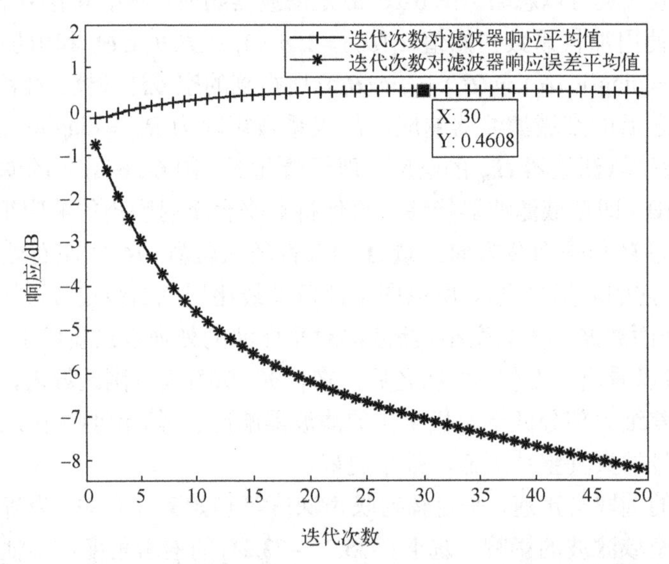

图 6-27 [−75.2°,−73.2°] 滤波器响应平均值及 [−60°,60°] 滤波器响应误差平均值

假设目标运动路径为斜对角直线方式，方位为−90°～−45°，且声呐平台与拖线阵位置相对保持恒定。分析滤波后常规波束形成方法对远场弱目标的检测能力。当目标信噪比为−15dB 且保持不变时，可得到不同约束值下的滤波效果，如图 6-28 和图 6-29 所示。

通过海试，验证该方法对平台辐射噪声的抑制效果。海试数据处理后的方位估计效果如图 6-30 所示。图 6-30(a) 为未经过空域滤波处理的 CBF 方位历程图，图 6-30(b)

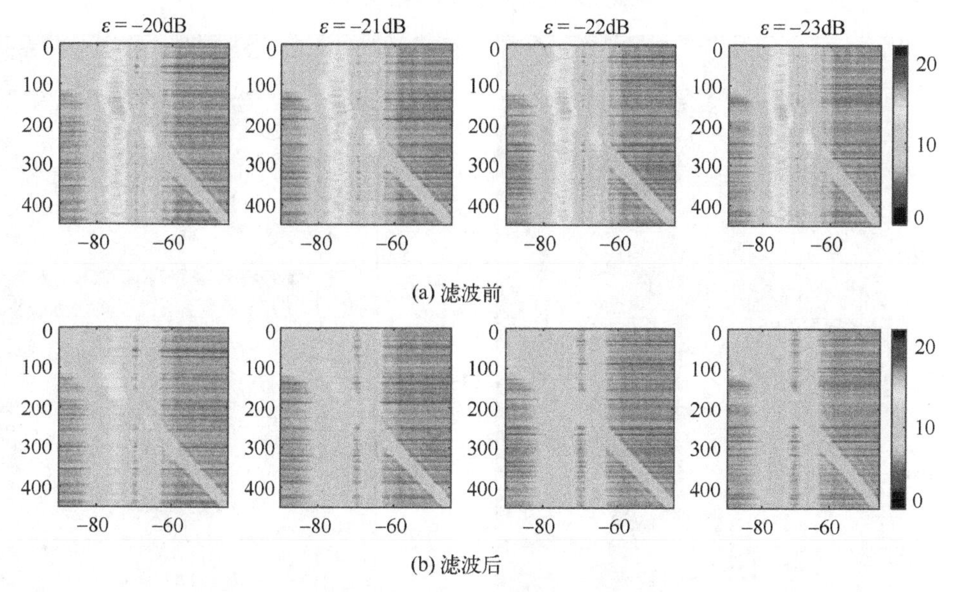

(a) 滤波前

(b) 滤波后

图 6-28　约束值为−20～−23dB 滤波前后方位历程

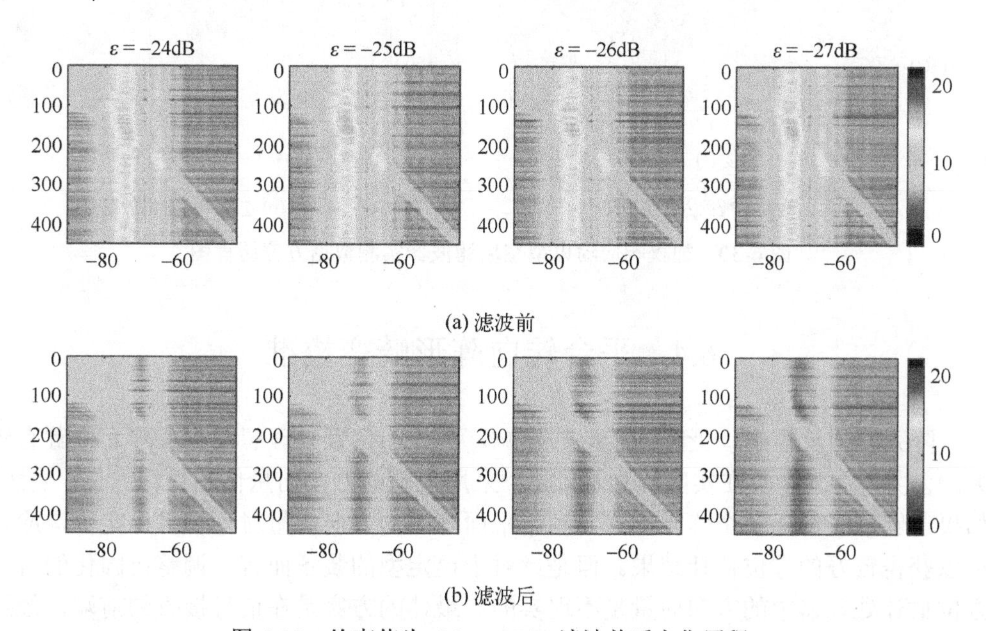

(a) 滤波前

(b) 滤波后

图 6-29　约束值为−24～−27dB 滤波前后方位历程

为经过加权响应约束空域滤波处理的 CBF 方位历程图，迭代次数设定为 10 次，约束值为 $\varepsilon=10^{-5}$。其中，①和②是平台辐射噪声，③和④是协作目标，历程时间为 1600s，波束搜索角度为[−90°,90°]。从图 6-30 可以看出，目标稳定跟踪的同时，平台辐射噪声经空域处理后盲区宽度变窄。

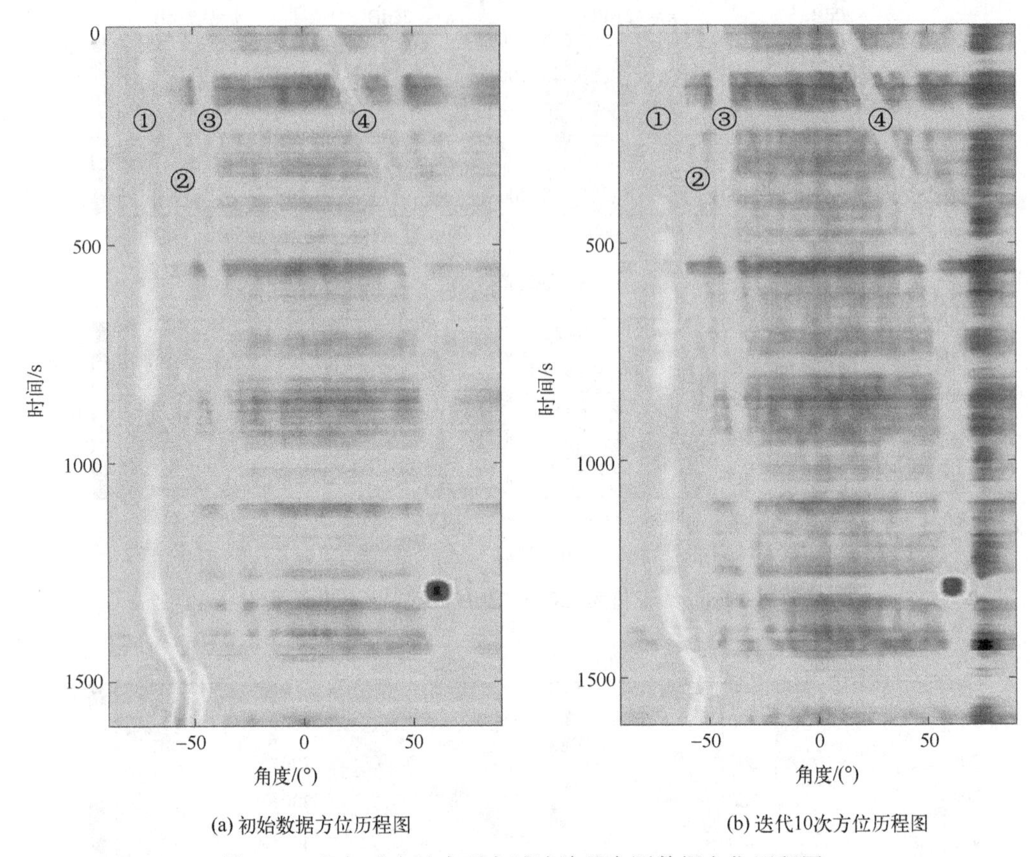

(a) 初始数据方位历程图　(b) 迭代10次方位历程图

图 6-30　加权响应约束型空域滤波器实测数据方位历程图

6.4　平台转向阵形畸变校准

阵列转向过程中，受阵列转向的影响，阵元的位置与理想线列阵阵元位置有较大的差异，这就涉及在实际阵列基础上，采用理想的方向向量估计目标方位。当然，如果能够准确得知各个阵元位置，利用平面阵列的方向向量对远场目标定位，应该可以获得较好的方位估计结果。但是，对于已定型的装备而言，调整已固化的目标方位估计处理器中的方向向量是不现实的。最佳的方案是在信号接收的前端，经过空域阵列数据处理，将阵列输入信号校准为阵形理想状态的输入信号。再经过已经固化的目标方位估计算法，获得较为理想的目标定位效果。

为了将实际的阵列接收数据校准，那么首先要估计阵列的实际方向向量，以及与其对应的阵列流形。以平台转向这一背景为例，评估拖曳阵列随平台转向的方向向量。

根据拖曳阵列实际使用过程中的基本操作要求，当拖曳声呐工作时，尽量避免平台转向。若必须转向，则应采用匀速、小舵角(对应于大转弯半径，和转向角度不同)转向，舵角可以决定转弯半径。本节中，假设转弯半径为 3 链。

6.4.1　平台转向过程中的阵列方向向量估计

建立平台(阵列)转向的模型，考虑到模型的简洁易用性，采用圆弧轨迹的转向模型。

从图 6-31 可以看出，转弯角度和转弯的入圆环 A 点、出圆环 B 点所对应的圆心角相同。这里，假设圆心角即转弯角度为 α，转弯半径为 r，阵列孔径为 L，分两种情况讨论阵列转向时的方向向量，分别对应于 $\alpha r < L$ 和 $\alpha r \geqslant L$。现将这两种情况分别定义为小角度转向和大角度转向。小角度转向和大角度转向的关键区别，就是转向过程中阵列是否能够全部位于转向圆环上。小角度转向过程中，只有部分阵元位于圆环上，其余阵列呈直线状态。大角度转向过程中，在某一个阶段，所有阵元都位于转向圆环上。

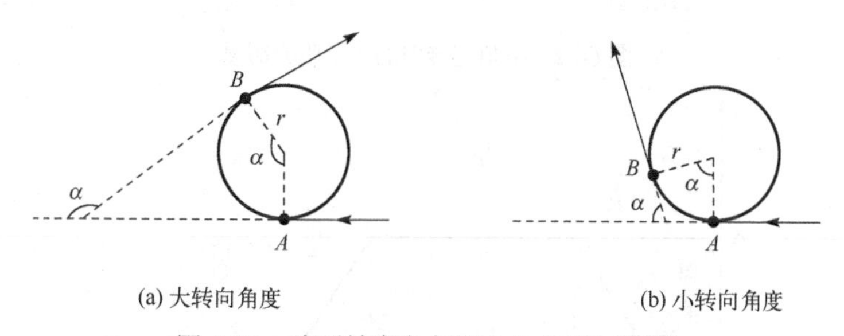

图 6-31　阵列转向角与圆心角关系示意图

6.4.1.1　小角度转向 $\alpha r < L$ 时的转向阶段和临界时刻

小角度转向，是指阵列孔径 L 大于转向角度 α 所对应的弧长。

假设各阶段交界点时刻分别为 t_0、t_1、t_2、t_3，各时刻对应的阵列和转向圆环的位置关系如图 6-32 所示。

可以看出，随着阵列的转向，共有 4 个临界时刻点，这 4 个时刻点是不同阶段之间的相交时刻。这里，t_0 是基准，$t_1 = t_0 + \dfrac{\alpha r}{v}$，$t_2 = t_0 + \dfrac{(N-1)d}{v}$，$t_3 = t_0 + \dfrac{(N-1)d + \alpha r}{v}$。

图 6-33 为阵列转向过程中，阵列在圆弧上的长度，所对应的圆心角度数 β 的变化，以 β 的取值可以将阵列转向分成 5 个阶段。

6.4.1.2　小角度转向 $\alpha r < L$ 时的方向向量

针对 5 个阶段，利用圆环转向特点，计算各个阶段的阵列方向向量。

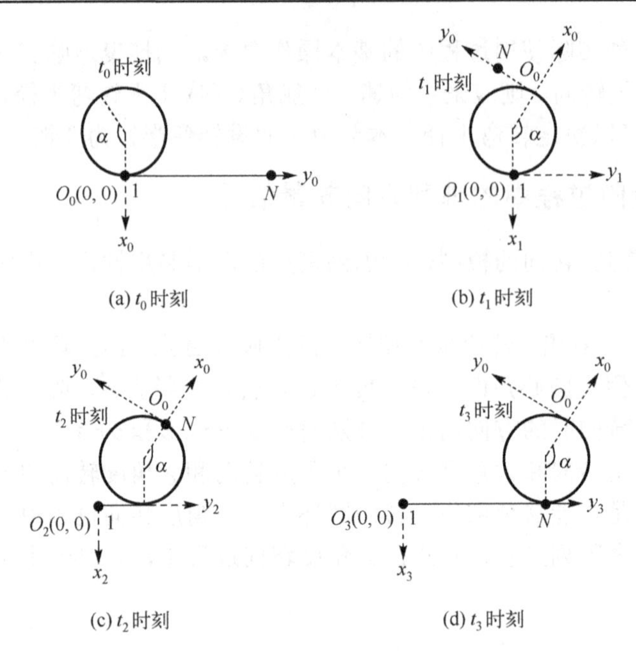

图 6-32 小角度转向的 4 个临界时刻

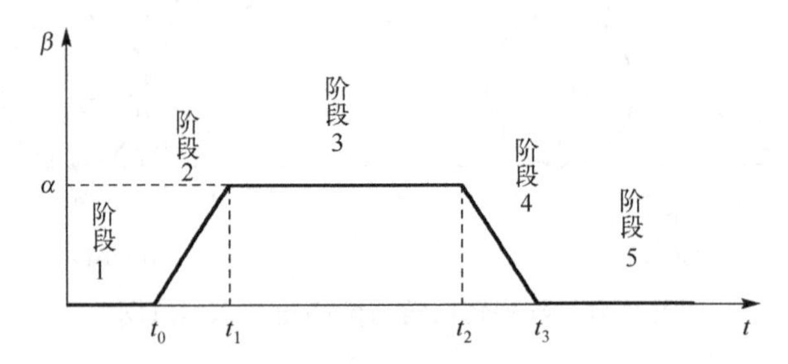

图 6-33 小角度转向位转向圆环上阵列所对应的圆心角

根据向量理论，圆心 $O(0,0,0)$ 和点 $P_m(x_m,y_m,z_m)$ 之间的相位差为 $\Delta\psi=\dfrac{2\pi}{\lambda}(x_m\sin\phi\cos\theta+y_m\sin\phi\sin\theta+z_m\cos\phi)$。由于考虑的是远场平面波入射情况，所以 $\phi=\dfrac{\pi}{2}$。同时，阵列中阵元位置可以近似在一个平面内，此时的 $z_m=0$。此时，可以简化为 $\Delta\psi=\dfrac{2\pi}{\lambda}(x_m\cos\theta+y_m\sin\theta)$。

根据这一理论，以第一阵元为参考坐标系的原点，计算其他阵元在不同阶段的位置坐标，进而可以计算其他阵元与第一阵元之间的相位差，获得阵列的方向向量。原点与空间点相位差示意图如图 6-34 所示。

(1) 阶段 1（$t\leqslant t_0$）。

此时，阵列还未到达转向的圆形，如图 6-35 所示。阵列呈标准的线列阵排列。

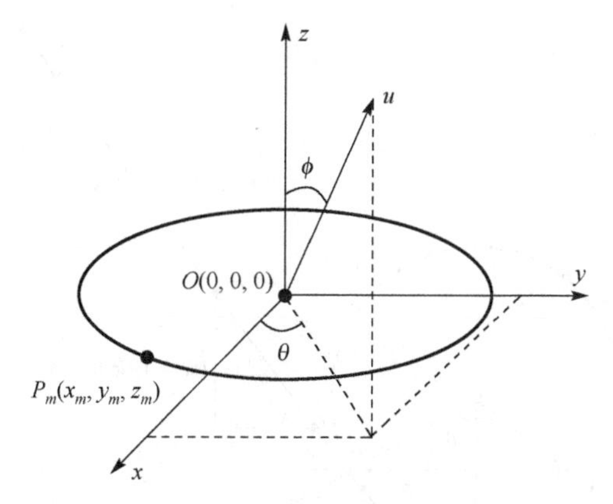

图 6-34　原点与空间点相位差示意图

在平台与尾端拖拽线列阵联动转向过程中，平台首先进入转向圆环，而后阵列第一阵元经过一段时间进入圆环。

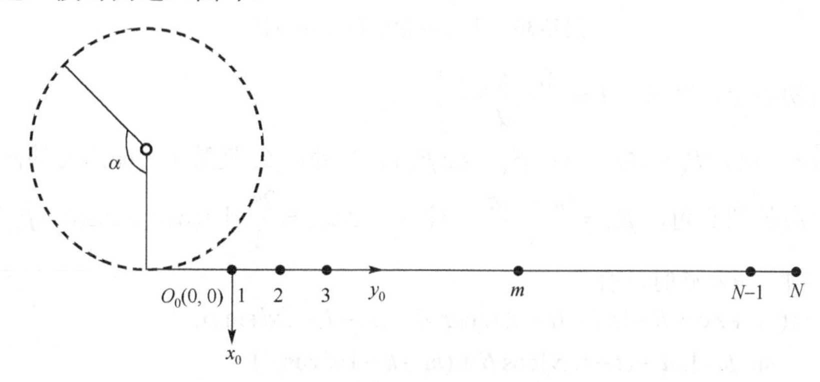

图 6-35　小转向角阶段 1 示意图

此时，$P_m(x_m, y_m)$ 的坐标为 $(0,(m-1)d)$，相位差 $\Delta\psi_m = \dfrac{2\pi}{\lambda}(m-1)d\sin\theta$，方向向量 $a(\theta) = \exp\left[0,\cdots,\dfrac{2\pi}{\lambda}(N-1)d\sin\theta\right]$。

(2) 阶段 2（$t_0 < t \leqslant t_1$）。

此时阵列的一部分位于转向圆环上，另一部分呈直线与转向圆环相切，如图 6-36 所示。此时，位于圆环上的阵列长度所对应的圆心角为 β。当阵列转向角度 β 达到最大值 $\beta_{\max} = \alpha$（α 是平台转向的最终角度）时，阵列在圆环上的长度达到最大值 αr。在此阶段，β 由 0 增大至 α。

首先确定阵列与转向圆环相切点 A 的坐标，$P_A = (-r + r\cos\beta, r\sin\beta)$，$\beta = \dfrac{(t-t_0)\cdot v}{r}$。假设阵列中第 1～$k$ 阵元在转向圆环上，其余第 $k+1$～N 阵元在以圆

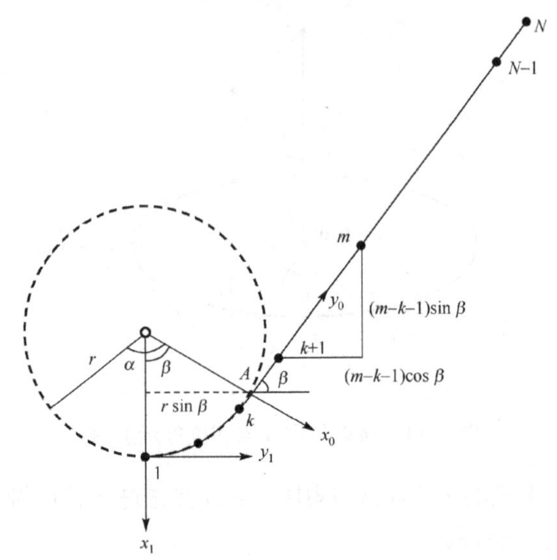

图 6-36　小转向角阶段 2 示意图

环 A 点的切线上，则可知 $k=\left\lfloor\dfrac{(t-t_0)\cdot v}{d}\right\rfloor+1$。

当 $m\leqslant k$ 时，$P_m=(-r+r\cos\beta_m,r\sin\beta_m)$，此处，$\beta_m$ 是第 1～m 阵元的阵列形成的圆弧对应的圆心角，$\beta_m=\dfrac{(m-1)d}{r}$。此时，$\Delta\psi_m=\dfrac{2\pi}{\lambda}r[-\cos\theta+\cos(\theta-\beta_m)]$。

当 $k+1\leqslant m\leqslant N$ 时，有

$$\begin{aligned}P_m&=(-r+r\cos\beta-[kd-(t-t_0)v]\sin\beta-(m-k-1)d\sin\beta,\\&\quad\ r\sin\beta+[kd-(t-t_0)v]\cos\beta+(m-k-1)d\cos\beta)\\&=(-r+r\cos\beta+[(t-t_0)v-md+d]\sin\beta,r\sin\beta+[md-d-(t-t_0)v]\cos\beta)\end{aligned}$$

据此可知，$\Delta\psi_m=\dfrac{2\pi}{\lambda}\{r[\cos(\theta-\beta)-\cos\theta]-[(t-t_0)v-md+d]\sin(\theta-\beta)\}$。

方向向量为

$$a(\theta)=\exp\begin{bmatrix}\dfrac{2\pi}{\lambda}r[-\cos\theta+\cos(\theta-\beta_1)]\\\vdots\\\dfrac{2\pi}{\lambda}r[-\cos\theta+\cos(\theta-\beta_k)]\\\dfrac{2\pi}{\lambda}\{r[\cos(\theta-\beta)-\cos\theta]-[(t-t_0)v-kd]\sin(\theta-\beta)\}\\\vdots\\\dfrac{2\pi}{\lambda}\{r[\cos(\theta-\beta)-\cos\theta]-[(t-t_0)v-Nd+d]\sin(\theta-\beta)\}\end{bmatrix}$$

其中，$\beta=\dfrac{(t-t_0)\cdot v}{r}$。

(3)阶段 3（$t_1<t\leqslant t_2$）。

此时，阵列的第一个阵元出圆环，最后一个阵元未入圆环，如图 6-37 所示。此时，位于圆环上的阵列长度是αr，也就是β达到了最大值$\beta_{\max}=\alpha$，且此阶段β保持不变。

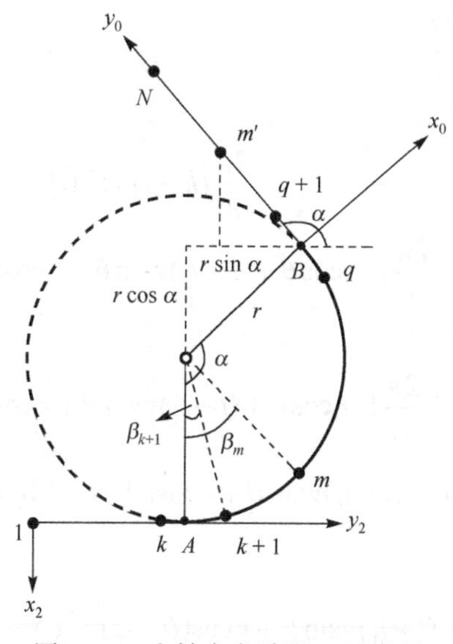

图 6-37　小转向角阶段 3 示意图

由图 6-37 可知，AB之间的弧长为αr，阵元 1 到B点的长度为$(t-t_0)v$。

阵元 1 到A点之间的距离为$(t-t_1)v$，即A的坐标为$(0,(t-t_1)v)$。

假设在第 1 阵元到A点之间共有k个阵元，则$k=\left\lfloor\dfrac{(t-t_1)v}{d}\right\rfloor+1$。

A到第$k+1$阵元的弧长为$kd-(t-t_1)v$，所对应的圆心角为$\beta_{k+1}=\dfrac{kd-(t-t_1)v}{r}$。

第$k+1$阵元到B点的弧长为$\alpha r-kd+(t-t_1)v$，从第$k+1$阵元到B点中间共有阵元数为$\left\lfloor\dfrac{\alpha r-kd+(t-t_1)v}{d}\right\rfloor+1$。第$q$阵元的编号为$q=\left\lfloor\dfrac{\alpha r+(t-t_1)v}{d}\right\rfloor+1$。

B点坐标为$(-r+r\cos\alpha,(t-t_1)v+r\sin\alpha)$。

当$1\leqslant m\leqslant k$时，$P_m=(0,(m-1)d)$，$\Delta\psi_m=\dfrac{2\pi}{\lambda}(m-1)d\sin\theta$。

当 $k+1\leqslant m\leqslant q$ 时，$P_m=(-r+r\cos\beta_m,(t-t_1)v+r\sin\beta_m)$，其中 $\beta_m=\dfrac{(m-1)d-(t-t_1)v}{r}$，$\Delta\psi_m=\dfrac{2\pi}{\lambda}[-r\cos\theta+(t-t_1)v\sin\theta+r\cos(\theta-\beta_m)]$。

当 $m \geqslant q+1$ 时，可知 B 点到 $q+1$ 阵元的长度为 $qd-(t-t_0)v$。此时，位于 B 点圆环切线上的第 m 阵元的坐标为

$$P_m = (-r + r\cos\alpha - [(m-1)d - (t-t_0)v]\sin\alpha,$$
$$(t-t_1)v + r\sin\alpha + [(m-1)d - (t-t_0)v]\cos\alpha)$$

$$\Delta\psi_m = \frac{2\pi}{\lambda}\{-r\cos\theta + (t-t_1)v\sin\theta + r\cos(\theta-\alpha) + [(m-1)d - (t-t_0)v]\sin(\theta-\alpha)\}$$

综上所述，方向向量为

$$a(\theta) = \exp\begin{bmatrix} 0 \\ \vdots \\ \dfrac{2\pi}{\lambda}(k-1)d\sin\theta \\ \dfrac{2\pi}{\lambda}\{-r\cos\theta + (t-t_1)v\sin\theta + r\cos(\theta-\beta_{k+1})\} \\ \vdots \\ \dfrac{2\pi}{\lambda}\{-r\cos\theta + (t-t_1)v\sin\theta + r\cos(\theta-\beta_q)\} \\ \dfrac{2\pi}{\lambda}\{-r\cos\theta + (t-t_1)v\sin\theta + r\cos(\theta-\alpha) + [qd-(t-t_0)v]\sin(\theta-\alpha)\} \\ \vdots \\ \dfrac{2\pi}{\lambda}\{-r\cos\theta + (t-t_1)v\sin\theta + r\cos(\theta-\alpha) + [(N-1)d-(t-t_0)v]\sin(\theta-\alpha)\} \end{bmatrix}$$

其中，$\beta_m = \dfrac{(m-1)d-(t-t_1)v}{r}, k+1 \leqslant m \leqslant q$。

(4) 阶段 4（$t_2 < t \leqslant t_3$）。

此阶段，第一个阵元位于圆环的切线上，最后一个阵元在转向圆环上，如图 6-38 所示。此时，位于圆环上的阵列长度小于等于 αr，阵列长度所对应的圆心角 β 满足 $0 \leqslant \beta \leqslant \alpha$。在此阶段，阵列长度所对应的圆心角 β 由 α 减少至 0。

A 点至第 N 阵元的弧长为 $\alpha r - [(t-t_0)v - (N-1)d]$，对应的圆心角为 β。可知圆心角 β 对应的弧内共有阵元个数为 $\lfloor \alpha r - [(t-t_0)v-(N-1)d] \rfloor + 1$。假设此弧上共有 $N-k$ 个点，也即阵元 1 至 A 点之间共有 k 个阵元，则可知 $k = N - \left\lfloor \dfrac{\alpha r - [(t-t_0)v-(N-1)d]}{d} \right\rfloor - 1 = \left\lfloor \dfrac{(t-t_0)v - \alpha r}{d} \right\rfloor + 1$。

A 点至第 $k+1$ 阵元的弧长为 $\alpha r - (t-t_0)v + kd$。A 点的坐标为 $(0,(t-t_0)v-\alpha r)$。

当 $1 \leqslant m \leqslant k$ 时，$P_m = (0,(m-1)d)$，$\Delta\psi_m = \dfrac{2\pi}{\lambda}(m-1)d\sin\theta$。

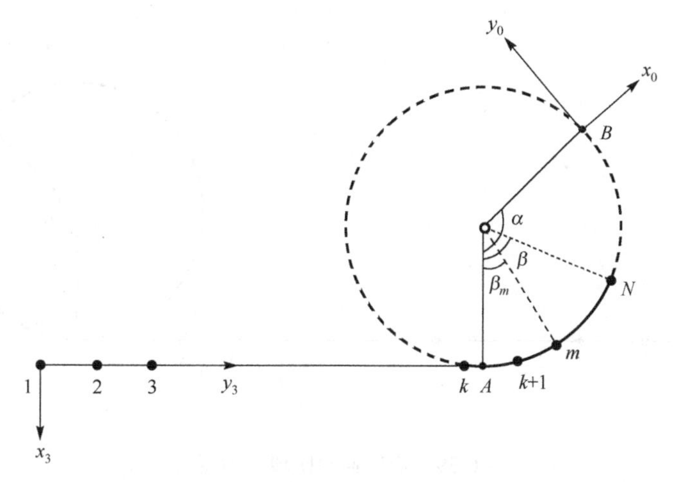

图 6-38　小转向角阶段 4 示意图

当 $k+1 \leqslant m \leqslant N$ 时，$P_m = (-r + r\cos\beta_m, (t-t_0)v - \alpha r + r\sin\beta_m)$，这里 $\beta_m = \dfrac{[\alpha r - (t-t_0)v + (m-1)d]}{r}$，$\Delta\psi_m = \dfrac{2\pi}{\lambda}\{-r\cos\theta + r\cos(\theta - \beta_m) + [(t-t_0)v - \alpha r]\sin\theta\}$。

综上所述，方向向量为

$$a(\theta) = \exp\begin{bmatrix} 0 \\ \vdots \\ \dfrac{2\pi}{\lambda}(k-1)d\sin\theta \\ \dfrac{2\pi}{\lambda}\{-r\cos\theta + r\cos(\theta - \beta_{k+1}) + [(t-t_0)v - \alpha r]\sin\theta\} \\ \vdots \\ \dfrac{2\pi}{\lambda}\{-r\cos\theta + r\cos(\theta - \beta_N) + [(t-t_0)v - \alpha r]\sin\theta\} \end{bmatrix}$$

其中，$\beta_m = \dfrac{\alpha r - (t-t_0)v + (m-1)d}{r}, k+1 \leqslant m \leqslant N$。

(5) 阶段 5（$t > t_3$）。

此时，最后一个阵元已驶出圆环，所有阵元都位于圆环切线上，呈一条均匀线列阵排列，如图 6-39 所示。

此时，$P_m(x_m, y_m)$ 的坐标为 $(0, (m-1)d)$，相位差 $\Delta\psi_m = \dfrac{2\pi}{\lambda}(m-1)d\sin\theta$。方向向量 $a(\theta) = \exp\left[0, \cdots, \dfrac{2\pi}{\lambda}(N-1)d\sin\theta\right]$。

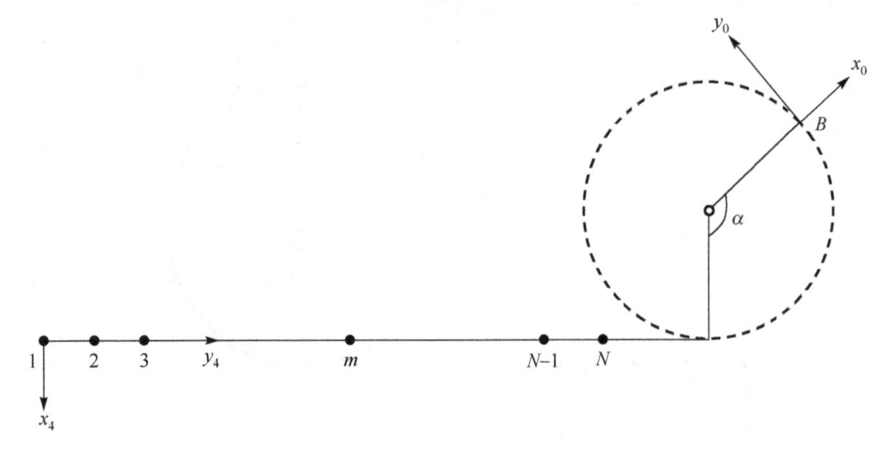

图 6-39　小转向角阶段 5 示意图

6.4.1.3　大角度转向 $\alpha r \geqslant L$ 时的转向阶段和临界时刻

大角度转向，是指阵列孔径 L 小于转向角度 α 所对应的弧长。

定位各阶段交界点分别为时刻 t_0、t_1、t_2、t_3，各时刻对应的阵列和转向圆环的位置关系如图 6-40 所示。

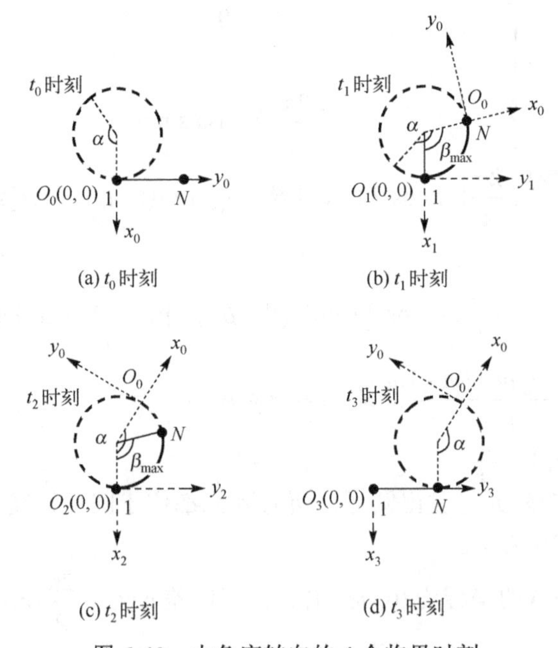

(a) t_0 时刻　　(b) t_1 时刻

(c) t_2 时刻　　(d) t_3 时刻

图 6-40　大角度转向的 4 个临界时刻

图 6-40 中，阵列转向的过程中，第一个阵元进入圆环的点，设其坐标系为 x_0y_0，随着阵列的转向，参考坐标系随之改变，不论阵列阵形如何，均以第一阵元位置为原

点，与阵列垂直方向(背向转向圆心)为新的 x 轴，从第一阵元指向下一阵元的切向方向为 y 轴。

可以看出，随着阵列的转向，共有 4 个关键时刻点，这 4 个时刻点是不同阶段之间的相交时刻。这里，t_0 是基准，$t_1=t_0+\dfrac{(N-1)d}{v}$，$t_2=t_0+\dfrac{\alpha r}{v}$，$t_3=t_0+\dfrac{(N-1)d+\alpha r}{v}$。

阵列在圆环上对应的圆心角为 β，与小角度一样，也可以将转向过程分成 5 个阶段，如图 6-41 所示。

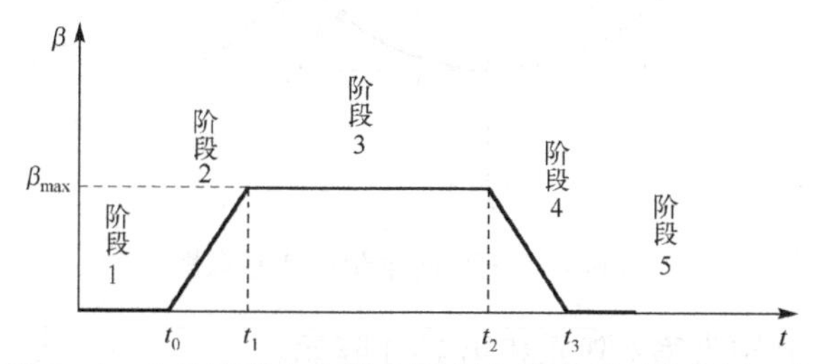

图 6-41　大角度转向位转向圆环上阵列所对应的圆心角

6.4.1.4　大角度转向 $\alpha r \geqslant L$ 时的方向向量

(1) 阶段 1 ($t \leqslant t_0$)。

此时，阵列还未到达转向的圆形，如图 6-42 所示。阵列呈标准的线列阵排列。在平台与尾端拖曳线列阵联动转向过程中，平台(舰艇或潜艇等)首先进入转向圆环，而后阵列第一阵元经过一段时间进入圆环。

此时，$P_m(x_m,y_m)$ 的坐标为 $(0,(m-1)d)$，相位差 $\Delta\psi_m=\dfrac{2\pi}{\lambda}(m-1)d\sin\theta$。方向向量 $a(\theta)$ $=\exp\left[0,\cdots,\dfrac{2\pi}{\lambda}(N-1)d\sin\theta\right]$。

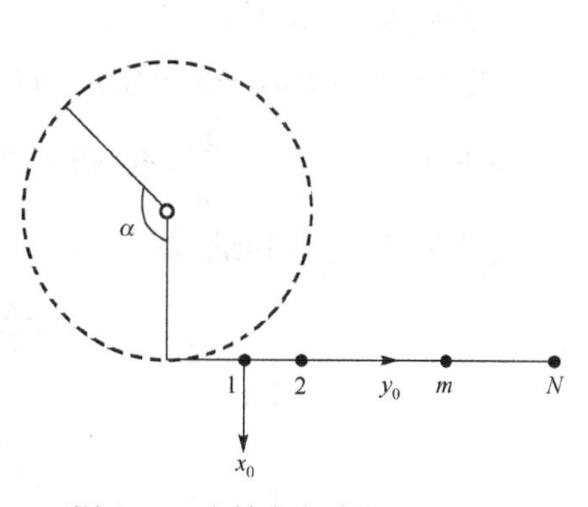

图 6-42　大转向角阶段 1 示意图

(2) 阶段 2 ($t_0 < t \leqslant t_1$)。

此时阵列的一部分位于转向圆环上，另一部分呈直线与转向圆环相切，如图 6-43 所示。此时，位于圆环上的阵列长度所对应的圆心角为 β。当阵列转向角度 β 达到最大值 $\beta_{\max}<\alpha$ (α 是平台转向的最终角度)时，阵列在圆环上的长度达到最大值 $L=(N-1)d$。在此阶段，β 由 0 增大至 $\beta_{\max}$。

阵列在圆环上对应的圆心角为 β，β 对应的弧长为 $(t-t_0)v$，$\beta=\dfrac{(t-t_0)v}{r}$。假设此圆弧上共有 k 个阵元，可知 $k=\left\lfloor\dfrac{(t-t_0)v}{d}\right\rfloor+1$。$A$ 点的坐标为 $(-r+r\cos\beta,r\sin\beta)$。

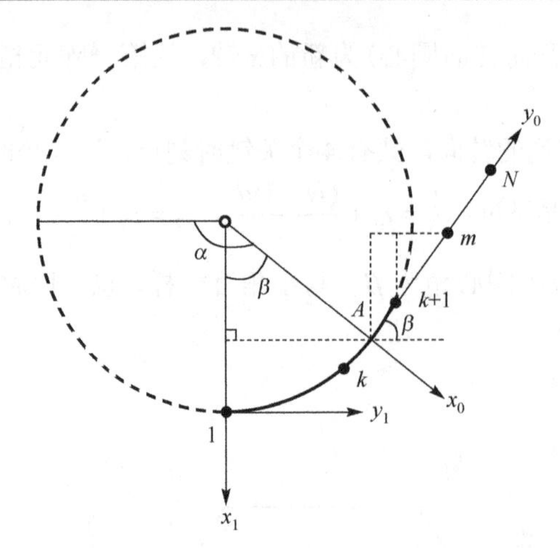

图 6-43　大转向角阶段 2 示意图

在 A 点两侧，分别为第 k 阵元和第 $k+1$ 阵元。

当 $m \leqslant k$ 时，$P_m=(-r+r\cos\beta_m, r\sin\beta_m)$，此处，$\beta_m$ 是第 1～m 阵元的阵列形成的圆弧对应的圆心角，$\beta_m=\dfrac{(m-1)d}{r}$。此时，$\Delta\psi_m=\dfrac{2\pi r}{\lambda}[-\cos\theta+\cos(\theta-\beta_m)]$。

当 $k+1 \leqslant m \leqslant N$ 时，有

$$P_m=(-r+r\cos\beta+[(t-t_0)v-md+d]\sin\beta, r\sin\beta+[md-d-(t-t_0)v]\cos\beta)$$

据此可知，$\Delta\psi_m=\dfrac{2\pi}{\lambda}\{r[\cos(\theta-\beta)-\cos\theta]-[(t-t_0)v-md+d]\sin(\theta-\beta)\}$。

综上所述，方向向量为

$$a(\theta)=\exp\begin{bmatrix} \dfrac{2\pi}{\lambda}r[-\cos\theta+\cos(\theta-\beta_1)] \\ \vdots \\ \dfrac{2\pi}{\lambda}r[-\cos\theta+\cos(\theta-\beta_k)] \\ \dfrac{2\pi}{\lambda}\{r[\cos(\theta-\beta)-\cos\theta]-[(t-t_0)v-kd]\sin(\theta-\beta)\} \\ \vdots \\ \dfrac{2\pi}{\lambda}\{r[\cos(\theta-\beta)-\cos\theta]-[(t-t_0)v-Nd+d]\sin(\theta-\beta)\} \end{bmatrix}$$

其中，$\beta_m=\dfrac{(m-1)d}{r}, 1 \leqslant m \leqslant k$。

(3) 阶段 3（$t_1 < t \leqslant t_2$）。

此时，阵列的第一个阵元和最后一个阵元都在圆环内，如图 6-44 所示。此时，

位于圆环上的阵列长度是阵列孔径 $L=(N-1)d$，也就是 β 达到了最大值 $\beta_{\max}=L/r$，且此阶段 β 保持不变。

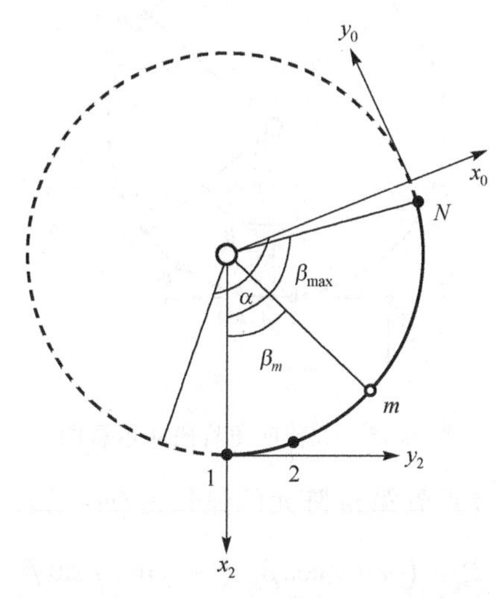

图 6-44　大转向角阶段 3 示意图

在此阶段，以第 1 阵元为坐标系原点，其他阵元的相对位置保持不变。第 1～m 阵元弧长所对应的圆心角为 $\beta_m=(m-1)d/r$，第 m 阵元的坐标为 $(-r+r\cos\beta_m, r\sin\beta_m)$，$\Delta\psi_m=\dfrac{2\pi}{\lambda}[-r\cos\theta+r\cos(\theta-\beta_m)]$。

方向向量为

$$a(\theta)=\exp\begin{bmatrix}\dfrac{2\pi}{\lambda}[-r\cos\theta+r\cos(\theta-\beta_1)]\\ \vdots \\ \dfrac{2\pi}{\lambda}[-r\cos\theta+r\cos(\theta-\beta_N)]\end{bmatrix}$$

其中，$\beta_m=(m-1)d/r, 1\leqslant m\leqslant N$。

(4) 阶段 4 ($t_2<t\leqslant t_3$)。

此阶段，第一个阵元位于圆环的切线上，最后一个阵元在转向圆环上，如图 6-45 所示。此时，位于圆环上的阵列长度小于等于 L，阵列长度所对应的圆心角 β 满足 $0\leqslant\beta\leqslant\beta_{\max}$。在此阶段，阵列长度所对应的圆心角 β 由 $\beta_{\max}$ 减少至 0。

阵元 1 到 A 点的距离为 $(t-t_2)v$，A 点的坐标为 $(0,(t-t_2)v)$，设此线段上的阵元数为 k 个，则 $k=\left\lfloor\dfrac{(t-t_2)v}{d}\right\rfloor+1$，$A$ 点到第 $k+1$ 阵元的弧长为 $kd-(t-t_2)v$。

当 $1\leqslant m\leqslant k$ 时，$P_m=(0,(m-1)d)$，$\Delta\psi_m=\dfrac{2\pi}{\lambda}(m-1)d\sin\theta$。

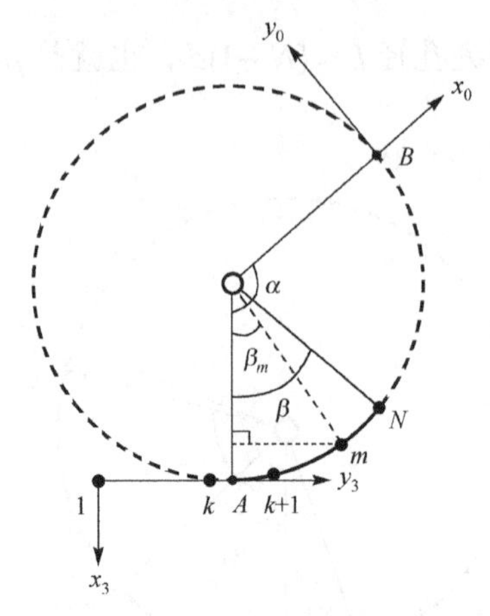

图 6-45　大转向角阶段 4 示意图

当 $k+1 \leqslant m \leqslant N$ 时，A 点到第 m 阵元的弧长为 $(m-1)d-(t-t_2)v$，对应的圆心角 $\beta_m = \dfrac{(m-1)d-(t-t_2)v}{r}$，$P_m = (-r + r\cos\beta_m, (t-t_2)v + r\sin\beta_m)$，此时可得

$$\Delta\psi_m = \frac{2\pi}{\lambda}[-r\cos\theta + (t-t_2)v\sin\theta + r\cos(\theta-\beta_m)]$$

方向向量为

$$a(\theta) = \exp\begin{bmatrix} 0 \\ \vdots \\ \dfrac{2\pi}{\lambda}(m-1)d\sin\theta \\ \dfrac{2\pi}{\lambda}[-r\cos\theta + (t-t_2)v\sin\theta + r\cos(\theta-\beta_{k+1})] \\ \vdots \\ \dfrac{2\pi}{\lambda}[-r\cos\theta + (t-t_2)v\sin\theta + r\cos(\theta-\beta_N)] \end{bmatrix}$$

其中，$\beta_m = \dfrac{(m-1)d-(t-t_2)v}{r}, k+1 \leqslant m \leqslant N$。

(5) 阶段 5（$t > t_3$）。

此时，最后一个阵元已驶出圆环，所有阵元都位于圆环切线上，呈一条均匀线列阵排列，如图 6-46 所示。

此时，以第 1 个阵元为坐标原点建立的坐标系 x_3y_3，阵列端尾方向为 y_3 正半轴方向，垂直于阵列且背离转弯圆环方向为 x_3 正半轴方向，则第 m 个阵元的坐标为 $P_m = (0,(m-1)d)$，$\Delta\psi_m = \dfrac{2\pi}{\lambda}(m-1)d\sin\theta$。方向向量 $a(\theta) = \exp\left[0,\cdots,\dfrac{2\pi}{\lambda}(N-1)d\sin\theta\right]$。

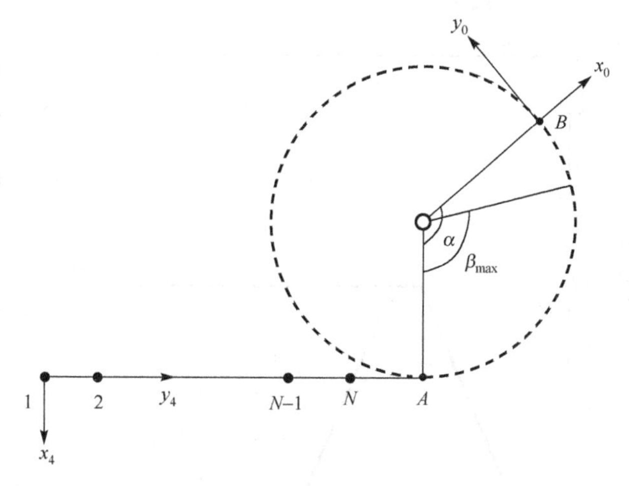

图 6-46　大转向角阶段 5 示意图

6.4.2　平台转向对阵列流形影响分析

6.4.1 节给出了平台右转向的方向向量，通过理论计算可以得出平台右转向时的相应结果。将平台右转向各阶段相位差中的变量 r 、β 、β_m 、α 都分别变为原值的相反数(乘–1)，即可得到左转向的相对相位差。因此，可以通过右转向过程中各阶段的方向向量，获得左转向的方向向量。

6.4.2.1　小角度转向的方向向量结果

考虑转弯角度为 20°，即 $\alpha = \pi/9\,\text{rad}$ 。转弯半径为 3 链，即 $r = 3\times185.2 = 555.6\text{m}$ ，平台移动速度为 10 节，即 $v = 10\times1852/3600 = 5.144\text{m/s}$ 。阵元数 $N = 32$，阵元间隔 $d = 8\text{m}$ ，假设探测的信号频率为半波长频率 $f = 93.75\text{Hz}$ ，声速 $c = 1500\text{m/s}$ 。

设 $t_0 = 20$，经过计算，可以得出 $t_1 = 57.7$ ，$t_2 = 68.2$ ，$t_3 = 105.9$ 。假设 β 为阵列位于圆弧上长度所对应的圆心角，γ 为以第一阵元为基准转向的实时角度，则各阶段 β 和 γ 的示意图如图 6-47 所示。

针对各个阶段，利用上述参数计算各方位的方向向量，生成阵列流形矩阵。阵列流形的实部可以反映出阵列在转向过程中是否存在畸变，以及畸变的程度。图 6-48(a)～(d) 是利用阵列流形的实部绘制的结果，这里取 30s 为一个间隔。图中上半部分是阵列流形实部的结果，下半部分是阵列流形每一行中实部部分的局部极大值点结果。

6.4.2.2　大角度转向的方向向量结果

考虑转弯角度为 60°，即 $\alpha = \pi/3\,\text{rad}$ 。转弯半径为 3 链，即 $r = 3\times185.2 = 555.6\text{m}$ ，平台移动速度为 10 节，即 $v = 10\times1852/3600 = 5.144\text{m/s}$ 。阵元数 $N = 32$ ，阵元间隔为 $d = 8\text{m}$ ，假设探测的信号频率为半波长频率 $f = 93.75\text{Hz}$ ，声速 $c = 1500\text{m/s}$ 。

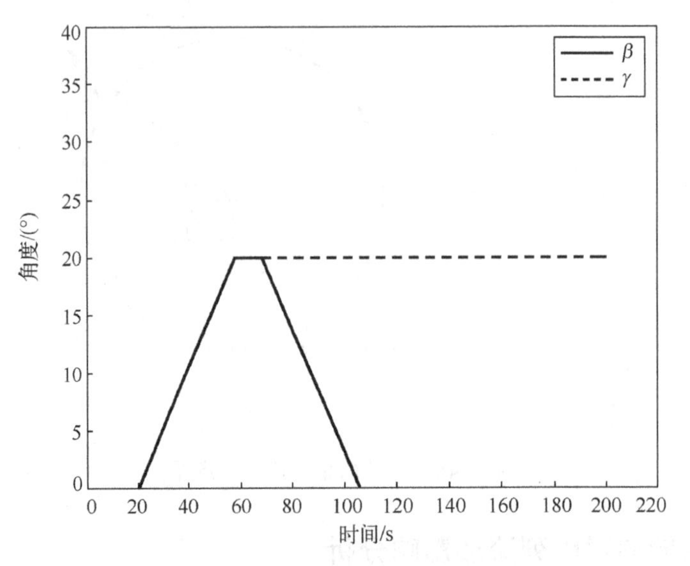

图 6-47　小角度右转向阶段时间点

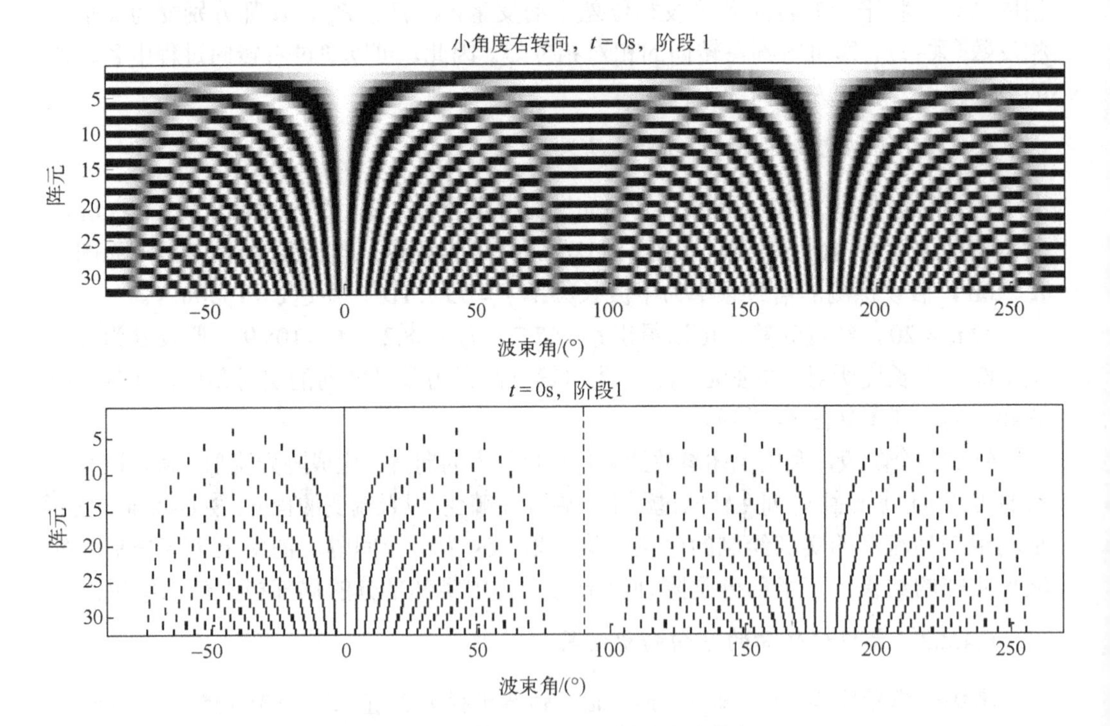

(a) 0s时刻阵列流形实部及其局部极大值点

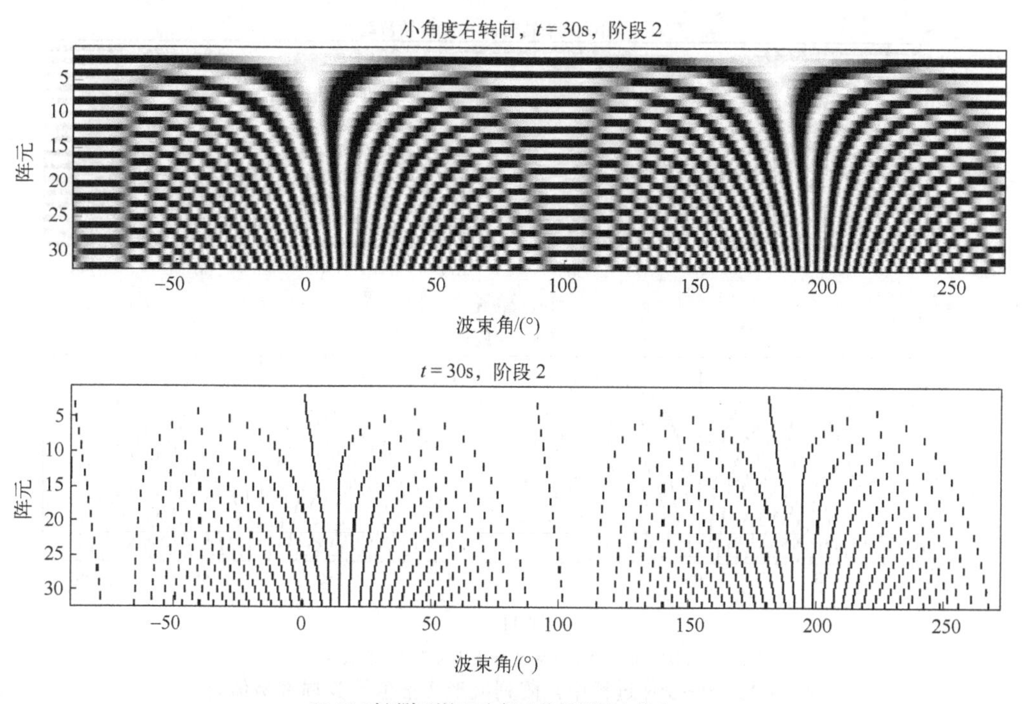

(b) 30s时刻阵列流形实部及其局部极大值点

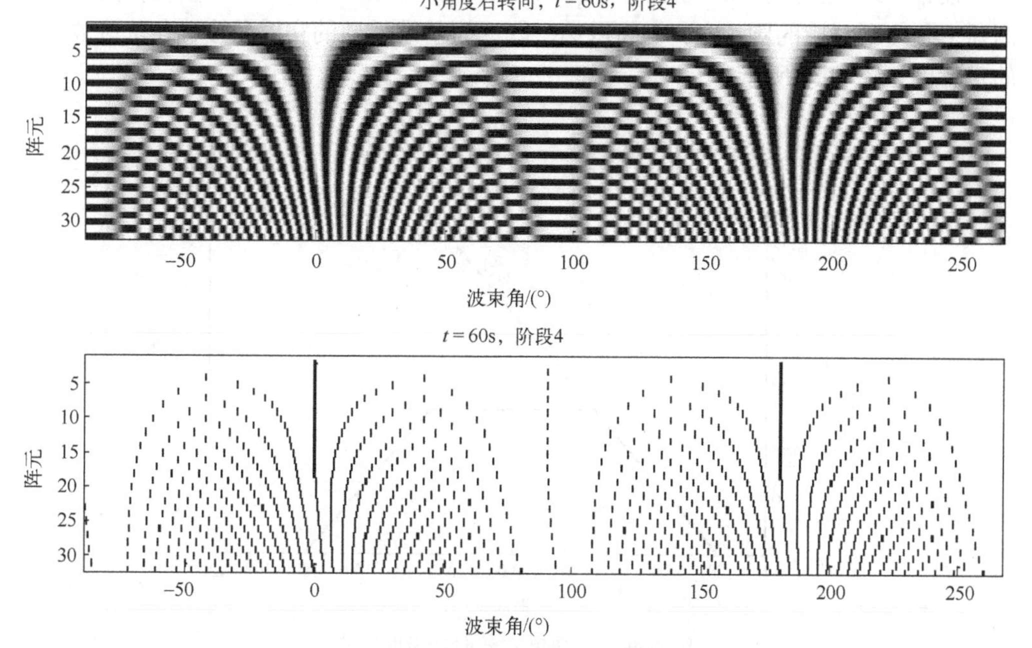

(c) 60s时刻阵列流形实部及其局部极大值点

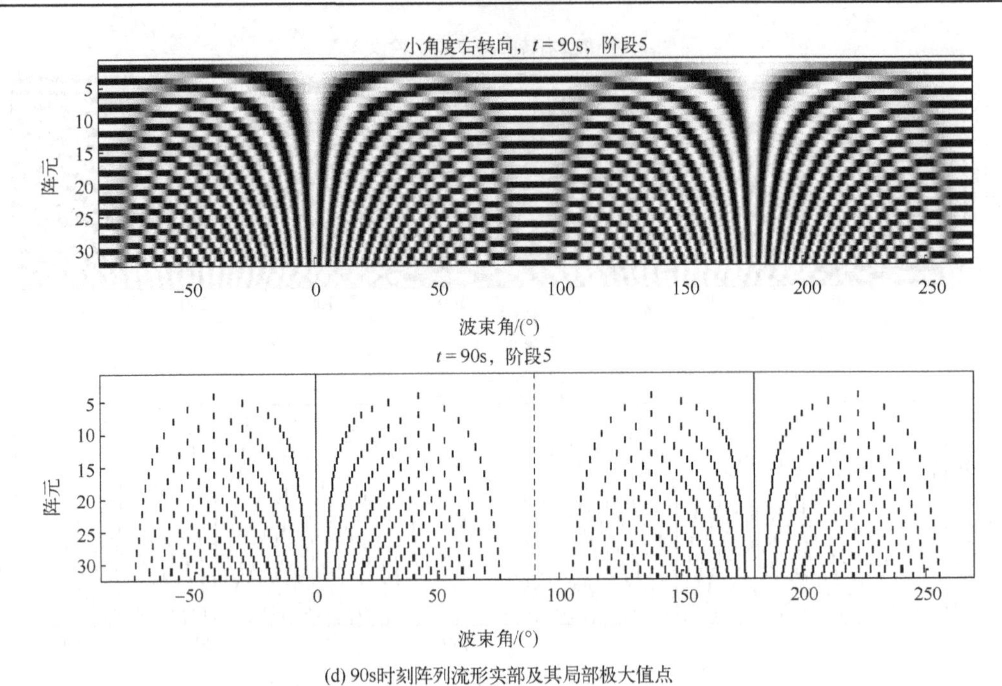

(d) 90s时刻阵列流形实部及其局部极大值点

图 6-48　0～90s 过程中，阵列流形实部值及其局部极值点

设 $t_0=0$，经过计算，可以得出 $t_1=37.7$，$t_2=48.2$，$t_3=85.9$。假设 β 为阵列位圆弧上长度所对应的圆心角，γ 为以第一阵元为基准转向的实时角度。各阶段 β 和 γ 的示意图如图 6-49 所示。

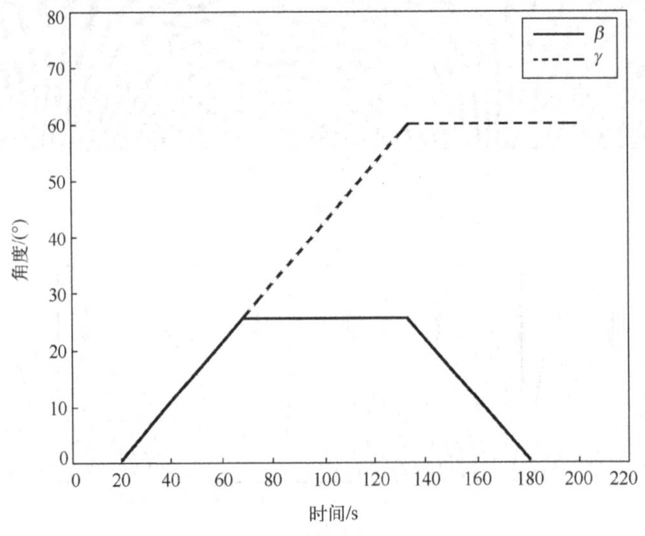

图 6-49　大角度右转向阶段时间点

针对各个阶段，利用上述参数计算各方位的方向向量，生成阵列流形矩阵。阵列

流形的实部可以反映出阵列在转向过程中是否存在畸变，及畸变的程度。图 6-50(a)～(e)是利用阵列流形的实部绘制的结果，这里取 40s 为一个间隔。图中上半部分是阵列流形实部的结果，下半部分是阵列流形每一行中实部部分的局部极大值点结果。

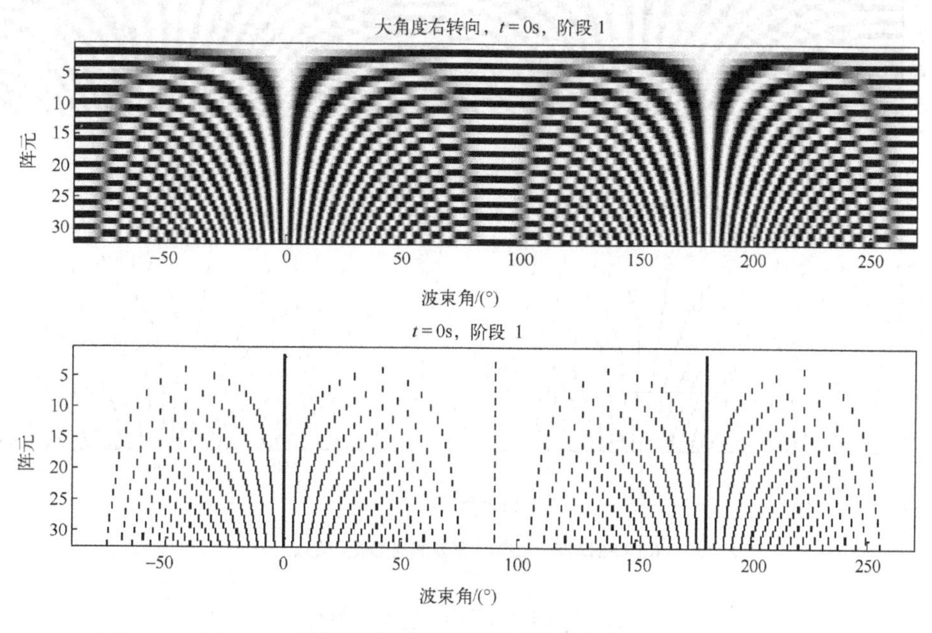

(a) 0s时刻阵列流形实部及其局部极大值点

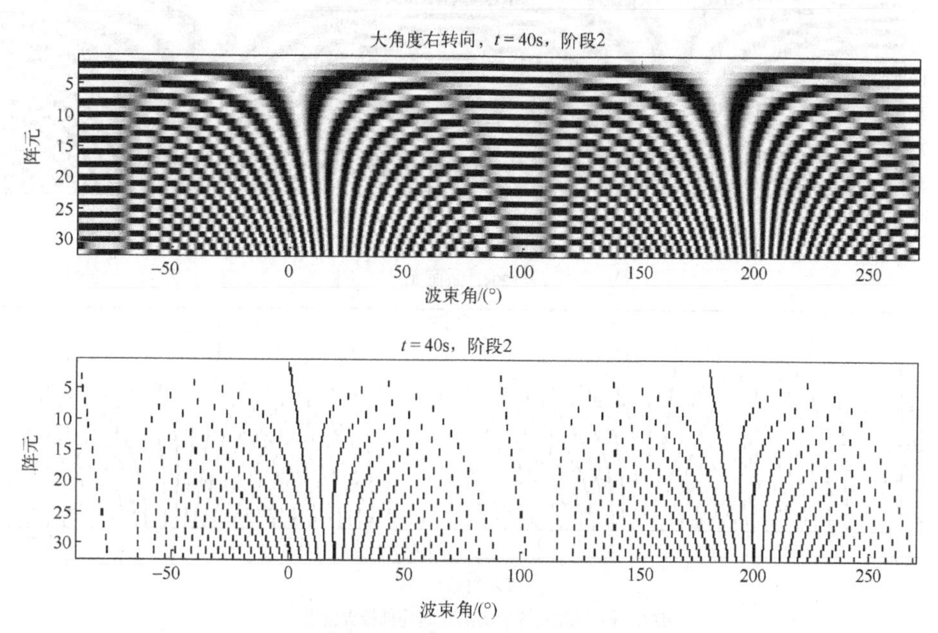

(b) 40s时刻阵列流形实部及其局部极大值点

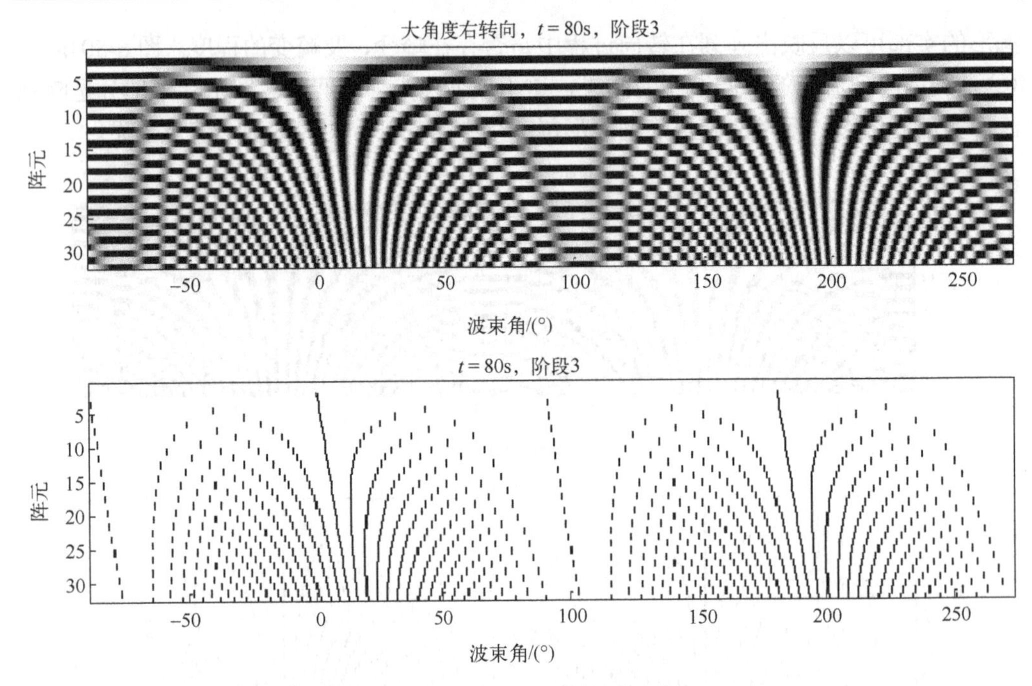

(c) 80s时刻阵列流形实部及其局部极大值点

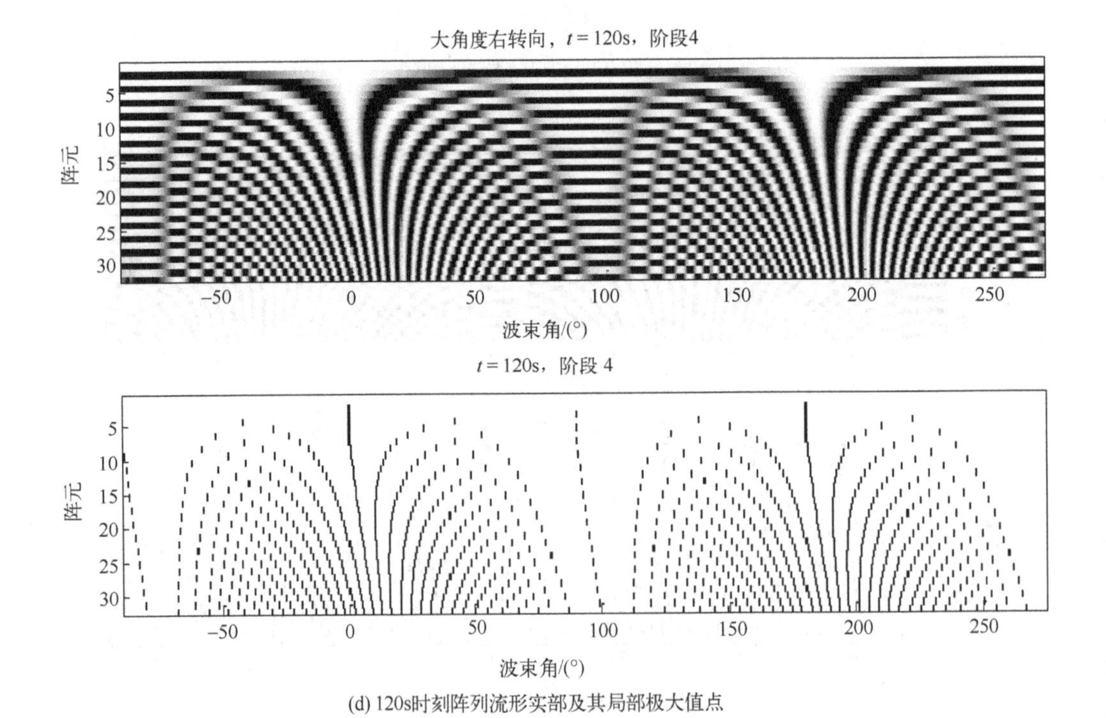

(d) 120s时刻阵列流形实部及其局部极大值点

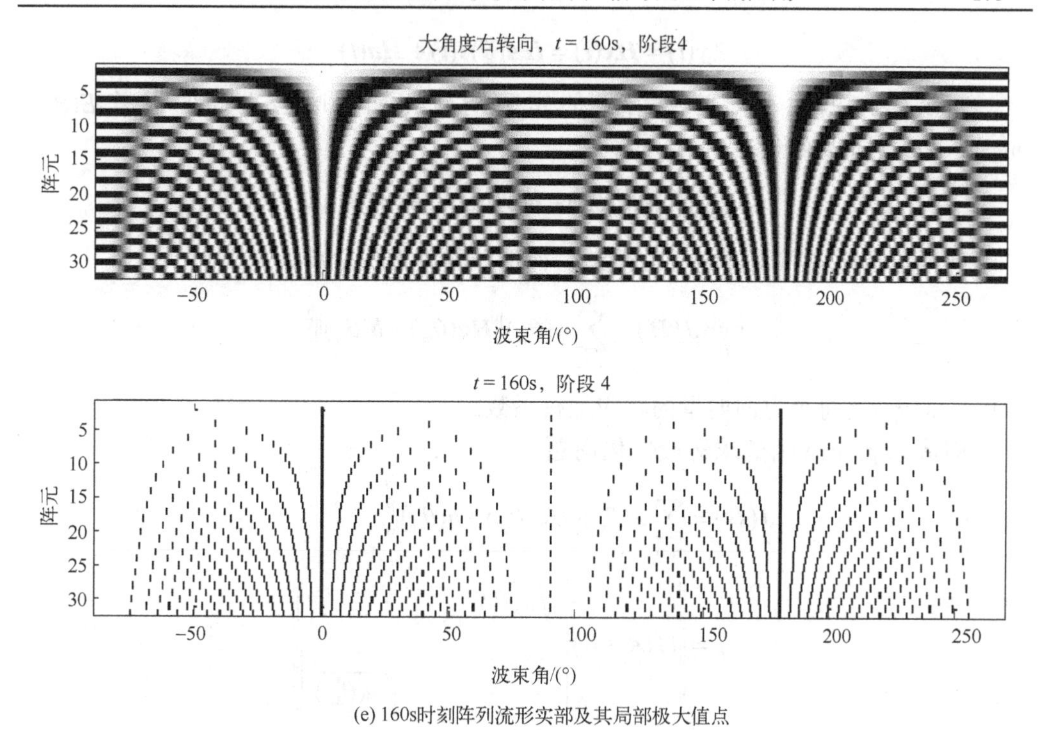

(e) 160s时刻阵列流形实部及其局部极大值点

图 6-50　0～160s 过程中，阵列流形实部值及其局部极值点

6.4.3 阵形校准空域矩阵滤波器设计

阵列转向过程中，受阵列形变的影响，实际阵列流形矩阵与理想阵列流形矩阵有差异。在转向过程中的各个阶段，通过圆环转向方式可以大致估算。在已知阵列流形情况下，利用空域矩阵滤波技术进行阵形校准。

假设远场平面波信号由水平方向入射至阵列，将全空间各方位离散化，离散化后的入射方向分别为 $\theta_1,\cdots,\theta_M$。在阵形畸变的条件下，每个入射方向的实际方向向量为 $\boldsymbol{a}(\theta_m), m=1,\cdots,M$，所构成的实际的阵列流形为 $\boldsymbol{A}=[\boldsymbol{a}(\theta_1),\cdots,\boldsymbol{a}(\theta_m),\cdots,\boldsymbol{a}(\theta_M)]$。阵列无阵形畸变条件下的方向向量为 $\boldsymbol{b}(\theta_m), m=1,\cdots,M$，所构成的理想阵列流形矩阵为 $\boldsymbol{B}=[\boldsymbol{b}(\theta_1),\cdots,\boldsymbol{b}(\theta_m),\cdots,\boldsymbol{b}(\theta_M)]$，此即为期望的阵列流形。

假设阵列接收信号模型为

$$\boldsymbol{x}(t)=\boldsymbol{A}\boldsymbol{s}(t)+\boldsymbol{n}(t)$$

其中，$\boldsymbol{x}(t)=[x_1(t),\cdots,x_N(t)]^{\mathrm{T}}$，$\boldsymbol{s}(t)=[s_1(t),\cdots,s_D(t)]^{\mathrm{T}}$ 是 D 个信号源，$\boldsymbol{n}(t)$ 是阵列接收数据的背景噪声。

设计加权型最小二乘空域矩阵滤波器 $\boldsymbol{H}\in\mathbb{C}^{N\times N}$，对接收阵列数据进行阵元域滤波，滤波输出 $\boldsymbol{y}(t)$ 为

$$\boldsymbol{y}(t)=\boldsymbol{H}\boldsymbol{x}(t)=\boldsymbol{H}\boldsymbol{A}(\boldsymbol{\theta})\boldsymbol{s}(t)+\boldsymbol{H}\boldsymbol{n}(t)$$

空域矩阵滤波器对阵列信号的实际响应和期望响应之间的误差 $E(\theta_m)$, $m=1,\cdots,M$ 由下式给出

$$E(\theta_m)=\|\boldsymbol{H}\boldsymbol{a}(\theta_m)-\boldsymbol{b}(\theta_m)\|_{\mathrm{F}}^2,\quad m=1,\cdots,M$$

利用实际响应和期望响应的误差，构造加权型最优化问题如下

$$\min_{\boldsymbol{H}} J(\boldsymbol{H})=\sum_{m=1}^{M} w(\theta_m)\|\boldsymbol{H}\boldsymbol{a}(\theta_m)-\boldsymbol{b}(\theta_m)\|_{\mathrm{F}}^2$$

其中，$w(\theta_m)$ 是每个方向向量的响应加权系数。

构造 Lagrange 函数求解最优化问题

$$\begin{aligned}J(\boldsymbol{H})&=\sum_{m=1}^{M} w(\theta_m)\|\boldsymbol{H}\boldsymbol{a}(\theta_m)-\boldsymbol{b}(\theta_m)\|_{\mathrm{F}}^2\\&=\left\|(\boldsymbol{H}\boldsymbol{A}-\boldsymbol{B})\begin{bmatrix}\sqrt{w(\theta_1)}&&\\&\ddots&\\&&\sqrt{w(\theta_M)}\end{bmatrix}\right\|_{\mathrm{F}}^2\\&=\|(\boldsymbol{H}\boldsymbol{A}-\boldsymbol{B})\boldsymbol{R}_{1/2}\|_{\mathrm{F}}^2\\&=\mathrm{tr}[(\boldsymbol{H}\boldsymbol{A}\boldsymbol{R}_{1/2}-\boldsymbol{B}\boldsymbol{R}_{1/2})(\boldsymbol{H}\boldsymbol{A}\boldsymbol{R}_{1/2}-\boldsymbol{B}\boldsymbol{R}_{1/2})^{\mathrm{H}}]\end{aligned}$$

上式中构造了矩阵

$$\boldsymbol{R}_{1/2}=\mathrm{diag}[\sqrt{w(\theta_1)},\sqrt{w(\theta_2)},\cdots,\sqrt{w(\theta_M)}]_{M\times M}$$

$$\boldsymbol{R}=\mathrm{diag}[w(\theta_1),w(\theta_2),\cdots,w(\theta_M)]_{M\times M}$$

对 $J(\boldsymbol{H})$ 求关于矩阵 $\boldsymbol{H}^*$ 的偏导数，并令之为零，以获得最优滤波器的解。

$$\frac{\partial J(\boldsymbol{H})}{\partial \boldsymbol{H}^*}=(\hat{\boldsymbol{H}}\boldsymbol{A}\boldsymbol{R}_{1/2}-\boldsymbol{B}\boldsymbol{R}_{1/2})\boldsymbol{R}_{1/2}^{\mathrm{H}}\boldsymbol{A}^{\mathrm{H}}=\boldsymbol{0}$$

得到

$$\begin{aligned}\hat{\boldsymbol{H}}&=\boldsymbol{B}\boldsymbol{R}_{1/2}\boldsymbol{R}_{1/2}^{\mathrm{H}}\boldsymbol{A}^{\mathrm{H}}(\boldsymbol{A}\boldsymbol{R}_{1/2}\boldsymbol{R}_{1/2}^{\mathrm{H}}\boldsymbol{A}^{\mathrm{H}})^{-1}\\&=\boldsymbol{B}\boldsymbol{R}\boldsymbol{A}^{\mathrm{H}}(\boldsymbol{A}\boldsymbol{R}\boldsymbol{A}^{\mathrm{H}})^{-1}\end{aligned}$$

通过调节每个方向向量的响应加权系数 $w(\theta_m)$，均衡各入射方位的响应误差。采用如下的迭代方式实现。

初始值

$$w_0(\theta_m)=1,\quad m=1,\cdots,M$$

第 k 次迭代

$$\boldsymbol{R}_{k-1}=\operatorname{diag}[w_{k-1}(\theta_1),w_{k-1}(\theta_2),\cdots,w_{k-1}(\theta_M)]$$

$$\boldsymbol{H}_{k-1}=\boldsymbol{B}\boldsymbol{R}_{k-1}\boldsymbol{A}^{\mathrm{H}}(\boldsymbol{A}\boldsymbol{R}_{k-1}\boldsymbol{A}^{\mathrm{H}})^{-1}$$

$$E_{k-1}(\theta_m)=\boldsymbol{H}_{k-1}\boldsymbol{a}(\theta_m)-\boldsymbol{b}(\theta_m),\quad m=1,\cdots,M$$

$$\beta_{k-1}(\theta_m)=\frac{M\left|E_{k-1}(\theta_m)\right|}{\sum_{m=1}^{M}w_{k-1}(\theta_m)\left|E_{k-1}(\theta_m)\right|},\quad m=1,\cdots,M$$

$$w_k(\theta_m)=\beta_{k-1}(\theta_m)\gamma(\theta_m)[w_{k-1}(\theta_m)+o],\quad m=1,\cdots,M$$

其中，o 为接近于 0 的常数值，目的是避免 $w_{k-1}(\theta_m)=0$ 时，$w_k(\theta_m)=0$。$\beta_{k-1}(\theta_m)$ 是第 $k-1$ 次迭代对加权向量的乘积参数。

终止条件

(1) $k=K$。此时，迭代 K 次之后，算法终止。

(2) $\max\limits_{m}\left|E_k(\theta_m)\right|<\varsigma_1,m=1,\cdots,M$。迭代后，空域矩阵滤波器对所有方位的实际响应与期望响应差值小于常数 ς_1，算法终止。

(3) $\max\limits_{m}\dfrac{\left\|E_k(\theta_m)\right|-\left|E_{k-1}(\theta_m)\right\|}{\left|E_k(\theta_m)\right|}<\varsigma_2,m=1,\cdots,M$。迭代后，空域矩阵滤波器对所有方位的响应误差变化率都小于常数值 ς_2，算法终止。

上面的终止条件可以任选其一。

当 $k=1$ 时，此时的空域矩阵滤波器为最小二乘空域矩阵滤波器。在 6.4.4 节的仿真中，与经过迭代 $k=5$ 的空域矩阵滤波器对比滤波效果。

6.4.4　平台转向过程中空域矩阵滤波阵形校准效果分析

受平台转向的影响，阵列中各阵元的位置发生改变，阵列流形与理想的阵列流形之间有较大的误差。因此，使用有误差的阵列流形进行目标方位估计，会导致目标方位估计时存在较大误差，误差的大小与阵列形变程度有关。

6.4.4.1　阵列转向示意图

假设平台转向示意图如图 6-51 所示。其中，转向半径 r 设定为 3 链，约 555.6m。平台移动速度为 10 节，约 5.1444m/s。拖曳线列阵阵元数为 $N=32$，阵元间隔为 $d=8$。信号采样频率为 4000Hz，假设海域的声速为 1500m/s。目标频率为阵列的半波长频率 93.75Hz。目标的信噪比都是 0dB。

波束形成角度范围为[−90°,270°]，当平台未转向阵列呈均匀线列阵时，[−90°,90°]波束形成结果和[90°,270°]波束形成结果对称。当平台转向，受转向影响阵列发生形

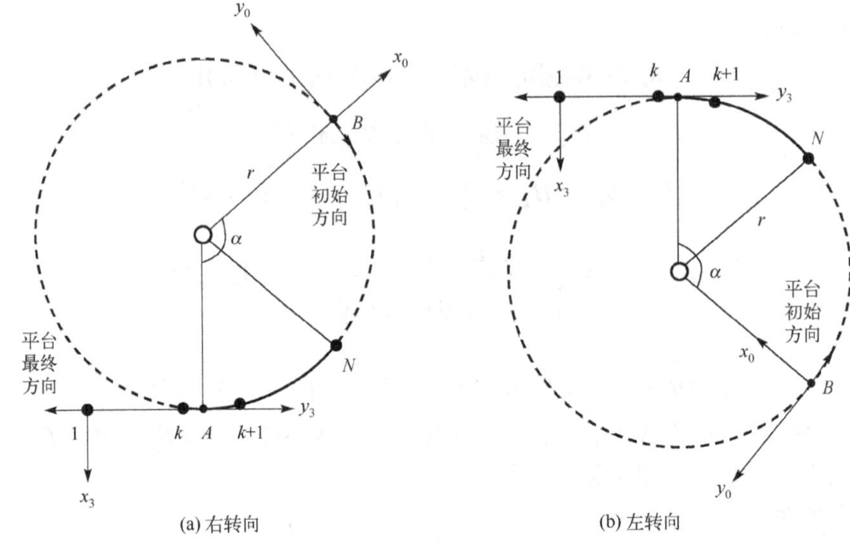

(a) 右转向　　(b) 左转向

图 6-51　平台转向示意图

变现象，阵列会呈现出在平面上非规则分布的情况。此时实际方向向量与入射方位有关，在平面 360° 的入射范围内，[−90°,90°]与[90°,270°]的实际方向向量不对称，因而也就导致采用实际方向向量的波束形成结果不同。

6.4.4.2　阵列转向过程中的波束形成结果

(1) 右转 20°。

考虑 15° 存在一个目标，平台右转向，转向角度为 20°。波束形成结果如图 6-52 所示。

考虑 145° 存在一个目标，平台右转向，转向角度为 20°。波束形成结果如图 6-53 所示。

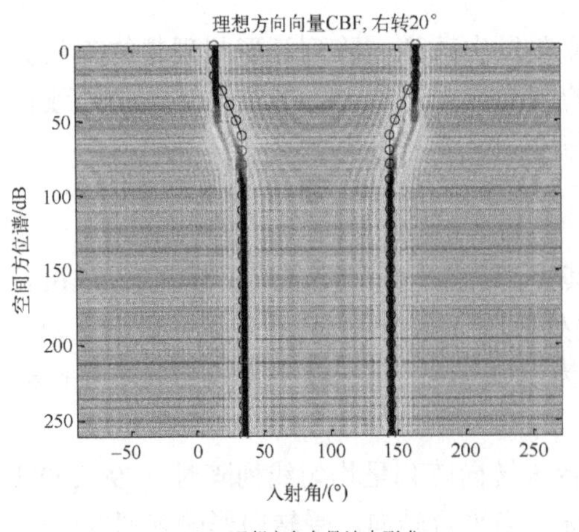

(a) 理想方向向量波束形成

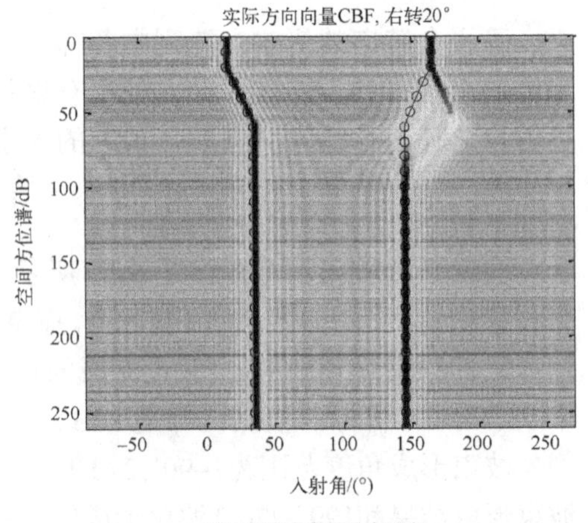

(b) 实际方向向量波束形成

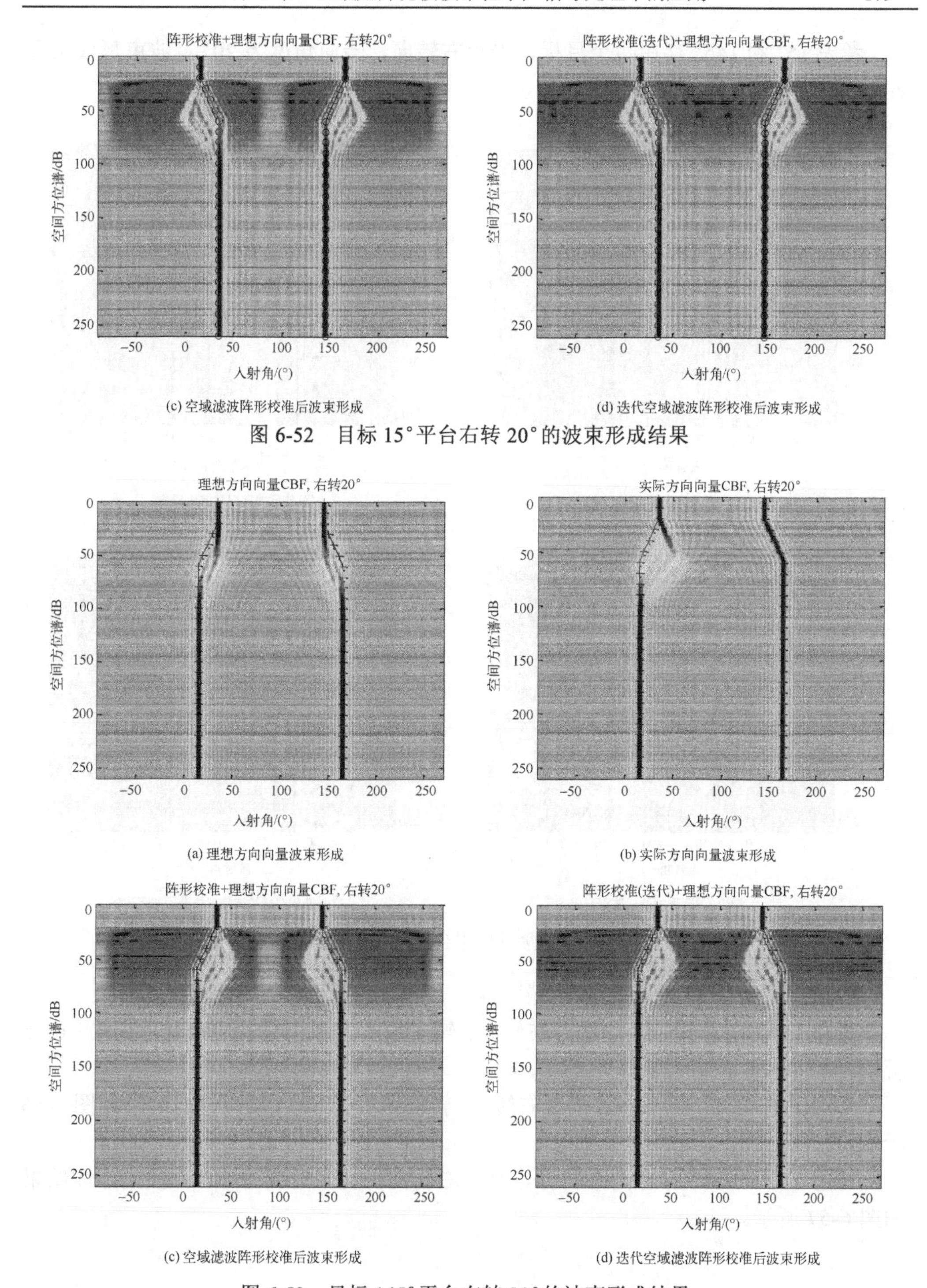

(c) 空域滤波阵形校准后波束形成　　(d) 迭代空域滤波阵形校准后波束形成

图 6-52　目标 15°平台右转 20°的波束形成结果

(a) 理想方向向量波束形成　　(b) 实际方向向量波束形成

(c) 空域滤波阵形校准后波束形成　　(d) 迭代空域滤波阵形校准后波束形成

图 6-53　目标 145°平台右转 20°的波束形成结果

考虑 15° 和 145° 存在两个目标，平台右转向，转向角度为 20°。波束形成结果如图 6-54 所示。

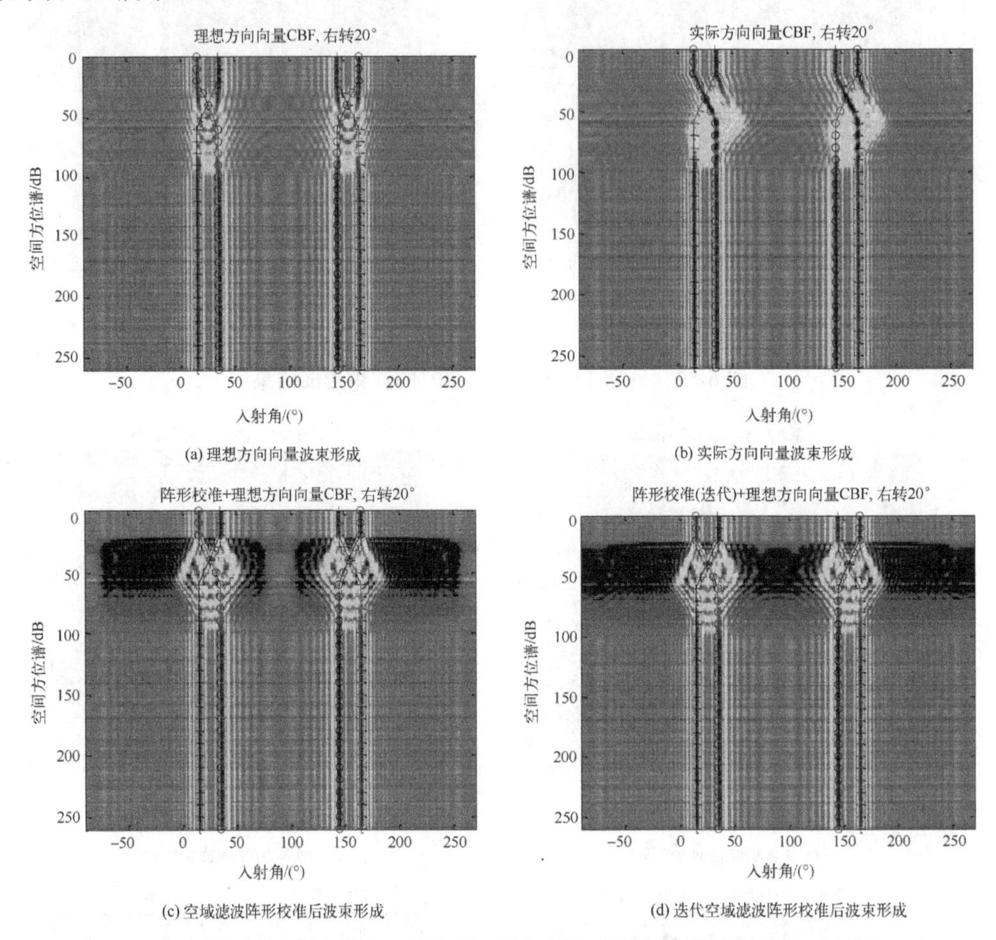

(a) 理想方向向量波束形成　(b) 实际方向向量波束形成

(c) 空域滤波阵形校准后波束形成　(d) 迭代空域滤波阵形校准后波束形成

图 6-54　15° 和 145° 两目标平台右转 20° 的波束形成结果

(2) 右转 80°。

考虑 15° 存在一个目标，平台右转向，转向角度为 80°。波束形成结果如图 6-55 所示。

考虑 145° 存在一个目标，平台右转向，转向角度为 80°。波束形成结果如图 6-56 所示。

考虑 15° 和 145° 存在两个目标，平台右转向，转向角度为 80°。波束形成结果如图 6-57 所示。

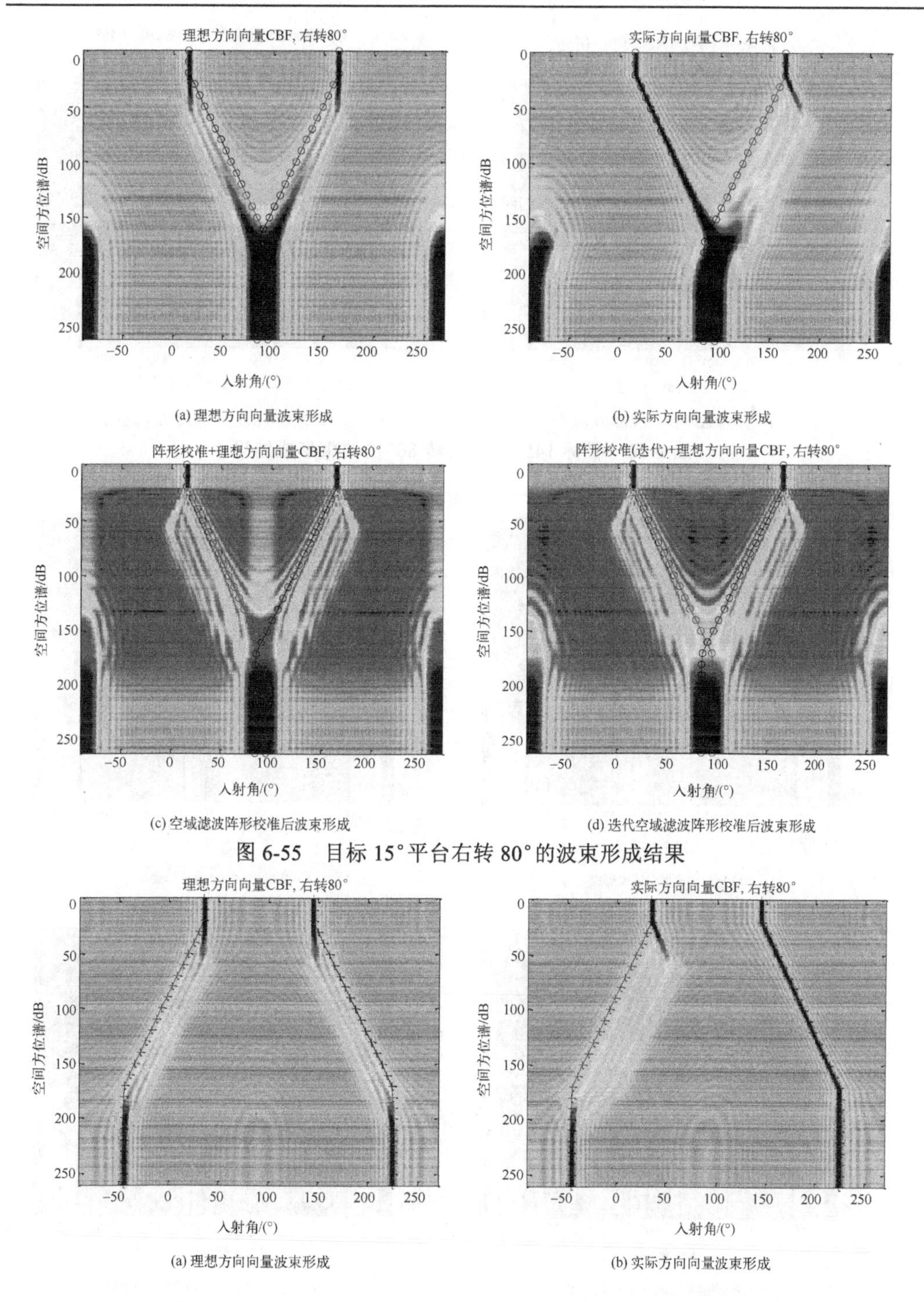

(a) 理想方向向量波束形成　(b) 实际方向向量波束形成

(c) 空域滤波阵形校准后波束形成　(d) 迭代空域滤波阵形校准后波束形成

图 6-55　目标 15° 平台右转 80° 的波束形成结果

(a) 理想方向向量波束形成　(b) 实际方向向量波束形成

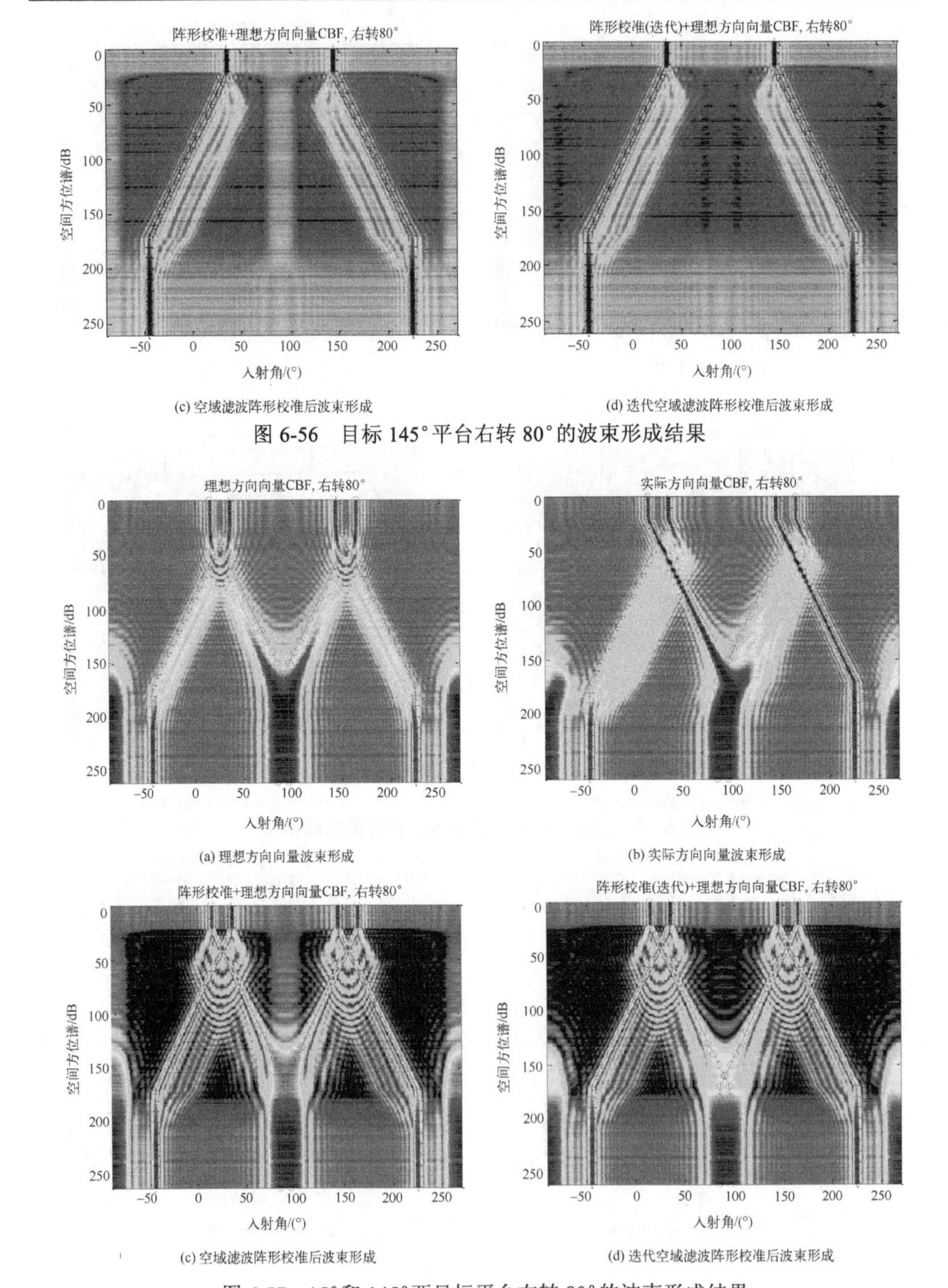

图 6-56　目标 145°平台右转 80°的波束形成结果

图 6-57　15°和 145°两目标平台右转 80°的波束形成结果

(3) 右转 150°。

考虑 15° 存在一个目标，平台右转向，转向角度为 150°。波束形成结果如图 6-58 所示。

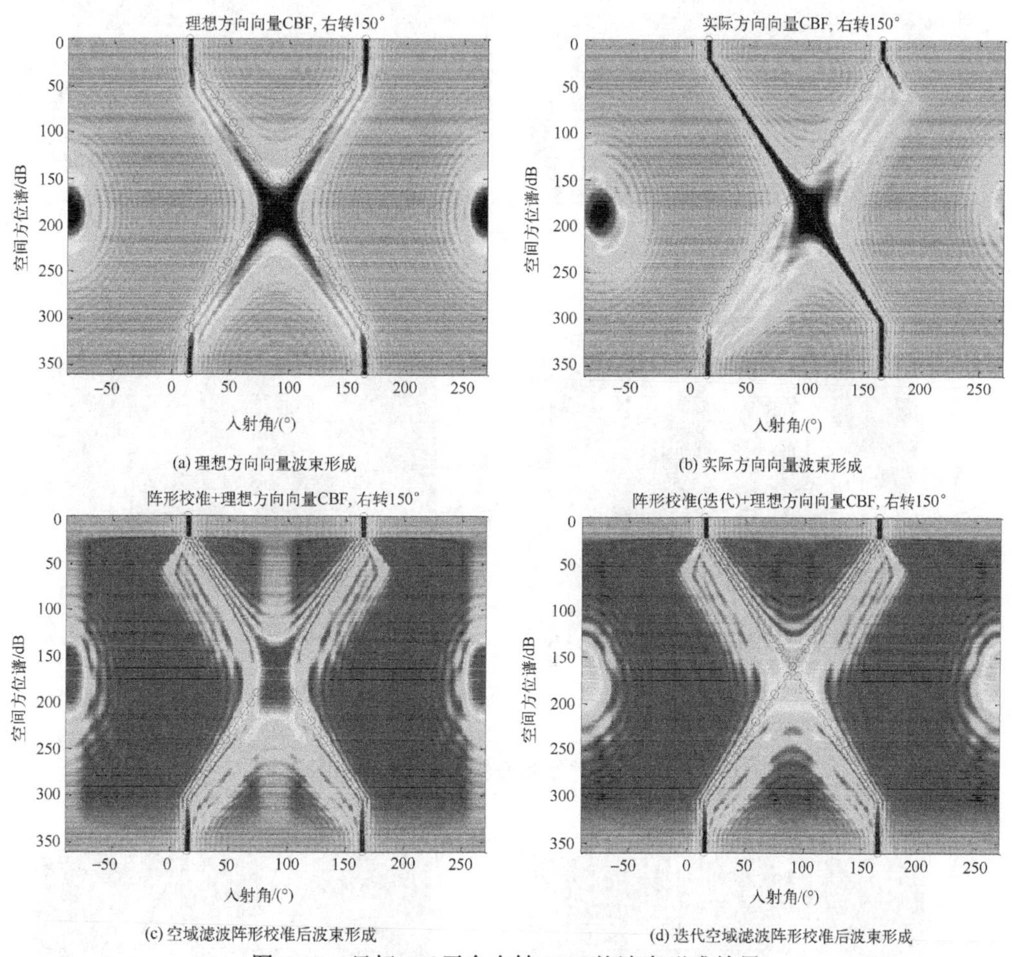

(a) 理想方向向量波束形成　(b) 实际方向向量波束形成

(c) 空域滤波阵形校准后波束形成　(d) 迭代空域滤波阵形校准后波束形成

图 6-58　目标 15° 平台右转 150° 的波束形成结果

考虑 145° 存在一个目标，平台右转向，转向角度为 150°。波束形成结果如图 6-59 所示。

考虑 15° 和 145° 存在两个目标，平台右转向，转向角度为 150°。波束形成结果如图 6-60 所示。

6.4.4.3　空域滤波阵形校准分析

在 6.4.4.2 节中，给出了右转条件下，转向 20°、80°、150° 三种角度的结果。从仿真结果可以看出，转向过程中的波束形成具有以下特点。

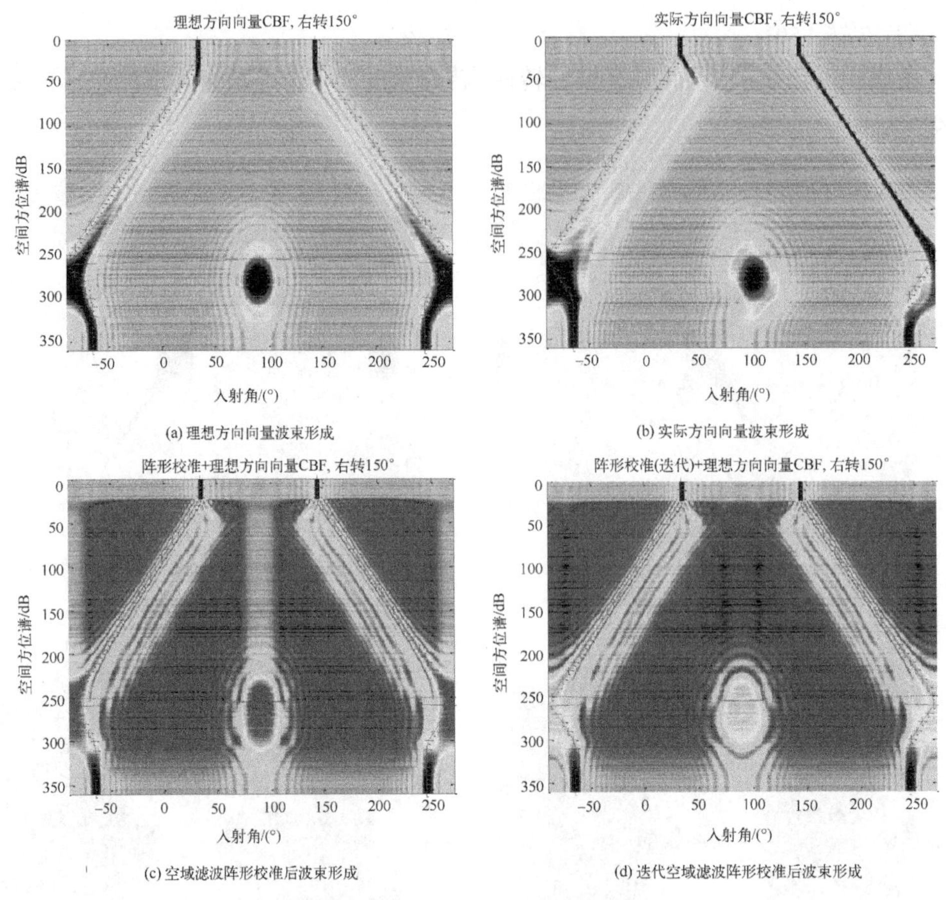

(a) 理想方向向量波束形成　(b) 实际方向向量波束形成

(c) 空域滤波阵形校准后波束形成　(d) 迭代空域滤波阵形校准后波束形成

图 6-59　目标 145°平台右转 150°的波束形成结果

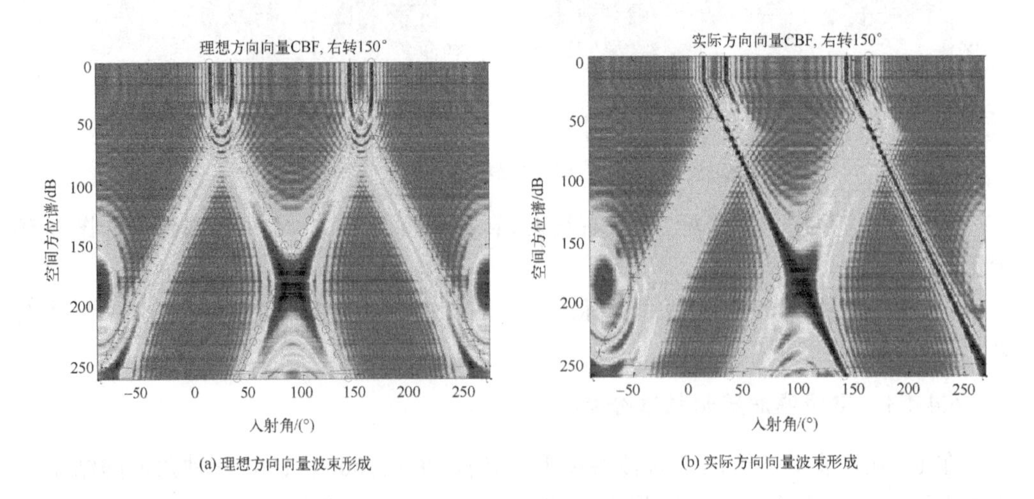

(a) 理想方向向量波束形成　(b) 实际方向向量波束形成

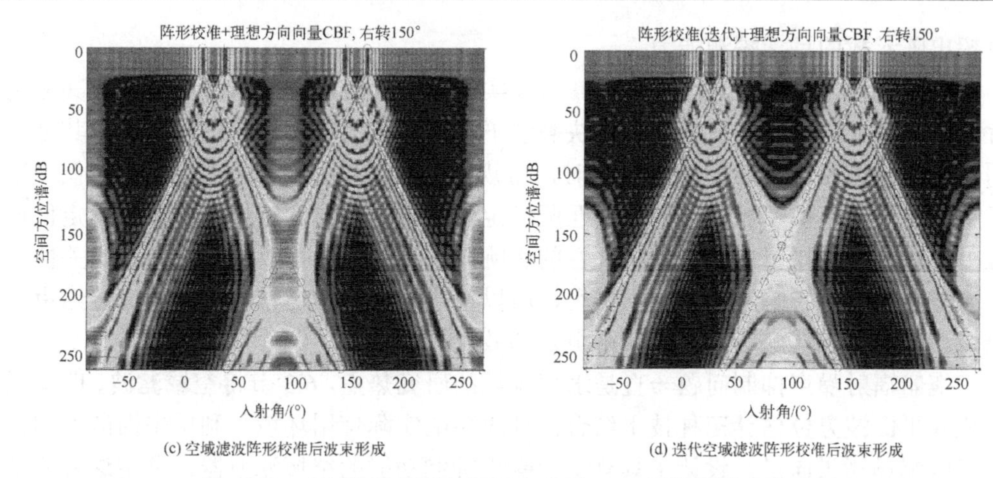

(c) 空域滤波阵形校准后波束形成　　(d) 迭代空域滤波阵形校准后波束形成

图 6-60　15°和 145°两目标平台右转 150°的波束形成结果

(1) 如果采用理想的方向向量进行波束形成，则目标的实际方位和波束形成的方位误差约 10°。此时左右舷的波束形成结果完全对称。

(2) 如果采用阵列转向过程中的实际方向向量进行波束形成，则目标左右舷结果有较大的差异。在目标真实方位，目标轨迹清晰。θ 和 $180°-\theta$ 关于阵列对称，在关于阵列对称的角度也会产生目标的虚影，其产生原因在于方向向量的相关性较大，虚影的宽度较大。

(3) 经过最小二乘空域滤波后，波束形成结果关于阵列对称。目标定位无方位误差，但是这种方法的杂波相对较多，旁瓣抑制效果不佳。

(4) 经过加权迭代的最小二乘空域滤波器滤波后，波束形成结果关于阵列对称。目标定位无误差，效果较未迭代的最小二乘效果要稍好。同侧的目标旁瓣无法消除，但是主瓣清晰，且位于两侧，易辨识。

6.5 本 章 小 结

本章将空域滤波技术用于水声信号处理。空域滤波技术用于目标方位估计，6.1 节给出了仿真数据和试验数据的空域滤波前后波束形成效果，从相应的图形结果可知，该技术可以有效抑制噪声干扰，获得更好的方位估计性能。空域滤波技术也可以用于目标方位估计中的高分辨算法，在已有的参考文献中也有提及，滤波后可以实现通带内多目标的精确定位，但由于高分辨算法在实际信号处理中应用条件苛刻，稳健性较差，故本章并未给出相应的应用结果。在目标方位估计理论中，阵列所能探测目标的数目受阵元数的限制，而通过空域滤波后，由于仅保留了通带信号，滤除了阻带内其他干扰信号，所以，理论上来说，滤波后最大可辨识的通带目标数目也等于阵元数，因此，可以用不同通带位置的空域滤波器处理阵列数据，从而实现超出阵元数的目标探测能力。

空域滤波技术用于匹配场定位，可以实现强干扰条件下的弱目标定位，其应用背景具有重要的军事意义，可以解决被强干扰掩盖下的弱目标定位问题，尤其是在弱目标的频谱和强干扰的频谱重叠时，常规的技术难以发现弱目标。6.2 节仅给出了阻带响应约束型空域滤波前后的匹配场定位结果，从仿真结果可见，目标定位过程中，模糊面受拷贝向量之间相关性的影响，也正是由于拷贝向量之间的相关性，空域滤波器的通带响应误差并不平坦，所以可推断，采用通带响应误差恒定约束的空域滤波器用于匹配场定位会获得更好的效果。

拖船辐射噪声抑制问题一直是水声领域的研究热点，6.3 节将空域滤波、匹配场定位和平面波方位估计三种技术结合，针对声呐实际使用环境，利用平面波方向向量和匹配场拷贝向量，设计了具有平台噪声抑制功能的空域滤波器。利用这种方法实现的拖船辐射噪声抑制，与基于平面波处理的拖船辐射噪声抑制技术完全不同。拖船辐射噪声入射到阵列，所对应的入射方位与拷贝向量和方向向量的相关性有关。如何既能够抑制掉拖船辐射噪声，同时又能让与其所对应的拷贝向量强相关的方向向量的响应无失真，是空域滤波技术应用于拖船辐射噪声抑制的重点研究方向。

拖曳线列阵声呐的阵形畸变会严重制约声呐性能，这一问题在声呐实际使用过程中十分常见，尤其是在平台转向过程中十分突出。6.4 节通过建立了一个简单的数学模型来考虑阵形畸变的影响，同时通过设计空域滤波矩阵，实现阵形畸变条件下的阵形校准。通过波束形成目标方位估计对校准前后的畸变消除情况，可以看出，基于空域滤波的阵形校准能够有效抵消阵形畸变的影响。6.4 节中估计阵形畸变的方法相对简单，也可以通过其他方法实现更精确的畸变后阵元位置估计。

第 7 章　矩阵滤波技术及其在数字滤波中的应用

空域矩阵滤波技术源于矩阵滤波，矩阵滤波是通过设计一个矩阵，实现数据的数字滤波功能，与常规的 FIR 等数字滤波器相比，矩阵滤波不需要经过一定长度的数据训练就能实现滤波效果的收敛。因此，矩阵滤波技术更适用于对短数据滤波[1,5,27,28]。

7.1　矩阵滤波器设计

7.1.1　矩阵滤波器设计原理

矩阵滤波器可被用于抽取信号中有用的频率成分，或者等价地抑制输入信号中不需要的频率成分。因此，不需要改变输出信号的长度，可使之与原输入信号长度相同。假设输入信号为 $\boldsymbol{x}$，维数为 $N\times 1$，假定输入数据向量 $\boldsymbol{z}$ 与输入有相同的维数，即输入输出长度相同。滤波过程可表示为

$$\boldsymbol{z}=\boldsymbol{H}\boldsymbol{x} \tag{7-1}$$

这里，$\boldsymbol{H}$ 是维数为 $N\times N$ 的矩阵滤波器。考虑输入信号 $\boldsymbol{x}$ 的傅里叶展开为

$$\boldsymbol{x}=\frac{1}{2\pi}\int_{-\pi}^{\pi}X(\omega)\boldsymbol{a}(\omega)\mathrm{d}\omega \tag{7-2}$$

其中，$\boldsymbol{a}(\omega)=[1,\cdots,\mathrm{e}^{\mathrm{j}(n-1)\omega},\cdots,\mathrm{e}^{\mathrm{j}(N-1)\omega}]^{\mathrm{T}}$，$X(\omega)$ 是 $\boldsymbol{x}$ 的频谱。

对于单通带矩阵滤波器，定义通带为 $\Omega_P=[\omega_{p1},\omega_{p2}]$，左右阻带分别为 $\Omega_{S1}=[-\pi,\omega_{s1}]$ 和 $\Omega_{S2}=[\omega_{s2},\pi]$，且满足 $-\pi<\omega_{s1}\leqslant\omega_{p1}<\omega_{p2}\leqslant\omega_{s2}<\pi$。左右阻带的并集为阻带 $\Omega_S=\Omega_{S1}\cup\Omega_{S2}$。

输出序列可以表示为

$$\boldsymbol{z}=\frac{1}{2\pi}\int_{-\pi}^{\pi}X(\omega)\boldsymbol{H}\boldsymbol{a}(\omega)\mathrm{d}\omega \tag{7-3}$$

滤波后的通带频点 ω 处的响应误差为

$$\begin{aligned}\|\boldsymbol{H}\boldsymbol{a}(\omega)-\boldsymbol{a}(\omega)\|_{\mathrm{F}}^{2}&=N+\sum_{m=1}^{N}\sum_{n_1=1}^{N}\sum_{n_2=1}^{N}a_{mn_1}a_{mn_2}\cos((n_1-n_2)\omega)\\&\quad+\sum_{m=1}^{N}\sum_{n_1=1}^{N}\sum_{n_2=1}^{N}2a_{mn_1}b_{mn_2}\sin((n_1-n_2)\omega)\end{aligned} \tag{7-4}$$

$$+\sum_{m=1}^{N}\sum_{n_1=1}^{N}\sum_{n_2=1}^{N}b_{mn_1}b_{mn_2}\cos((n_1-n_2)\omega)$$
$$-2\sum_{m=1}^{N}\sum_{n=1}^{N}[a_{mn}\cos((n-m)\omega)-b_{mn}\sin((n-m)\omega)]$$

其中，a_{mn} 和 b_{mn} 分别为滤波器矩阵 $(\boldsymbol{H})_{mn}$ 的实部和虚部。

滤波后阻带频点 ω 处的阻带响应为

$$\begin{aligned}\|\boldsymbol{Ha}(\omega)\|_{\mathrm{F}}^{2}&=\sum_{m=1}^{N}\sum_{n_1=1}^{N}\sum_{n_2=1}^{N}a_{mn_1}a_{mn_2}\cos((n_1-n_2)\omega)\\&+\sum_{m=1}^{N}\sum_{n_1=1}^{N}\sum_{n_2=1}^{N}2a_{mn_1}b_{mn_2}\sin((n_1-n_2)\omega)\\&+\sum_{m=1}^{N}\sum_{n_1=1}^{N}\sum_{n_2=1}^{N}b_{mn_1}b_{mn_2}\cos((n_1-n_2)\omega)\end{aligned}\tag{7-5}$$

滤波器都是基于通带响应误差和阻带响应设计的。类似于空域矩阵滤波器的设计方法，可以针对连续的通带响应误差和阻带响应设计矩阵滤波器，也可以针对通阻带上离散点处的响应和响应误差来设计矩阵滤波器。

本章将针对通带总体响应误差和阻带总体响应设计空域矩阵滤波器，找出连续型矩阵滤波器的最优设计方案，给出滤波器的闭式解，以及求解最优 Lagrange 乘子的非线性方程或方程组。

归一化的通带总体响应误差为

$$\begin{aligned}\frac{1}{\Delta\Omega_P}\int_{\Omega_P}\|\boldsymbol{Ha}(\omega)-\boldsymbol{a}(\omega)\|_{\mathrm{F}}^{2}\mathrm{d}\omega&=\sum_{m=1}^{N}\left(\begin{bmatrix}\boldsymbol{a}_m\\\boldsymbol{b}_m\end{bmatrix}^{\mathrm{T}}\begin{bmatrix}\boldsymbol{R}_P&\boldsymbol{K}_P^{\mathrm{T}}\\\boldsymbol{K}_P&\boldsymbol{R}_P\end{bmatrix}\begin{bmatrix}\boldsymbol{a}_m\\\boldsymbol{b}_m\end{bmatrix}-2\begin{bmatrix}\boldsymbol{a}_m\\\boldsymbol{b}_m\end{bmatrix}^{\mathrm{T}}\begin{bmatrix}\boldsymbol{d}_{am}\\\boldsymbol{d}_{bm}\end{bmatrix}\right)+N\\&=\boldsymbol{y}^{\mathrm{T}}\boldsymbol{C}_P\boldsymbol{y}-2\boldsymbol{y}^{\mathrm{T}}\boldsymbol{d}+N\end{aligned}\tag{7-6}$$

其中，$\Delta\Omega_p=\omega_{p2}-\omega_{p1}$ 为通带区域的宽度，向量 $\boldsymbol{y}=[\boldsymbol{a}_1^{\mathrm{T}},\boldsymbol{b}_1^{\mathrm{T}},\boldsymbol{a}_2^{\mathrm{T}},\boldsymbol{b}_2^{\mathrm{T}},\cdots,\boldsymbol{a}_N^{\mathrm{T}},\boldsymbol{b}_N^{\mathrm{T}}]^{\mathrm{T}}$，维数为 $2N^2\times1$，$\boldsymbol{a}_i$ 和 $\boldsymbol{b}_i$ 分别是 $\boldsymbol{H}$ 的第 i 行实部和虚部所构成的行向量。$\boldsymbol{C}_P$ 为维数 $2N^2\times2N^2$ 的实对称矩阵

$$\boldsymbol{C}_P=\boldsymbol{I}_{N\times N}\otimes\boldsymbol{D}_P,\quad \boldsymbol{D}_P=\begin{bmatrix}\boldsymbol{R}_P&\boldsymbol{K}_P^{\mathrm{T}}\\\boldsymbol{K}_P&\boldsymbol{R}_P\end{bmatrix}\tag{7-7}$$

这里，$\boldsymbol{R}_P$ 是 $N\times N$ 维实对称正定 Toeplitz 矩阵，$\boldsymbol{K}_P$ 是 $N\times N$ 维实反对称矩阵。$\boldsymbol{R}_P$、$\boldsymbol{K}_P$ 分别是由如下元素所构成的矩阵

$$(\boldsymbol{R}_P)_{n_1,n_2}=\begin{cases}\dfrac{\sin[(n_1-n_2)\omega_{p2}]-\sin[(n_1-n_2)\omega_{p1}]}{(n_1-n_2)(\omega_{p2}-\omega_{p1})}, & n_1\neq n_2\\1, & n_1=n_2\end{cases}\tag{7-8}$$

$$(\boldsymbol{K}_P)_{n_1,n_2}=\begin{cases}\dfrac{\cos[(n_1-n_2)\omega_{p2}]-\cos[(n_1-n_2)\omega_{p1}]}{(n_1-n_2)(\omega_{p2}-\omega_{p1})}, & n_1\neq n_2\\ 0, & n_1=n_2\end{cases}\tag{7-9}$$

$2N^2\times 1$ 维列向量 $\boldsymbol{d}=[\boldsymbol{d}_{a1}^{\mathrm{T}},\boldsymbol{d}_{b1}^{\mathrm{T}},\boldsymbol{d}_{a2}^{\mathrm{T}},\boldsymbol{d}_{b2}^{\mathrm{T}},\cdots,\boldsymbol{d}_{aN}^{\mathrm{T}},\boldsymbol{d}_{bN}^{\mathrm{T}}]^{\mathrm{T}}$，这里 $\boldsymbol{d}_{am}$ 和 $\boldsymbol{d}_{bm}$ 是维数都为 $N\times 1$ 的列向量，由下面元素所构成

$$(\boldsymbol{d}_{am})_n=\begin{cases}\dfrac{\sin[(n-m)\omega_{p2}]-\sin[(n-m)\omega_{p1}]}{(n-m)(\omega_{p2}-\omega_{p1})}, & n\neq m\\ 1, & n=m\end{cases}\tag{7-10}$$

$$(\boldsymbol{d}_{bm})_n=\begin{cases}\dfrac{\cos[(n-m)\omega_{p2}]-\cos[(n-m)\omega_{p1}]}{(n-m)(\omega_{p2}-\omega_{p1})}, & n\neq m\\ 0, & n=m\end{cases}\tag{7-11}$$

通过相似的求解方法，可以获得归一化阻带总体响应如下

$$\begin{aligned}\frac{1}{\Delta\Omega_{S1}}\int_{\Omega_{S1}}\|\boldsymbol{Ha}(\omega)\|_{\mathrm{F}}^2\,\mathrm{d}\omega&=\sum_{m=1}^{N}\left(\begin{bmatrix}\boldsymbol{a}_m\\ \boldsymbol{b}_m\end{bmatrix}^{\mathrm{T}}\begin{bmatrix}\boldsymbol{R}_{S1} & \boldsymbol{K}_{S1}^{\mathrm{T}}\\ \boldsymbol{K}_{S1} & \boldsymbol{R}_{S1}\end{bmatrix}\begin{bmatrix}\boldsymbol{a}_m\\ \boldsymbol{b}_m\end{bmatrix}\right)\\ &=\boldsymbol{y}^{\mathrm{T}}\boldsymbol{C}_{S1}\boldsymbol{y}\end{aligned}\tag{7-12}$$

$$\begin{aligned}\frac{1}{\Delta\Omega_{S2}}\int_{\Omega_{S2}}\|\boldsymbol{Ha}(\omega)\|_{\mathrm{F}}^2\,\mathrm{d}\omega&=\sum_{m=1}^{N}\left(\begin{bmatrix}\boldsymbol{a}_m\\ \boldsymbol{b}_m\end{bmatrix}^{\mathrm{T}}\begin{bmatrix}\boldsymbol{R}_{S2} & \boldsymbol{K}_{S2}^{\mathrm{T}}\\ \boldsymbol{K}_{S2} & \boldsymbol{R}_{S2}\end{bmatrix}\begin{bmatrix}\boldsymbol{a}_m\\ \boldsymbol{b}_m\end{bmatrix}\right)\\ &=\boldsymbol{y}^{\mathrm{T}}\boldsymbol{C}_{S2}\boldsymbol{y}\end{aligned}\tag{7-13}$$

这里 $\Delta\Omega_{S1}=\omega_{S1}+\pi$ 和 $\Delta\Omega_{S2}=\pi-\omega_{S2}$，分别对应于左右阻带的宽度。$\boldsymbol{C}_{S1}$ 和 $\boldsymbol{C}_{S2}$ 是维数为 $2N^2\times 2N^2$ 的实对称矩阵

$$\boldsymbol{C}_{S1}=\boldsymbol{I}_{N\times N}\otimes\boldsymbol{D}_{S1},\quad \boldsymbol{D}_{S1}=\begin{bmatrix}\boldsymbol{R}_{S1} & \boldsymbol{K}_{S1}^{\mathrm{T}}\\ \boldsymbol{K}_{S1} & \boldsymbol{R}_{S1}\end{bmatrix}\tag{7-14}$$

$$\boldsymbol{C}_{S2}=\boldsymbol{I}_{N\times N}\otimes\boldsymbol{D}_{S2},\quad \boldsymbol{D}_{S2}=\begin{bmatrix}\boldsymbol{R}_{S2} & \boldsymbol{K}_{S2}^{\mathrm{T}}\\ \boldsymbol{K}_{S2} & \boldsymbol{R}_{S2}\end{bmatrix}\tag{7-15}$$

其中，$\boldsymbol{R}_{S1}$ 和 $\boldsymbol{R}_{S2}$ 为 $N\times N$ 维实对称负定 Toeplitz 矩阵

$$(\boldsymbol{R}_{S1})_{n_1,n_2}=(-1)^{n_1-n_2}\,\mathrm{sinc}[(n_1-n_2)(\pi+\omega_{s1})]\tag{7-16}$$

$$(\boldsymbol{R}_{S2})_{n_1,n_2}=(-1)^{n_1-n_2}\,\mathrm{sinc}[(n_1-n_2)(\pi-\omega_{s2})]\tag{7-17}$$

$\boldsymbol{K}_{S1}$ 和 $\boldsymbol{K}_{S2}$ 是 $N\times N$ 维实反对称矩阵

$$(\boldsymbol{K}_{S1})_{n_1,n_2}=\begin{cases}\dfrac{\cos[(n_1-n_2)\omega_{s1}]-\cos[(n_1-n_2)\pi]}{(n_1-n_2)(\omega_{s1}+\pi)}, & n_1\neq n_2\\ 0, & n_1=n_2\end{cases} \tag{7-18}$$

$$(\boldsymbol{K}_{S2})_{n_1,n_2}=\begin{cases}\dfrac{\cos[(n_1-n_2)\pi]-\cos[(n_1-n_2)\omega_{s2}]}{(n_1-n_2)(\pi-\omega_{s2})}, & n_1\neq n_2\\ 0, & n_1=n_2\end{cases} \tag{7-19}$$

7.1.2 矩阵滤波器设计最优化问题及最优解

利用通带总体响应误差和左右阻带总体响应设计最优化问题。在最优化问题 1 中，限制归一化阻带总体响应小于等于某特定值的条件下，求归一化通带总体响应误差最小。

最优化问题 1

$$\begin{aligned}&\min \boldsymbol{y}_1^{\mathrm{T}}\boldsymbol{C}_P\boldsymbol{y}_1-2\boldsymbol{y}_1^{\mathrm{T}}\boldsymbol{d}+N\\ &\text{s.t.}\begin{cases}\boldsymbol{y}_1^{\mathrm{T}}\boldsymbol{C}_{S1}\boldsymbol{y}_1\leqslant\varepsilon_1\\ \boldsymbol{y}_1^{\mathrm{T}}\boldsymbol{C}_{S2}\boldsymbol{y}_1\leqslant\varepsilon_2\end{cases}\end{aligned} \tag{7-20}$$

其中，$\varepsilon_1\geqslant 0$ 和 $\varepsilon_2\geqslant 0$ 是设定的左右阻带衰减值。

最优化问题 2

$$\begin{aligned}&\min \boldsymbol{y}_2^{\mathrm{T}}\boldsymbol{C}_{S1}\boldsymbol{y}_2+\gamma\boldsymbol{y}_2^{\mathrm{T}}\boldsymbol{C}_{S2}\boldsymbol{y}_2\\ &\text{s.t. }\ \boldsymbol{y}_2^{\mathrm{T}}\boldsymbol{C}_P\boldsymbol{y}_2-2\boldsymbol{y}_2^{\mathrm{T}}\boldsymbol{d}+N\leqslant\xi\end{aligned} \tag{7-21}$$

其中，ξ 是设定的通带响应误差水平，$\gamma>0$ 是左右阻带的加权系数，通过该系数可以调节左右阻带总体响应值的比例。假如 γ 被选为大于 1 的数值，那么右阻带的衰减将被放大，最优矩阵滤波器会得到较小的右阻带总体响应。同样，当 γ 被选为小于 1 的数值，则可以获得更小的左阻带总体响应。

通过 Lagrange 乘子理论，很容易获得最优化问题 1 的最优解，由下式给出

$$\hat{\boldsymbol{y}}_1(\hat{\lambda}_1,\hat{\lambda}_2)=(\boldsymbol{C}_P+\hat{\lambda}_1\boldsymbol{C}_{S1}+\hat{\lambda}_2\boldsymbol{C}_{S2})^{-1}\boldsymbol{d} \tag{7-22}$$

其中，$\hat{\lambda}_1$ 和 $\hat{\lambda}_2$ 是最优化问题 1 的最优 Lagrange 乘子，它们是下面方程组的解

$$\boldsymbol{d}^{\mathrm{T}}(\boldsymbol{C}_P+\hat{\lambda}_1\boldsymbol{C}_{S1}+\hat{\lambda}_2\boldsymbol{C}_{S2})^{-1}\boldsymbol{C}_{S1}(\boldsymbol{C}_P+\hat{\lambda}_1\boldsymbol{C}_{S1}+\hat{\lambda}_2\boldsymbol{C}_{S2})^{-1}\boldsymbol{d}=\varepsilon_1 \tag{7-23}$$

$$\boldsymbol{d}^{\mathrm{T}}(\boldsymbol{C}_P+\hat{\lambda}_1\boldsymbol{C}_{S1}+\hat{\lambda}_2\boldsymbol{C}_{S2})^{-1}\boldsymbol{C}_{S2}(\boldsymbol{C}_P+\hat{\lambda}_1\boldsymbol{C}_{S1}+\hat{\lambda}_2\boldsymbol{C}_{S2})^{-1}\boldsymbol{d}=\varepsilon_2 \tag{7-24}$$

同理，最优化问题 2 的最优解由下式给出

$$\hat{\boldsymbol{y}}_2=\hat{\mu}(\boldsymbol{C}_P+\boldsymbol{C}_{S1}+\gamma\boldsymbol{C}_{S2})^{-1}\mu\boldsymbol{d} \tag{7-25}$$

求最优 Lagrange 乘子 $\hat{\mu}$ 所对应的方程是

$$\begin{aligned}&\mu\boldsymbol{d}^{\mathrm{T}}(\boldsymbol{C}_P+\boldsymbol{C}_{S1}+\gamma\boldsymbol{C}_{S2})^{-1}\boldsymbol{C}_P(\boldsymbol{C}_P+\boldsymbol{C}_{S1}+\gamma\boldsymbol{C}_{S2})^{-1}\mu\boldsymbol{d}\\&-2\mu\boldsymbol{d}^{\mathrm{T}}(\boldsymbol{C}_P+\boldsymbol{C}_{S1}+\gamma\boldsymbol{C}_{S2})^{-1}\mu\boldsymbol{d}+N=\xi\end{aligned}\tag{7-26}$$

将式(7-22)～式(7-24)变形，可以得到

$$[\hat{\boldsymbol{H}}_{1R},\hat{\boldsymbol{H}}_{1I}]=[\boldsymbol{R}_P,\boldsymbol{K}_P^{\mathrm{T}}](\boldsymbol{D}_P+\hat{\lambda}_1\boldsymbol{D}_{S1}+\hat{\lambda}_2\boldsymbol{D}_{S2})^{-1}\tag{7-27}$$

$$\mathrm{tr}\{[\boldsymbol{R}_P,\boldsymbol{K}_P^{\mathrm{T}}](\boldsymbol{D}_P+\hat{\lambda}_1\boldsymbol{D}_{S1}+\hat{\lambda}_2\boldsymbol{D}_{S2})^{-1}\boldsymbol{D}_{S1}(\boldsymbol{D}_P+\hat{\lambda}_1\boldsymbol{D}_{S1}+\hat{\lambda}_2\boldsymbol{D}_{S2})^{-1}[\boldsymbol{R}_P,\boldsymbol{K}_P^{\mathrm{T}}]^{\mathrm{T}}\}=\varepsilon_1\tag{7-28}$$

$$\mathrm{tr}\{[\boldsymbol{R}_P,\boldsymbol{K}_P^{\mathrm{T}}](\boldsymbol{D}_P+\hat{\lambda}_1\boldsymbol{D}_{S1}+\hat{\lambda}_2\boldsymbol{D}_{S2})^{-1}\boldsymbol{D}_{S2}(\boldsymbol{D}_P+\hat{\lambda}_1\boldsymbol{D}_{S1}+\hat{\lambda}_2\boldsymbol{D}_{S2})^{-1}[\boldsymbol{R}_P,\boldsymbol{K}_P^{\mathrm{T}}]^{\mathrm{T}}\}=\varepsilon_2\tag{7-29}$$

其中，$\hat{\boldsymbol{H}}_{1R}$ 和 $\hat{\boldsymbol{H}}_{1I}$ 分别为最优滤波器矩阵 $\hat{\boldsymbol{H}}_1$ 的实部矩阵和虚部矩阵。最优空域矩阵滤波器 $\hat{\boldsymbol{H}}_1=\hat{\boldsymbol{H}}_{1R}+\mathrm{j}\hat{\boldsymbol{H}}_{1I}$。

同理，将式(7-25)和式(7-26)变形，可以得到

$$[\hat{\boldsymbol{H}}_{2R},\hat{\boldsymbol{H}}_{2I}]=\hat{\mu}[\boldsymbol{R}_P,\boldsymbol{K}_P^{\mathrm{T}}](\hat{\mu}\boldsymbol{D}_P+\boldsymbol{D}_{S1}+\gamma\boldsymbol{D}_{S2})^{-1}\tag{7-30}$$

$$\begin{aligned}&\mathrm{tr}\{\hat{\mu}[\boldsymbol{R}_P,\boldsymbol{K}_P^{\mathrm{T}}](\hat{\mu}\boldsymbol{D}_P+\boldsymbol{D}_{S1}+\gamma\boldsymbol{D}_{S2})^{-1}\boldsymbol{D}_P(\hat{\mu}\boldsymbol{D}_P+\boldsymbol{D}_{S1}+\gamma\boldsymbol{D}_{S2})^{-1}\hat{\mu}[\boldsymbol{R}_P,\boldsymbol{K}_P^{\mathrm{T}}]^{\mathrm{T}}\}\\&-2\mathrm{tr}\{\hat{\mu}[\boldsymbol{R}_P,\boldsymbol{K}_P^{\mathrm{T}}](\hat{\mu}\boldsymbol{D}_P+\boldsymbol{D}_{S1}+\gamma\boldsymbol{D}_{S2})^{-1}\hat{\mu}[\boldsymbol{R}_P,\boldsymbol{K}_P^{\mathrm{T}}]^{\mathrm{T}}\}+N=\xi\end{aligned}\tag{7-31}$$

其中，$\hat{\boldsymbol{H}}_{2R}$ 和 $\hat{\boldsymbol{H}}_{2I}$ 分别为最优滤波器矩阵 $\hat{\boldsymbol{H}}_2$ 的实部矩阵和虚部矩阵。最优空域矩阵滤波器 $\hat{\boldsymbol{H}}_2=\hat{\boldsymbol{H}}_{2R}+\mathrm{j}\hat{\boldsymbol{H}}_{2I}$。

通过使用 Lagrange 乘子理论，最优化问题 1 和最优化问题 2 的求解问题转化为确定最优 Lagrange 乘子 $\hat{\lambda}_1$、$\hat{\lambda}_2$ 和 $\hat{\mu}$ 的问题，由式(7-28)、式(7-29)和式(7-31)可知，三个方程对应于二元非线性方程组或一元方程，在设定的通阻带划分情况下，其中的矩阵皆为已知数值。很容易通过求根算法获得三个方程的最优解。

对比两个最优化问题的最优解式(7-27)和式(7-30)，很容易看出，当 $\hat{\lambda}_1=1/\hat{\mu}$，$\hat{\lambda}_2=\gamma/\hat{\mu}$ 时，两个最优化问题的最优解相同。由于最优化问题 2 的通带响应误差约束 ξ 满足方程(7-31)，且最优化问题 1 的最优值可以利用 $\hat{\mu}=1/\hat{\lambda}_1$ 和 $\gamma=\hat{\lambda}_2/\hat{\lambda}_1$ 获得，利用式(7-28)、式(7-29)和式(7-31)，以及 $\hat{\mu}=1/\hat{\lambda}_1$ 和 $\gamma=\hat{\lambda}_2/\hat{\lambda}_1$，可得最优化问题 1 的最优值

$$\xi=N-\hat{\lambda}_1\varepsilon_1-\hat{\lambda}_2\varepsilon_2-\mathrm{tr}\{[\boldsymbol{R}_P,\boldsymbol{K}_P^{\mathrm{T}}](\boldsymbol{D}_P+\hat{\lambda}_1\boldsymbol{D}_{S1}+\hat{\lambda}_2\boldsymbol{D}_{S2})^{-1}[\boldsymbol{R}_P,\boldsymbol{K}_P^{\mathrm{T}}]^{\mathrm{T}}\}\tag{7-32}$$

同理，最优化问题 2 的最优值由下式给出

$$\varepsilon_1+\gamma\varepsilon_2=\hat{\mu}N-\hat{\mu}\xi-\mathrm{tr}\{\hat{\mu}[\boldsymbol{R}_P,\boldsymbol{K}_P^{\mathrm{T}}](\hat{\mu}\boldsymbol{D}_P+_1\boldsymbol{D}_{S1}+\gamma\boldsymbol{D}_{S2})^{-1}\hat{\mu}[\boldsymbol{R}_P,\boldsymbol{K}_P^{\mathrm{T}}]^{\mathrm{T}}\}\tag{7-33}$$

7.1.3　对称通阻带关于零频对称且相同左右阻带响应滤波器

带通滤波器 $\boldsymbol{H}_B$ 可以通过低通滤波器 $\boldsymbol{H}_L$ 左右乘以一个对角矩阵获得

$$\boldsymbol{H}_B=\boldsymbol{E}\boldsymbol{H}_L\boldsymbol{E}^{-1}\tag{7-34}$$

其中，$\boldsymbol{E}$ 是对角矩阵，$\boldsymbol{E}=\mathrm{diag}[1,\mathrm{e}^{-\mathrm{j}\omega_0},\cdots,\mathrm{e}^{-\mathrm{j}(N-1)\omega_0}]$，平移后的通带中心位置为 ω_0。因此，通过式(7-34)，只需获得低通滤波器，就可以获得一个任意位置的带通滤波器。

假定低通滤波器具有对称的通带和阻带，即 $\omega_{p1}=-\omega_{p2}$，$\omega_{s1}=-\omega_{s2}$，并且左右阻带具有相同的响应约束值，即对于最优化问题 1，有 $\varepsilon_1=\varepsilon_2$，或对于最优化问题 2，有 $\gamma=1$。通过这样的设置，利用式(7-16)～式(7-19)和式(7-9)，可知 $\boldsymbol{R}_{S1}=\boldsymbol{R}_{S2}$，$\boldsymbol{K}_{S1}=-\boldsymbol{K}_{S2}$，$\boldsymbol{K}_P=\boldsymbol{0}$。对于最优化问题 1，很容易得到 $\hat{\lambda}_1=\hat{\lambda}_2$。因此，在最优化问题 1 中，只需要求解一个最优 Lagrange 乘子，式(7-28)和式(7-29)是相同的。

与 7.1.2 节相对应的两个最优化问题，其最优解可由下式给出

$$\hat{\boldsymbol{H}}_1=\hat{\boldsymbol{H}}_{1R}=\boldsymbol{R}_P(\boldsymbol{R}_P+2\hat{\lambda}_1\boldsymbol{R}_{S1})^{-1} \tag{7-35}$$

$$\hat{\boldsymbol{H}}_2=\hat{\boldsymbol{H}}_{2R}=\hat{\mu}\boldsymbol{R}_P(\hat{\mu}\boldsymbol{R}_P+2\boldsymbol{R}_{S1})^{-1} \tag{7-36}$$

从式(7-35)和式(7-36)可以发现，在这种情况下的最优空域矩阵滤波器，是实数元素所构成的矩阵。

最优 Lagrange 乘子 $\hat{\lambda}_1$ 和 $\hat{\mu}$ 分别是下面方程的解

$$\mathrm{tr}[\boldsymbol{R}_P(\boldsymbol{R}_P+2\hat{\lambda}_1\boldsymbol{R}_{S1})^{-1}\boldsymbol{R}_{S1}(\boldsymbol{R}_P+2\hat{\lambda}_1\boldsymbol{R}_{S1})^{-1}\boldsymbol{R}_P]=\varepsilon_1 \tag{7-37}$$

$$\begin{aligned}&\mathrm{tr}[\hat{\mu}\boldsymbol{R}_P(\hat{\mu}\boldsymbol{R}_P+2\boldsymbol{R}_{S1})^{-1}\boldsymbol{R}_P(\hat{\mu}\boldsymbol{R}_P+2\boldsymbol{R}_{S1})^{-1}\hat{\mu}\boldsymbol{R}_P]\\&-2\mathrm{tr}[\hat{\mu}\boldsymbol{R}_P(\hat{\mu}\boldsymbol{R}_P+2\boldsymbol{R}_{S1})^{-1}\hat{\mu}\boldsymbol{R}_P]+N=\xi\end{aligned} \tag{7-38}$$

很容易通过式(7-37)和式(7-38)发现，当 $\varepsilon_1\to 0$ 时，$\hat{\lambda}_1\to\infty$。因此，对于越小的 ε_1 值，将获得越大的 $\hat{\lambda}_1$，反之亦然。由式(7-22)、式(7-27)和式(7-35)可以看出，大的 $\hat{\lambda}_1$ 意味着阻带响应所对应的权重要高于通带响应误差所对应的权重。因此，大的 $\hat{\lambda}_1$ 值对应较小的阻带响应，而这是以较高的通带响应误差为代价。

利用最优化问题 1 和最优化问题 2 设计矩阵滤波器的效率，受制于最优 Lagrange 乘子 $\hat{\lambda}_1$ 和 $\hat{\mu}$ 所对应的方程求解效率。求解方程式(7-37)和式(7-38)的效率可以通过矩阵分解的方法大幅提高。由于 $\boldsymbol{R}_P$ 和 $\boldsymbol{R}_{S1}$ 是实对称正定 Toeplitz 矩阵，所以存在非奇异矩阵 $\boldsymbol{P}$ 使得

$$\boldsymbol{P}^{\mathrm{T}}\boldsymbol{R}_P\boldsymbol{P}=\boldsymbol{\Sigma}_1 \tag{7-39}$$

$$\boldsymbol{P}^{\mathrm{T}}\boldsymbol{R}_{S1}\boldsymbol{P}=\boldsymbol{\Sigma}_2 \tag{7-40}$$

这里，$\boldsymbol{\Sigma}_1$ 和 $\boldsymbol{\Sigma}_2$ 是 $N\times N$ 维矩阵，$\boldsymbol{\Sigma}_1=\mathrm{diag}[\eta_1,\eta_2,\cdots,\eta_N]$，$\boldsymbol{\Sigma}_2=\mathrm{diag}[\mu_1,\mu_2,\cdots,\mu_N]$。

利用式(7-39)和式(7-40)，最优化问题 1 和 2 所对应的求解最优 Lagrange 乘子 $\hat{\lambda}_1$ 和 $\hat{\mu}$ 的方程变为

$$\mathrm{tr}[\boldsymbol{P}^{-\mathrm{T}}\boldsymbol{\Sigma}_1^2\boldsymbol{\Sigma}_2(\boldsymbol{\Sigma}_1+2\hat{\lambda}_1\boldsymbol{\Sigma}_2)^{-2}\boldsymbol{P}^{-1}]=\varepsilon_1 \tag{7-41}$$

$$\begin{aligned}&\mathrm{tr}[\boldsymbol{P}^{-\mathrm{T}}\hat{\mu}^2\boldsymbol{\Sigma}_1^3(\hat{\mu}\boldsymbol{\Sigma}_1+2\boldsymbol{\Sigma}_2)^{-2}\boldsymbol{P}^{-1}]+N\\&=\xi-2\mathrm{tr}[\boldsymbol{P}^{-\mathrm{T}}\hat{\mu}\boldsymbol{\Sigma}_1^2(\hat{\mu}\boldsymbol{\Sigma}_1+2\boldsymbol{\Sigma}_2)^{-1}\boldsymbol{P}^{-1}]\end{aligned} \tag{7-42}$$

可以采用任意的求根迭代算法求解式(7-41)和式(7-42)，以获得最优 Lagrange 乘子 $\hat{\lambda}_1$ 和 $\hat{\mu}$。考虑到式(7-41)和式(7-42)中的 $\boldsymbol{\Sigma}_1$ 和 $\boldsymbol{\Sigma}_2$ 是对角矩阵，所以 $(\boldsymbol{\Sigma}_1+2\hat{\lambda}_1\boldsymbol{\Sigma}_2)$ 和 $(\hat{\mu}\boldsymbol{\Sigma}_1+2\boldsymbol{\Sigma}_2)$ 的逆矩阵仅需对对角线元素求逆即可，计算量为 N 量级。相比式(7-37)和式(7-38)而言，需要求 $(\boldsymbol{R}_P+2\hat{\lambda}_1\boldsymbol{R}_{S1})$ 和 $(\hat{\mu}\boldsymbol{R}_P+2\boldsymbol{R}_{S1})$ 的逆矩阵，而这两个矩阵非对角矩阵，求解效率相对低得多，计算量是 N^3 量级。虽然使用迭代算法求解过程中，利用式(7-41)和式(7-42)需要对 $\boldsymbol{R}_P$ 和 $\boldsymbol{R}_{S1}$ 做分解，然而，这种分解仅需做一次。因此，分解后求解 Lagrange 乘子的效率将大幅提高。

通过在式(7-35)和式(7-36)中改变 $\hat{\lambda}_1$ 和 $\hat{\mu}$，就可在通带响应误差和阻带响应之间获得一定的平衡。具有全局最小平方误差的滤波器可以利用特殊的 $\hat{\lambda}_1$ 和 $\hat{\mu}$，代入式 (7-35)和式(7-36)获得。

具有全局最小平方误差的矩阵滤波器是下面的最优化问题所对应的最优解

$$\min_{\boldsymbol{H}_3}\int_{\Omega_P}\left\|\boldsymbol{H}_3\boldsymbol{a}(\omega)-\boldsymbol{a}(\omega)\right\|_{\mathrm{F}}^2\mathrm{d}\omega+\int_{\Omega_{S1}\cup\Omega_{S2}}\left\|\boldsymbol{H}_3\boldsymbol{a}(\omega)\right\|_{\mathrm{F}}^2\mathrm{d}\omega \tag{7-43}$$

式(7-43)的最优解由下式给出

$$\boldsymbol{H}_3=\Delta\Omega_P\boldsymbol{R}_P(\Delta\Omega_P\boldsymbol{R}_P+2\Delta\Omega_{S1}\boldsymbol{R}_{S1})^{-1} \tag{7-44}$$

可以看出，全局最小平方误差的矩阵滤波器可由 $\hat{\lambda}_1=\Delta\Omega_{S1}/\Delta\Omega_P$ 时的式(7-35)或 $\hat{\mu}=\Delta\Omega_P/\Delta\Omega_{S1}$ 时的式(7-36)给出。

7.2　短数据滤波仿真

本节给出矩阵滤波器的短数据滤波仿真效果，所用的短数据长度为 $N=15$。图 7-1 中，通带为 $\Omega_P=[0.3\pi,0.6\pi]$，左阻带为 $\Omega_{S1}=[-\pi,0.2\pi]$，右阻带为 $\Omega_{S2}=[0.7\pi,\pi]$。采用恒定阻带响应即 Zhu 方法和最优化问题 1 所对应的矩阵滤波器，左右阻带的响应值分别限定为 $\varepsilon_1=0.150$ (−20dB) 和 $\varepsilon_2=0.474$ (−15dB)。利用最优化问题 2 设计了两个矩阵滤波器，这两个滤波器的通带响应误差均为 $\xi=0.562$，该数值与 Zhu 方法[4,5]的通带响应误差相同。最优化问题 2 中，设定 $\gamma=5.318$ ($\gamma=0.020$)，则所获得的滤波器左(右)阻带总体响应值与 Zhu 方法所对应的左(右)阻带响应值相同。通过对比可知，最优化问题 1 所给出的滤波器，具有较恒定阻带响应滤波器更低的通带响应误差。另一方面，由最优化问题 2 所设计的滤波器则较恒定阻带响应滤波器具有更低的左阻带响应或右阻带响应。

图 7-2 中，除全局最小平方误差外的所有滤波器，都具有相同的左右阻带响应，$\varepsilon_1=\varepsilon_2=0.150$ (−20dB)。图中所有滤波器的通带为 $\Omega_P=[-0.2\pi,0.2\pi]$，阻带为 $\Omega_S=[-\pi,-0.3\pi]\cup[0.3\pi,\pi]$。Vaccaro 方法所设计的滤波器(Vaccaro method)，通带等间隔离散化采用点数为 51，阻带等间隔离散化采样点数分别为 12、20 和 2000。具有全

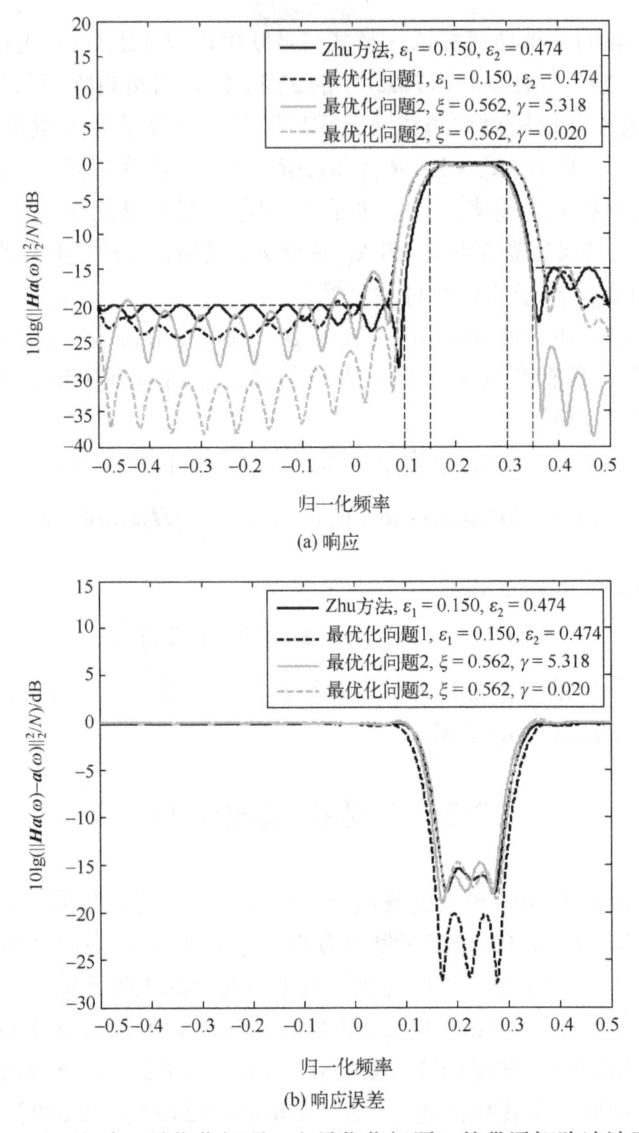

图 7-1　Zhu 方法、最优化问题 1 和最优化问题 2 的带通矩阵滤波器效果

局最小平方误差的滤波器(Matrix filter with the general mean-square error)，通带响应误差为 $\xi = 0.0655$，阻带响应为 $\varepsilon_1 = \varepsilon_2 = 0.3638$。

可以看出，使用通带和阻带向量离散化方式设计的滤波器，其滤波器响应受制于离散化采样点的数目。从 Vaccaro 方法[1]可看出，阻带离散点数目不足，导致滤波器在阻带具有较大的响应波动，当离散化采样点数增大时，离散化方式所获得矩阵滤波器响应效果，逐渐接近于采用连续方式所设计的滤波器。很容易得出结论，采用离散化方式所设计的矩阵滤波器仅能给出次优的效果。

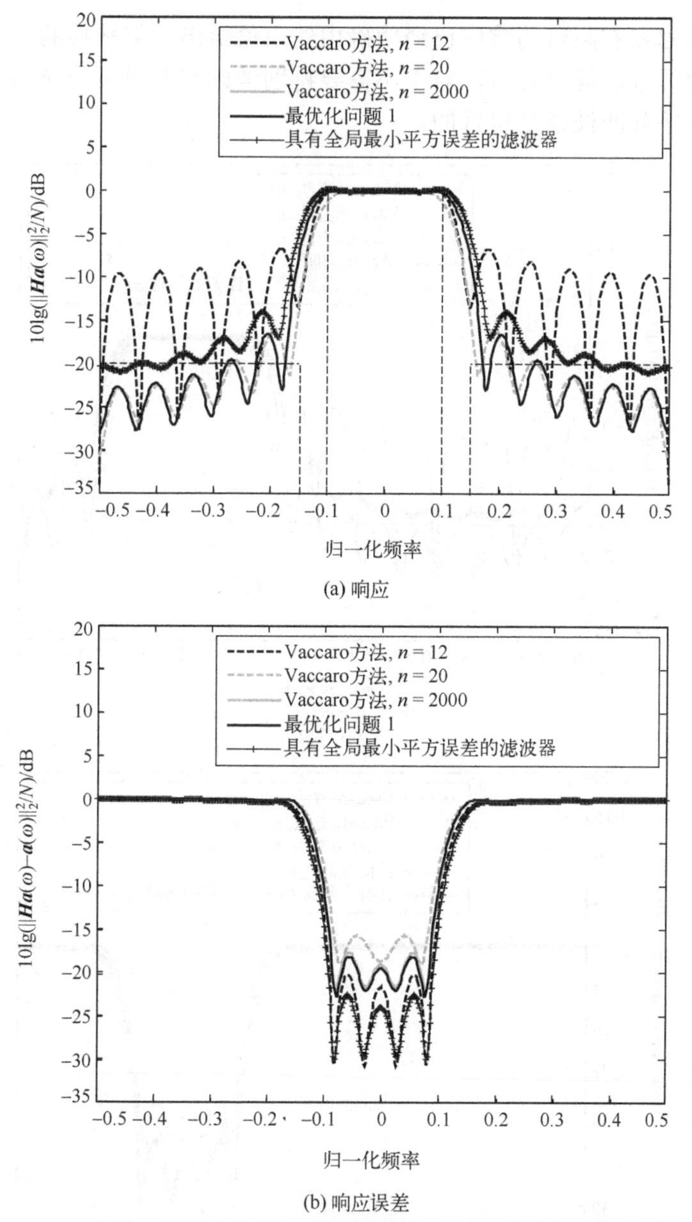

(a) 响应

(b) 响应误差

图 7-2　Vaccaro 方法、最优化问题 1 和全局最小平方误差的低通矩阵滤波器效果

图 7-3 给出了利用式(7-34)，对图 7-2 中滤波器向右平移 0.4π 后的矩阵滤波器效果。可以看出，平移后所得的矩阵滤波器，针对各频点的响应仅为原矩阵滤波器相应频点响应的简单平移。但考虑到左右阻带区间在平移前后发生了变化，所以在此时，左右阻带的响应并不相同，无法明确获得具体响应值大小。这与针对特定通带所设计的滤波器，且左右阻带分别设定特定响应约束不同，双边阻带总体响应约

束矩阵滤波器对左右阻带的响应已经明确由约束值给出。但平移的方式所给出的矩阵滤波器，设计方法简单有效，对于不需要特别考虑左右阻带响应的滤波器，通过这种方法设计矩阵滤波器是可行的。

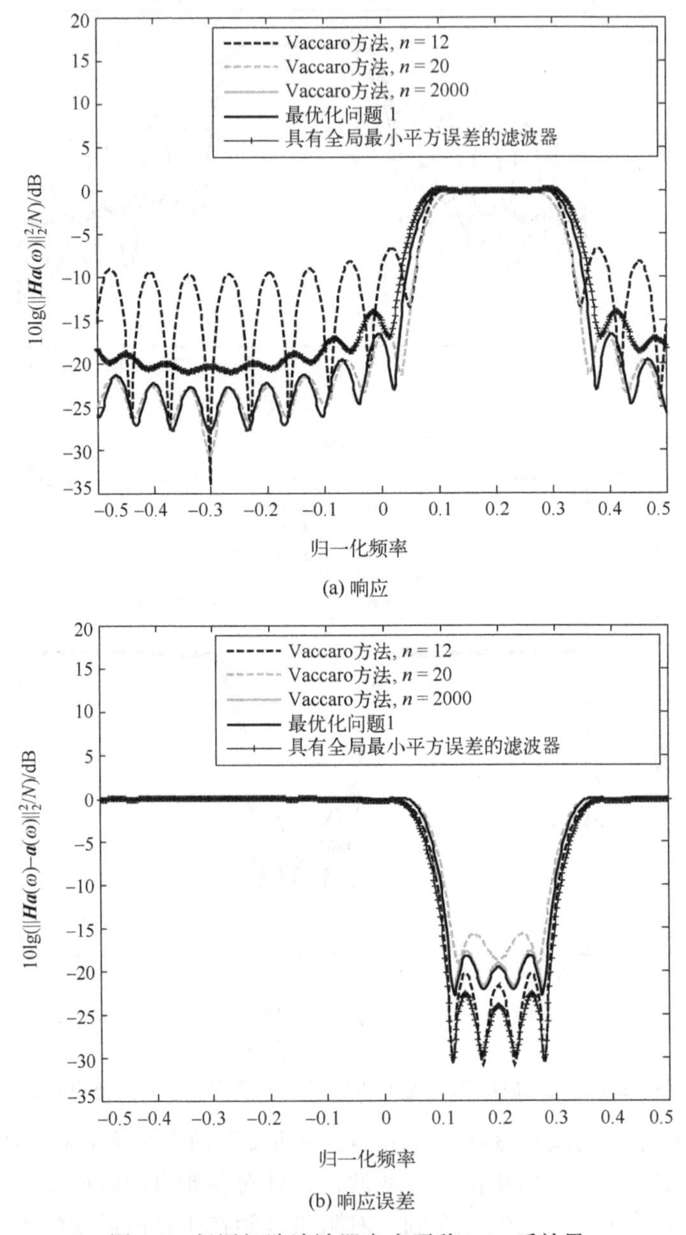

(a) 响应

(b) 响应误差

图 7-3　低通矩阵滤波器向右平移 0.4π 后效果

图 7-4(a)给出了带通型矩阵滤波器与传统的 FIR 滤波器的滤波效果对比。图中原

始信号由 50Hz 的单频和 120Hz 的单频所组成，其振幅分别为 1 和 0.8，原始信号中不包含噪声。$x(t)=\sin(100\pi t)+0.8\sin(240\pi t)$，假设信号的数字采样频率为 600Hz，采样点数 $N=15$。图 7-4(a)给出了传统的 FIR 滤波器和图 7-1 中由 Zhu 方法以及最优化问题 2 所设计的滤波器的滤波效果，最优化问题 2 中的参数分别为 $\xi=0.562$，$\gamma=0.020$。FIR 滤波器采用了 8 阶 Chebyshev 窗，阻带衰减为 20dB。

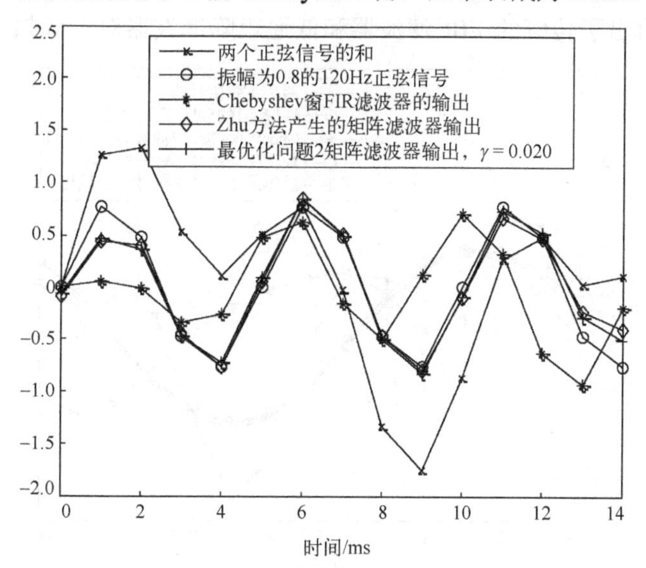

(a) 滤波前后时域输出

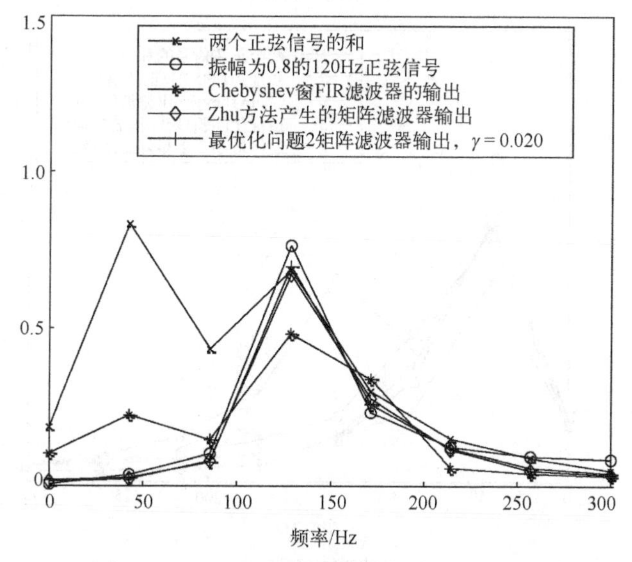

(b) 滤波前后频谱

图 7-4　带通矩阵滤波与 FIR 滤波效果对比

从图 7-4(b)的原信号和抽取信号频谱结果可以看出，使用矩阵滤波器可以有效抽取原信号中的 120Hz 频谱成分。同时，最优化问题 2 所设计的矩阵滤波器的抽取效果要好于 Zhu 方法的抽取效果。而 FIR 滤波器，由于滤波过程中，需要一定阶数的训练序列才能最终使滤波效果趋于收敛，这就导致最终结果与 120Hz 的信号相位不匹配，同时频谱效果与 120Hz 的信号效果差别较大。

图 7-5(a)给出了传统的 FIR 滤波器和低通矩阵滤波器对于低频 50Hz 信号的抽

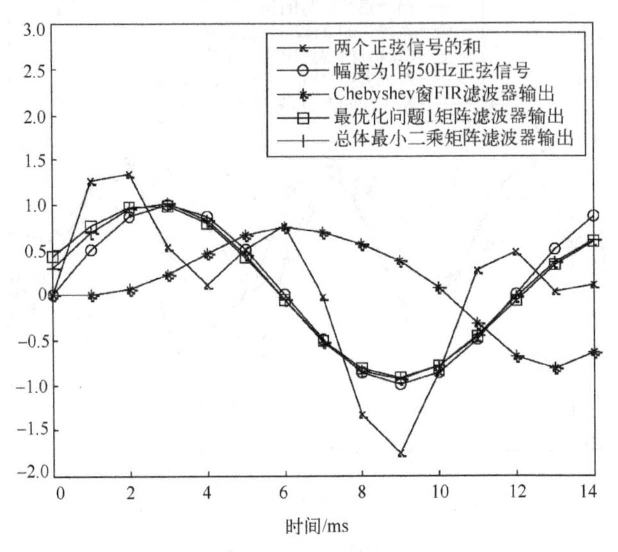

(a) 滤波前后时域输出

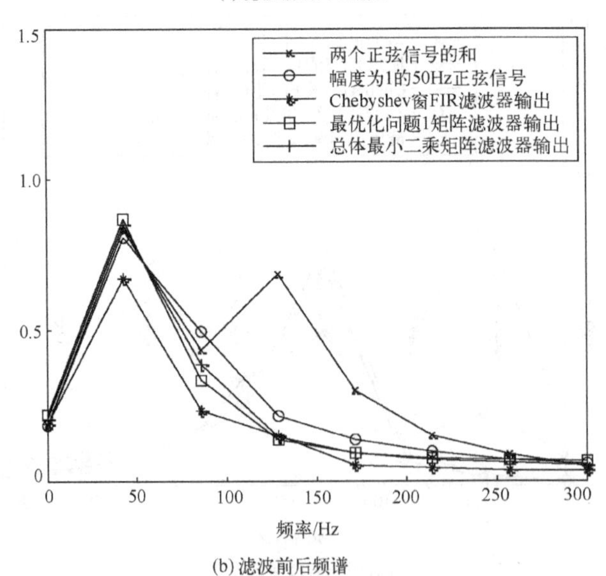

(b) 滤波前后频谱

图 7-5　低通矩阵滤波与 FIR 滤波效果对比

取效果。同样，FIR 滤波器采用了 8 阶 Chebyshev 窗，阻带衰减为 20dB。采用了图 7-1 中所设计的矩阵滤波器对原信号滤波。从图 7-5 可以看出，经矩阵滤波后，可以有效跟踪低频 50Hz 的信号走势，而 FIR 滤波后，不能够实现有效滤波效果。

图 7-5(b)给出了原信号的频谱和经 FIR 滤波器，以及矩阵滤波器滤波后所得的频谱。可以看出，最优化问题 1 设计的矩阵滤波器以及全局最小平方误差矩阵滤波器都能够完整抽取低频 50Hz 的信号频谱，而 FIR 滤波器虽然从频谱上看，也相应抽取了 50Hz 信号频谱，然而，信号的频谱幅值与实际 50Hz 信号的幅值有偏差，FIR 滤波效果不如矩阵滤波器。

7.3　本章小结

本章对矩阵滤波器的数字滤波功能做了简要概述。利用信号傅里叶变换公式，获得了矩阵滤波器的设计思路，将滤波器对通带向量响应误差和阻带向量响应通过矩阵与向量乘积范数展开，获得了这两个量的相应数值。滤波器的设计原理是在通带和阻带上的通带响应误差和阻带响应分别满足一定的条件下，求满足最优化问题的最优滤波器矩阵的解。本章给出了四种滤波器的设计方案，并针对连续型通带总体响应误差及阻带总体响应方式设计的滤波器，给出了最优矩阵滤波器的求解过程，并给出了最优解和求解最优 Lagrange 乘子所对应的非线性方程(组)，从给出的矩阵滤波器最优解可以看出，只要给定通阻带的划分，就可以确定唯一的具有特定阻带响应和通带响应误差的矩阵滤波器。若按照第 2 章的相应方法设计离散型矩阵滤波器，则对应的最优解仅在特定的通阻带划分情况下才是最优，也就是说，要得到离散型最优矩阵滤波器，那么这个最优解必须建立在通阻带离散点数目为无限的情况下才行，而连续型矩阵滤波器不存在这个问题，给出的最优解就是实际最优解。

本章的矩阵滤波器设计方法主要有两种，一种是左右阻带总体响应约束型，另一种是通阻带划分关于零频点对称的情况设计的低通滤波器，对于第二种滤波器设计方法，可以通过左右同时乘以一个对角矩阵的方式获得带通型矩阵滤波器。通过仿真分析，给出了矩阵滤波器和 FIR 滤波器对短数据的滤波效果。从仿真的结果可以看出，矩阵滤波器由于不需要一定阶数的数列训练即可有效实现滤波器的收敛，低通和带通型矩阵滤波器都很好地抽取了相应频带的信号成分，且抽取的信号成分频谱与相应的单频频谱吻合。

第 8 章　空域矩阵滤波技术总结和发展方向

8.1　现有空域矩阵滤波技术总结

现有的空域矩阵滤波技术主要应用于目标方位估计和匹配场定位，通过该技术对阵列数据进行处理，滤波前后阵列输出的协方差矩阵发生了根本变化，利用新的协方差矩阵实现波束形成或匹配场定位，能够获得消除阻带的干扰、保留通带探测能力的定向或定位效果。

在给出了阵列入射信号模型的基础上，空域矩阵滤波器的设计问题转化为对空间信号入射到阵列的方向向量和拷贝向量的处理问题，将滤波器对方向向量或拷贝向量的响应及响应误差作为参量，通过将滤波器对每个方位的响应、响应误差或全部方位的总体响应、总体响应误差作为目标函数和约束条件，构造最优化问题，最优化问题的最优解即为所设计的空域矩阵滤波器。

空域矩阵滤波器设计的最优化问题及闭式解由表 8-1 给出，分别对离散型、加权离散型和连续型空域矩阵滤波器设计进行了总结。其中，对连续型空域矩阵滤波器仅给出了阻带响应约束的设计问题。从表 8-1 可以看出，对于通带总体响应误差和阻带总体响应，其中包括零响应情况，都可以直接给出最优空域矩阵滤波器的闭式解。加权型空域矩阵滤波器是为了解决在已有闭式解的滤波器基础上，实现恒定阻带响应或恒定通带响应误差的效果。加权离散型空域矩阵滤波器设计过程中，采用了加权因子乘积迭代的方式实现更新，其中应用了 Lawson 准则。而连续型空域矩阵滤波器设计过程中，仅在阻带总体响应约束的条件下，求通带总体响应误差最小才具有闭式解形式。然而，由于方向向量对连续区间的响应或响应误差积分必须要通过第一类贝塞尔函数的形式展开获得积分的近似解，所以，实际上也没有给出类似于矩阵滤波器设计过程中相应的完美闭式最优解。

自适应空域矩阵滤波器设计方法是基于数据驱动，在对通带和阻带进行约束的条件下，基于噪声的功率实现对阻带噪声方位响应的自适应波陷，从而提高后续方位估计算法对强干扰下弱目标的方位估计性能。

宽带空域矩阵滤波器设计方法和阵列数据宽带空域矩阵滤波流程是该技术用于宽带阵列信号处理的关键。对于等间隔线列阵，由于空域矩阵滤波器对设定频带的方向向量的响应等于对其他频带相对应的某方位方向向量的响应，所以基于某特定频带设计的空域矩阵滤波器对全频带阵列流形的响应发生偏移效应。基于这个特性，

表 8-1　空域矩阵滤波器设计技术总结

离散型空域矩阵滤波器设计		
滤波器类型	最优化问题	闭式最优解
阻带恒定响应约束通带总体响应误差最小	$\min_{\boldsymbol{H}} \sum_{i=1}^{P} \lVert \boldsymbol{H}\boldsymbol{a}(\theta_i) - \boldsymbol{a}(\theta_i) \rVert_F^2, \theta_i \in \Theta_P$ s.t. $\lVert \boldsymbol{H}\boldsymbol{a}(\theta_j) \rVert_F^2 \leqslant \varepsilon_j, j = 1,2,\cdots,S, \theta_j \in \Theta_S$	无
阻带恒定响应约束通带响应极大值最小	$\min_{\boldsymbol{H}} \max_{\theta_i \in \Theta_P} \lVert \boldsymbol{H}\boldsymbol{a}(\theta_i) - \boldsymbol{a}(\theta_i) \rVert_F^2, i = 1,2,\cdots,P$ s.t. $\lVert \boldsymbol{H}\boldsymbol{a}(\theta_j) \rVert_F^2 \leqslant \varepsilon_j, j = 1,2,\cdots,S, \theta_j \in \Theta_S$	无
最小二乘	$\min_{\boldsymbol{H}} J(\boldsymbol{H}) = \lVert \boldsymbol{H}[\boldsymbol{V}_P, \boldsymbol{V}_S] - [\boldsymbol{V}_P, \boldsymbol{0}] \rVert_F^2$	$\hat{\boldsymbol{H}} = \boldsymbol{V}_P \boldsymbol{V}_P^{\mathrm{H}} (\boldsymbol{V}_P \boldsymbol{V}_P^{\mathrm{H}} + \boldsymbol{V}_S \boldsymbol{V}_S^{\mathrm{H}})^{-1}$
阻带总体响应约束通带总体响应误差最小	$\min_{\boldsymbol{H}} J(\boldsymbol{H}) = \frac{1}{NP} \lVert \boldsymbol{H}\boldsymbol{V}_P - \boldsymbol{V}_P \rVert_F^2$ s.t. $\frac{1}{NS} \lVert \boldsymbol{H}\boldsymbol{V}_S \rVert_F^2 \leqslant \varepsilon$	$\hat{\boldsymbol{H}} = \boldsymbol{C}_P (\boldsymbol{C}_P + \lambda \boldsymbol{C}_S)^{-1}$ $\mathrm{tr}[\boldsymbol{C}_P (\boldsymbol{C}_P + \hat{\lambda} \boldsymbol{C}_S)^{-1} \boldsymbol{C}_S (\boldsymbol{C}_P + \hat{\lambda} \boldsymbol{C}_S)^{-1} \boldsymbol{C}_P] = \varepsilon$
通带总体响应误差约束阻带总体响应最小	$\min_{\boldsymbol{H}} J(\boldsymbol{H}) = \frac{1}{NS} \lVert \boldsymbol{H}\boldsymbol{V}_S \rVert_F^2$ s.t. $\frac{1}{NP} \lVert \boldsymbol{H}\boldsymbol{V}_P - \boldsymbol{V}_P \rVert_F^2 \leqslant \xi$	$\hat{\boldsymbol{H}} = \hat{\lambda}' \boldsymbol{C}_P (\hat{\lambda}' \boldsymbol{C}_P + \boldsymbol{C}_S)^{-1}$ $\mathrm{tr}[\hat{\lambda}' \boldsymbol{C}_P (\hat{\lambda}' \boldsymbol{C}_P + \boldsymbol{C}_S)^{-1} \boldsymbol{C}_S (\hat{\lambda}' \boldsymbol{C}_P + \boldsymbol{C}_S)^{-1} \boldsymbol{C}_P + \hat{\lambda}' \boldsymbol{C}_P (\hat{\lambda}' \boldsymbol{C}_P + \boldsymbol{C}_S)^{-1} \boldsymbol{C}_P] = 1 - \xi$
双边阻带总体响应约束通带总体响应误差最小	$\min_{\boldsymbol{H}} J(\boldsymbol{H}) = \frac{1}{NP} \lVert \boldsymbol{H}\boldsymbol{V}_P - \boldsymbol{V}_P \rVert_F^2$ s.t. $\begin{cases} \frac{1}{NS} \lVert \boldsymbol{H}\boldsymbol{V}_{S1} \rVert_F^2 \leqslant \varepsilon_1 \\ \frac{1}{NS} \lVert \boldsymbol{H}\boldsymbol{V}_{S2} \rVert_F^2 \leqslant \varepsilon_2 \end{cases}$	$\hat{\boldsymbol{H}} = \boldsymbol{C}_P (\boldsymbol{C}_P + \hat{\lambda}_1 \boldsymbol{C}_{S1} + \hat{\lambda}_2 \boldsymbol{C}_{S2})^{-1}$ $\mathrm{tr}\{\boldsymbol{C}_P (\boldsymbol{C}_P + \hat{\lambda}_1 \boldsymbol{C}_{S1} + \hat{\lambda}_2 \boldsymbol{C}_{S2})^{-1} \boldsymbol{C}_{S1} (\boldsymbol{C}_P + \hat{\lambda}_1 \boldsymbol{C}_{S1} + \hat{\lambda}_2 \boldsymbol{C}_{S2})^{-1} \boldsymbol{C}_P\} = \varepsilon_1$ $\mathrm{tr}\{\boldsymbol{C}_P (\boldsymbol{C}_P + \hat{\lambda}_1 \boldsymbol{C}_{S1} + \hat{\lambda}_2 \boldsymbol{C}_{S2})^{-1} \boldsymbol{C}_{S2} (\boldsymbol{C}_P + \hat{\lambda}_1 \boldsymbol{C}_{S1} + \hat{\lambda}_2 \boldsymbol{C}_{S2})^{-1} \boldsymbol{C}_P\} = \varepsilon_2$
通带总体响应误差约束双边阻带总体响应加权和最小	$\min_{\boldsymbol{H}} J(\boldsymbol{H}) = \frac{1}{NS_1} \lVert \boldsymbol{H}\boldsymbol{V}_{S_1} \rVert_F^2 + \gamma \frac{1}{NS_2} \lVert \boldsymbol{H}\boldsymbol{V}_{S_2} \rVert_F^2$ s.t. $\frac{1}{NP} \lVert \boldsymbol{H}\boldsymbol{V}_P - \boldsymbol{V}_P \rVert_F^2 \leqslant \xi$	$\hat{\boldsymbol{H}} = \hat{\mu} \boldsymbol{C}_P (\hat{\mu} \boldsymbol{C}_P + \boldsymbol{C}_{S1} + \gamma \boldsymbol{C}_{S2})^{-1}$ $\mathrm{tr}\{\hat{\mu} \boldsymbol{C}_P (\hat{\mu} \boldsymbol{C}_P + \boldsymbol{C}_{S1} + \gamma \boldsymbol{C}_{S2})^{-1} \boldsymbol{C}_P (\hat{\mu} \boldsymbol{C}_P + \boldsymbol{C}_{S1} + \gamma \boldsymbol{C}_{S2})^{-1} \hat{\mu} \boldsymbol{C}_P\}$ $= 2\mathrm{tr}\{\hat{\mu} \boldsymbol{C}_P (\hat{\mu} \boldsymbol{C}_P + \boldsymbol{C}_{S1} + \gamma \boldsymbol{C}_{S2})^{-1} \boldsymbol{C}_P\} - \mathrm{tr}\{\boldsymbol{C}_P\} + \xi$

续表

离散型空域矩阵滤波器设计		
滤波器类型	最优化问题	闭式最优解
阻带零点约束通带总体响应误差最小	$\min_{\boldsymbol{H}} J(\boldsymbol{H})=\Vert\boldsymbol{H}\boldsymbol{V}_P-\boldsymbol{V}_P\Vert_F^2$ s.t. $\boldsymbol{H}\boldsymbol{V}_S=\boldsymbol{0}_{N\times S}$	$\hat{\boldsymbol{H}}=\boldsymbol{I}_{N\times N}-\boldsymbol{V}_S[\boldsymbol{V}_S^{\mathrm{H}}(\boldsymbol{V}_P\boldsymbol{V}_P^{\mathrm{H}})^{-1}\boldsymbol{V}_S]^{-1}\boldsymbol{V}_S^{\mathrm{H}}(\boldsymbol{V}_P\boldsymbol{V}_P^{\mathrm{H}})^{-1}$
通带响应误差零点约束阻带总体响应最小	$\min_{\boldsymbol{H}} J(\boldsymbol{H})=\Vert\boldsymbol{X}\Vert_F^2$ s.t. $\boldsymbol{H}\boldsymbol{V}_P=\boldsymbol{V}_P$	$\hat{\boldsymbol{H}}=\boldsymbol{V}_p[\boldsymbol{V}_P^{\mathrm{H}}(\boldsymbol{V}_S\boldsymbol{V}_S^{\mathrm{H}})^{-1}\boldsymbol{V}_P]^{-1}\boldsymbol{V}_P^{\mathrm{H}}(\boldsymbol{V}_S\boldsymbol{V}_S^{\mathrm{H}})^{-1}$
响应加权离散型空域矩阵滤波器设计		
滤波器类型	最优化问题	闭式最优解
加权最小二乘	$\min_{\boldsymbol{H}} J(\boldsymbol{H})=\sum_{m=1}^{M}w(\theta_m)\Vert\boldsymbol{H}\boldsymbol{a}(\theta_m)-\boldsymbol{b}(\theta_m)\Vert_F^2$	$\hat{\boldsymbol{H}}=\boldsymbol{B}\boldsymbol{R}\boldsymbol{A}^{\mathrm{H}}(\boldsymbol{A}\boldsymbol{R}\boldsymbol{A}^{\mathrm{H}})^{-1}$
阻带响应加权通带总体响应误差约束	$\min_{\boldsymbol{H}_1} J(\boldsymbol{H}_1)=\frac{1}{NS}\Vert\boldsymbol{H}_1\boldsymbol{V}_S\cdot\boldsymbol{R}_{1/2}\Vert_F^2$ s.t. $\frac{1}{NP}\Vert\boldsymbol{H}_1\boldsymbol{V}_P-\boldsymbol{V}_P\Vert_F^2\leqslant\xi$ $\min_{\boldsymbol{H}_2} J(\boldsymbol{H}_2)=\frac{1}{NP}\Vert\boldsymbol{H}_2\boldsymbol{V}_P-\boldsymbol{V}_P\Vert_F^2$ s.t. $\frac{1}{NS}\Vert\boldsymbol{H}_2\boldsymbol{V}_S\cdot\boldsymbol{R}_{1/2}\Vert_F^2\leqslant\varepsilon$	$\hat{\boldsymbol{H}}_1=\hat{\mu}\boldsymbol{C}_P(\hat{\mu}\boldsymbol{C}_P+\boldsymbol{C}_S)^{-1}$ $\mathrm{tr}[\hat{\mu}\boldsymbol{C}_P(\hat{\mu}\boldsymbol{C}_P+\boldsymbol{C}_S)^{-1}\boldsymbol{C}_S(\hat{\mu}\boldsymbol{C}_P+\boldsymbol{R}_S)^{-1}\boldsymbol{C}_P]=1-\xi-\mathrm{tr}[\hat{\mu}\boldsymbol{C}_P(\hat{\mu}\boldsymbol{C}_P+\boldsymbol{C}_S)^{-1}\boldsymbol{C}_P]$ $\hat{\boldsymbol{H}}_2=\boldsymbol{C}_P(\boldsymbol{C}_P+\hat{\lambda}\boldsymbol{C}_S)^{-1}$ $\mathrm{tr}[\boldsymbol{C}_P(\boldsymbol{C}_P+\hat{\lambda}\boldsymbol{C}_S)^{-1}\boldsymbol{C}_S(\boldsymbol{C}_P+\hat{\lambda}\boldsymbol{C}_S)^{-1}\boldsymbol{C}_P]=\varepsilon$
通带响应误差加权阻带总体响应约束	$\min_{\boldsymbol{H}_1} J(\boldsymbol{H}_1)=\frac{1}{NP}\Vert(\boldsymbol{H}_1\boldsymbol{V}_P-\boldsymbol{V}_P)\cdot\boldsymbol{R}_{1/2}\Vert_F^2$ s.t. $\frac{1}{NS}\Vert\boldsymbol{H}_1\boldsymbol{V}_S\Vert_F^2\leqslant\varepsilon$ $\min_{\boldsymbol{H}_2} J(\boldsymbol{H}_2)=\frac{1}{NS}\Vert\boldsymbol{H}_2\boldsymbol{V}_S\Vert_F^2$ s.t. $\frac{1}{NP}\Vert(\boldsymbol{H}_2\boldsymbol{V}_P-\boldsymbol{V}_P)\cdot\boldsymbol{R}_{1/2}\Vert_F^2\leqslant\xi$ $\min_{\boldsymbol{H}_3} J(\boldsymbol{H}_3)=\frac{1}{NP}\Vert(\boldsymbol{H}_3\boldsymbol{V}_P-\boldsymbol{V}_P)\cdot\boldsymbol{R}_{1/2}\Vert_F^2$ $+\zeta\frac{1}{NS}\Vert\boldsymbol{H}_3\boldsymbol{V}_S\Vert_F^2$	$\hat{\boldsymbol{H}}_1=\boldsymbol{V}_P\boldsymbol{R}\boldsymbol{V}_P^{\mathrm{H}}(\boldsymbol{V}_P\boldsymbol{R}\boldsymbol{V}_P^{\mathrm{H}}+\hat{\lambda}\boldsymbol{V}_S\boldsymbol{V}_S^{\mathrm{H}})^{-1}=\boldsymbol{C}_P(\boldsymbol{C}_P+\hat{\lambda}\boldsymbol{C}_S)^{-1}$ $\mathrm{tr}[\boldsymbol{C}_P(\boldsymbol{C}_P+\hat{\lambda}\boldsymbol{C}_S)^{-1}\boldsymbol{C}_S(\boldsymbol{C}_P+\hat{\lambda}\boldsymbol{C}_S)^{-1}\boldsymbol{C}_P]=\varepsilon$ $\hat{\boldsymbol{H}}_2=\hat{\lambda}'\boldsymbol{C}_P(\hat{\lambda}'\boldsymbol{C}_P+\boldsymbol{C}_S)^{-1}$ $\mathrm{tr}[\hat{\lambda}'\boldsymbol{C}_P(\hat{\lambda}'\boldsymbol{C}_P+\boldsymbol{C}_S)^{-1}\boldsymbol{C}_V(\hat{\lambda}'\boldsymbol{C}_P+\boldsymbol{C}_S)^{-1}\boldsymbol{C}_P]+\mathrm{tr}[\hat{\lambda}'\boldsymbol{C}_P(\hat{\lambda}'\boldsymbol{C}_P+\boldsymbol{C}_S)^{-1}\boldsymbol{C}_P]=1-\xi$ $\hat{\boldsymbol{H}}_3=\boldsymbol{C}_P(\boldsymbol{C}_P+\zeta\boldsymbol{C}_S)^{-1}$

续表

响应加权离散型空域矩阵滤波器设计		
滤波器类型	最优化问题	闭式最优解
通带响应误差加权阻带零点约束	$\min\limits_{H} J(\boldsymbol{H})=\sum\limits_{i=1}^{M} r(\theta_i)\lVert \boldsymbol{Ha}(\theta_i)-\boldsymbol{a}(\theta_i)\rVert_{\mathrm{F}}^2,\theta_i\in\Theta_P$ s.t. $\lVert \boldsymbol{Ha}(\theta_j)\rVert_{\mathrm{F}}^2=0,1\leqslant j\leqslant S,\theta_j\in\Theta_S$	$\hat{\boldsymbol{H}}=\boldsymbol{I}_{N\times N}-\boldsymbol{V}_S[\boldsymbol{V}_S^{\mathrm{H}}(\boldsymbol{V}_P\boldsymbol{R}\boldsymbol{V}_P^{H})^{-1}\boldsymbol{V}_S]^{-1}\boldsymbol{V}_S^{\mathrm{H}}(\boldsymbol{V}_P\boldsymbol{R}\boldsymbol{V}_P^{\mathrm{H}})^{-1}$
连续型空域矩阵滤波器设计(仅以阻带约束为例)		
滤波器类型	最优化问题	闭式最优解
连续阻带响应约束通带响应误差极大值最小	$\min\limits_{H}\max\limits_{\theta\in\Theta_P}(\lVert \boldsymbol{Ha}(\theta)-\boldsymbol{a}(\theta)\rVert_{\mathrm{F}}^2)$ s.t. $\lVert \boldsymbol{Ha}(\theta)\rVert_{\mathrm{F}}^2\leqslant\varepsilon,\theta\in\Theta_S$	无
连续阻带响应约束通带总体响应误差最小	$\min\limits_{H}\int_{\Theta_P}\lVert \boldsymbol{Ha}(\theta)-\boldsymbol{a}(\theta)\rVert_{\mathrm{F}}^2\,\mathrm{d}\theta$ s.t. $\lVert \boldsymbol{Ha}(\theta)\rVert_{\mathrm{F}}^2\leqslant\varepsilon,\theta\in\Theta_S$	无
阻带总体响应约束通带响应误差极大值最小	$\min\limits_{H}\max\limits_{\theta\in\Theta_P}(\lVert \boldsymbol{Ha}(\theta)-\boldsymbol{a}(\theta)\rVert_{\mathrm{F}}^2)$ s.t. $\int_{\Theta_S}\lVert \boldsymbol{Ha}(\theta)\rVert_{\mathrm{F}}^2\,\mathrm{d}\theta\leqslant\varepsilon$	无
阻带总体响应约束通带总体响应误差最小	$\min\limits_{H}\int_{\Theta_P}\lVert \boldsymbol{Ha}(\theta)-\boldsymbol{a}(\theta)\rVert_{\mathrm{F}}^2\,\mathrm{d}\theta$ s.t. $\int_{\Theta_S}\lVert \boldsymbol{Ha}(\theta)\rVert_{\mathrm{F}}^2\,\mathrm{d}\theta\leqslant\varepsilon$	$\hat{\boldsymbol{y}}=(\boldsymbol{C}_P+\hat{\lambda}\boldsymbol{C}_S)^{-1}2\boldsymbol{d}$ $2\boldsymbol{d}^{\mathrm{T}}(\boldsymbol{C}_P+\hat{\lambda}\boldsymbol{C}_S)^{-1}\boldsymbol{C}_S(\boldsymbol{C}_P+\hat{\lambda}\boldsymbol{C}_S)^{-1}2\boldsymbol{d}=\varepsilon$
双边阻带恒定响应约束通带响应误差极大值极小化	$\min\limits_{H}\max\limits_{\theta\in\Theta_P}(\lVert \boldsymbol{Ha}(\theta)-\boldsymbol{a}(\theta)\rVert_{\mathrm{F}}^2)$ s.t. $\begin{cases}\lVert \boldsymbol{Ha}(\theta)\rVert_{\mathrm{F}}^2\leqslant\varepsilon_1,\theta\in\Theta_{S_1}\\ \lVert \boldsymbol{Ha}(\theta)\rVert_{\mathrm{F}}^2\leqslant\varepsilon_2,\theta\in\Theta_{S_2}\end{cases}$	无
双边阻带恒定响应约束通带总体响应误差极小化	$\min\limits_{H}\int_{\Theta_P}\lVert \boldsymbol{Ha}(\theta)-\boldsymbol{a}(\theta)\rVert_{\mathrm{F}}^2\,\mathrm{d}\theta$ s.t. $\begin{cases}\lVert \boldsymbol{Ha}(\theta)\rVert_{\mathrm{F}}^2\leqslant\varepsilon_1,\theta\in\Theta_{S_1}\\ \lVert \boldsymbol{Ha}(\theta)\rVert_{\mathrm{F}}^2\leqslant\varepsilon_2,\theta\in\Theta_{S_2}\end{cases}$	无

续表

滤波器类型	最优化问题	闭式最优解
连续型空域矩阵滤波器设计(仅以阻带约束为例)		
双边阻带响应约束通带响应误差极大值极小化	$\min\limits_{\boldsymbol{H}} \max\limits_{\theta\in\Theta_P}(\lVert\boldsymbol{Ha}(\theta)-\boldsymbol{a}(\theta)\rVert_{\mathrm{F}}^2)$ $\text{s.t.}\begin{cases}\int_{\Theta_{S_1}}\lVert\boldsymbol{Ha}(\theta)\rVert_{\mathrm{F}}^2\,\mathrm{d}\theta\leqslant\varepsilon_1\\ \int_{\Theta_{S_2}}\lVert\boldsymbol{Ha}(\theta)\rVert_{\mathrm{F}}^2\,\mathrm{d}\theta\leqslant\varepsilon_2\end{cases}$	无
双边阻带响应约束通带总体响应误差最小	$\min\limits_{\boldsymbol{H}}\int_{\Theta_P}\lVert\boldsymbol{Ha}(\theta)-\boldsymbol{a}(\theta)\rVert_{\mathrm{F}}^2\,\mathrm{d}\theta$ $\text{s.t.}\begin{cases}\int_{\Theta_{S_1}}\lVert\boldsymbol{Ha}(\theta)\rVert_{\mathrm{F}}^2\,\mathrm{d}\theta\leqslant\varepsilon_1\\ \int_{\Theta_{S_2}}\lVert\boldsymbol{Ha}(\theta)\rVert_{\mathrm{F}}^2\,\mathrm{d}\theta\leqslant\varepsilon_2\end{cases}$	$\hat{\boldsymbol{y}}=(\boldsymbol{C}_P+\hat{\lambda}_1\boldsymbol{C}_{S1}+\hat{\lambda}_2\boldsymbol{C}_{S2})^{-1}2\boldsymbol{d}$ $2\boldsymbol{d}^{\mathrm{T}}(\boldsymbol{C}_P+\hat{\lambda}_1\boldsymbol{C}_{S1}+\hat{\lambda}_2\boldsymbol{C}_{S2})^{-1}\boldsymbol{C}_{S1}(\boldsymbol{C}_P+\hat{\lambda}_1\boldsymbol{C}_{S1}+\hat{\lambda}_2\boldsymbol{C}_{S2})^{-1}2\boldsymbol{d}=\varepsilon_1$ $2\boldsymbol{d}^{\mathrm{T}}(\boldsymbol{C}_P+\hat{\lambda}_1\boldsymbol{C}_{S1}+\hat{\lambda}_2\boldsymbol{C}_{S2})^{-1}\boldsymbol{C}_{S2}(\boldsymbol{C}_P+\hat{\lambda}_1\boldsymbol{C}_{S1}+\hat{\lambda}_2\boldsymbol{C}_{S2})^{-1}2\boldsymbol{d}=\varepsilon_2$
自适应空域矩阵滤波器		
滤波器类型	最优化问题	闭式最优解
通带总体响应误差约束	$\min\limits_{\boldsymbol{H}}\lVert\boldsymbol{y}(t)\rVert_{\mathrm{F}}^2$ $\text{s.t.}\lVert\boldsymbol{HV}_P-\boldsymbol{V}_P\rVert_{\mathrm{F}}^2\leqslant\xi$	$\hat{\boldsymbol{H}}=\hat{\lambda}\boldsymbol{C}_P(\hat{\lambda}\boldsymbol{C}_P+\boldsymbol{C}_x)^{-1}$ $\mathrm{tr}[\hat{\lambda}\boldsymbol{C}_P(\hat{\lambda}\boldsymbol{C}_P+\boldsymbol{C}_x)^{-1}\boldsymbol{C}_x(\hat{\lambda}\boldsymbol{C}_P+\boldsymbol{C}_x)^{-1}\boldsymbol{C}_P+\hat{\lambda}\boldsymbol{C}_P(\hat{\lambda}\boldsymbol{C}_P+\boldsymbol{C}_x)^{-1}\boldsymbol{C}_P]=1-\xi$
通带零响应误差约束	$\min\limits_{\boldsymbol{H}}\lVert\boldsymbol{y}(t)\rVert_{\mathrm{F}}^2$ $\text{s.t.}\boldsymbol{HV}_P=\boldsymbol{V}_P$	$\hat{\boldsymbol{H}}=\boldsymbol{V}_P[\boldsymbol{V}_P^{\mathrm{H}}\boldsymbol{C}_x^{-\mathrm{H}}\boldsymbol{V}_P]^{-1}\boldsymbol{V}_P^{\mathrm{H}}\boldsymbol{C}_x^{-\mathrm{H}}$
通带响应误差加权约束	$\min\limits_{\boldsymbol{H}}\lVert\boldsymbol{y}(t)\rVert_{\mathrm{F}}^2$ $\text{s.t.}\lVert(\boldsymbol{HV}_P-\boldsymbol{V}_P)\cdot\boldsymbol{W}_{1/2}\rVert_{\mathrm{F}}^2\leqslant\varepsilon$	$\hat{\boldsymbol{H}}=\hat{\lambda}\boldsymbol{C}_P(\hat{\lambda}\boldsymbol{C}_P+\boldsymbol{C}_x)^{-1}$ $\mathrm{tr}[\hat{\lambda}\boldsymbol{C}_P(\hat{\lambda}\boldsymbol{C}_P+\boldsymbol{C}_x)^{-1}\boldsymbol{C}_x(\hat{\lambda}\boldsymbol{C}_P+\boldsymbol{C}_x)^{-1}\boldsymbol{C}_P+\hat{\lambda}\boldsymbol{C}_P(\hat{\lambda}\boldsymbol{C}_P+\boldsymbol{C}_x)^{-1}\boldsymbol{C}_P]=1-\varepsilon$
通带响应误差约束阻带总体响应约束	$\min\limits_{\boldsymbol{H}}\lVert\boldsymbol{y}(t)\rVert_{\mathrm{F}}^2$ $\text{s.t.}\begin{cases}\lVert\boldsymbol{HV}_P-\boldsymbol{V}_P\rVert_{\mathrm{F}}^2\leqslant\varepsilon\\ \lVert\boldsymbol{HV}_S\rVert_{\mathrm{F}}^2\leqslant\delta\end{cases}$	$\hat{\boldsymbol{H}}=\hat{\lambda}_1\boldsymbol{C}_P(\boldsymbol{C}_x+\hat{\lambda}_1\boldsymbol{C}_P+\hat{\lambda}_2\boldsymbol{C}_S)^{-1}$ $\mathrm{tr}[\hat{\lambda}_1\boldsymbol{C}_P(\boldsymbol{C}_x+\hat{\lambda}_1\boldsymbol{C}_P+\hat{\lambda}_2\boldsymbol{C}_S)^{-1}\boldsymbol{C}_P(\boldsymbol{C}_x+\hat{\lambda}_1\boldsymbol{C}_P+\hat{\lambda}_2\boldsymbol{C}_S)^{-1}\hat{\lambda}_1\boldsymbol{C}_P-2\hat{\lambda}_1\boldsymbol{C}_P(\boldsymbol{C}_x+\hat{\lambda}_1\boldsymbol{C}_P+\hat{\lambda}_2\boldsymbol{C}_S)^{-1}\boldsymbol{C}_P+\boldsymbol{C}_P]=\varepsilon$ $\mathrm{tr}[\hat{\lambda}_1\boldsymbol{C}_P(\boldsymbol{C}_x+\hat{\lambda}_1\boldsymbol{C}_P+\hat{\lambda}_2\boldsymbol{C}_S)^{-1}\boldsymbol{C}_S(\boldsymbol{C}_x+\hat{\lambda}_1\boldsymbol{C}_P+\hat{\lambda}_2\boldsymbol{C}_S)^{-H}\hat{\lambda}_1\boldsymbol{C}_P]=\delta$
通带响应误差约束阻带零响应约束	$\min\limits_{\boldsymbol{H}}\lVert\boldsymbol{y}(t)\rVert_{\mathrm{F}}^2$ $\text{s.t.}\begin{cases}\lVert\boldsymbol{HV}_P-\boldsymbol{V}_P\rVert_{\mathrm{F}}^2\leqslant\varepsilon\\ \lVert\boldsymbol{HV}_S\rVert_{\mathrm{F}}^2=0\end{cases}$	$\hat{\boldsymbol{H}}=\hat{\lambda}_1\boldsymbol{C}_P(\boldsymbol{C}_x+\hat{\lambda}_1\boldsymbol{C}_P+\hat{\lambda}_2\boldsymbol{C}_S)^{-1}$ $\mathrm{tr}[\hat{\lambda}_1\boldsymbol{C}_P(\boldsymbol{C}_x+\hat{\lambda}_1\boldsymbol{C}_P+\hat{\lambda}_2\boldsymbol{C}_S)^{-1}\boldsymbol{C}_P(\boldsymbol{C}_x+\hat{\lambda}_1\boldsymbol{C}_P+\hat{\lambda}_2\boldsymbol{C}_S)^{-1}\hat{\lambda}_1\boldsymbol{C}_P-2\hat{\lambda}_1\boldsymbol{C}_P(\boldsymbol{C}_x+\hat{\lambda}_1\boldsymbol{C}_P+\hat{\lambda}_2\boldsymbol{C}_S)^{-1}\boldsymbol{C}_P+\boldsymbol{C}_P]=\varepsilon$ $\mathrm{tr}[\hat{\lambda}_1\boldsymbol{C}_P(\boldsymbol{C}_x+\hat{\lambda}_1\boldsymbol{C}_P+\hat{\lambda}_2\boldsymbol{C}_S)^{-1}\boldsymbol{C}_S(\boldsymbol{C}_x+\hat{\lambda}_1\boldsymbol{C}_P+\hat{\lambda}_2\boldsymbol{C}_S)^{-H}\hat{\lambda}_1\boldsymbol{C}_P]=0$

续表

自适应空域矩阵滤波器		
滤波器类型	最优化问题	闭式最优解
通带零响应误差约束阻带总体响应约束	$\min\limits_{\boldsymbol{H}} \lVert \boldsymbol{y}(t) \rVert_F^2$ $\text{s.t.} \begin{cases} \lVert \boldsymbol{H}\boldsymbol{V}_P - \boldsymbol{V}_P \rVert_F^2 = 0 \\ \lVert \boldsymbol{H}\boldsymbol{V}_S \rVert_F^2 \leqslant \delta \end{cases}$	$\hat{\boldsymbol{H}} = \hat{\lambda}_1 \boldsymbol{C}_P (\boldsymbol{C}_x + \hat{\lambda}_1 \boldsymbol{C}_P + \hat{\lambda}_2 \boldsymbol{C}_S)^{-1}$ $\text{tr}[\hat{\lambda}_1 \boldsymbol{C}_P (\boldsymbol{C}_x + \hat{\lambda}_1 \boldsymbol{C}_P + \hat{\lambda}_2 \boldsymbol{C}_S)^{-1} \boldsymbol{C}_P (\boldsymbol{C}_x + \hat{\lambda}_1 \boldsymbol{C}_P + \hat{\lambda}_2 \boldsymbol{C}_S)^{-1} \hat{\lambda}_1 \boldsymbol{C}_P - 2\hat{\lambda}_1 \boldsymbol{C}_P (\boldsymbol{C}_x + \hat{\lambda}_1 \boldsymbol{C}_P + \hat{\lambda}_2 \boldsymbol{C}_S)^{-1} \boldsymbol{C}_P + \boldsymbol{C}_P] = 0$ $\text{tr}[\hat{\lambda}_1 \boldsymbol{C}_P (\boldsymbol{C}_x + \hat{\lambda}_1 \boldsymbol{C}_P + \hat{\lambda}_2 \boldsymbol{C}_S)^{-1} \boldsymbol{C}_S (\boldsymbol{C}_x + \hat{\lambda}_1 \boldsymbol{C}_P + \hat{\lambda}_2 \boldsymbol{C}_S)^{-\text{H}} \hat{\lambda}_1 \boldsymbol{C}_P] = \delta$
通带零响应误差约束阻带零响应约束	$\min\limits_{\boldsymbol{H}} \lVert \boldsymbol{y}(t) \rVert_F^2$ $\text{s.t.} \begin{cases} \lVert \boldsymbol{H}\boldsymbol{V}_P - \boldsymbol{V}_P \rVert_F^2 = 0 \\ \lVert \boldsymbol{H}\boldsymbol{V}_S \rVert_F^2 = 0 \end{cases}$	$\hat{\boldsymbol{H}} = \hat{\lambda}_1 \boldsymbol{C}_P (\boldsymbol{C}_x + \hat{\lambda}_1 \boldsymbol{C}_P + \hat{\lambda}_2 \boldsymbol{C}_S)^{-1}$ $\text{tr}[\hat{\lambda}_1 \boldsymbol{C}_P (\boldsymbol{C}_x + \hat{\lambda}_1 \boldsymbol{C}_P + \hat{\lambda}_2 \boldsymbol{C}_S)^{-1} \boldsymbol{C}_P (\boldsymbol{C}_x + \hat{\lambda}_1 \boldsymbol{C}_P + \hat{\lambda}_2 \boldsymbol{C}_S)^{-1} \hat{\lambda}_1 \boldsymbol{C}_P - 2\hat{\lambda}_1 \boldsymbol{C}_P (\boldsymbol{C}_x + \hat{\lambda}_1 \boldsymbol{C}_P + \hat{\lambda}_2 \boldsymbol{C}_S)^{-1} \boldsymbol{C}_P + \boldsymbol{C}_P] = 0$ $\text{tr}[\hat{\lambda}_1 \boldsymbol{C}_P (\boldsymbol{C}_x + \hat{\lambda}_1 \boldsymbol{C}_P + \hat{\lambda}_2 \boldsymbol{C}_S)^{-1} \boldsymbol{C}_S (\boldsymbol{C}_x + \hat{\lambda}_1 \boldsymbol{C}_P + \hat{\lambda}_2 \boldsymbol{C}_S)^{-\text{H}} \hat{\lambda}_1 \boldsymbol{C}_P] = 0$
通带响应误差加权约束阻带总体响应约束	$\min\limits_{\boldsymbol{H}} \lVert \boldsymbol{y}(t) \rVert_F^2$ $\text{s.t.} \begin{cases} \lVert (\boldsymbol{H}\boldsymbol{V}_P - \boldsymbol{V}_P) \cdot \boldsymbol{W}_{1/2} \rVert_F^2 \leqslant \varepsilon \\ \lVert \boldsymbol{H}\boldsymbol{V}_S \rVert_F^2 \leqslant \delta \end{cases}$	$\hat{\boldsymbol{H}} = \hat{\lambda}_1 \boldsymbol{C}_P (\boldsymbol{C}_x + \hat{\lambda}_1 \boldsymbol{C}_P + \hat{\lambda}_2 \boldsymbol{C}_S)^{-1}$ $\text{tr}[\hat{\lambda}_1 \boldsymbol{C}_P (\boldsymbol{C}_x + \hat{\lambda}_1 \boldsymbol{C}_P + \hat{\lambda}_2 \boldsymbol{C}_S)^{-1} \boldsymbol{C}_P (\boldsymbol{C}_x + \hat{\lambda}_1 \boldsymbol{C}_P + \hat{\lambda}_2 \boldsymbol{C}_S)^{-1} \hat{\lambda}_1 \boldsymbol{C}_P - 2\hat{\lambda}_1 \boldsymbol{C}_P (\boldsymbol{C}_x + \hat{\lambda}_1 \boldsymbol{C}_P + \hat{\lambda}_2 \boldsymbol{C}_S)^{-1} \boldsymbol{C}_P + \boldsymbol{C}_P] = \varepsilon$ $\text{tr}[\hat{\lambda}_1 \boldsymbol{C}_P (\boldsymbol{C}_x + \hat{\lambda}_1 \boldsymbol{C}_P + \hat{\lambda}_2 \boldsymbol{C}_S)^{-1} \boldsymbol{C}_S (\boldsymbol{C}_x + \hat{\lambda}_1 \boldsymbol{C}_P + \hat{\lambda}_2 \boldsymbol{C}_S)^{-\text{H}} \hat{\lambda}_1 \boldsymbol{C}_P] = \delta$
通带响应误差加权约束阻带零响应约束	$\min\limits_{\boldsymbol{H}} \lVert \boldsymbol{y}(t) \rVert_F^2$ $\text{s.t.} \begin{cases} \lVert (\boldsymbol{H}\boldsymbol{V}_P - \boldsymbol{V}_P) \cdot \boldsymbol{W}_{1/2} \rVert_F^2 \leqslant \varepsilon \\ \lVert \boldsymbol{H}\boldsymbol{V}_S \rVert_F^2 = 0 \end{cases}$	$\hat{\boldsymbol{H}} = \hat{\lambda}_1 \boldsymbol{C}_P (\boldsymbol{C}_x + \hat{\lambda}_1 \boldsymbol{C}_P + \hat{\lambda}_2 \boldsymbol{C}_S)^{-1}$ $\text{tr}[\hat{\lambda}_1 \boldsymbol{C}_P (\boldsymbol{C}_x + \hat{\lambda}_1 \boldsymbol{C}_P + \hat{\lambda}_2 \boldsymbol{C}_S)^{-1} \boldsymbol{C}_P (\boldsymbol{C}_x + \hat{\lambda}_1 \boldsymbol{C}_P + \hat{\lambda}_2 \boldsymbol{C}_S)^{-1} \hat{\lambda}_1 \boldsymbol{C}_P - 2\hat{\lambda}_1 \boldsymbol{C}_P (\boldsymbol{C}_x + \hat{\lambda}_1 \boldsymbol{C}_P + \hat{\lambda}_2 \boldsymbol{C}_S)^{-1} \boldsymbol{C}_P + \boldsymbol{C}_P] = \varepsilon$ $\text{tr}[\hat{\lambda}_1 \boldsymbol{C}_P (\boldsymbol{C}_x + \hat{\lambda}_1 \boldsymbol{C}_P + \hat{\lambda}_2 \boldsymbol{C}_S)^{-1} \boldsymbol{C}_S (\boldsymbol{C}_x + \hat{\lambda}_1 \boldsymbol{C}_P + \hat{\lambda}_2 \boldsymbol{C}_S)^{-\text{H}} \hat{\lambda}_1 \boldsymbol{C}_P] = 0$
阻带响应约束通带系数可调	$\min\limits_{\boldsymbol{H}} \lVert \boldsymbol{y}(t) \rVert_F^2 + k \lVert \boldsymbol{H}\boldsymbol{V}_P - \boldsymbol{V}_P \rVert_F^2$ $\text{s.t.} \lVert \boldsymbol{H}\boldsymbol{V}_S \rVert_F^2 \leqslant \varepsilon$	$\hat{\boldsymbol{H}} = k\boldsymbol{C}_P (\boldsymbol{C}_x + k\boldsymbol{C}_P + \hat{\lambda} \boldsymbol{C}_S)^{-1}$　$\text{tr}[k\boldsymbol{C}_P (\boldsymbol{C}_x + k\boldsymbol{C}_P + \hat{\lambda} \boldsymbol{C}_S)^{-1} \boldsymbol{C}_S (\boldsymbol{C}_x + k\boldsymbol{C}_P + \hat{\lambda} \boldsymbol{C}_S)^{-\text{H}} k\boldsymbol{C}_P] = \varepsilon$
阻带零响应约束通带系数可调	$\min\limits_{\boldsymbol{H}} \lVert \boldsymbol{y}(t) \rVert_F^2 + k \lVert \boldsymbol{H}\boldsymbol{V}_P - \boldsymbol{V}_P \rVert_F^2$ $\text{s.t.} \lVert \boldsymbol{H}\boldsymbol{V}_S \rVert_F^2 = 0$	$\hat{\boldsymbol{H}} = k\boldsymbol{C}_P (\boldsymbol{C}_x + k\boldsymbol{C}_P + \hat{\lambda} \boldsymbol{C}_S)^{-1}$ $\text{tr}[k\boldsymbol{C}_P (\boldsymbol{C}_x + k\boldsymbol{C}_P + \hat{\lambda} \boldsymbol{C}_S)^{-1} \boldsymbol{C}_S (\boldsymbol{C}_x + k\boldsymbol{C}_P + \hat{\lambda} \boldsymbol{C}_S)^{-\text{H}} k\boldsymbol{C}_P] = 0$

获得了等间隔线列阵的宽带空域矩阵滤波器设计方法，并找出了子带最佳频率选择方式。对于一般阵列，由于各频带方向向量完全不同，基于某一频点设计的空域矩阵滤波器，只对该频率方向向量有正确的通阻带响应，而对其他频率方向向量响应需要根据实际结果继续分析。

空域矩阵滤波技术可直接应用于目标方位估计以及匹配场定位，也可以将匹配场定位和目标方位估计技术结合，并通过空域矩阵滤波技术保留阵列对远场平面波信号总体失真最小情况下，抑制近场干扰。从仿真结果可以看出，经空域矩阵滤波后，可以显著增强阵列定向和定位能力。

8.2 空域矩阵滤波技术发展方向

8.2.1 基于匹配模空域矩阵滤波技术

空域矩阵滤波技术用于匹配场处理，首先需要计算水下所划分网格点处到达接收阵列的拷贝向量，并通过拷贝向量的分组，利用第 3 章中相应的设计方法实现滤波器设计。基于波动理论计算水下声源到达接受阵的声压，可以通过不同模态的方式进行计算，相应的匹配模处理技术在水下目标定位中的应用也很广泛[105-110]。在第 6 章中，给出了空域矩阵滤波器用于匹配场处理的效果，同样，也可以把空域矩阵滤波技术扩展到匹配模处理。匹配模处理是否可以获得更高的空间增益，以及更低的滤波器设计计算量，有待于观察。

8.2.2 空域矩阵滤波技术用于阵列校准及阵元失效处理

阵列校准处理[111, 112]和阵元失效处理对于高分辨波束形成技术至关重要。在第 3 章，最小二乘矩阵滤波器设计过程中，分析了空域矩阵滤波器的实质，空域矩阵滤波器是希望获得对阵列流形的响应达到期望的响应效果。常规的空域矩阵滤波器设计是在通带方向向量的期望响应等于原通带方向向量，对阻带方向向量的期望响应等于零。依靠这一思路，空域矩阵滤波技术可以被用于阵列校准，使滤波器对阵列的实际阵列流形的期望响应等于无扰动和畸变的阵列流形即可。可以想象，有实际阵列流形和期望阵列流形，即可设计出最小二乘空域矩阵滤波器。同样，对于阵元失效的情况，是实际阵列流形中某一行或某些行的值为零，而期望阵列流形是无失效阵元阵列的阵列流形。空域矩阵滤波器用于阵列校准和阵元失效处理，可为目标方位估计提供更便捷的技术支撑。

参 考 文 献

[1] Vaccaro R J, Harrison B F. Optimal matrix filter design. IEEE Transactions on Signal Processing, 1996, 44(3): 705-709.

[2] Vaccaro R J, Chhetri A, Harrison B F. Matrix filter design for passive sonar interference suppression.The Journal of the Acoustic Society of America, 2004, 115(6): 3010-3020.

[3] Vaccaro R J, Harrison B F. Matrix filter for passive sonar//IEEE International Conference on Acoustics, Speech and Signal Processing, Salt Lake City, 2001.

[4] Wang S, Zhu Z W, Leung H. Semi-infinite optimization technique for the design of matrix filters. Statistical Signal and Array Processing, 1998, 9(14): 204-207.

[5] Zhu Z W, Wang S, Leung H, et al. Matrix filter design using semi-infinite programming with application to DOA estimation. IEEE Transactions on Signal Processing, 2000, 48(1): 267-271.

[6] MacInnes C S. Source localization using subspace estimation and spatial filtering. IEEE Journal of Oceanic Engineering, 2004, 29(2): 488-497.

[7] MacInnes C S. The design of equi-ripple matrix filters//IEEE International Conference on Acoustics, Speech and Signal Processing, Salt Lake City, 2001.

[8] 鄢社锋, 侯朝焕, 马晓川. 矩阵空域预滤波目标方位估计. 声学学报, 2007, 32(2): 151-157.

[9] 鄢社锋, 马远良. 匹配场噪声抑制: 广义空域滤波方法. 科学通报, 2004, 49(18): 1909-1912.

[10] 鄢社锋, 侯朝焕, 马远良. 基于空域预滤波的目标方位估计方法. 声学技术, 2005, 24: 340-343.

[11] 鄢社锋. 水听器阵列波束优化与广义空域滤波研究. 西安: 西北工业大学, 2005.

[12] Sturm J F. Using SeDuMi 1.02: a MATLAB toolbox for optimization over symmetric cones. Optimization Methods and Software, 1999, 11(12): 625-653.

[13] Henrion D, Lasserre J B. Global optimization over polynomials with matlab and SeDuMi. ACM Transactions on Mathematical Software, 2003, 29(2): 165-194.

[14] Hassanien A, Elkader S A, Gershman A B, et al. Convex optimization based beam-space preprocessing with improved robustness against out-of-sector sources. IEEE Transactions on Signal Processing, 2006, 54(5): 1587-1595.

[15] 冯杰, 杨益新, 孙超. 自适应空域矩阵滤波器设计和目标方位估计. 系统仿真学报, 2007, 19(20): 4798-4802.

[16] 冯杰. 稳健波束形成与高分辨方位估计技术研究. 西安: 西北工业大学, 2006.

[17] 韩东, 康春玉, 李军. 最小 Frobenius 范数矩阵滤波器设计及应用. 舰艇学院学报, 2009,

32(5): 74-77.

[18] 杨辉, 韩东. 最小误差空域矩阵滤波器设计及误差分析. 声学技术, 2009, 28(2): 234-236.

[19] 张书第, 韩磊, 韩东. 最小二乘矩阵滤波器在目标方位估计中的应用. 电声技术, 2011, 35(2): 67-70.

[20] 徐驰, 韩磊, 张书第, 等. 最小二乘矩阵滤波器设计与性能分析. 舰船科学技术, 2011, 33(4): 72-76.

[21] 韩东, 章新华, 康春玉, 等. 零点约束矩阵滤波设计. 声学学报, 2010, 35(3): 353-358.

[22] 韩东, 张书第, 韩磊, 等. 零点约束矩阵滤波设计及性能分析. 声学技术, 2010, 29(6): 98-99.

[23] 韩东, 刘继林, 王凯, 等. 强噪声抑制带通空域滤波器设计. 声学技术, 2009, 28(2): 195-197.

[24] 韩东, 王凯, 王东亚, 等. 通带无失真空域预滤波设计. 声学技术, 2009, 28(2): 198-200.

[25] 韩东, 章新华, 孙瑜. 宽带最优空域矩阵滤波器设计. 声学学报, 2011, 36(4): 405-411.

[26] 张书第, 韩磊, 徐驰, 等. 恒定阻带抑制矩阵滤波器性能分析. 电声技术, 2010, 34(10): 39-42.

[27] Han D, Zhang X H. Optimal matrix filter design with application to filtering short data records. IEEE Signal Processing Letters, 2010, 17(5): 521-524.

[28] Han D, Yin J S, Kang C Y, et al. Optimal matrix filter design with controlled mean-square sidelobe level. IET signal processing, 2011, 5(3): 306-312.

[29] Krim H, Viberg M. Two decades of array signal processing research. IEEE Signal Processing Magazine, 1996: 67-84.

[30] Pillai S U, Burrus C S. Array Signal Processing. New York: Springer Press, 1989.

[31] Justice J H. Array Signal Processing. New Jersey: Prentice Hall Press, 1985.

[32] Haykin S. Array Signal Processing. New Jersey: Prentice Hall Press, 1985.

[33] Naidu P S. Sensor Array Signal Processing. Boca Raton: CRC Press, 2009.

[34] 李启虎. 数字式声呐设计原理. 合肥: 安徽教育出版社, 2002.

[35] 杨益新. 声呐波束形成与波束域高分辨方位估计技术研究. 西安: 西北工业大学, 2002.

[36] 汪德昭, 尚尔昌. 水声学. 2 版. 北京: 科学出版社, 2013.

[37] 杨士莪. 水声传播原理. 哈尔滨: 哈尔滨工业大学出版社, 2007.

[38] 尤利克. 水声原理. 三版. 哈尔滨: 哈尔滨工程大学出版社, 1985.

[39] 张仁和. 浅海声场的平滑平均理论、数值预报与海底参数反演. 物理学进展, 1996, 16(3-4): 489-496.

[40] 张仁和, 周监力. 浅海平均声场的数值预报方法. 声学学报, 1983, 8(1): 36-44.

[41] 张仁和. 水下声道中的平滑平均声场. 声学学报, 1979, 4: 102-108.

[42] 杨坤德. 水声信号匹配场处理技术. 西安: 西北工业大学, 2003.

[43] Soares C, Jesus S M, Coelho E. Environmental inversion using high-resolution matched-field processing. The Journal of the Acoustical Society of America, 2007, 122(6): 3391-3404.

[44] Huang C F, Gerstoft P, Hodgkiss W S. Effect of ocean sound speed uncertainty on matched-field geoacoustic inversion. The Journal of the Acoustical Society of America, 2008, 123(6): 162-168.

[45] Evan K. Westwood. Broadband matched-field source localization. The Journal of the Acoustical Society of America, 1992, 91(5): 2777-2789.

[46] Etter P C. Underwater Acoustic Modeling and Simulation. Boca Raton: CRC Press, 2018.

[47] 曾晓晟，韩东，徐池，等. 矩阵滤波技术进展及其在阵列信号处理中的应用. 科技创新与应用, 2014, 3:1-2.

[48] Lobo M, Vandenberghe L, Boyd S, et al. Applications of second-order cone programming. Linear Algebra Applicat, 1998, 284(11): 193-228.

[49] 张艳梅. 二阶锥规划若干求解方法研究. 福州: 福建师范大学, 2008.

[50] 曾友芳. 二阶锥规划的理论与算法研究. 上海: 上海大学, 2011.

[51] 陈宝林. 最优化理论与算法. 2 版. 北京: 清华大学出版社, 2005.

[52] 朱元国. 矩阵分析与应用. 北京: 国防工业出版社, 2010.

[53] 史荣昌，魏丰. 矩阵分析. 3 版. 北京: 北京理工大学出版社, 2010.

[54] Bhatia R. Matrix Analysis. New York: Springer, 2011.

[55] 李继根，张新发. 矩阵分析与计算. 武汉: 武汉大学出版社, 2013.

[56] 张贤达. 矩阵分析与应用. 北京: 清华大学出版社, 2004.

[57] Horn R A. Johnson C R. Matrix Analysis. Cambridge: Cambridge Univrsity Press, 2012.

[58] 张大海，马远良，杨坤德. 时域宽带矩阵空域滤波器设计方法. 系统仿真学报, 2009, 21(19): 6170-6173.

[59] 刘家轩，章新华，范文涛. 宽带距离深度域最小二乘矩阵滤波器的设计. 计算机工程与应用, 2013, 49(12): 200-205.

[60] Zhang D H, Wei Q, Ma Y L. Time domain broadband spatial matrix filter design//International Conference on Information Engineering and Computer Science, Wuhan, 2009.

[61] 李启虎，李淑秋，孙长瑜，等. 主被动拖线阵声呐中拖曳平台噪声和拖鱼噪声在浅海使用时的干扰特性. 声学学报, 2007, 32(1): 1-4.

[62] 李启虎. 用双线列阵区分左右舷目标的延时估计方法及其实现. 声学学报，2006，31(6): 485-487.

[63] 李启虎. 双线列阵左右舷目标分辨性能的初步分析. 声学学报, 2006, 31(5): 385-388.

[64] 余赟. 浅海低频声场干涉结构及其应用研究. 哈尔滨: 哈尔滨工程大学, 2011.

[65] 韩东，李建，康春玉，等. 拖曳线列阵声呐平台噪声的空域矩阵滤波抑制技术. 声学学报, 2013, 39(1): 27-34.

[66] 马远良，刘孟庵，张忠兵，等. 浅海声场中拖曳线列阵常规波束形成器对拖船噪声的接收响应. 声学学报, 2002, 27(6): 481-486.

[67] Hodgkiss W. Source ship contamination removal in a broadband vertical array experiment//

Ocean's 88 - A Partnership of Marine Interests, Baltimore, 1988.
[68] Candy J V, Sullivan E J. Canceling tow ship noise using an adaptive model-based approach//Proceedings of the IEEE/OES Eighth Working Conference on Current Measurement Technology, Southampton, 2005.
[69] 刘伯胜, 雷家煜. 水声学原理. 哈尔滨: 哈尔滨工程大学出版社, 1993.
[70] 张宾. 拖曳双线阵声呐信号处理关键技术研究. 北京: 中国科学院研究生院, 2007.
[71] Cox H, Pitre R. Robust DMR and multi-rate adaptive beamforming// Proceedings of the 31st Asilomar Conference on Signals, Systems and Computers, Pacic Grove, 1998.
[72] Kogon S M. Robust adaptive beamforming for passive sonar using eigenvector/beam association and excision//Proceedings of IEEE SAM workshop, Arlington, 2002.
[73] Cox H. Multi-rate adaptive beamforming//Proceedings of the 2000 IEEE Sensor Array and Multichannel Signal Processing Workshop, Cambridge, 2000.
[74] Zurk L M, Lee N, Ward J. Source motion mitigation for adaptive matched field processing. The Journal of the Acoustical Society of America, 2003, 113(5): 2719-2731.
[75] Harrison B F. The eigen component association method for adaptive interference suppression. The Journal of the Acoustical Society of America, 2004, 115(5): 2122-2128.
[76] 郭庆华, 廖桂生. 一种稳健的自适应波束形成器. 电子与信息学报, 2004, 26(1): 146-150.
[77] 李荣锋, 王永良, 万山虎. 自适应天线方向图干扰零陷加宽方法研究. 现代雷达, 2003: 42-44.
[78] Godara L G. Error analysis of the optimal antenna array processors. IEEE Transactions on Aerospace and Electronic Systems, 1986, 22(3): 395-409.
[79] Griffths L J, Jim C W. An alternative approach to linearly constrained adaptive beamforming. IEEE Transactions on Antennas and Propagation, 1982, 30(1): 27-34.
[80] Jablon N K. Adaptive beamforming with the generalized sidelobe canseller in the presence of array imperfections. IEEE Transactions on Antennas and Propagation, 1986, 34(8): 996-1012.
[81] Cox H, Zeskind R M, Owen M M. Robust adaptive beamforming. IEEE Transactions on Acoustics, Speech, and Signal Processing, 1987, 35(10): 1365-1376.
[82] Capon J. High resolution frequency wavenumber spectrum analysis. Proceedings of the IEEE, 1969, 57(8): 1408-1418.
[83] Mio K, Doisy Y, Chocheyras Y. Tow ship noise reduction with active adaptive beamforming on HFM transmissions// Undersea Defence Technology, 2002.
[84] Godara L C. A robust adaptive array processor. IEEE Transactions on Circuits and Systems, 1987, 34(7): 721-730.
[85] Godara L C. Post beamformer interference canceller with improved performance. The Journal of the Acoustical Society of America, 1989, 85(1): 202-213.

[86] Alexander D. Adaptive noise canceling applied to sea beam sidelobe interference rejection. IEEE Journal of Oceanic Engineering, 1988, 13(2): 70-76.

[87] 杨坤德，马远良，邹士新，等. 拖线阵声呐的匹配场后置波束形成干扰抵消方法. 西北工业大学学报, 2004, 22(5): 576-580.

[88] 朱志德，李秀坤，李宇光. 拖线阵海试数据的窄带 PIC 自适应处理与分析. 声学学报, 1995, 20(4): 302-307.

[89] Colin M E G D, Groen J. Passive synthetic aperture sonar techniques in combination with tow ship noise canceling: application to a triplet towed array//Proceedings of the IEEE/OES Second Working Conference on Current Measurement Technology, Biloxi, 2002.

[90] Wilson J H. Applications of inverse beam-forming theory. The Journal of the Acoustical Society of America, 1995, 98: 3250-3261.

[91] Wilson J H. Signal detection and localization using the Fourier series method(FSM) and cross-sensor data. The Journal of the Acoustical Society of America, 1983, 73(5): 1648-1656.

[92] Nuttall A H, Wilson J H. Estimation of the acoustic field directionality by use of planar and volumetric arrays via the Fourier series method and the Fourier integral method. The Journal of the Acoustical Society of America, 1991, 90(4): 2004-2019.

[93] Robert M K, Beerens S P. Adaptive beamforming algorithms for tow ship noise canceling//Proceedings of Undersea Defense Technology Europe, La Spezia, 2002.

[94] 杨坤德，马远良，邹士新. 匹配场噪声抑制：一种波束域方法. 压电与声光, 2006, 28(1): 102-105.

[95] 张宾，孙长瑜. 拖船干扰抵消的一种新方法研究. 仪器仪表学报, 2006, 27(6): 1355-1357.

[96] 张宾，孙长瑜，孙贵青. 基于经验模式分解的拖曳式声呐拖船噪声抵消研究. 应用声学, 2007, 26(2): 68-73.

[97] 任岁玲，葛凤翔，郭良浩. 基于特征分析的自适应干扰抑制. 声学学报, 2013, 38(3): 272-280.

[98] Colin M E G D, Boek W. An improved processing chain for matched field tracking//Proceedings of the Seventh European Conference on Underwater Acoustics, Delft, 2004.

[99] Ma Y L, Yan S F, Yang K D. Matched field noise suppression: principle with application to towed hydrophone line array. Chinese Science Bulletin, 2003, 48(12): 1207-1211.

[100] Yang K D, Ma Y L, Yan S F. Robust matched field noise suppression for towed line array. IEEE, 2004:1037-1041.

[101] Shang E C, Clay C S, Wang Y Y. Passive harmonic source ranging in waveguides by using mode filter. The Journal of the Acoustical Society of America, 1985, 78(1): 172-175.

[102] Yang T C. Effectiveness of mode filtering: a comparison of matched-field and matched-mode processing. The Journal of the Acoustical Society of America, 1990, 87(5): 2072-2084.

[103] Shang E C. Source depth estimation in waveguides. The Journal of the Acoustical Society of America, 1985, 77(4): 1413-1418.

[104] Wilson G R, Koch R A, Vidmar P J. Matched mode localization. The Journal of the Acoustical Society of America, 1988, 84(1): 310-320.

[105] Yang T C. Modal beamforming array gain. The Journal of the Acoustical Society of America, 1989, 85(1): 146-151.

[106] Yang T C. A method of range and depth estimation by modal decomposition. The Journal of the Acoustical Society of America, 1987, 82(5): 1736-1745.

[107] Aumann H M, Fenn A J, Wilwerth F G. Phased array antenna calibration and pattern prediction using mutual coupling measurements. IEEE Transactions on Antennas and Propagation, 1989, 37(7): 844-850.

[108] Friedlander B, Weiss A J. Direction finding in the presence of mutual coupling. IEEE Transactions on Antennas and Propagation, 1991, 39(3): 273-284.

[109] Viberg M, Swindlehurst A L. Bayesian approach to auto-calibration for parametric array signal processing. IEEE Transactions on Signal Processing, 1994, 42(12): 3495-3507.

[110] Mitilineos S A, Capsalis C N. On array failure mitigation using genetic algorithms and a priori joint optimization. IEEE Antennas and Propagation Magazine, 2005, 47(5): 227-232.

[111] Mitilineos S A, Thomopoulos S C A, Capsalis C N. On array failure mitigation with respect to probability of failure, using constant excitation coefficients and genetic algorithm. IEEE Antennas and Wireless Propagation Letters, 2006, 5(1):187-190.

[112] Keizer W P M N. Element failure correction for a large monopulse phased array antenna with active amplitude weighting. IEEE Transactions on Antennas and Propagation, 2007, 55(8): 2211-2218.